全国高职高专机电类专业创新型规划教材

高电压技术

主　编　张文福　刘姣姣
副主编　王远瞧　牟书丹　李昌松　张癸滨
主　审　李玉清

黄河水利出版社
·郑州·

内 容 提 要

本书是全国高职高专机电类专业创新型规划教材,是根据教育部对高职高专教育的教学基本要求及全国水利水电高职教研会制定的高电压技术课程标准编写完成的。本书内容包括电介质的绝缘特性及试验诊断、电力系统过电压与绝缘配合两个部分,主要介绍气体、液体和固体介质的绝缘特性及有关的高电压试验技术,过电压产生的物理过程及其防护措施,以及电力系统绝缘配合的基本概念,适当增加了近年来高电压领域的新技术方面的内容,着重阐述了高电压技术的基本概念、基本原理以及工程应用中的关键问题。

本书可作为高职高专电气工程及其自动化相关专业的教材以及成人教育高电压技术课程的教材,也可用做普通高校电力类专业学生的自学参考书以及电力部门工程技术人员的参考用书。

图书在版编目(CIP)数据

高电压技术/张文福,刘姣姣主编. —郑州:黄河水利出版社,2020. 12

全国高职高专机电类专业创新型规划教材

ISBN 978-7-5509-2875-6

Ⅰ. ①高… Ⅱ. ①张… ②刘… Ⅲ. ①高电压-技术-高等职业教育-教材 Ⅳ. ①TM8

中国版本图书馆 CIP 数据核字(2020)第 242785 号

组稿编辑:王路平 电话:0371-66022212 E-mail:hhslwlp@163. com

简 群 66026749 931945687@qq. com

出 版 社:黄河水利出版社 网址:www. yrcp. com

地址:河南省郑州市顺河路黄委会综合楼 14 层 邮政编码:450003

发行单位:黄河水利出版社

发行部电话:0371-66026940、66020550、66028024、66022620(传真)

E-mail:hhslcbs@126. com

承印单位:河南承创印务有限公司

开本:787mm×1 092 mm 1/16

印张:18. 5

字数:430 千字 印数:1—3 000

版次:2020 年 12 月第 1 版 印次:2020 年 12 月第 1 次印刷

定价:41. 00 元

前　言

本书是根据《教育部关于全面提高高等职业教育教学质量的若干意见》(教高[2006]15号)、《教育部关于推进高等职业教育改革创新引领职业教育科学发展的若干意见》(教职成〔2011〕12号)等文件精神,由全国水利水电高职教研会拟定的教材编写规划,在中国水利教育协会指导下,由全国水利水电高职教研会组织编写的机电类专业规划教材。该套规划教材是在近年来我国高职高专院校专业建设和课程建设不断深化改革和探索的基础上组织编写的,内容上力求体现高职教育理念,注重对学生应用能力和实践能力的培养;形式上力求做到基于工作任务和工作过程编写,便于"教、学、练、做"一体化。该套规划教材是一套理论联系实际、教学面向生产的高职高专教育精品规划教材。

高电压技术是发电厂及电力系统等专业的一门主干专业课,在电力系统中占有举足轻重的地位,这是因为高电压技术课程所讲授的内容是电力系统的基本知识,是电力系统日常生产、技术监督、设备管理、运行管理中不可或缺的专业知识。特别是近年来随着我国电力系统的发展,新的电压等级——1 000 kV 特高压电网的建设,全国联网,西电东送,新产品、新设备、新技术的大量应用,高电压技术专业知识显得尤为重要。另外,我国电力事业正处于飞速发展的时代,一些老式设备、技术不断被淘汰,新产品、新技术不断涌现,新问题、新矛盾不断产生,因而我们的专业主干课——高电压技术的相关内容也应随之不断发展和更新,应紧密结合电力系统的生产实际和发展需要以及实际需求进行调整。该书编写的目的就是尽可能地结合电力系统的生产实际和技术进步,服务于电力生产、科研,最大可能地反映电力系统的实际需求。

本书在总结编者多年实际工作经验的基础上,参考了多个版本的《高电压技术》《高电压工程》和国内外大量的论文、专著及研究文献,整合了近年来的相关成果。除全面反映高电压技术所包含的高电压绝缘、高电压试验和电力系统过电压这三个方面的基础知识外,为了更好地反映电力系统的生产实际和发展,本书在以下几个方面做了较大的调整:

(1)除介绍常见气体、固体、液体的绝缘特性外,还增加了 SF_6 气体的绝缘特性等内容,因为 SF_6 气体在电力系统中得到了越来越广泛的应用。

(2)增加了电力系统防污闪技术的内容,因为电气设备的污闪及其防护在我国电力系统中已占有非常重要的地位,从输变电设计、产品设计到运行管理、安全管理、设备检修、维护,以及反事故技术措施等,无不与污闪与防污闪相关。

(3)强化了常用电气设备的试验分析和判别,因为学生毕业后是要服务于电力系统的,掌握电气设备的基本试验方法,并能根据试验结果对电气设备的状态进行分析判断,对电力系统的绝缘监督、技术管理是非常重要的。

本书编写人员及编写分工如下:三峡电力职业学院张文福编写了第一、二、三章,长江工程职业技术学院刘姣姣编写了第四章及附录,三峡电力职业学院王远瞧编写了第五章,三峡电力职业学院牟书丹编写了第六章，三峡电力职业学院李昌松编写了第七章，三峡电力职业学院张癸滨编写了第八章。全书由张文福、刘姣姣担任主编，并由李玉清负责全书内容的统编和定稿；由王远瞧、牟书丹、李昌松、张癸滨担任副主编；由三峡电力职业学院李玉清担任主审。

本书编写过程中得到了三峡电力职业学院领导的大力支持和帮助；广东顺德金言电气高级工程师陈猷清、振源电力设备有限公司高级工程师黄成明以及武汉供电局高级工程师余乐等，对本书的编写也给予了大力支持和帮助，在此一并致以衷心的感谢！

由于编者水平有限，加上成书时间仓促，书中错误和不足之处在所难免，欢迎读者批评指正。

编　者

2020 年 6 月

目 录

下篇 电力系统过电压与绝缘配合

上篇　电介质的绝缘特性及试验诊断

电介质也称为绝缘体，是指具有极高电阻率（约 $10^{19}\ \Omega\cdot m$）的物质，在电力系统和电气设备中是作为绝缘材料使用的，即将电位不等的导体分隔开，使之没有电气连接而保持不同的电位。尽管电介质的种类较多，但按其物质形态一般可分为气体介质、液体介质和固体介质三类。在实际的绝缘结构中，常将几类电介质联合构成组合绝缘，如电气设备的外绝缘多由气体介质（如空气）和固体介质（如绝缘子）联合构成，内绝缘则一般由固体介质和液体介质（变压器油）联合构成。

电介质确实有良好的绝缘性能，因而能得到广泛应用，但其电气强度总是有限的，超过某种限度，电介质就会被击穿而丧失其绝缘性能，甚至演变成导体。因此，在强电场（电场强度等于或大于放电起始场强或击穿场强）中，电介质表现为放电、闪络、击穿等电气特性，研究和分析这些电气特性对工程实际具有重要意义。下面首先讨论在强电场中电介质的放电、闪络、击穿等电气特性。

第一章　气体介质的绝缘特性

气体介质如空气、SF_6 气体等，是电力系统中常用的绝缘材料。例如，常见的架空输电线路相与相之间、导线与地线之间、导线与杆塔之间、变压器引出线之间等都是以空气作为绝缘介质的；在以往的空气断路器中，以压缩空气作为绝缘和灭弧介质；在某些充气电缆和高压电容器中，特别是气体绝缘组合电器（GIS）中，更是采用高电气强度的 SF_6 气体作为绝缘介质。此外，在一些固体和液体介质的内部也或多或少地存在小气泡，影响它们的绝缘特性。所以，气体放电机制的研究，是高电压技术中的一项基本前提，它影响着后续的液体与固体介质击穿机制的研究。

如果气体介质中不存在带电粒子，则气体是不导电的。但在通常情况下，由于宇宙射线及地层放射性物质的作用，气体中含有少量的带电粒子（约为 1 000 对/cm^3），在电场作用下，这些带电粒子沿电场方向运动，形成电导电流，故气体通常并不是理想的绝缘材料。当电场较弱时，由于带电粒子极少，气体中的电导电流也极小，故可认为气体电介质是良好的绝缘介质。当气体中存在电场时，气体中的带电粒子进行着十分复杂的运动：一方面和中性分子一样进行着热运动；另一方面沿电场方向作定向运动或漂移，同时不可避免地与中性分子发生碰撞。其运动轨迹大致描述如图 1-1 所示。

如果把单位行程中的碰撞次数 N_p 的倒数 λ 定义为带电粒子的平均自由行程长度，则实际的自由行程长度是一个随机量，粒子的自由行程等于或大于某一距离 x 的概率为

$P(x)=e^{-\frac{x}{\lambda}}$，在大气压（101.325 kPa）和常温下，空气中电子的平均自由行程长度的数量级为 10^{-5} cm。

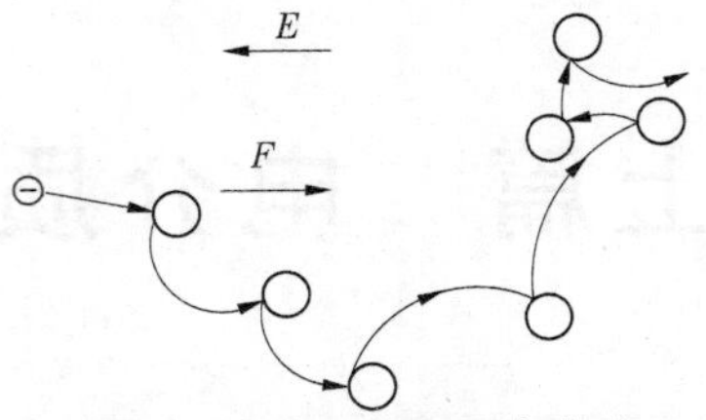

图 1-1　在电场作用下气体中带电粒子的运动轨迹

当加在气体间隙（简称气隙）上的电场强度达到某一临界值后，气隙中的电流会突然剧增，气体介质会失去绝缘性能而导致击穿，这种现象称为气体介质的击穿，也称气体放电。击穿时加在气体间隙两端的电压称为该气体的击穿电压或放电电压。均匀电场中，击穿电压与间隙距离之比称为气体介质的击穿场强。击穿场强反映了介质耐受电场作用的能力，也即该气体的电气强度，或者称气体的绝缘强度。在不均匀电场中，击穿电压与间隙距离之比称为气体介质的平均击穿场强。

气体间隙击穿后，随电源容量、电极形式、气体压力等的不同而具有不同的放电形式。在大气压或更高的气压下常表现为火花放电，但如果电源功率大、内阻小时，就可能出现电流大、温度高的电弧放电。不管是火花放电还是电弧放电，放电通常限制在一个带状的狭窄通道中。在极不均匀电场中，可能只有局部间隙中的场强达到临界值，在此局部处首先出现放电，即为局部放电。高压输电线路导线周围出现的电晕放电就属于局部放电。

上面所说的放电或击穿也适用于液体或固体介质。当电极间既有固体介质，又有气体或液体介质，它们构成并联的放电路径时，放电往往沿着固体介质表面发生，通常叫做闪络。例如，当输电线路上出现较高的电压时，常常会引起沿绝缘子表面的闪络。固体介质中的击穿将使介质强度永久丧失，称为不可自恢复绝缘。而在气体或液体介质中发生击穿，则一般只引起介质强度的暂时丧失，当外加电压去掉后，能自行恢复其绝缘性能，故称为自恢复绝缘。

第一节　带电粒子的产生和消失

电力系统中所使用的电气设备（如架空线）都在不同程度上以不同形式利用气体介质作为绝缘材料。纯净的中性状态的气体是不导电的，只有在气体中出现了带电粒子（电子、正离子、负离子）以后才可能导电，并在电场的作用下发展成各种形式的放电现象。为了分析气体的放电过程，我们首先了解气体中带电粒子产生和消失的过程及条件。

一、带电粒子的产生

在电场的作用下气体间隙中能发生放电现象，说明其中存在带电粒子。这些带电粒子主要是由气体原子游离产生的。原子在外界因素作用下，使其一个或几个电子脱离原子核的束缚而形成自由电子和正离子的物理过程称为游离，它是气体放电的首要前提。

原子通常处于正常状态且具有最小能量。当原子获得外加能量时，电子有可能跃迁到能量较高的状态，也就是一个或若干个电子有可能转移到离核较远的轨道上去，该现象称为激励或激发。激励过程所需的能量称为激励能，等于该轨道和常态轨道的能级差。激励状态存在的时间很短，电子将自动返回到常态轨道上去，此时产生激励时所吸收的外加能量以辐射能(光子)的形式放出。如果原子获得的外加能量足够大,电子还有可能跃迁到能量更高的状态,甚至脱离原子核而成为自由电子,这时原来中性的原子发生了游离,分解成两种带电粒子,即电子和正离子。我们定义使基态原子或分子中结合最松弛的那个电子游离出来所需要的最小能量称为游离能。表1-1所示为几种常用气体的激励能与游离能。

表1-1　几种常用气体的激励能与游离能

气体	N_2	O_2	H_2	CO_2	H_2O	SF_6
激励能(eV)	6.1	7.9	11.2	10.0	7.6	6.8
游离能(eV)	15.6	12.5	15.4	13.7	12.8	15.6

注:1 eV = 1.6×10^{-19} J。

游离所需的能量通过不同的形式传递给气体分子,诸如光能、热能、机械能等,对应的游离过程分别称为光游离、热游离和碰撞游离等,此外还有电极表面的游离,下面分别叙述如下。

(一)光游离

由光辐射引起气体原子(或分子)的游离称为光游离。频率为ν的光子的能量为

$$W = h\nu \tag{1-1}$$

式中　h——普朗克常数,$h=6.626\times10^{-34}$ J·s$=4.141\times10^{-15}$ eV·s。

当满足以下条件时,产生光游离

$$h\nu \geqslant W_i \quad 或 \quad \lambda \leqslant \frac{hc}{W_i} \tag{1-2}$$

式中　λ——光的波长,m;

c——光速,$c=3\times10^8$ m/s;

W_i——气体的游离能,eV。

式(1-2)说明,光的波长越短,就越容易引起光游离。据此,各种可见光都不能使气体直接发生光游离,紫外线也只能使少数几种游离能特别小的金属蒸气发生光游离,只有那些波长更短的高能辐射线,如X射线、γ射线等,才能使气体发生光游离。

(二)热游离

气体在热状态下引起的游离过程称为热游离。由于分子的热运动,各气体分子具有不尽相同的动能,但其平均值与气体的温度成正比,即

$$W = \frac{3}{2}KT \tag{1-3}$$

式中　K——波茨曼常数,$K=1.38\times10^{-23}$ J/K;

T——绝对温度,K。

常温下,气体分子的平均动能比其游离能要小得多,因而发生热游离的概率极小。但在高温下,如气体中发生电弧放电,电弧的温度高达1 000~9 000 K,足以使气体分子游离。于是,产生热游离的条件为

$$\frac{3}{2}KT \geqslant W_i \tag{1-4}$$

式中　W_i——气体的游离能,eV。

不同的气体,其游离能不尽相同。如空气,当其温度高于 10 000 K 时,才需考虑热游离;而达到 20 000 K 时,几乎全部的分子都处于热游离状态。

(三)碰撞游离

气体中的电子在电场力的作用下获得加速后和气体分子碰撞时,把动能传给气体分子引起的游离称为碰撞游离。

设电场强度为 E ,电子移过距离 x 所获得的动能为

$$W = \frac{1}{2}mv^2 = q_e Ex \tag{1-5}$$

式中 m ——电子的质量;

v——电子运动速度;

q_e ——电子的电荷量;

E ——外电场强度;

x ——电子移动的距离。

如果 W 大于或等于气体分子的游离能 W_i ,该电子就有足够的能量完成碰撞游离。于是,碰撞游离时应满足条件

$$q_e Ex \geqslant W_i \tag{1-6}$$

由此可得,电子为造成碰撞游离而必须飞越的最短距离为

$$x_i = \frac{W_i}{q_e E} = \frac{U_i}{E} \tag{1-7}$$

式中 U_i——气体的游离电位,在数值上与以 eV 为单位的 W_i 相等。

x_i 的大小取决于场强 E,增大气体中的场强将使 x_i 值减小,可见提高外加电压将使碰撞游离的概率增大和程度提高。

(四)电极表面的游离

电子从金属电极表面逸出来的过程称为表面游离。电子从金属表面逸出时需要一定的能量,称为逸出功。各种金属的逸出功是不同的,如表 1-2 所示。

表 1-2 部分金属的逸出功

金属	铁(Fe)	铝(Al)	铜(Cu)	银(Ag)	铯(Cs)	氧化铜(CuO)
逸出功(eV)	3.9	1.8	3.9	3.1	0.7	5.3

比较表 1-2 与表 1-1 数据可知:金属的逸出功要比气体分子的游离能小得多,也就是说,金属电极表面游离比气体空间游离更容易发生。因而,在许多情况下,金属电极表面游离在气体放电过程中起着十分重要的作用。随着外施能量形式的不同,当逸出功小于游离能时,阴极表面游离可在下列情况下发生:

(1)正离子撞击阴极表面。正离子所具有的能量为其动能和势能之和,其势能等于气体的游离能 W_i 。通常正离子的动能不大,可以忽略不计,那么只有在它的势能等于或大于阴极材料的逸出功的 2 倍时,才能引起阴极表面的电子发射。因为首先要从金属表面拉出一个电子,使之和正离子结合成一个中性分子,正离子才能释放出全部势能而引起更多的电子从金属表面逸出。从表 1-1 和表 1-2 不难看出,这个条件是可以满足的。

(2)光电子发射。金属阴极表面在光的照射下,会引起光电子发射,其条件是光子的能量应大于金属的逸出功。由于金属的逸出功比气体的游离能要小得多,所以紫外线及以上的短波辐射都能引起金属表面游离。

(3)热电子发射。金属中的电子在高温下获得足够的动能而从金属表面逸出的现象,称为热电子发射。在许多电子和离子的器件中常利用加热阴极来实现电子发射。

(4)强场发射。也称冷发射,是指当阴极表面附近存在很强的电场时,能使阴极发射电子的现象。一般常态气体的击穿场强远小于此值,所以常态气体的击穿过程完全不受强场发射的影响,但在高气压下,特别是在压缩的高电气强度气体的击穿过程中,强场发射能起一定作用,而在真空的击穿过程中,强场发射更是起着决定性的作用。

二、带电粒子的消失

上述带电粒子的产生途径是多种多样的,均可归结为因游离过程而产生,但同时还存在相反的过程,即带电粒子的消失过程。在电场作用下,气体中的放电是不断发展以致击穿或是气体还能保持其电气强度而起绝缘作用,取决于这两种过程的失衡发展情况。

带电粒子的消失可能有以下几种情况:

(1)中和。指带电粒子在电场的驱动下做定向运动,在到达电极时,消失于电极上而形成外电路中的电流的现象。

(2)扩散。指带电粒子因热运动,从高浓度区域向低浓度区域移动而逸出气体放电空间的现象。这可使放电通道中的带电粒子数减少,以致放电过程减弱或停止。扩散与气体状态有关,气体的压力越大或(和)温度越高,扩散过程越强;反之,气体的压力越小或(和)温度越低,扩散过程越弱。

(3)复合。当气体中带异号电荷的粒子相遇时,有可能发生电荷的传递而相互中和、还原为分子的过程,这种现象称为复合。如果复合发生在电子和正离子之间,就称为电子复合,其结果是产生一个中性分子。如果复合发生在正离子和负离子之间,就称为离子复合,其结果是产生两个中性分子。

并不是异号带电粒子每次相遇都能引起复合,复合的强度取决于异号带电粒子的浓度大小和相互接近的时间长短。粒子的浓度越小,粒子间的相对速度越大,相互作用的时间越短,复合的可能性越小;反之,复合的可能性越大。气体中电子的速度比离子的大得多,正、负离子间的复合要比正离子和电子间的复合容易发生得多。不管怎样,复合都会以光子的形式释放出多余的能量,而这种光辐射在一定条件下又能导致其他气体分子的游离,使气体放电出现跳跃式的发展。

(4)附着。电子与气体原子(或分子)碰撞时,不但有可能发生碰撞游离,产生电子和正离子,也有可能发生电子的附着过程而形成负离子。与碰撞游离相反,电子的附着过程放出能量。使基态的气体原子获得一个电子形成负离子所放出的能量称为电子的亲和能。电子亲和能的大小可用来衡量原子俘获一个电子的难易。电子的亲和能越大,则越易形成负离子。卤族元素的电子外层轨道中增添一个电子,则可形成像惰性气体一样稳定的电子排布结构,因而具有很大的亲和能。所以,卤族元素是很容易俘获一个电子而形成负离子的。容易吸附电子形成负离子的气体称为电负性气体,如氧、氯、氟、水蒸气、六氟化硫等都属于电负性气体,惰性气体和氮气则不会形成负离子。

如前所述,离子的游离能力不如电子。电子被原子或分子俘获而形成质量大、运动速度慢的负离子后,游离能力大减。因此,俘获自由电子而成为负离子这一现象尽管并未使气体中带电粒子的数目改变,但却能使自由电子数减少,因而对气体放电的发展起抑制作用,有助于气体绝缘强度的提高,这是值得利用的。

第二节　均匀电场中气体放电的两个理论

在 20 世纪初期,英国物理学家汤逊(Townsend)在均匀电场、低气压、短间隙的条件下进行了放电试验,依据试验研究结果提出了比较系统的理论和计算公式,解释了整个气体间隙放电的过程和击穿条件。这是最早的气体放电理论,称为汤逊的电子崩理论,亦称汤逊放电理论。整个理论虽然有很大的局限性,但其对电子崩发展过程的分析为气体放电研究奠定了基础。随着电力系统电压等级的提高和试验研究工作的不断完善,高气压、长间隙条件下气体间隙击穿试验研究逐渐发展起来,在此基础上,总结出了大气中气体间隙击穿的流注理论。这两个理论可以解释大气压 p 和极间距离 d 的乘积在广阔范围内的气体放电现象。

一、汤逊放电理论

(一)均匀电场中气体间隙的伏安特性

如图 1-2 所示,放置在空气中的平行板电极,极间电场是均匀的。在外部光源的照射下,两平行板电极间的气体一方面由于游离而不断产生带电粒子,另一方面,正、负带电粒子又在不断复合,这种动态平衡的结果使气体空间存在一定浓度的带电粒子。电极间施加电压后带电粒子沿电场方向运动,电路中出现电流。外施电压 U 逐渐升高,电流 I 也发生变化。

图 1-3 所示为试验所得平行板电极(均匀电场)间气体中的电流 I 与所加电压 U 的关系,即伏安特性。在曲线 oa 段,I 随 U 的提高而增大,这是电极空间的带电粒子向电极运动加速而导致复合数的减少所致。在曲线 ab 段,当电压达到 U_a 以后,电流趋向于饱和值

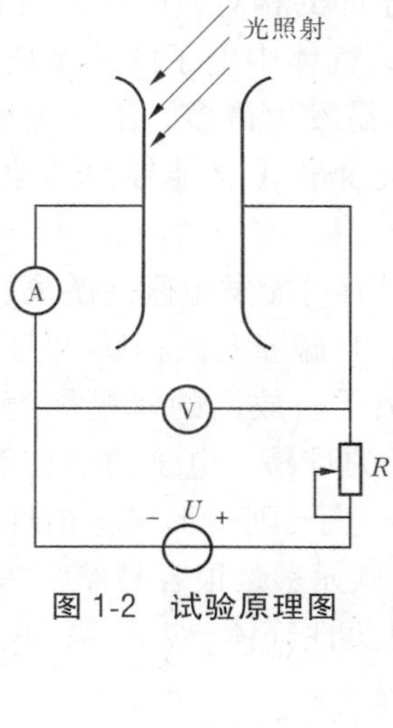

图 1-2　试验原理图

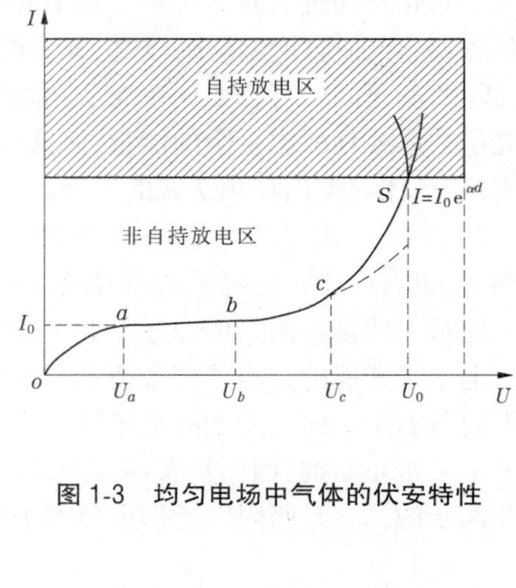

图 1-3　均匀电场中气体的伏安特性

I_0，这是因为这时在单位时间内由外界游离因素作用而在此间隙中所产生的带电粒子几乎全部参与导电，电流值仅取决于游离因素的强弱而与所加电压无关。所以，电流趋于饱和，但饱和电流密度数值极小，约为 10^{-19} A/cm^3 的数量级，此时气体间隙仍处于良好绝缘状态。当电压提高到 U_b 以后，电流又开始随电压的升高而增大，这是由于电压升高，电场增强，气隙中出现了新的游离因素，即产生了电子的碰撞游离，从而产生了更多的带电粒子。电压升高到某一临界值 U_0 时，电流急剧增加，气隙被击穿，并伴有发光、发声等现象，即此时气体转入良好的导电状态而丧失绝缘性能。

从试验所得伏安特性可知，外施电压小于 U_0 时，气隙内虽有电流，但其数值很小，通常远小于微安级。此时，气体本身的绝缘性能尚未被破坏，间隙未被击穿，而且这时间隙的电流要依靠外界游离因素才能维持。如果取消外界游离因素，那么电流也将消失。这类依靠外界游离因素的存在而维持的放电叫非自持放电。在电压达到 U_0 以后，气体中发生了强烈的游离，电流急剧增加，且此时气隙中的游离过程只靠外施电压就能维持，不再需要外界游离因素。这种不需要外界游离因素存在也能维持的放电称为自持放电。由非自持放电转为自持放电的电压称为起始放电电压。如果电场均匀，则整个间隙将被击穿，即均匀电场中的起始放电电压等于间隙的击穿电压。在标准大气条件下，均匀电场中空气间隙的击穿场强约为 30 kV(幅值)/cm；而对于不均匀电场，当放电由非自持放电转入自持放电时，在大曲率电极表面电场集中的区域将发生局部放电，俗称电晕放电，此时的起始放电电压是间隙的电晕起始电压，而击穿电压则比起始放电电压高得多。

(二)汤逊理论

在图 1-3 中，当气体间隙上所施加的电压超过 U_0 以后，之所以会出现电流的迅速增长，是因为外界游离因素的作用，阴极产生光电子发射，使间隙中产生自由电子。这些起始电子在较强的电场作用下，从阴极奔向阳极的过程中不断加速，其动能增加，并不断地与气体分子(原子)碰撞游离，由此产生的新电子和原有的电子一起又将从电场中获得足够的能量，继续不断地与气体分子(原子)碰撞，引起新的碰撞游离。这样，就出现了一个数量大增、迅猛发展的碰撞游离，使间隙中的带电粒子数迅速增加，此过程如同冰山上发生雪崩一样，形象地称之为电子崩，其形成示意图如图 1-4 所示。

碰撞游离及由此而产生的电子崩是气体间隙得以放电的必要条件。为寻求电子崩发展的规律，以 α 表示电子的空间碰撞游离系数，它表示一个电子在电场作用下由阴极向阳极移动过程中在单位行程(1 cm)里所发生的碰撞游离次数。α 的数值与气体的性质、气体的相对密度和电场强度有关。当气温一定时，根据试验和理论推导可知

$$\alpha = Ape^{-Bp/E} \tag{1-8}$$

式中　A、B——与气体性质有关的常数；

p——大气压力；

E——电场强度。

如图 1-5 所示，为了计算粒子数，设在外界游离因素光辐射的作用下，阴极由于光电子发射产生 n_0 个电子，在电场作用下，这 n_0 个电子在向阳极运动的过程中不断产生碰撞游离，行经距离 x 时变成了 n 个电子，再行经距离 dx，增加的电子数为 dn 个，则

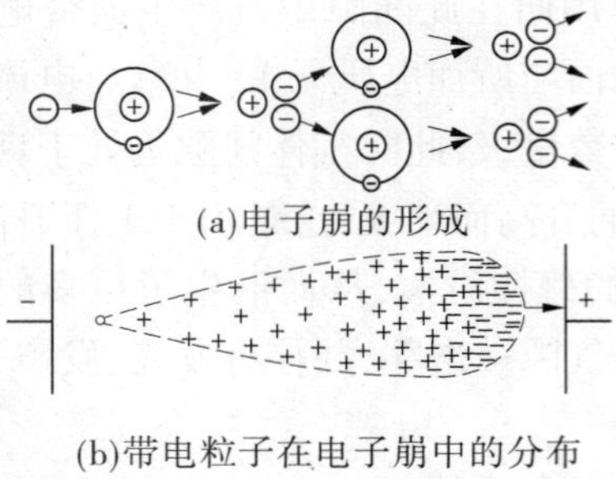

图 1-4 电子崩形成示意图

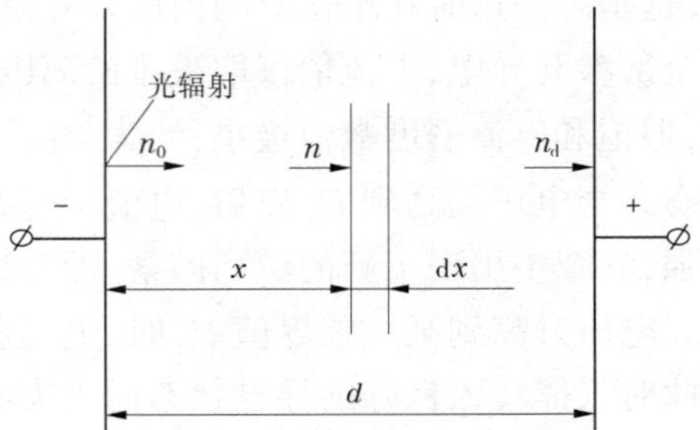

图 1-5 电子崩中电子数计算图

$$\mathrm{d}n = n\alpha \mathrm{d}x$$

将之变形为
$$\frac{\mathrm{d}n}{n} = \alpha \mathrm{d}x$$

对上式积分可求得 n_0 个电子在电场作用下不断产生碰撞游离，发展成电子崩，经距离 d 而进入阳极的电子数为

$$n_\mathrm{d} = n_0 \mathrm{e}^{\int_0^d \alpha \mathrm{d}x}$$

当气压保持一定，且电场均匀时，α 为常数，上式变为

$$n_\mathrm{d} = n_0 \mathrm{e}^{\alpha d} \tag{1-9}$$

式(1-9)就是电子崩发展的规律，即呈现出指数特性。

电子崩过程中新增加的电子数或正离子数应为

$$\Delta n = n_\mathrm{d} - n_0 = n_0(\mathrm{e}^{\alpha d} - 1) \tag{1-10}$$

将式(1-10)的等号两侧乘以电子的电荷量 q_e，即得电流关系式

$$I = I_0 \mathrm{e}^{\alpha d} \tag{1-11}$$

式中，$I_0 = n_0 q_\mathrm{e}$，即图 1-3 中由外界游离因素所造成的饱和电流 I_0。

式(1-11)表明，虽然电子崩电流按指数规律随极间距离 d 的增大而增大，但这时放电还不能自持，因为一旦除去外界游离因素（令 $I_0 = 0$），I 即变为零。

其实，碰撞游离系数 α 是与电场强度和电子平均自由行程 λ_e（气体状态）等因素有关的。根据碰撞游离系数 α 的定义，即可得出

$$\alpha = \frac{1}{\lambda_\mathrm{e}} \mathrm{e}^{-\frac{x}{\lambda_\mathrm{e}}} = \frac{1}{\lambda_\mathrm{e}} \mathrm{e}^{-\frac{U}{\lambda_\mathrm{e} E}} \tag{1-12}$$

由式(1-12)不难看出，电场强度 E 增大时，α 急剧增大；又因为 $\lambda_\mathrm{e} \propto \frac{T}{p}$，$p$ 很大时，或 p 很小时，α 值都比较小。这是因为高气压时，单位长度上的碰撞次数很多，但能引起游离的概率很小；低气压和真空时，尽管电子很容易积累到足够的动能，但总的碰撞次数少，故 α 也比较小。所以，在高气压和高真空下，气隙不易发生放电现象，具有较高的电气强度。

若 $n_0 = 1$，则

$$n_\mathrm{d} = \mathrm{e}^{\alpha d} \tag{1-13}$$

该表达式的含义即为：一个电子从阴极出发运动到阳极时，由于碰撞游离形成电子崩，到达阳极时将变成 $e^{\alpha d}$ 个电子，当然其中包括起始的一个电子。如果除去起始的一个电子，那么产生的新电子数或正离子数为

$$n_{+} = e^{\alpha d} - 1 \tag{1-14}$$

如图 1-3 所示，当气隙电压大于 U_0 时，电流 I 随电压 U 的增大不再遵循 $I = I_0 e^{\alpha d}$ 的规律，而是更快一些。这是因为又出现了促进放电的新因素，也就是受在电子崩的形成过程中所产生的正离子的影响。在电场作用下，正离子向阴极运动，由于它的平均自由行程长度较短，不易积累动能，所以在与气体分子发生碰撞时很难使之游离。但当正离子到达阴极附近时，或者是加强了阴极的电场，或者是撞击阴极表面，引起电极表面游离而拉出电子，部分电子和正离子复合，其余部分则向着阳极运动和形成新的电子崩。

如果电压足够大，初始电子崩中的正离子在阴极上产生出来的新电子等于或大于 n_0，即使除去外界游离因素的作用，放电也不会停止，这就变成了自持放电。

由自持放电的概念出发，可推出当满足以下条件时，会发生自持放电：

令 γ 表示一个正离子撞击到阴极表面时产生出来的二次电子数，设阴极表面在单位时间内发射出来的电子数为 n_c，按式(1-9)，它们在到达阳极时将增加为 n_α，即

$$n_\alpha = n_c e^{\alpha d} \tag{1-15}$$

n_c 包含有两部分电子：一部分是外界游离因素所造成的 n_0，另一部分是前一个碰撞周期产生出来的正离子在阴极上造成的二次电子数。当放电达到某种平衡状态时，每秒从阴极上逸出的电子数均为 n_c，则上述第二部分的二次电子数由式(1-14)可知应等于 $\gamma n_c(e^{\alpha d} - 1)$，则

$$n_c = n_0 + \gamma n_c(e^{\alpha d} - 1) \tag{1-16}$$

代入式(1-15)整理可得

$$n_\alpha = n_0 \frac{e^{\alpha d}}{1 - \gamma(e^{\alpha d} - 1)} \tag{1-17}$$

等式两边均乘以电子的电荷 q_e，即可得

$$I = I_0 \frac{e^{\alpha d}}{1 - \gamma(e^{\alpha d} - 1)} \tag{1-18}$$

由上式可知，如果忽略正离子的作用，即令 $\gamma = 0$，上式就变成 $I = I_0 e^{\alpha d}$，即为式(1-11)。

如果 $(e^{\alpha d} - 1)$ 个正离子在撞击阴极表面时，至少能从阴极表面释放出一个有效电子来弥补原来那个产生电子崩并已进入阳极的电子，那么这个有效电子将在电场作用下向阳极运动，产生碰撞游离，发展成新的电子崩。这样，即使没有外界游离因素存在，放电也能继续下去，即放电达到了自持。若以 γ 表示正离子的表面游离系数，它表示一个正离子在电场作用下由阳极向阴极运动，撞击阴极表面产生表面游离的电子数，于是汤逊理论的自持放电条件可表达为

$$\gamma(e^{\alpha d} - 1) = 1 \tag{1-19}$$

在不均匀电场中，由于各点的电场强度不一样，因而各处的 α 值也不同，自持放电条件应为

$$\gamma(e^{\int_0^d \alpha dx} - 1) = 1 \tag{1-20}$$

综上所述,英国物理学家汤逊,依据大量试验事实,提出了比较系统的气体放电理论,其实质是:电子崩和阴极上的正离子游离过程为气体放电的决定因素,电子碰撞游离是气体放电的主要原因;二次电子来源于正离子撞击阴极使阴极表面逸出电子,逸出电子是维持气体放电的必要条件。所逸出的电子能否接替起始电子的作用是自持放电的判据。

汤逊理论只能适用于低气压、短气隙($pd \leqslant 26.66$ kPa · cm)的情况,因为在这种条件下不会出现下面将要表述的流注放电现象。

(三)巴申定律

根据汤逊理论的自持放电条件 $\gamma(e^{\alpha d} - 1) = 1$ 以及碰撞游离系数 α 与气压 p 、电场强度 E 的关系式[式(1-8)](当气体温度 T 不变时),可以推出均匀电场中气隙击穿电压与有关影响因素的关系,将式(1-19)改写为 $e^{\alpha d} = 1 + \frac{1}{\gamma}$,两边取自然对数得

$$\alpha d = \ln(1 + \frac{1}{\gamma}) \tag{1-21}$$

式(1-21)说明,一个电子经过极间距离 d 所产生的碰撞游离数 αd 必然达到一定的数值 $\ln(1 + \frac{1}{\gamma})$,才会开始自持放电。把式(1-8)代入式(1-21),并设此时 $E = E_0 = \frac{U_0}{d}$, E_0 及 U_0 分别为均匀电场中气隙的起始场强及起始电压,则得

$$ Apde^{-Bpd/U_0} = \ln(1 + \frac{1}{\gamma})$$

整理后得

$$U_0 = \frac{Bpd}{\ln\left[\frac{Apd}{\ln(1 + \frac{1}{\gamma})}\right]} \tag{1-22}$$

即可简写为

$$U_0 = f(pd) \tag{1-23}$$

这个结果就是巴申定律。

由于均匀电场气隙的击穿电压 U_b 等于它的自持放电起始电压 U_0,上式又可以写为

$$U_b = f(pd) \tag{1-24}$$

物理学家巴申远在汤逊以前(1889 年)就从低气压下的试验中总结出了这一条气体放电的定律。它表明,当气体种类和电极材料一定时,气隙的击穿电压 U_b 是气体压力 p 和极间距离 d 乘积的函数。

图 1-6 为根据式(1-24)所绘出的在均匀电场中几种气体的击穿电压与 pd 乘积的关系曲线,称为巴申曲线。

该曲线形似字母“U”,这一方面表明在某一个 pd 值下,击穿电压 U_b 具有最小值。这是对应气体游离最有利的情况。另一方面又表明,改变极间距离 d 的同时,也相应改变气压 p 而使 pd 的乘积不变,则极间距离不等的气隙,其击穿电压却可彼此相等。

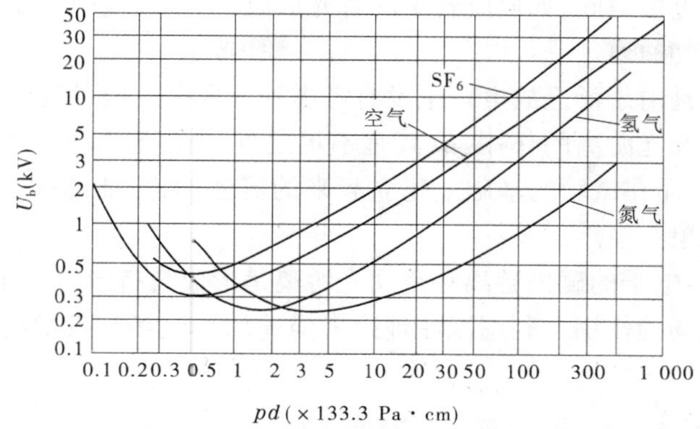

图 1-6　均匀电场中几种气体的击穿电压与 pd 乘积的关系

由巴申曲线还可知，当极间距离 d 不变时，提高气压或降低气压到真空，都可以提高气隙的击穿电压。这是因为，当 d 一定时，气体压力 p 增大，气体相对密度 δ 随之增大，电子在向阳极运动过程中，极容易与气体粒子相碰撞，平均每两次碰撞之间的自由行程将缩短，每次碰撞时由于电子积聚的动能不足以使气体粒子游离，因而击穿电压升高；反之，气体压力减小时，气体密度减小，电子在向阳极运动过程中不易与气体粒子相碰撞，虽然每次碰撞时积聚的动能足以引起气体粒子游离，但由于碰撞次数减少，故击穿电压也会升高。这一概念具有十分重要的实用意义，如在电力系统中使用压缩空气断路器及真空断路器，就是应用的这一原理。

应当指出，上述巴申定律是在气温 T 保持不变时得出的。在气温 T 并非恒定的情况下，式(1-24)应改为

$$U_b = f(\delta d) \tag{1-25}$$

式中　δ——气体的相对密度，即实际气体密度与标准大气条件（p_0 = 101.3 kPa，T_0 = 293 K）下的密度之比，可见

$$\delta = \frac{p}{T}\frac{T_0}{p_0} = 2.9\frac{p}{T} \tag{1-26}$$

二、流注理论

汤逊的气体放电理论能够较好地解释低气压、短间隙、均匀电场中的放电现象。利用这个理论推导出的有关均匀电场中气体间隙的击穿电压及其影响因素的一些实用结论，并在 $pd \leqslant 26.66$ kPa·cm(200 mmHg·cm)时，为试验所证实。但是这个理论也有它的局限性，特别是 pd 乘积较大时，用汤逊理论来解释其放电现象，发现有以下几点与实际不符：

(1)根据汤逊放电理论计算出来的击穿过程所需的时间，至少应等于正离子走过极间距离的时间，但实测的放电时间比此值小得多。

(2)按汤逊放电理论，阴极材料在击穿过程中起着重要的作用，然而在大气压力下的空气间隙中，间隙的击穿电压与阴极材料无关。

(3)按汤逊理论，气体放电应在整个间隙中均匀连续地发展。低气压下的气体放电

区确实占据了整个电极空间，如放电管中的辉光放电，但在大气中气体间隙击穿时会出现树根状的分支明亮细通道。

所有这些现象是由于汤逊放电理论没有考虑到在放电发展过程中空间电荷对电场所引起的畸变作用以及光游离的作用，故其有不足之处。在汤逊以后，由 H. 雷特、J. M. 米克和 L. B. 廖勃提出而在试验的基础上建立起来的流注理论，能够弥补汤逊理论的不足，较好地解释这些现象。

流注理论认为：电子的碰撞游离和空间光游离是形成自持放电的主要因素，并且强调了空间电荷畸变电场的作用。利用流注理论来描述均匀电场中气隙的放电过程如图 1-7 所示。

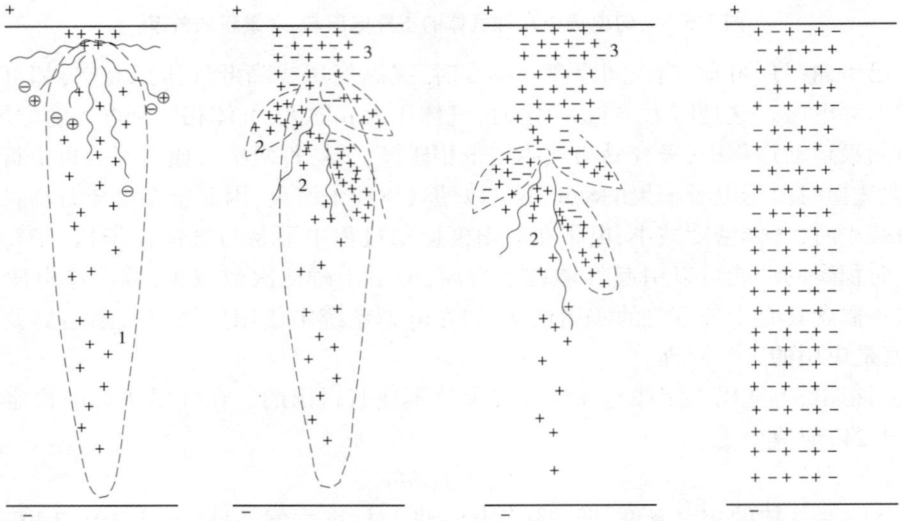

(a)初始电子崩　(b)二次电子崩　(c)流注发展　(d)完全击穿

1—初始电子崩；2—二次电子崩；3—流注

图 1-7　流注的形成及发展

当外电场足够强时，一个因外界游离因素从阴极释放出来的初始电子，在奔向阳极的途中，不断地产生碰撞游离，发展成电子崩（称初始电子崩）。电子崩不断发展，崩内的电子及正离子数随电子崩发展的距离按指数规律而增长。由于电子的运动速度远大于正离子的速度，故电子总是位于朝阳极方向的电子崩的头部，而正离子可近似地看作滞留在原来产生它的位置上，并较缓慢地向阴极移动，相对于电子来说，可认为是静止的。由于电子的扩散作用，电子崩在其发展过程中，半径逐渐增大，电子崩中出现大量的空间电荷，电子崩头部密集着电子，其后直至电子崩尾部是正离子，其外形像一个头部为球状的圆锥体。

当初始电子崩发展到阳极时，如图 1-7(a) 所示，初始电子崩中的电子迅速跑到阳极上中和。留下来的正离子（在电子崩头部，其密度最大）作为正空间电荷，使后面的（与阴极间的）电场受到畸变和加强，同时向周围放射出大量的光子。这些光子在附近的气体中导致光游离，在空间产生二次电子。它们在正空间电荷所畸变和加强了的电场的作用下，又形成新的电子崩，称二次电子崩，如图 1-7(b)所示。二次电子崩头部的电子跑向初始电子崩的正空间电荷区，与之汇合成为充满正负带电粒子的混合通道。这个游离通道称为流注。流注通道导电性能良好，其端部的发展方向是从阳极到阴极，称为阳极流注。它与初始电子崩发展方向相反，又有二次电子崩留下的正电荷，因此大大加强了前方的电场，促使更多的新电子崩相继产生并与之汇合，从而使流注向前发展，如图 1-7(c)所示。直到流注通道把两极接通，如图 1-7(d)所示，就将导致整个间隙的完全击穿。至于形成流注的条件，需要初始电子崩头部的电荷数达到一定的数量级，使电场得到足够的畸变和加强，并造成足够的空间光游离。一般认为当 $\alpha d \approx 20$($e^{\alpha d} \approx 10^8$)时便可以满足条件，使流注得以形成。而一旦形成了流注，放电就转入自持，在均匀电场中即导致间隙的击穿。

如果外施电压比间隙的击穿电压高出许多，则初始电子崩不需要经过整个间隙，其头部即可积累到足够多的空间电荷而形成流注。流注形成后，向阳极发展，称为阴极流注。

流注理论虽不能用来精确计算气体间隙的击穿电压，但它可以解释汤逊理论不能说明的大气中的放电现象。在大气中，放电发展之所以迅速的原因在于多个不同位置的电子崩同时发展和汇合，这些二次电子崩的起始电子是由光子形成的，光子的运动速度比电子快得多，且又处在加强的电场中前进，其速度比初始电子崩快，故流注的发展速度极快，使大气中的放电时间特别短。另外，流注通道中的电荷密度很大，电导很大，故其中的电场强度很小，故流注出现后，将减弱其周围空间内的电场，但加强了流注前方的电场，并且这一作用将伴随其向前发展而更为增强。因此，电子崩形成流注后，当由于偶然原因使某一流注发展较快时，它将抑制其他流注的形成和发展，这种作用随流注向前推进越来越强，使流注头部始终保持着很小的曲率半径，故整个放电通道是狭窄的。而且二次电子崩可以从流注四周不同的方位同时向流注头部汇合，故流注的头部推进过程中出现曲折和分支，如图 1-8 所示。再者，根据流注理论，大气条件下，放电的发展不是靠正离子撞击阴极而使阴极产生二次电子来维持的，而是靠空间光游离产生光电子来维持，故大气中气隙的击穿电压与阴极材料无关。

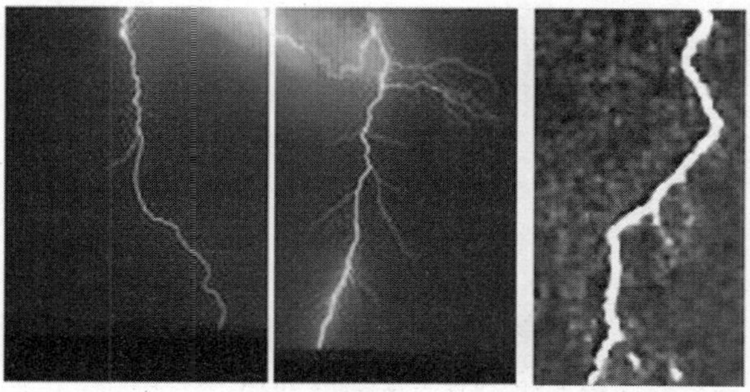

图 1-8　实拍流注发展过程

流注理论能够说明汤逊理论所无法解释的一系列在高气压、长气隙情况下出现的放电现象，例如，放电并不充满整个电极空间而是形成一条细窄的放电通道；有时放电通道呈曲折和树枝状；实测的放电时间远小于正离子穿越极间气隙所需的时间；击穿电压与阴极的材料无关，等等。但这两个理论各适应于一定条件下的放电过程，不能用一个理论代替另一个理论。

第三节　均匀和稍不均匀电场中气体放电特性

一、工程上常见的电场形式

工程上常见的电气设备中的电场,因为电极间电压随时间的变化相对比较缓慢(工频 50 Hz),极间距离远小于相应电磁场的波长,所以任一瞬间这些电场都可以近似地作为静电场考虑。在处理实际问题时,还可以根据具体情况,忽略某些次要因素简化计算,如计算起始放电电压时,常不考虑空间电荷的影响。

(一)均匀电场

若空间某区域内各处的电场强度的量值和方向都相同,则称该区域中的电场为均匀电场,否则称非均匀电场。例如,两块距离很小、平行的金属薄板,带有等量异号电荷时,在极板中间部分区域内的电场就可近似为均匀电场,而在薄板边缘附近的电场为不均匀电场。因而,均匀电场只有一种,那就是消除了电极边缘效应的平板电极之间的电场,如图 1-9(a)所示。

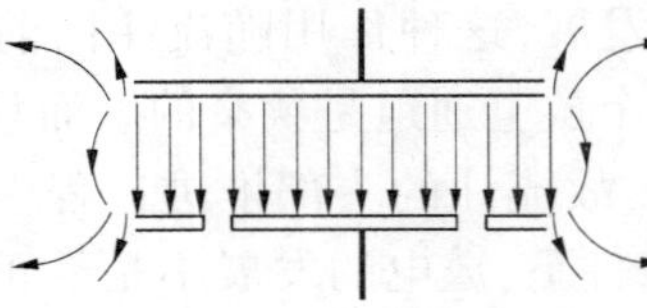

(a)均匀电场(中间部分)

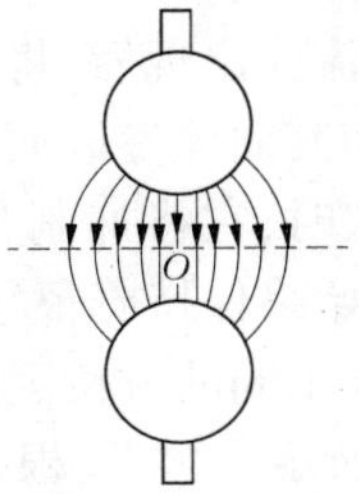

(b)稍不均匀电场

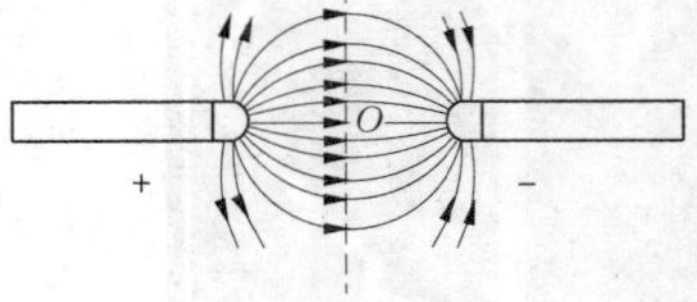

(c)对称极不均匀电场

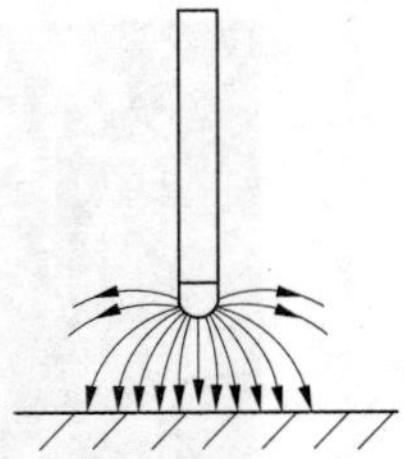

(d)非对称极不均匀电场

图 1-9　几种工程上常见的电场形式

(二)稍不均匀电场与极不均匀电场

均匀电场是少有的特例,在实际运行的电力设施中常见的却是不均匀电场。按照电场的不均匀程度,又可分为稍不均匀电场(如图 1-9(b)所示)以及极不均匀电场(如图 1-9(c)、(d)所示)。为了描述各种结构的电场不均匀程度,可引入一个电场不均匀系数 f,它等于最大电场强度和平均电场强度的比值

$$f = \frac{E_{max}}{E_{av}} \tag{1-27}$$

式中　E_{max}——最大电场强度；

E_{av}——平均电场强度，$E_{av} = \frac{U}{d}$。

当 $f < 2$ 时，为稍不均匀电场；当 $f > 4$ 时，为极不均匀电场；当 $2 \leqslant f \leqslant 4$ 时，为不稳定而趋向前两种中的一种。

二、均匀电场中气体的放电特性

均匀电场的两个电极形状完全相同且对称布置，因此其间隙中的气体的放电特性与电极的正负极性无关。均匀电场气隙中各处电场强度相等，击穿所需的时间极短，因此其直流击穿电压与工频击穿电压峰值以及50%冲击击穿电压（指多次施加冲击电压时，其中50%冲击电压导致击穿的电压值）实际上是相同的，其击穿电压的分散性很小。高压静电电压表的电极布置是均匀电场气隙的一个实例。工程中很少见到比较大的均匀电场气隙，因为这种情况下为消除电极边缘效应，电极的尺寸必须做得很大。因此，对于均匀电场气隙，通常只有间隙距离不长时的击穿数据，如图1-10所示。

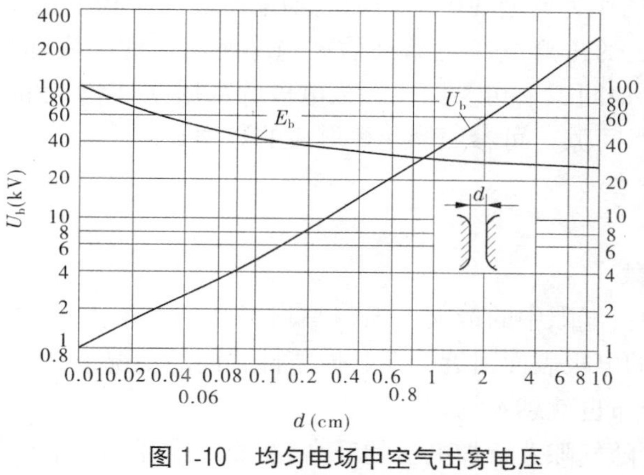

图1-10　均匀电场中空气击穿电压

图1-10所示的击穿电压（峰值）试验曲线，可用以下经验公式表示

$$U_b = 24.55\delta d + 6.66\sqrt{\delta d} \quad (\text{kV}) \tag{1-28}$$

式中　d——间隙距离，cm；

δ——空气的相对密度，指空气密度与标准大气条件（$p_0 = 101.3$ kPa，$T_0 = 293$ K）下的密度之比。

相应的平均击穿场强为

$$E_b = \frac{U_b}{d} = 24.55\delta + 6.66\sqrt{\frac{\delta}{d}} \quad (\text{kV/cm}) \tag{1-29}$$

由式（1-29）或图1-10可知，随着极间距离 d 的增大，击穿场强 E_b 稍有下降，在 $d = 1 \sim 10$ cm 的范围内，其击穿场强约为 30 kV/cm。

三、稍不均匀电场中气体的放电特性

就气体放电的基本特性而言，稍不均匀电场与均匀电场相似，而与极不均匀电场有很大差别。而且稍不均匀电场中不可能存在稳定的电晕放电，一旦出现局部放电，即导致整个气隙的击穿，同样是击穿所需的时间极短，因此其直流击穿电压与工频击穿电压峰值，以及50%冲击击穿电压与均匀电场的一样，都是相同的，其击穿电压的分散性也很小。

第四节　极不均匀电场中气体放电特性

在电力工程的大多数实际绝缘结构中，电场都是不均匀的。由前述可知，不均匀电场可分为稍不均匀电场和极不均匀电场，全封闭组合电器(GIS)的母线筒和高压实验室中测量电压用的球间隙是典型的稍不均匀电场；高压输电线之间的空气绝缘和实验室中高压发生器的输出端对墙的空气绝缘则是极不均匀电场。稍不均匀电场中放电的特点与均匀电场中的相似，在气隙击穿前看不到有什么放电的迹象。极不均匀电场中空气间隙的放电具有一系列的特点，因此研究极不均匀电场中气体放电的规律有很大的实际意义。

考虑到实际绝缘结构中电场分布形式的多样性，常用棒—棒(或针—针)和棒—板(或针—板)间隙的电场作为典型的极不均匀电场来研究。工程上遇到极不均匀电场时，可根据这两种典型电极的击穿电压数据来估算绝缘距离。如果实际的电场分布不对称(如输电线路的导线—地间隙)，可参照棒—板电极的数据；如果实际的电场分布对称(如输电线路的导线—导线间隙)，可参照棒—棒电极的数据。

一、电晕放电

(一)电晕放电现象

当电场极不均匀时，气隙中的最大场强与平均场强相差很大。气隙中的最大场强通常出现在曲率半径小的电极表面附近。在其他条件相同的情况下，电极曲率半径越小，最大场强就越大，电场分布也就越不均匀。

在不均匀电场中，随气隙上所加电压的升高，在曲率半径小的电极附近空间的局部场强将先达到足以引起强烈游离的数值，在棒电极附近很薄的一层空气里将达到自持放电条件，于是在这一局部区域形成自持放电。但由于气隙中的其余部分的场强较小，所以此游离区不可能扩展很大，仅局限在棒电极附近的强电场范围内。伴随着游离而存在的复合和反激发，发出大量的光辐射，在黑暗里可看到在该电极周围有薄薄的淡紫色发光层，有点像日月的晕光，故称电晕放电，这个发光层叫电晕层。由于游离层不可能向外扩展，所以虽然电晕放电是自持放电，但整个气隙仍未击穿。要使气隙击穿，必须继续升高电压。电晕放电是极不均匀电场所特有的一种自持放电形式，通常将开始出现电晕时的电压称为电晕起始电压，它小于气隙的击穿电压。电场越不均匀，两者的差值就越大。开始出现电晕时电极表面的场强称为电晕起始场强。电晕放电是极不均匀电场的一个特征，通常把能否出现稳定的电晕放电作为区别不均匀电场和稍不均匀电场的标志。工程上经常遇到极不均匀电场，架空输电线就是其中一个例子。遇阴雨等恶劣天气时，在高压输电

线附近常常可听到电晕放电的咝咝声，夜晚还可看到导线周围有淡紫色的晕光。一些高压设备上也会出现电晕，电晕放电会带来许多不利的影响。电晕放电时产生的光、声、热的效应以及化学反应等都会引起能量损耗；电晕电流是多个断续的脉冲，会形成高频电磁波，它既能造成输电线路上的功率损耗，也能对无线电通信和测量产生严重干扰；电晕放电还会使空气发生化学反应，形成臭氧及氧化氮等，不但产生臭味而且还产生氧化和腐蚀作用。所以，应力求避免或限制电晕放电的产生。在超高压输电线路上普遍采用分裂导线来防止产生电晕放电。当然，事物总是一分为二的，电晕放电在某些场合也有对人类有利的一面。例如，电晕可削弱输电线路上雷电冲击电压波的幅值和陡度，也可以使操作过电压产生衰减；人们可以利用电晕放电净化工业废气，制造净化水和空气用的臭氧发生器，发展静电喷涂和电除尘技术等。

（二）电晕放电的起始场强

以电力输电线路为例，设单根导线的半径为 r，导线离地面的高度为 h，导线表面电场强度 E 与对地电压 U 的关系可表述为

$$E = \frac{U}{r\ln\frac{2h}{r}} \tag{1-30}$$

对于两根线间距离为 D、半径为 r 的平行导线，线间电压为 U_L 时，则

$$E = \frac{U_L}{2r\ln\frac{D}{r}} \tag{1-31}$$

在大气条件下电晕起始场强 E_C（导线的表面场强）常常使用皮克经验公式，表达为

$$E_C = 30m\delta\left(1 + \frac{0.3}{\sqrt{r\delta}}\right) \tag{1-32}$$

式中　m——导线表面粗糙系数，光滑导线的 $m \approx 1$，绞线的 $m = 0.8 \sim 0.9$；

r——导线的半径，cm；

δ——气体的相对密度，见式（1-26）。

上式表明，导线半径越小，E_C 值越大，这是可以理解的。因为 r 越小，电场越不均匀，即间隙中场强随离开导线距离的增加而下降得越快，也就是说，碰撞游离系数 α 随离开导线距离的增加而减小得越快。

此外，对于雨、雾、雪、冰等使导线表面偏离理想状态的因素（雨水的水滴相当于导线表面形成了凸起的导电物），导线表面电场被改变，结果在较低的电压和表面电场强度下会出现电晕。此时，可用天气系数 m_1 加以修正，式（1-32）应改写为

$$E_C = 30m_1 m\delta\left(1 + \frac{0.3}{\sqrt{r\delta}}\right) \tag{1-33}$$

好天气时，$m_1 = 1$；坏天气时，m_1 可按 0.8 估算。

二、极不均匀电场中的放电先导及主放电

下面以棒—板为例来研究极不均匀电场中放电的发展过程。当逐步升高加在棒—板

间隙上的电压时，将首先在场强最大的棒极端部出现电晕。当棒极端部曲率很小时，电晕开始时表面的高场强区很窄，所以电晕层很薄，而且较均匀。随着电压的升高，电晕层不断扩大，个别电子崩形成流注，电晕层就不再是均匀的。如果电极的曲率半径较大，则因高场强区较宽，电晕一开始就表现为比较强烈的流注形式。电压进一步升高，个别流注继续发展，最后流注贯通间隙，导致间隙完全击穿。当间隙距离较长（ $d > 1\text{m}$ ）时，在流注通道还不足以贯通整个间隙的电压下，仍可能发展起击穿过程。当棒—板间隙中，从棒极开始的流注通道发展到足够的长度后，将有较多的电子沿通道流向电极，电子在沿通道运动的过程中，由于碰撞引起气体温度升高，通道逐渐炽热起来。通道根部通过的电子最多，故流注根部的温度最高，当电子越多和根部越细时，根部的温度变得更高，可达数千摄氏度或更高，足以使气体产生热游离，于是，从根部出发形成一段炽热的高游离火花通道，这个具有热游离过程的通道称为先导通道。由于先导通道中出现了新的更为强烈的游离过程，故先导通道中带电粒子的浓度远大于流注通道，因而电导大，压降小。由于流注通道中的一部分转变为先导，流注区头部的电场加强，从而为流注继续伸长到对面电极并迅速转变为先导创造了条件。此过程称为先导放电。当先导通道发展到接近对面电极时，在余下的小间隙中的场强可达到极大的数值，从而引起强烈的游离，这一强游离区又以极高的速度向相反方向传播，此过程称为主放电。当主放电形成的高电导通道贯穿两电极间隙后，间隙就被短路，失去其绝缘性能，击穿过程就完成了。

下面进一步来介绍长时电压（工频或直流）作用下空气间隙的放电特性。图 1-11 表示球—板空气间隙在工频电压作用下的特性。由图中可以看出：

（1）当间隙距离增加到一定数值时，间隙将由稍不均匀电场转变为极不均匀电场，此时将会在较低的电压下首先出现电晕放电，当电压进一步升高时，才发生击穿。

（2）间隙的电晕起始电压主要取决于电极的表面形状，即其曲率半径，而与间隙距离的关系不大。球的直径越小，电晕起始电压就越低。

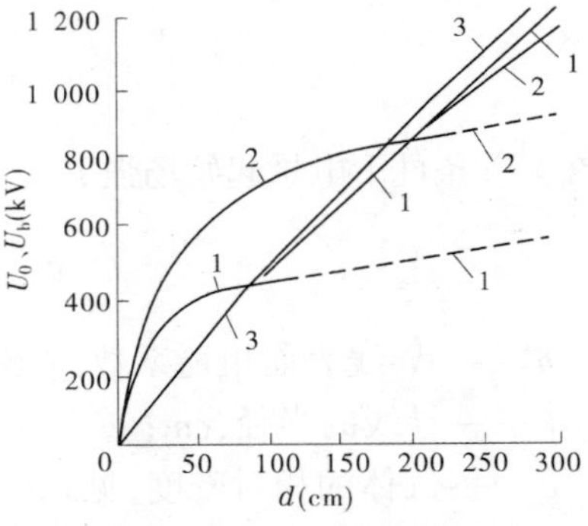

1—球直径 $D = 25$ cm；2—球直径 $D = 50$ cm；
3—棒—板间隙；U_b—击穿电压（实线）；
U_0—电晕起始电压（虚线）；d—间隙距离

图 1-11 球—板空气间隙在工频电压下的特性

（3）随着间隙距离的增加，电场的不均匀程度逐步增大，间隙的平均击穿场强也逐渐由均匀电场的 30 kV（幅值）/cm 左右逐渐减小到不均匀电场中的 5 kV（幅值）/cm 以下。极不均匀电场中的平均击穿场强之所以低于均匀电场，是由于前者在较低的平均场强下，局部的场强就已超过自持放电的临界值，形成电子崩和流注（长间隙中还有先导放电）。流注或先导通道向间隙深处发展，相当于缩短了间隙的距离，所以击穿就比较容易，需要的平均场强也就较低。

（4）在极不均匀电场的情况下，不管是棒—板间隙或是不同直径的球—板间隙，击穿电压和距离的关系曲线都比较接近。这就是说，在极不均匀电场中，击穿电压主要取决于间隙距离，而与电极形状的关系不大。因此，在工程实践中常用棒—板或棒—棒这两种类型间隙的击穿特性曲线作为选择绝缘距离的参考。

三、极性效应

极性效应是极不均匀电场下气体间隙放电出现的一种值得注意的现象。虽然从试验分析来看，放电一定是从曲率半径较小的那个电极表面（场强最大的地方）开始的，而与该电极的极性即电位的正负无关，但是，后来的放电发展过程、气隙的电气强度、击穿电压等都与该电极的极性有关。

极性效应取决于表面电场较强的那个电极所具有的电位符号，所以在两个电极几何形状不同的场合，极性取决于曲率半径较小的那个电极的电位符号（如棒—板间隙的棒极电位）；而在两个电极几何形状相同的场合（如棒—棒间隙），则极性取决于不接地的那个电极的电位符号。

以电场最不均匀的棒—板间隙为例，表述放电的发展过程和极性效应，如图 1-12 和图 1-13 所示。在棒—板间隙上加上电压，无论棒的极性如何，间隙中的电场分布总是不均匀的，在曲率半径小的棒极附近的电场特别强。当此处的场强超过气体游离所需的电场强度时，气体开始游离，产生电子和正离子。

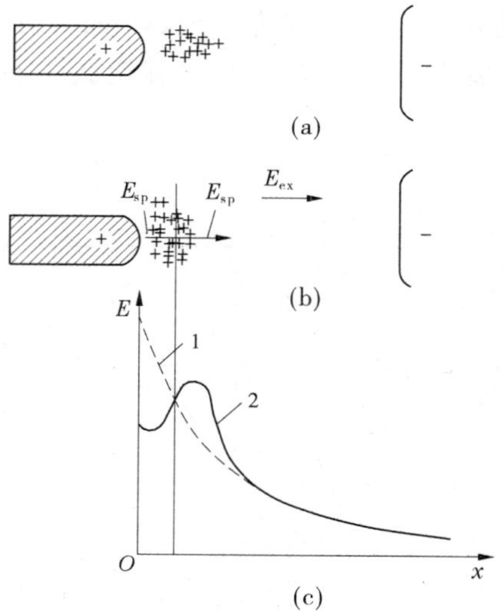

1—外电场；2—合成电场

图 1-12　正棒—负板间隙中

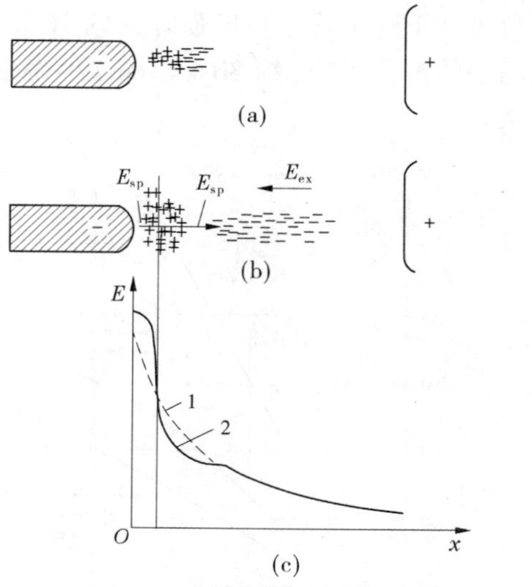

1—外电场；2—合成电场

图 1-13　负棒—正板间隙中

当棒电极为正极时，正棒—负板间隙中气体游离产生的正空间电荷的分布如图 1-12（a）所示。在棒附近游离产生的电子首先形成电子崩，电子崩头部的电子迅速进入正棒电极，而留下来的正离子缓慢地向板极移动，于是在棒极附近就积聚起正空间电荷，这些正空间电荷使紧贴棒极附近的电场减弱，棒极附近难以形成流注，从而使自持放电难以实现，即电晕放电难以实现，故其电晕起始电压较高。而正空间电荷在间隙深处产生的附加电场与原电场方向一致，加强了指向板极的电场，如图 1-12（b）所示，有利于流注在间隙中向负板电极方向发展，故其击穿电压较低。

当棒电极为负极时,负棒—正板间隙中,空间电荷的分布如图 1-13(a)所示。棒端形成电子崩,电子迅速向板极移动,棒附近的正空间电荷缓慢地向棒极移动,正空间电荷产生的附加电场加强了朝向棒端的电场强度,从而使棒附近容易形成流注,故容易形成自持放电,其电晕起始电压较低;在间隙深处,正空间电荷产生的附加电场与原电场方向相反,削弱了朝向板极方向的电场强度,使放电的发展比较困难,因而击穿电压就较高。

当电极极性不同时,在直流电压作用下,棒—板与棒—棒空气间隙的直流击穿电压与间隙距离的关系如图 1-14 所示,图中 U_b 为间隙的直流击穿电压, d 为间隙距离(不大于 10 cm)。由图中可看出,棒—板空气间隙在直流电压作用下具有明显的极性效应,如棒—板间隙在负极性时的击穿电压(约 20 kV/cm)大大高于正极性时的击穿电压(约 7.5 kV/cm);而棒—棒空气间隙的极性效应不明显。而且棒—棒空气间隙的击穿电压介于极性不同的棒—板空气间隙之间,这是可以理解的。因为由上述极性效应现象分析可知,正棒—负板间隙中有正极性尖端,放电容易发展,故其击穿电压比负棒—正板间隙的低;但棒—棒间隙有两个尖端,即有两个强电场区域,具有对称性,以致在同样间隙距离下,通常其电场均匀程度会增加,因此棒—棒间隙的最大场强比正棒—负板间隙的低,从而使击穿电压比正棒—负板间隙的高。

图 1-15 是极间距离大得多的棒—板空气间隙的直流击穿电压与间隙距离的关系,这时负极性下的平均击穿场强降到约 10 kV/cm,而正极性下只有约 4.5 kV/cm,都比均匀电场中的击穿场强(约 30 kV/cm)小得多。这一结果对于超高压直流输电技术有指导意义。

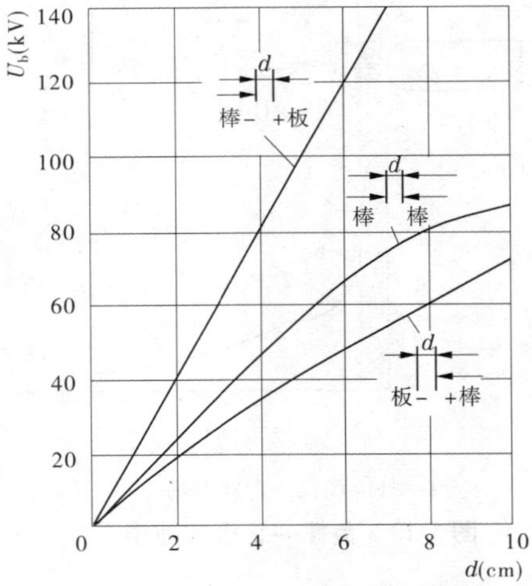

图 1-14 棒—板和棒—棒间隙直流击穿曲线

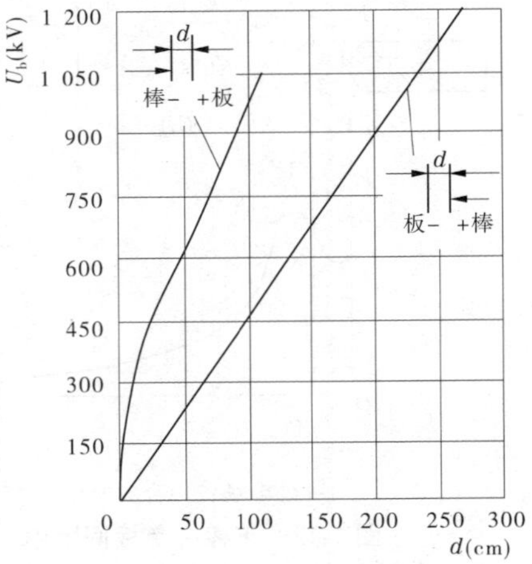

图 1-15 棒—板长间隙直流击穿曲线

在工频交流电压作用下,不同间隙的击穿电压 U_b 和间隙距离 d 的关系如图 1-16 所示。图中所示击穿电压数据通常随间隙电压逐步慢慢升高,直至发生击穿。在这种情况下,棒—板间隙的击穿总是发生在棒极为正极性的那半周的峰值附近,可见其工频击穿电压的峰值一定与正极性直流击穿电压相近,甚至稍小。这可以理解为,棒极附近空间电场因上一半波电压所遗留下来的空间电荷而加强。从图 1-16 可看出,在间隙距离不超过 1 m 时,棒—板与棒—棒空气间隙的工频击穿电压几乎一样,并且除起始部分外,击穿电压与间隙距离近似成直线关系,但在间隙距离进一步增大后,二者的差别就变得越来越大了。

图 1-17 是根据间隙距离更长时的试验数据绘制的图,为了进行比较,图中同时绘有"导线—杆塔""导线—导线"空气间隙的试验结果。从图中可以看出,随着气隙长度的增大,棒—板间隙的平均击穿场强明显降低,即存在饱和现象。显然,这时再增大气隙的长度已不能有效地提高其工频击穿电压了。

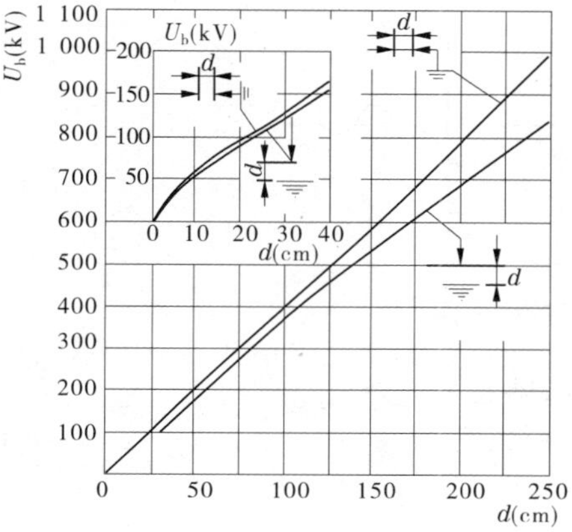

图 1-16　棒—板和棒—棒间隙工频击穿曲线

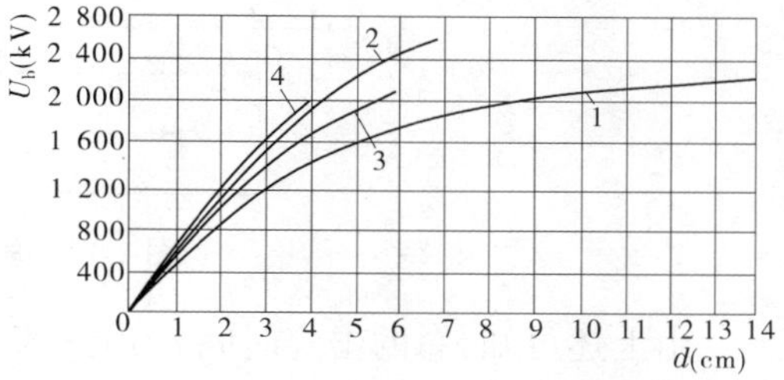

1—棒—板;2—棒—棒;

3—导线—杆塔;4—导线—导线

图 1-17　几种长间隙工频击穿曲线

第五节　雷电和操作冲击电压下气隙的击穿特性

一、放电时延

从前述气隙放电过程来看,完成气隙的击穿应该满足必备的三个条件:①气隙应施加足够高的电压或足够大的电场强度;②在气隙中存在能引起电子崩并导致流注和主放电的有效电子;③需要有一定的时间,让放电得以逐步发展并完成击穿。

从试验来看,气隙完成击穿所需放电时间是很短的(微秒级),如果气隙上所加的是直流电压、工频交流等持续作用的电压,满足上述第三个条件不成问题。但当所加的是电压变化速度很快、作用时间很短的冲击电压时,因其有效作用时间短,也是以微秒计,则此时放电时间就变成一个重要因素。

如图 1-18 所示,设在某个气隙两端施加图中所示电压,使它从零迅速上升至峰值 U,然后维持不变。如果该气隙在持续电压作用下的击穿电压为 U_b(该气隙的静态击穿电压),则当所加电压从零上升至 U_b 这段时间 t_1 内,击穿过程尚未开始,因为此时电压还不够高。实际上即使时间达到 t_1 后,击穿过程也不一定立即开始,因为这时在气隙中可能尚未出现能引起电子崩并导致流注和主放电的有效电子,把从 t_1 开始到气隙中出现第一个有效电子所需的时间称为统计时延 t_s。由于有效电子的出现是一个随机事件,取决于许多偶然因素,因而等候有效电子的出现所需的时间具有统计性。出现有效电子后,气隙的击穿过程才真正开始,该电子将引起碰撞游离,形成电子崩并导致流注和主放电,最后完成气隙击穿。显然,这个过程也需要一定时间,称为放电形成时延 t_f,它也具有统计性。

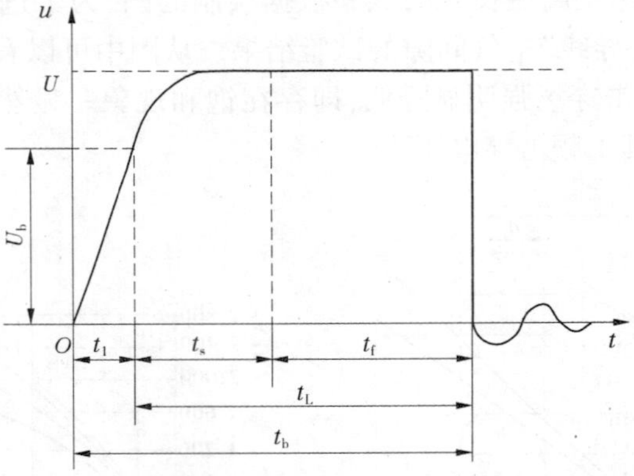

图 1-18 放电时延的构成图

由上述可知,总的击穿时间 t_b 由三部分构成,即

$$t_b = t_1 + t_s + t_f \tag{1-34}$$

后两个分量之和称为放电时延 t_L,即

$$t_L = t_s + t_f \tag{1-35}$$

总的击穿时间 t_b 和放电时延 t_L 的长短都与所加电压的幅值 U 有关,总的趋势是,U 越高,放电过程发展得越快,t_b 和 t_L 越短。

二、标准波形

(一)标准雷电冲击电压波

雷电冲击电压一般是指持续时间很短,只有几个微秒(μs)到几十个微秒的非周期性变化的电压。由雷电产生的过电压就属于这样的电压。由于电压作用时间短到可以与放电需要的时间相当,所以空气间隙在雷电冲击电压作用下有着一系列的特点。

为了检验绝缘耐受雷电冲击电压的能力,在实验室中可以利用冲击电压发生器产生冲击高压波,以模拟雷电放电引起的过电压。为了使所得到的结果可以互相比较,需要规定标准波形。标准波形是根据电力系统中大量实测得到的雷电过电压波形制定的。我国规定的雷电冲击电压标准波形如图 1-19 所示。

冲击电压波形由(视在)波前时间 T_1 及(视在)半峰值时间 T_2 来确定。由于实验室中一般用示波器摄取的冲击电压波形图在原点附近往往模糊不清,波峰附近波形较平,不易确定原点及峰值的位置,因此以经过 $0.3U_m$ 和 $0.9U_m$ 两点的直线构成的视在斜角波前(图中虚线)为依据,以其与时间轴的交点 O' 为视在原点作为计时起点。我国国家标准规定的雷电冲击电压标准波形的参数与国际电工委员会(IEC)标准规定相同:$T_1 = (1.2 \pm 30\%)\ \mu s$,$T_2 = (50 \pm 20\%)\ \mu s$。标准波形通常可写成 1.2/50 μs,并应在其前面加上正、负号以表明其极性,即不接地电极相对于地而言的极性。

(二)标准雷电截波

标准雷电截波用来模拟雷电过电压引起气隙击穿或外绝缘闪络后出现的截尾冲击

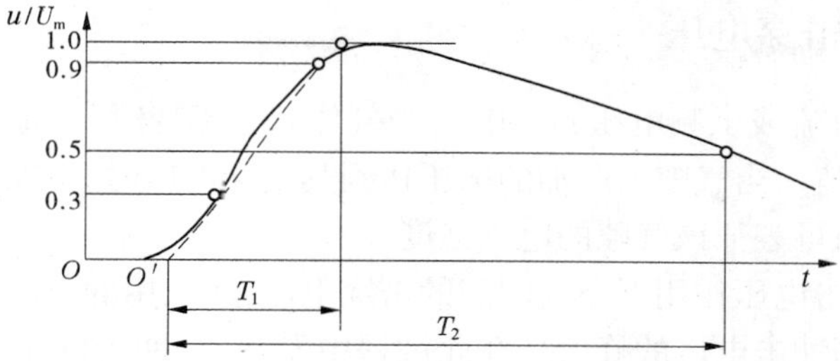

图 1-19　雷电冲击电压标准波形

波,标准波形如图 1-20 所示。

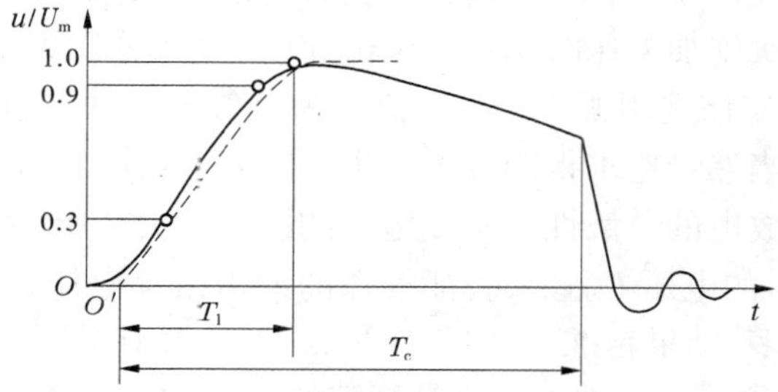

图 1-20　截波标准波形

IEC 标准和我国标准规定：$T_1 = (1.2 \pm 30\%)$ μs，$T_c = 2 \sim 5$ μs，也可写成 1.2/2~5 μs。

(三)标准操作冲击电压波

标准操作冲击电压波用来模拟电力系统中的操作过电压波，与标准雷电冲击电压波相似，也采用非周期双指数波，但其波前时间和半峰值时间都要比标准雷电冲击电压波长得多。标准波形如图 1-21 所示。

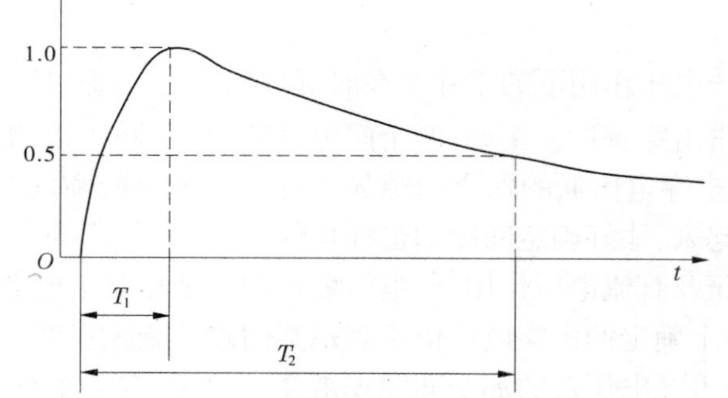

图 1-21　标准操作冲击电压波形

IEC 标准和我国标准规定：波前时间 $T_1 = (250 \pm 20\%)$ μs，半峰值时间 $T_2 = (2\,500 \pm 60\%)$ μs。

三、50%冲击击穿电压 $U_{50\%}$

在持续电压(直流或工频电压)作用下,当气体状态不变时,一定距离的间隙,其击穿电压具有确定的数值。当气隙上所加的电压达到其击穿电压时,气隙即被击穿,而少有分散性,此击穿电压值可表征该气隙的电气强度。

为了求得在冲击电压作用下空气间隙的击穿电压,所采用的方法是,保持冲击电压的波形不变,逐步升高冲击电压的峰值。在此过程中发现,当冲击电压的幅值很低时,每次施加电压间隙都不击穿(击穿百分比为0);随着外施电压的升高,放电时延缩短,逐步地,当电压峰值增加到某一定值时,由于放电时延有分散性,对于较短的放电时延,击穿有可能发生,即在多次施加此电压时,击穿有时发生,有时不发生;而最后当冲击电压的峰值超过某一值后,间隙在每次施加电压时都将发生击穿(击穿百分比为100%)。那么,在这许多电压(峰值)中,究竟应该选用哪一个电压值作为该气隙的冲击电压呢?从表明间隙耐受冲击电压的能力看,当然希望求得刚好发生击穿时的最低电压值,但这个电压值在试验中很难准确求得,因为放电的分散性与重复施加的次数有关。所以,在工程实际中广泛采用击穿百分比为50%时的电压 $U_{50\%}$ 来表征气隙的冲击击穿电压。以试验方法决定 $U_{50\%}$ 时,施加电压的次数越多,结果越准确,但工作量太大,也没有必要。实际中,施加10次电压中有4~6次击穿了,这一电压即可认为是气隙的 $U_{50\%}$ 冲击击穿电压。

50%冲击击穿电压 $U_{50\%}$ 与静态击穿电压的比值称为冲击系数,用 β 表示,即

$$\beta = \frac{U_{50\%}}{U_b} \tag{1-36}$$

式中　U_b ——工频击穿电压的幅值。

在均匀电场和稍不均匀电场中,由于放电时延缩短,击穿电压的分散性小,其冲击系数 β 实际上等于1,且在 $U_{50\%}$ 作用下,击穿通常发生在波前峰值附近;在极不均匀电场中,由于放电时延较长,击穿电压的分散性也大,故冲击系数通常大于1,且在 $U_{50\%}$ 作用下,击穿通常发生在波尾。

四、伏秒特性

由于气隙在冲击电压作用下的击穿存在时延现象,所以上述 $U_{50\%}$ 冲击击穿电压不能完全说明气隙的冲击击穿特性。例如,两个间隙并联,在不同幅值的冲击电压作用下,就不一定是 $U_{50\%}$ 冲击击穿电压低的那个间隙先击穿了。因为间隙的击穿电压还必须和电压的作用时间联系起来,才好确定间隙的击穿特性。

气隙在工频电压及直流电压作用下,电压变化的速度相对于放电过程来说,总是非常缓慢的,故可用某一个确定的击穿电压值来表示某间隙的绝缘强度。两个间隙并联,在持续电压作用下,总是击穿电压低的那个间隙先击穿。然而,雷电冲击电压作用时间以微秒计,故间隙的击穿特性就必须考虑到放电时间的作用。

在同一波形、不同峰值的冲击电压作用下,间隙上出现的电压最大值和放电时间的关系曲线,称为间隙的伏秒特性曲线。工程上常用伏秒特性曲线来表征间隙在冲击电压作用下的击穿特性。

伏秒特性可用试验方法求取。对某一间隙施加冲击电压,并保持其标准的冲击电压波形不变,逐渐升高冲击电压幅值,得到该间隙的放电电压 u 与放电时间 t 的关系,则可绘出伏秒特性曲线,如图 1-22 所示。作图时要注意,当击穿发生在波尾时,伏秒特性曲线上该点的电压值应取冲击电压的幅值,而不是击穿时的电压值。

由于放电时间具有分散性,同一个间隙在同一幅值的标准冲击电压波的多次作用下,每次击穿所需的时间不尽相同,故在每级电压下,可得到一系列的放电时间,故伏秒特性曲线实际上是以上、下包线为界的一个带状区域,如图 1-23 所示。

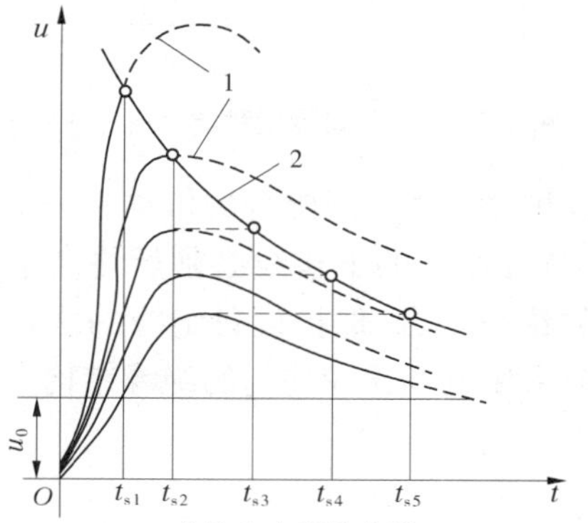

1—在波头击穿的曲线;
2—伏秒特性曲线

图 1-22　间隙的伏秒特性

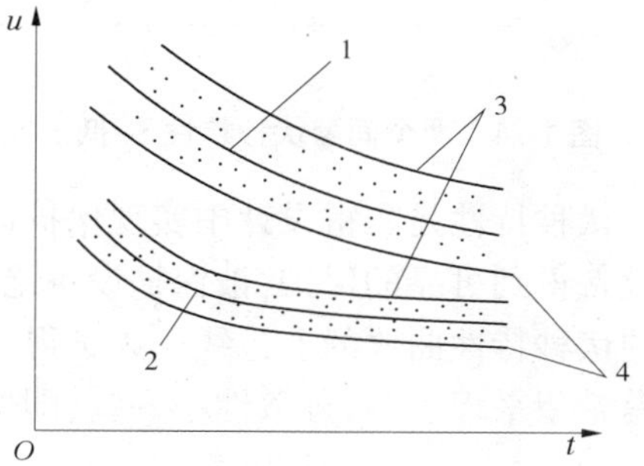

1—极不均匀电场的 $U_{50\%}$ 伏秒特性;2—均匀或稍不均匀电场的 $U_{50\%}$ 伏秒特性;3—上包线 $U_{50\%}$;4—下包线 $U_{50\%}$

图 1-23　带状伏秒特性

间隙的伏秒特性曲线形状与极间电场分布有关。对于均匀或稍不均匀电场,由于击穿时的平均场强较高,放电发展较快,放电时延较短,故间隙的伏秒特性曲线比较平坦,如图 1-23 中曲线 2 所示,且分散性较小,仅在放电时间极短时,略有上翘,这是由于统计时延的缩短需要提高电压的缘故。由于均匀及稍不均匀电场的伏秒特性曲线除有很短一部分上翘外,很大一部分曲线是平坦的,其 50% 冲击击穿电压和静态击穿电压相一致。由于上述这种性质,在实践中常常利用电场比较均匀的球间隙作为测量静态电压和冲击电压的通用仪表。

对于极不均匀电场中的间隙,其平均击穿场强较低,放电形成时延 t_f 受电压的影响大,t_f 较长且分散性也大,其伏秒特性曲线在放电时间还相当大时,便随时间 t 的减少而明显地上翘,曲线比较陡,如图 1-23 中曲线 1 所示。而且,即使在电压作用时间较长(击穿发生在波尾)时,冲击击穿电压也高于静态击穿电压。

间隙的伏秒特性在考虑保护设备(如保护间隙或避雷器)与被保护设备(如变压器)的绝缘配合上具有重要的意义。在图 1-24 和图 1-25 中,S_1 表示被保护设备绝缘的伏秒特性,S_2 表示与其并联的保护设备绝缘的伏秒特性。图 1-24 中 S_2 总是低于 S_1,说明在同一过电压作用下,总是保护设备先动作(或间隙先击穿),从而限制了过电压的幅值,这时保护设备就可对被保护设备起到可靠的保护作用。但若 S_2 与 S_1 相交,如图 1-25 所示,虽然在放电时间长的情况下保护设备有保护作用,但在放电时间很短时,保护设备的击穿电压已高于被保护设备绝缘的击穿电压,被保护设备就有可能先被击穿,因而此时保护设备已起不到保护作用了。

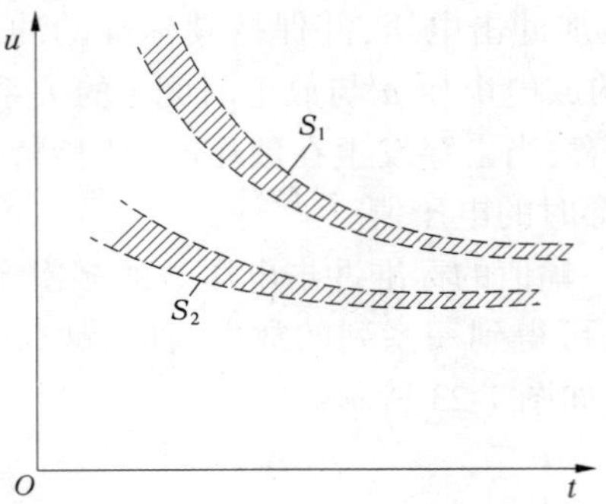

图 1-24 两个间隙伏秒特性 S_2 低于 S_1 时

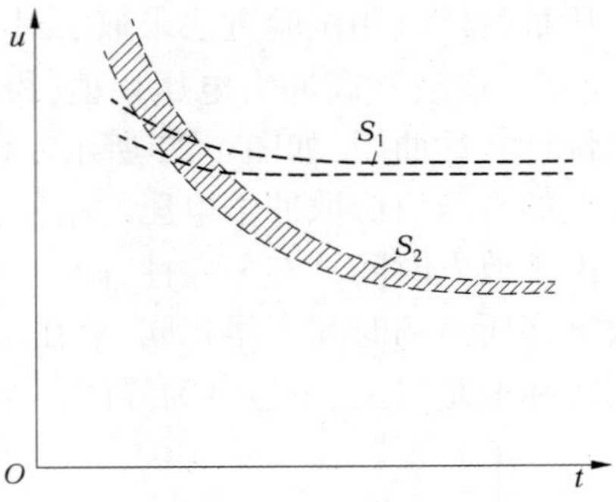

图 1-25 两个间隙伏秒特性 S_2 与 S_1 相交时

伏秒特性是防雷设计中实现保护设备和被保护设备间绝缘配合的依据。为了使被保护设备得到可靠的保护,被保护设备绝缘的伏秒特性曲线的下包线必须始终高于保护设备的伏秒特性曲线的上包线。为了得到较理想的绝缘配合,保护设备绝缘的伏秒特性曲线总希望平坦一些,分散性小一些,即保护设备应采用电场比较均匀的绝缘结构。

五、雷电冲击电压下气隙的击穿特性

由前述可知,极不均匀电场中的放电时延较长,冲击系数均大于 1,冲击击穿电压的分散性也大,其标准偏差值可取为 3%。在 50% 冲击击穿电压下,击穿常发生在冲击电压的波尾部分。

在雷电冲击电压作用下,棒—棒和棒—板气隙的 50% 冲击击穿电压与极间距离 d 的关系如图 1-26 所示。气隙长度 d 更大的试验结果见图 1-27。由图可见,棒—板气隙的冲击击穿电压具有明显的极性效应,棒极为正极性的击穿电压比棒极为负极性时的数值低得多。棒—棒气隙也有不大的极性效应,这是因为大地的影响,不接地的那支棒极附近的电场增强的缘故。同时还可以看到棒—棒气隙的击穿特性介于棒—板气隙两种极性的击穿特性之间。

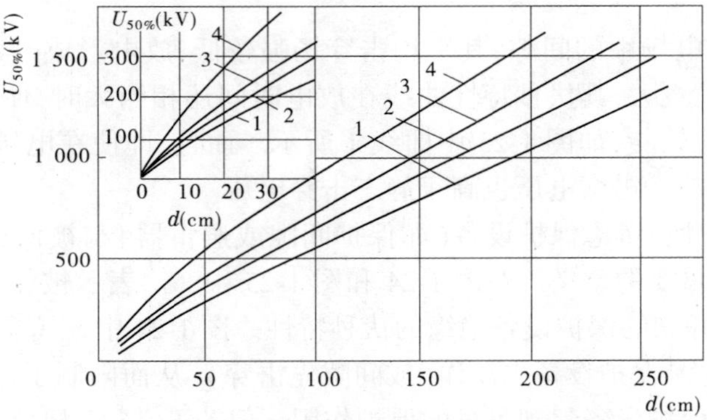

1—正棒—负板;2—棒—棒正极性;
3—棒—棒负极性;4—负棒—正板

图 1-26 雷电冲击 50% 击穿电压与极间距离关系

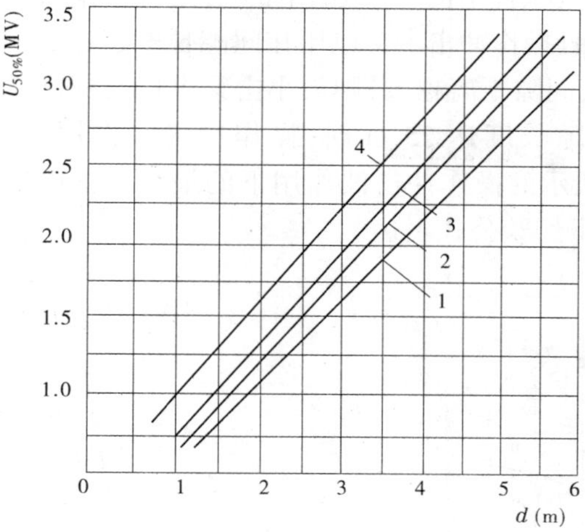

1—正棒—负板;2—棒—棒正极性;

3—棒—棒负极性;4—负棒—正板

图 1-27　棒—棒和棒—板长气隙的雷电冲击击穿特性

六、操作冲击电压下气隙的击穿特性

电力系统在操作或发生事故时,因系统状态发生突然变化而引起电感和电容回路的振荡产生过电压,称为操作过电压。操作过电压的峰值可高达最大相电压的 3~3.5 倍,因此,为保证安全运行,需要对高压电气设备的绝缘考察其耐受操作过电压的能力。电力系统中操作过电压作用下的空气间隙击穿特性,过去曾认为与工频电压的击穿特性差别不大,其击穿电压介于雷电冲击击穿电压和工频击穿电压之间,一般可以引入某个操作冲击系数把操作过电压折算成等效工频电压来考虑,故早期的工程实践中,常采用工频电压试验来考验绝缘耐受操作过电压的能力。近 20 年来,随着电力系统工作电压的不断提高,操作过电压下的绝缘问题越来越突出,从而广泛地开展了对操作过电压波形下气体绝缘放电特性的研究。在研究中发现了一系列新的特点,如波形对击穿电压有很大的影响,在一定波形下操作冲击 50%击穿电压甚至比工频击穿电压还要低等。因此,当前的试验标准规定,对额定电压在 330 kV 及以上的高压电气设备要进行操作冲击电压试验。这说明操作冲击电压下的击穿只对长间隙(电压高才有相间、相地距离长)才有重要意义。

通常采用与雷电冲击波相似的非周期性指数衰减波来模拟频率为数千赫的操作过电压,研究表明,长空气间隙的操作冲击击穿通常发生在波前部分,因而其击穿电压与波前时间有关而与波尾时间无关。

图 1-28 是棒—板空气间隙的正极性操作冲击 50%击穿电压和波前时间的关系。

从图 1-28 中可以看出,曲线呈“U”形,在某一波前时间(称为临界波前时间)下 $U_{50\%}$ 有极小值。这个极小值可能比间隙的工频击穿电压还低。随着间隙距离的增大,临界波前时间也增加。对于输电线路和变电所的各种形状的空气间隙,操作冲击波形对击穿电压都具有类似的影响。出现的“U”形曲线在正极性下更为明显。

图 1-29 给出空气中棒—板间隙在正极性雷电冲击和操作冲击波作用下击穿电压的

比较(图中数据为标准大气条件下的)。由图 1-29 可见,长间隙的雷电冲击击穿电压远比操作冲击击穿电压要高,且操作冲击击穿电压在间隙长度超过 5 m 时出现明显的饱和趋势。从图 1-29 还可看出,间隙距离越大,则最小击穿电压与标准正极性操作波下的击穿电压的差别越大。当间隙长度达 25 m 时,操作冲击波作用下的最低击穿强度仅为 1 kV/cm。对于图 1-29 所示的操作冲击波作用下的最小击穿电压 $U_{\min}$,在间隙距离 d = 1~20 m 范围内,可用以下经验公式表达

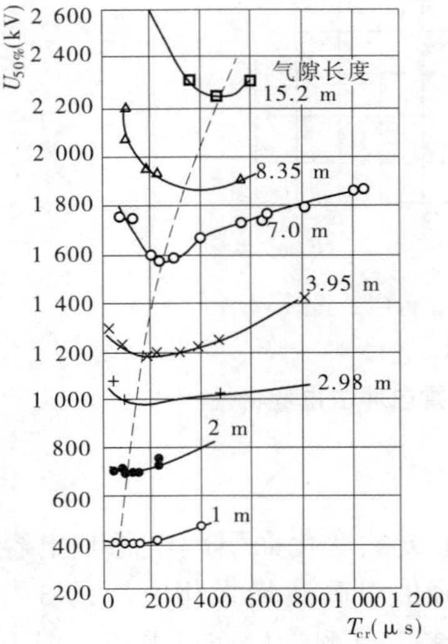

图 1-28 棒—板空气间隙的正极性操作冲击 50%击穿电压和波前时间的关系

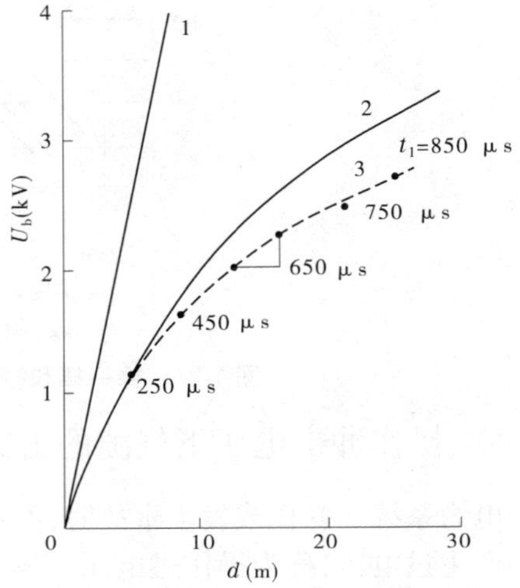

1—雷电冲击;2—操作冲击;3—最小击穿电压

图 1-29 棒—板空气间隙的正极性雷电冲击和操作冲击波作用下的击穿电压

$$U_{\min} = \frac{3.4}{1 + \frac{8}{d}} \tag{1-37}$$

棒—板间隙的操作冲击击穿电压比同样距离的其他间隙要低,其他间隙的操作冲击击穿电压 U_c 可根据其间隙系数 k 和棒—板间隙的操作冲击击穿电压 U_r(均指 50%击穿电压)来估算,即

$$k = \frac{U_c}{U_r} \tag{1-38}$$

间隙系数 k 与间隙的几何形状,也就是间隙中的电场分布有关,k 的数值可在绝缘手册中查到。但在工程中为了保证可靠性和经济性,常需要在 1∶1的模型上进行试验,以取得可靠的数据。

第六节 大气条件对气隙击穿电压的影响

空气间隙及电气设备外部绝缘的击穿电压受到大气压力、温度和湿度的影响。在不

同的大气条件下，空气间隙及电气设备外部绝缘的击穿电压必须换算到标准大气条件下才能进行比较。我国规定的标准大气条件是：大气压力 $p_0 = 101.3$ kPa、温度 $T_0 = 20$ ℃或 $T_0 = 293$ K、绝对湿度 $h_0 = 11\ g/m^3$。

在实际试验条件下空气间隙的击穿电压和标准大气条件下空气间隙的击穿电压可以通过相应的校正系数换算求得。

一、相对密度对击穿电压的影响

当气体的温度或压力改变时，其结果都反映为气体相对密度的变化，空气的相对密度 δ 为试验条件下的空气密度与标准大气条件下的空气密度之比。因空气的相对密度与大气压力成正比，与温度成反比，如式(1-26)所示。在大气条件下，空气间隙的击穿电压随空气的相对密度 δ 的增大而升高。试验证明，当 $\delta = 0.95 \sim 1.05$ 时，空气间隙的击穿电压与其相对密度成正比。因此，若不考虑湿度的影响，则空气相对密度在以上范围时的击穿电压 U 和标准大气条件下的击穿电压 U_b 有如下换算关系

$$U = \delta U_b \tag{1-39}$$

式(1-39)是对 1 m 以下的间隙进行试验得到的，对于均匀电场、不均匀电场、直流电压、工频或冲击电压都适用。

当利用球间隙测量击穿电压时，如果空气的相对密度 δ 与 1 相差较大，可用表 1-3 中的校正系数 K_δ 代替上述 δ 值来校正击穿电压值。

表 1-3　校正系数

空气相对密度 δ	0.70	0.75	0.80	0.85	0.90	0.95	1.00	1.05	1.10	1.15
校正系数 K_δ	0.72	0.77	0.81	0.86	0.91	0.95	1.00	1.05	1.09	1.13

试验研究表明，对更长空气间隙击穿特性来说，间隙击穿电压与大气条件变化的关系并不是一种简单的线性关系，而是随电极形状、距离以及电压类型而变化的复杂关系。除间隙距离不大、电场比较均匀的球—球间隙以及距离虽大，但击穿电压仍随距离线性增大（如雷电冲击电压）的情况下，式(1-39)仍可适用外，对其他情况下的击穿电压必须使用下式所示的空气密度校正系数

$$K_\delta = \left(\frac{P}{P_0}\right)^m \times \left(\frac{273 + T_0}{273 + T}\right)^n \tag{1-40}$$

式中　m、n——与电极形状、间隙距离以及电压类型和极性有关的指数，其值在 0.4~1.0 的范围内变化。

二、湿度对击穿电压的影响

通常大气中所含的水气分子能俘获自由电子而形成负离子，这对气体中的放电过程显然起着抑制作用，可见大气的湿度越大，气隙的击穿电压也会增高。在均匀和稍不均匀电场中，放电开始时，整个气隙的电场强度都较大，电子的运动速度较快，不易被水气分子所俘获，因而湿度的影响就不太明显，可以忽略不计。例如，用球间隙测量高电压时，只需要按空气相对密度校正其击穿电压就可以了，而不必考虑湿度的影响。但是，在极不均匀

电场中，平均击穿场强较低，易形成负离子，湿度的影响就很明显了，这时可以用下面的湿度校正因数来加以修正

$$K_h = (k)^{\omega} \tag{1-41}$$

式中的因数 k 与绝对湿度和电压类型有关，而指数 ω 的值则取决于电极形状、气隙长度、电压类型及其极性。具体取值可参考相关国家标准。

在极不均匀电场中，当湿度不同于标准大气条件时，空气间隙的击穿电压的换算关系可表示为

$$U = \frac{1}{K_h} U_b \tag{1-42}$$

三、对海拔的校正

我国幅员辽阔，有不少电力设施（特别是输电线路）位于高海拔地区。随着海拔的增大，空气变得逐渐稀薄，大气压力和相对密度减小，因而空气的电气强度也将降低。海拔对气隙的击穿电压和外绝缘的闪络电压的影响可利用一些经验公式求得。我国国家标准规定：对于安装在海拔高于 1 000 m、但不超过 4 000 m 处的电力设施外绝缘，其试验电压 U 应为平原地区外绝缘的试验电压 U_p 乘以海拔校正因数 K_a，K_a 的计算公式如下

$$K_a = \frac{1}{1.1 - H \times 10^{-4}} \tag{1-43}$$

式中 H——安装点的海拔，m。

第七节 提高气隙绝缘强度的方法

在高压电气设备中经常利用气隙进行绝缘，为了减小设备的尺寸，总希望将气隙长度或绝缘距离取得小些。为此就得采取措施，以提高气体介质的绝缘强度。从上述分析影响气隙绝缘强度的各种因素可知，提高气隙绝缘强度的方法不外乎两个途径：一个是改善电场分布，使之尽量均匀；另一个是利用有效方法来削弱或抑制气隙的游离过程。具体办法如下。

一、改善电场分布的措施

由前述可知，均匀电场和稍不均匀电场中气隙的平均击穿场强比极不均匀电场中气隙的平均击穿场强要高得多。电场分布越均匀，则间隙的平均击穿场强也越高，因此改善电场分布可以有效地提高间隙的击穿电压。改善间隙的电场分布可以采用如下几种方法：

(1)改变电极形状。用改变电极形状、增大电极曲率半径的方法来改善间隙中的电场分布，以提高其击穿电压。同时，电极表面及其边缘尽量避免毛刺及棱角等，以消除局部电场增强。近年来，随着电场数值计算的应用，在设计电极时常使其具有最佳外形，以提高间隙的击穿电压。有些绝缘结构，无法实现均匀电场，但为了避免在工作电压下出现强烈的电晕放电，也必须增大电极的曲率半径，以降低局部场强。高压试验变压器套管端

部加屏蔽罩就是一例。

(2)利用空间电荷对电场的均匀作用。由前述可知,在极不均匀电场中,冲击电压远低于间隙的击穿电压时就已发生电晕放电。在一定的条件下,可利用电晕电极所产生的空间电荷来改善极不均匀电场中的电场分布,从而提高间隙的击穿电压。但应指出,上述细线效应只存在于一定的间隙距离范围内,当间隙距离超过一定数值时,电晕放电将产生刷状放电,从而破坏比较均匀的电晕层,使击穿电压与棒—板或棒—棒间隙相近。此种提高击穿电压的方法仅在持续电压作用下才有效,在雷电冲击电压作用下并不适用。

(3)极不均匀电场中屏障的采用。在极不均匀电场的棒—板间隙中,放入薄层固体绝缘材料(如纸或纸板等),在一定条件下,可显著提高间隙的击穿电压。所采用的薄层固体材料称为极间障,也叫屏障。因屏障极薄,屏障本身的耐电强度无多大意义,而主要是屏障阻止了空间电荷的运动,造成空间电荷改变并均匀了电场分布,从而使击穿电压提高。屏障的作用与电压类型及极性有关,通常屏障置于正棒—负板之间,如图 1-30(a)所示。在间隙中加入屏障后,屏障机械地阻止了正离子的运动,使正离子聚集在屏障向着棒的一面,且由于同性电荷相互排斥,其均匀地分布在屏障上。这些正空间电荷削弱了棒极与屏障之间的电场,从而提高了其间的绝缘强度。屏障与负板之间的电场接近于均匀,均匀电场的击穿场强最大,因而也提高了其间隙的击穿电压,这样就使整个气隙的击穿电压提高了。

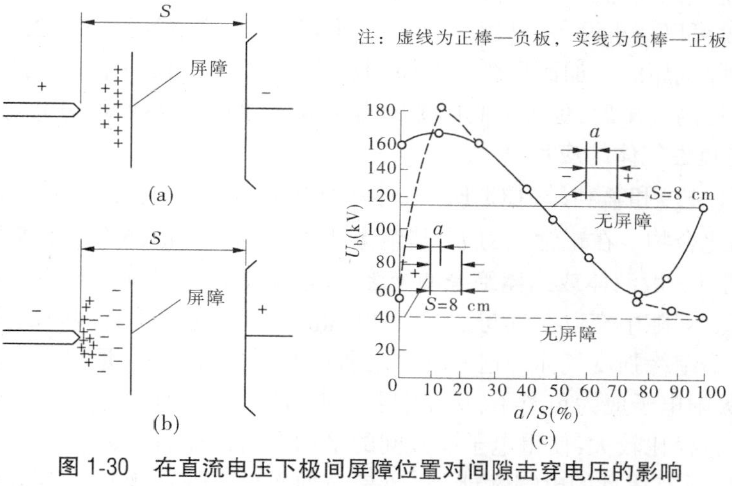

图 1-30　在直流电压下极间屏障位置对间隙击穿电压的影响

带有屏障的正棒—负板间隙的击穿电压与屏障的位置有关,在直流电压下,两者的关系曲线如图 1-30(c)中的虚线所示。屏障离棒极距离越近,均匀电场所占部分越大,击穿电压就越高;当屏障离棒极太近时,由于空间电荷不能均匀地分布在屏障上,屏障提高击穿电压的作用也就不那么显著了;当屏障与棒极之间的距离等于间隙距离的 15%~20%时,间隙的击穿电压提高得最多,可达无屏障时的 2~3 倍。

当棒极为负极性时,如图 1-30(b)所示,电子形成负离子积聚在屏障上,同样在屏障与板极间会形成较均匀的电场,原则上与棒为正极时屏障的作用相同。但当屏障离棒极距离较远时,负极性棒极与屏障间的正空间电荷加强了棒极前面的电场,使棒与屏障之间首先发生击穿，从而导致整个间隙的击穿，使整个间隙的击穿电压反而下降。

在工频电压作用下，由于棒为正极时间隙的击穿电压比棒为负极时的击穿电压低得多，故棒—板间隙的击穿总是发生在棒为正极时的半波。显然，在间隙中加入屏障的作用也与直流电压作用下，棒为正极时加入屏障的作用相同。

在冲击电压作用下，正极性棒对屏障的作用约与持续电压作用下一样，负极性棒对屏障基本上不起作用，这说明屏障对负极性棒时流注的发展过程没有多大影响。

屏障应有一定的机械强度才能起到机械地阻止带电离子运动的作用，但不能太厚，太厚时，固体介质的介电常数 ε 较大，将引起空气中的电场强度增加。

二、削弱游离过程的措施

由前述可知，提高气压可以减小电子的平均自由行程，从而削弱气体中的游离过程。此外，强电负性气体的电子附着过程也会大大削弱碰撞游离过程。采用高真空使电子的平均自由行程远大于间隙距离，因而使极间碰撞游离几乎不可能发生，也是提高气体间隙击穿电压的一种途径。以上几种措施都已在工程上得到了广泛的应用。

(一)高气压的采用

由巴申定律知道，提高气体压力可以提高间隙的击穿电压。这是因为气体压力提高后，气体的密度加大，减少了电子的平均自由行程，从而削弱了碰撞游离过程。某些电气设备(如高压空气断路器和高压标准电容器等)采用压缩空气作为内绝缘，可提高间隙的击穿电压，同时可以减小设备的尺寸。在均匀电场中，压缩空气气压在 2.8 MPa 以下时，间隙击穿电压随气压的增加而呈线性增加，但继续增加气压到一定值时，逐渐呈现饱和。不均匀电场中提高气压后，也可提高间隙的击穿电压，但程度不如均匀电场显著。

(二)强电负性气体的应用

六氟化硫(SF_6)和氟利昂(CCl_2F_2)气体属强电负性气体，它们是具有高分子量的含有卤族元素的化合物。在正常压力下，其绝缘性能约为空气的25倍，提高压力，可得到相当于(甚至高于)一般液体或固体绝缘的绝缘强度，采用这些气体代替空气可大大提高间隙的击穿电压。间隙中充以空气与这类气体的混合气体，也可提高间隙的击穿电压，故将此类气体称为高绝缘强度气体。这些气体之所以有高绝缘强度，是因为它们具有很强的电负性，容易吸附电子成为负离子，从而削弱游离过程，同时加强复合过程。另外，它们的分子量和分子直径比较大，使得电子在其间的平均自由行程缩短。

SF_6 气体除具有优良的电气性能外，还是一种无色、无味、无臭、无毒、不燃的不活泼气体，化学性能非常稳定，对金属及绝缘材料无腐蚀作用，液化温度较低。SF_6 气体具有优良的灭弧性能，它的灭弧能力是空气的100倍，故极适用于高压断路器中。近年来，SF_6 气体已不仅用于单台电气设备，而且还广泛应用于各种组合电气设备中，这些组合设备具有很多优点，可大大节约占地面积，简化运行维护程序等。

SF_6 气体本身是无毒的，但其中某些杂质在水分和电弧作用下可以分解出有毒或有腐蚀性的物质，通常可用适当的吸附剂来消除或减小这个不良后果；另外，当 SF_6 气体与固体绝缘材料组成组合绝缘时，因其介电系数较小(近似于1)，绝缘之间的电压分布比较差，故 SF_6 气体虽然具有很高的绝缘强度，但却呈现出较为复杂的绝缘特性，尤其是对不均匀电场的绝缘，使用时必须予以特别注意。

（三）高真空的采用

当在气体间隙中压力很低（接近真空）时击穿电压迅速提高，因为此时电子的平均自由行程已增大到在极间空间很难产生碰撞游离的程度，但真空间隙在一定电压下仍然会发生放电现象，这是由不同于电子碰撞游离的其他过程决定的。试验证明，放电时真空中仍有一定的粒子流存在，这被认为是：

（1）强电场下由阴极发射的电子自由飞过间隙，积累起足够的能量撞击阳极，使阳极物质受热蒸发或直接引起正离子发射；

（2）正离子运动至阴极，使阴极产生二次电子发射，如此循环，放电便得到维持；

（3）电极或器壁吸附的气体在真空时释放出来，也会造成微弱的空间游离。

真空绝缘被用于各种高压真空器件，如真空电容器、真空避雷器和真空断路器等。

第八节　气体中的沿面放电

电力系统中，电气设备的带电部分总要用固体绝缘材料来支撑或悬挂，绝大多数情况下，这些固体绝缘是处于空气之中的，如输电线路的悬式绝缘子、隔离开关的支柱绝缘子等。当加在这些绝缘子上的极间电压超过一定值时，常常在固体介质和空气的交界面上出现放电现象，这种沿着固体介质表面发生的气体放电称为沿面放电。当沿面放电发展成贯穿性放电时，称为沿面闪络，简称闪络。沿面闪络电压通常比纯空气间隙的击穿电压低，而且受绝缘表面状态、污染程度、气候条件等因素影响很大。电力系统中的绝缘事故，如输电线路遭受雷击时绝缘子的闪络、污秽工业区的线路或变电所在雨雾天时绝缘子闪络引起跳闸等都是沿面放电造成的。

一、沿面放电的一般含义

电力系统中绝缘子、套管等固体绝缘在机械上起固定作用，又在电气上起绝缘作用。它们都处在气体介质（一般是空气或 SF_6 气体）包围之中，往往是一个电极接高电压，另一个电极接地。两极之间绝缘功能的丧失有两种可能：其一是固体介质绝缘本身的击穿，其二是沿着固体介质表面发生闪络。由于大多数固体绝缘子由电瓷、玻璃等硅酸盐材料组成，所以沿着它们的表面发生放电或闪络时，一般不会导致绝缘子的永久性损坏。电力系统的外绝缘（固体绝缘外露部分和气体间隙）一般均为自恢复绝缘，因为绝缘子闪络或空气间隙击穿后，只要切除电源，它们的绝缘性能就能很快地自动彻底恢复；与之相反的是大多数电气设备的内绝缘是固体介质，均属非自恢复绝缘，一旦发生击穿，即意味着不可逆转地丧失绝缘功能。

表面放电的试验研究表明，沿固体介质表面的闪络电压不但比固体介质本身的击穿电压低得多，而且也比极间距离相同的纯气隙的击穿电压低不少。可见，绝缘的实际耐压水平不是取决于固体介质部分的击穿电压而是取决于它的沿面闪络电压。所以，沿面闪络电压在确定输电线路和变电所外绝缘的绝缘水平时起着决定性作用。它与设备表面的干燥、潮湿或清洁、污染有较大关系，也就是说，不仅涉及表面干燥、清洁时的特性，还应该考虑表面潮湿、污染时的特性。而后一种情况下的沿面闪络电压必然降得更低。在设计时往往要知道各种绝缘子的干闪电压(雷电冲击、操作冲击和运行电压下)、湿闪电压(操作冲击和运行电压下)和污秽闪络电压(主要指运行电压下)。

二、沿面放电的类型与特点

固体介质与气体介质交界面上的电场分布状况对沿面放电的特性有很大影响。介质表面电场分布可分为3种典型情况,如图1-31所示。

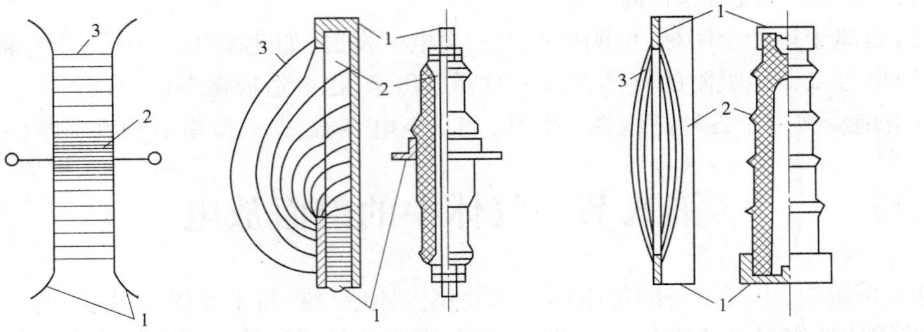

(a)均匀电场 (b)有强垂直分量的极不均匀电场 (c)有弱垂直分量的极不均匀电场

1—电极;2—固体介质;3—电力线

图1-31 典型的介质表面电场分布

(1)固体介质处于均匀电场中,介质表面与电力线平行,如图1-31(a)所示。这种情况在实际工程中很少遇到,但实际结构中会遇到固体介质处于稍不均匀电场的情况,此时的沿面放电特性与均匀电场中的放电有相似之处。

(2)固体介质处于极不均匀电场中,且介质表面电场的垂直分量比平行于表面的切线分量要大得多,如图1-31(b)所示。电力工程用套管就属于这种情况。

(3)固体介质处于极不均匀电场中,但大部分介质表面上的电场切线分量大于垂直分量,如图1-31(c)所示。支柱绝缘子就属于此种情况。

这三种情况下的沿面放电现象有很大的差别,下面分别加以讨论。

(一)均匀和稍不均匀电场中的沿面放电

在如图1-31(a)所示的平板电极间插入一块固体介质,因介质表面与电力线平行,似乎固体介质的存在并不影响原来的电场分布,其实不然。插入固体介质后,沿面闪络电压仍然要比纯空气间隙时的击穿电压下降很多,主要原因如下:

(1)固体介质与电极表面接触不良,存在小气隙。这时由于固体介质的介电常数ε远大于空气的介电常数ε_0,因而小气隙中的电场强度可达到很大的数值,将首先发生放电,所产生的带电粒子沿着固体介质表面移动,畸变了原有电场。为了消除小气隙中的放电,可喷涂导电粉末于与电极接触的固体介质表面而短接空气间隙。或者在实际绝缘结构中将电极与介质接触面仔细研磨,使两者紧密接触,以消除空气间隙,提高沿面闪络电压。

(2)大气中的潮气吸附到固体介质的表面形成薄水膜,其中的离子受电场的驱动而沿着介质表面移动，电极附近表面集聚了电荷，使电压沿介质表面的分布变得不均匀，降低了闪络电压。这种影响显然与大气的湿度有关，但也与固体介质吸附水分的性能有关。瓷和玻璃等为亲水性材料，影响较大；石蜡、硅橡胶等为憎水性材料，影响较小。此外，离子的移动和电荷的集聚都是需要时间的，所以在工频电压下闪络电压降低较多，而在雷电冲击下降低得很少。

(3)固体介质表面电阻的不均匀和粗糙不平也会造成电场畸变。

(二)极不均匀电场中具有强垂直分量情况的沿面放电

图 1-31(b)所示的套管中的固体介质处于极不均匀电场中，且电场强度垂直于介质表面的分量远大于切线分量。可以看出，接地的法兰附近的电力线密集，电场最强，不仅有切线分量还有强垂直分量。

当所加电压还不高时，法兰附近就首先出现电晕放电，如图 1-32(a)所示。随着外施电压的升高，放电区逐渐变成由许多平行的火花细线组成的光带，如图 1-32(b)所示，火花细线的长度随电压的升高而增长，但此时放电通道中的电流密度还不大，压降较大，属于辉光放电的范畴。线状火花中的带电离子被电场的法线分量紧压在介质表面上，在切线分量的作用下向另一电极运动，使介质表面局部发热。当外施电压升高超过某一值(临界电压)后，温度可高到足以使气体热游离的数值。热游离使通道中的带电质点急剧增加，介质电导猛烈增大，并使火花通道头部电场增强，导致火花通道迅速向前发展，形成浅蓝色的、光亮较强的、有分叉的树枝状火花放电，如图 1-32(c)所示。这种树枝状明亮火花并不固定在一个位置上，而是在不同位置上交替出现，所以称为滑闪放电。滑闪放电通道中的电流密度已较大，压降较小。达到这个阶段后，电压的微小升高就会导致火花的急剧伸长，如果电压再升高一些，放电火花就将到达另一极，造成表面气体完全击穿，称为沿面闪络或简称闪络。通常沿面闪络电压比滑闪放电电压高得不多。

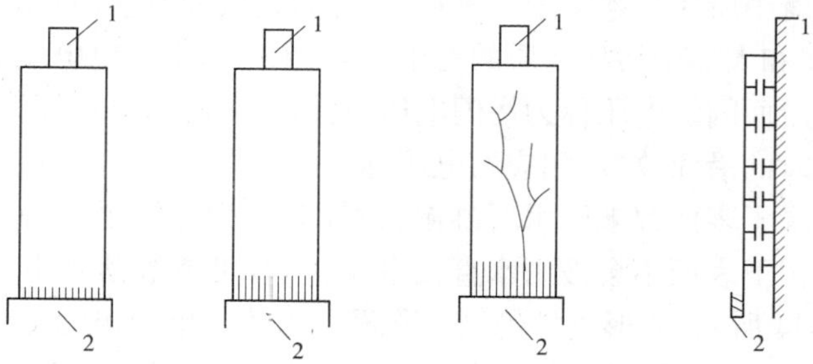

(a)电晕放电 (b)细线状辉光放电 (c)滑闪放电 (d)套管表面电容等值图

1—导电杆；2—法兰

图 1-32 套管表面放电示意图

(三)极不均匀电场中垂直分量很弱时的沿面放电

以图 1-31(c)所示的支柱绝缘子为例，沿瓷面的电场切线分量较强，而垂直分量很弱。这种绝缘子的两个电极之间的距离较长，其间的固体介质本身是不可能被击穿的，可能出现的只有沿面闪络。与前两种情况相比，这时的固体介质处于极不均匀电场中，因而其平均闪络场强要比均匀电场时低得多；又由于界面上电场垂直分量很弱，因此不会出现热游离和滑闪放电。这种绝缘子的干闪电压基本上随极间距离的增大而提高,其平均闪络场强大于前一种有滑闪放电的情况。

三、沿面放电电压的影响因素和提高方法

沿面放电电压受下列因素的影响:

(1)固体介质材料。如图 1-33 所示为各种不同材料表面的工频闪络电压与极间距离的关系曲线,工频闪络电压主要取决于该材料的亲水性或憎水性。

(2)电场型式。沿面放电电压与电场型式有很大关系。在同样的表面闪络距离下,均匀与稍不均匀电场中的沿面放电电压无疑是最高的。在介质表面电场主要为切线分量的极不均匀电场中,沿面闪络电压比同样距离的纯空气间隙的击穿电压降低得较少,因而采取措施提高其沿面放电电压的可能幅度不大。

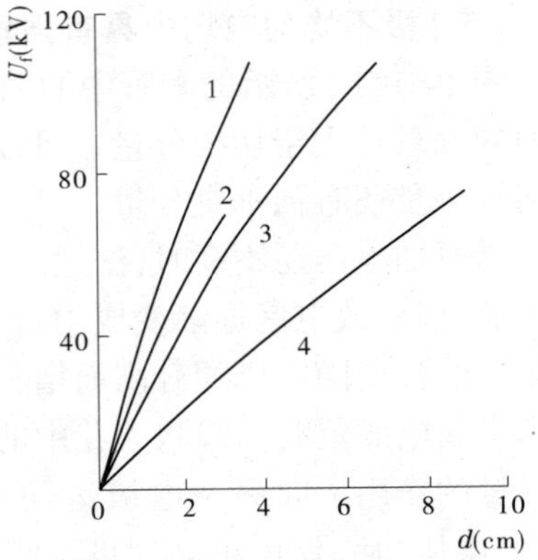

1—纯空气;2—石蜡;3—胶木纸筒;4—瓷

图 1-33　不同材料表面工频闪络电压比较

具有强垂直分量的绝缘子如套管的主要问题是会出现滑闪放电,这使得它的闪络电压比同样距离的纯空气间隙的击穿电压低得多,而且单靠增大极间距离的办法不能有效提高其闪络电压,只有采取防止或推迟出现滑闪放电的措施才能收到效果。

四、固体介质表面有水膜时的沿面放电

输电线路和变电所中所用的绝缘子大多在户外运行,因而其表面在运行中会受到雨、露、雾、雪、风等的侵袭和大气中污秽物质的污染,其结果是沿面放电电压显著降低。绝缘子表面有湿污层时的沿面闪络电压称为污闪电压,污闪现象随后再作探讨,此处先讨论洁净的瓷面被雨水淋湿时的沿面放电,相应的电压称为湿闪电压。

为了避免整个绝缘子表面都被雨水所淋湿,设计时要为绝缘子配备若干伞裙。例如盘形悬式绝缘子的伞裙下表面不会被雨水直接淋湿,但有可能被落到下一个伞裙上的雨水所溅湿。又如图 1-34 所示,棒形支柱绝缘子除最上面的一个伞裙的上表面会全部淋湿外,下面各伞裙的上表面都只有一部分被淋湿,而且全部伞裙的下表面及瓷柱也不会被雨水直接淋湿,只可能有少量的回溅雨水。可见绝缘子表面上的水膜大都是不均匀和不连续的。有水膜覆盖的表面电导大,无水膜处的表面电导小,绝大部分外加电压将由干表面(例如图 1-34 中的 BCA'段)来承受。当电压升高时,或者空气间隙 BA'先击穿,或者干表面 BCA'先闪络,但结果都是形成 ABA'电弧放电通道,出现一连串的 ABA'通道就造成整个绝缘子的完全闪络。如果雨量特别大,伞上的积水像瀑布似的往下流,伞缘间即有可能被雨水所短接而构成电弧通道,绝缘子也将发生完全的闪络。可见绝缘子在雨下有三种可能的闪络途径:①沿着湿表面 AB 和干表面 BCA'发展;②沿着湿表面 AB 和空气间隙 BA'发展;③沿着湿表面 AB 和水流 BB'发展。

在第一种情况下，被工业区的雨水（其电导率约为 0.01 S/m）淋湿的绝缘子的湿闪电压只有干闪电压的 40%～50%，如果雨水电导率更大，湿闪电压还会降得更低。在第二种情况下，空气间隙 BA' 只有分散的雨滴，气隙的击穿电压降低不多，雨水电导率的大小也没有多大影响，绝缘子的湿闪电压也不会降低太多。在第三种情况下，伞裙间的气隙被连接的水流所短接，湿闪电压将降到很低的数值，不过这种情况只出现在倾盆大雨时。在设计绝缘子时，为了保证它们有较高的湿闪电压，对各级电压的绝缘子应有的伞裙数、伞的倾角、伞裙直径、伞裙伸出长度与伞裙间气隙长度之比均应仔细考虑、合理选择。

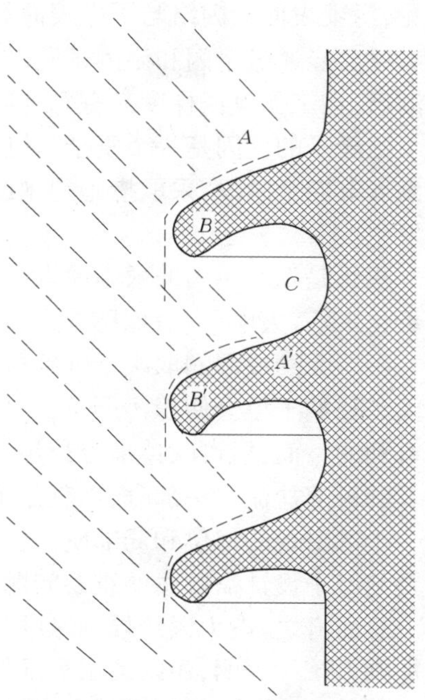

图 1-34　棒形支柱绝缘子在雨中闪络途径

五、绝缘子污染状态下的沿面放电

发电厂、变电所和线路的外绝缘在运行中除要承受电气应力和机械应力外，还会受到环境应力作用，其中包括雨、露、雪、雾、风等气候条件和工业粉尘、废气、自然盐碱、灰尘、鸟粪等污秽物的污染。外绝缘被污染的过程一般是渐进的，有时可能是急速的。

绝缘子表面上的污秽物在干燥状态下一般不导电，在疾风暴雨时将被冲刷干净，但在遇到毛毛雨、雾、露等不利天气时，污层将被水分湿润，电导大增，在工作电压下泄漏电流大增。电流所产生的焦耳热，既可能使污层的电导大增，又有可能使水分蒸发，污层变干而减小其电导。干区的电阻比其余湿污层区的电阻大得多，因此整个绝缘子上的电压几乎全部集中到干区上，一般干区宽度不大，所以电场强度很大。如果电场强度已经足够引起表面空气的碰撞游离，即开始出现电晕放电或辉光放电，由于此时泄漏电流大，电晕或辉光放电很容易转化为有明亮通道的电弧，不过这时的电弧还只存在于绝缘子的局部表面，故称局部电弧。随后弧足支撑点附近的湿污层被很快烘干，这意味着干区扩大，电弧被拉长。若此时电压还不足以维持电弧燃烧，电弧即熄灭。再加上交流电流每一周波有两次过零，更促使电弧呈现熄灭—重燃或延伸—收缩的交替变换。绝缘子表面上的一圈干带意味着多条并联的放电路径，当一条电弧因拉长而熄灭时，又会在另一条距离较短的旁路上出现。所以，就外观而言，好像电弧在绝缘子的表面上不断地旋转。

在雾、露天气时，污层湿润度不断增大，泄漏电流也渐大，在一定电压下能维持的局部电弧长度亦不断增加，绝缘子表面上这种不断延伸发展的局部电弧俗称爬电。一旦局部电弧长度达到某一临界长度，弧道温度很高，弧道的进一步伸长就不再需要更高的电压，而是自动延伸，贯穿两极，形成沿面闪络。

上述污秽放电过程中，局部电弧自动延伸，贯穿两极所必需的外加电压值只要能维持弧道就够了，不像干净表面的闪络需要很大的电场强度来使空气发生碰撞游离才能实现。

可见，污染表面的闪络与干净表面的闪络具有不同的过程、不同的放电机制。这就是为什么有些已经通过干闪和湿闪试验、放电电压梯度可达每米数百千伏的户外绝缘，一旦污染受潮后，在工作电压梯度只有每米数十千伏的情况下却发生了污闪的原因。

绝缘子的污闪是一个复杂的过程，通常可分为积污、受潮、干区形成、局部电弧的出现和发展等四个阶段，采取措施抑制或阻止其中任一阶段的发展和完成，就能防止污闪事故的发生。

积污是发生污闪的根本原因。一般来说，积污现象在城市比农村地区严重，城区中以靠近化工厂、火电厂、冶炼厂等重污染地区最为严重。

污层受潮或湿润取决于气象条件，例如在多雾、常下毛毛雨、易凝露的地区容易发生污闪。长期干旱会使积污严重，一旦出现不利的气象条件就易引起污闪。但风和大雨也有有利的一面，风可吹掉部分积污，而大雨更能冲刷表面积污，反溅到下面的雨水也能使附着的可溶盐流失一部分，这就是绝缘子的自清洗作用。

干区出现的部位和局部电弧发展、延伸的难易，均与绝缘子的结构形状有密切关系，这是绝缘子设计需解决的重要问题之一。

总而言之，电力系统外绝缘的污闪事故，随着环境条件的恶化和输电电压的不断提高而加剧。统计表明，污闪的次数虽然不像雷击闪络那样多，但污闪事故所造成的后果大于雷击事故后果。这是因为雷击闪络仅发生在一点，且转瞬即逝，外绝缘闪络引起跳闸后，其绝缘性能能够迅速自恢复，因而自动重合闸往往取得成功，不会造成长时间停电；而在发生污闪时，由于一个区域内的绝缘子积污、受潮状况是差不多的，容易造成大面积多点污闪，自动重合闸成功率远低于雷击闪络时的情况，因而往往导致事故的扩大和长时间停电。就经济损失而言，污闪事故居首位，所以目前普遍认为，污闪是电力系统安全运行的大患，在电力系统外绝缘水平的选择中所起的作用越来越重要。

六、绝缘子污闪事故防护措施

对于运行中的线路，为了防止绝缘子的污闪，保证电力系统的安全运行，可以采取以下措施：

(1)对污秽绝缘子定期或不定期进行清扫，或采用带电水冲洗。这是绝对可靠、效果很好的方法。根据大气污秽的程度及性质，在容易发生污闪的季节定期进行清扫，可有效地减少或防止污闪事故。清扫绝缘子的工作量很大，一般采用带电水冲洗法，效果较好。可以装设泄漏电流记录器，根据泄漏电流的幅值和脉冲数来监督污秽绝缘子的运行情况，发出预警信号，以便及时进行清扫。

(2)在绝缘子表面涂一层憎水性的防尘材料，如有机硅脂、有机硅油、地蜡等，使绝缘子表面在潮湿天气下形成水珠，但不易形成连续的水膜，表面电阻大，从而减少泄漏电流，使闪络电压不致降低太多。

(3)加强绝缘和采用防污绝缘子。加强线路绝缘最简单的方法是增加绝缘子串中绝缘子的片数，以增大爬电距离。但此方法只适用于污区范围不大的情况，否则很不经济。因增加串中绝缘子片数后必须相应地提高杆塔的高度，这将使成本上升。使用专用的防污绝缘子可以避免上述缺点，因为防污绝缘子在不增加结构高度的情况下使泄漏距离明显增大。

(4)采用半导体釉绝缘子。这种绝缘子釉层的表面电阻为 $10^6 \sim 10^8\ \Omega$,在运行中利用半导体釉层流过均匀的泄漏电流加热表面,使介质表面干燥,同时使绝缘子表面的电压分布较均匀,从而能保持较高闪络电压。

(5)采用合成绝缘子。近年来发展很快的合成绝缘子,防污性能比普通的瓷绝缘子要好得多。合成绝缘子是由承受外力负荷的芯棒(内绝缘)和保护芯棒免受大气环境侵袭的伞套(外绝缘)通过粘接层组成的复合结构绝缘子。玻璃钢芯棒是用玻璃纤维束浸渍树脂后通过引拔模加热固化而成的,有极高的抗张强度。制造伞套的理想材料是硅橡胶,它有优良的耐气候性和高低温稳定性,经填料改性的硅橡胶还能耐受局部电弧的高温。由于硅橡胶是憎水性材料,且具有迁延性,因此在运行中不需清扫,其污闪电压比瓷绝缘子高得多。除优良的防污闪性能外,合成绝缘子的其他优点也很突出,如质量轻、体积小、抗拉强度高、制造工艺比瓷绝缘子简单等,但投资费用远大于瓷质绝缘子。目前合成绝缘子在我国已得到广泛的应用,也有一定的运行经验,且已作为一项有效的防污闪措施正在推广。

习　题

一、填空题

1. 气体放电的主要形式:__________、__________、__________、__________。

2. 根据巴申定律,在某一 pd 值下,击穿电压存在__________值。

3. 在极不均匀电场中,空气湿度增加,空气间隙击穿电压__________。

4. 流注理论认为,碰撞游离和__________是形成自持放电的主要因素。

5. 工程实际中,常用棒—板或__________电极结构研究极不均匀电场下的击穿特性。

6. 气体中带电质子的消失有__________、复合、附着效应等几种形式。

7. 对支持绝缘子,加均压环能提高闪络电压的原因是__________。

8. 沿面放电就是沿着__________表面气体中发生的放电。

9. 标准参考大气条件为:温度 $T_0 = 20$ ℃,压力 $p_0 =$ __________ kPa,绝对湿度 $h_0 = 11\ \text{g/m}^3$。

10. 越易吸湿的固体,沿面闪络电压就越__________。

11. 常规的防污闪措施有:__________爬距,加强清扫,采用硅油、地蜡等涂料。

12. 我国国家标准规定的标准操作冲击波为__________ μs。

13. 极不均匀电场中,屏障的作用是由于其对__________的阻挡作用,造成电场分布的改变。

14. 我国国家标准规定的标准雷电冲击波为__________ μs。

15. 调整电场的方法:__________电极曲率半径,改善电极边缘,使电极具有最佳外形。

二、选择题

1. 先导通道的形成是以__________的出现为特征的。

A. 碰撞游离　　B. 表面游离　　C. 热游离　　D. 光游离

2. 电晕放电是一种__________。

A. 自持放电　　B. 非自持放电　　C. 电弧放电　　D. 均匀场中放电

3. 流注理论未考虑__________的现象。

A. 碰撞游离　　B. 表面游离　　C. 光游离　　D. 电荷畸变电场

4. 气体内的各种粒子因高温而动能增加，发生相互碰撞而产生游离的形式称为__________。

A. 碰撞游离　　B. 光游离　　C. 热游离　　D. 表面游离

5. 以下__________不是发生污闪最危险的气象条件。

A. 大雾　　B. 毛毛雨　　C. 凝露　　D. 大雨

6. 以下__________材料具有憎水性。

A. 硅橡胶　　B. 电瓷　　C. 玻璃　　D. 金属

7. SF_6 气体具有较高绝缘强度的主要原因之一是__________。

A. 无色无味性　　B. 不燃性　　C. 无腐蚀性　　D. 电负性

8. 冲击系数是__________放电电压与静态放电电压之比。

A. 25%　　B. 50%　　C. 75%　　D. 100%

9. 在高气压下，气隙的击穿电压和电极表面__________有很大关系。

A. 粗糙度　　B. 面积　　C. 电场分布　　D. 形状

10. 雷电流具有冲击波形的特点：__________。

A. 缓慢上升，平缓下降　　B. 缓慢上升，快速下降

C. 迅速上升，平缓下降　　D. 迅速上升，快速下降

11. 在极不均匀电场中，正极性击穿电压比负极性击穿电压__________。

A. 小　　B. 大　　C. 相等　　D. 不确定

三、计算问答题

1. 简要论述汤逊放电理论和流注理论。

2. 为什么棒—板间隙中棒为正极性时电晕起始电压比负极性时略高？

3. 影响套管沿面闪络电压的主要因素有哪些？

4. 电介质的等效电路是怎样的？某些电容量较大的设备如电容器、长电缆、大容量电机等，经高电压试验后，其接地放电时间要求长达 5~10 min，为什么？

5. 某母线支柱绝缘子拟用于海拔 4 500 m 的高原地区的 35 kV 变电站，问平原地区的制造厂在标准参考大气条件下进行 1 min 工频耐受电压试验时，其试验电压应为多少？

6. 某 1 000 kV 工频试验变压器，套管顶部为球形电极，球心距离四周墙壁均约 5 m，问球电极直径至少要多大才能保证在标准参考大气条件下，当变压器升压到 1 000 kV 额定电压时，球电极不发生电晕放电？

7. 一些卤族元素化合物（如 SF_6）具有高电气强度的原因是什么？

8. 长间隙火花放电与短间隙火花放电的本质区别在哪里？形成先导过程的条件是什么？为什么长间隙击穿的平均场强远小于短间隙？

9. 长间隙放电过程中形成迎面先导的条件是什么？它与电压极性有何关系？

10. 电晕会产生哪些效应？试列举工程上各种防晕措施的实例。

11. 标准大气条件下气隙中的电晕起始场强约为多少？工频有效值 500 kV 悬空电极的曲率半径应不小于多少才能避免发生电晕？

第二章　液体和固体介质的绝缘特性

前述气体介质用作电气设备的绝缘尤其是外绝缘显示出独特的优点，但是，鉴于气体介质无机械强度以及固体、液体介质的绝缘强度要比气体大许多，用液体和固体做电气设备的内绝缘可以缩小结构尺寸，如常用的液体介质是变压器油、电容器油、电缆油等，常用的固体介质为绝缘纸、纸板、云母、塑料、电瓷、玻璃、硅橡胶等。同时，带电导体的支承需要固体介质；液体介质如变压器油既绝缘又可兼作冷却介质。这些任务用气体介质无法完成。然而，在电场作用下，液体和固体介质的电气特性有各自的特点，与气体介质相比有较大的不同，主要体现是：在电场强度相对较低时，电介质所发生的极化、电导和损耗物理过程，相比气体，这些特性十分突出，可以四个主要行为特征参数，即电导率 γ（绝缘电阻率 ρ）、介电常数 ε 、介质损耗角正切值 $\tan\delta$ 和击穿电场强度 E_b 来表示；在电场强度较高时的击穿特性以及液体、固体介质的特有的老化现象。

本章主要介绍液体和固体介质的电气参数以及它们在温度、湿度、电场强度、频率、电压类型等因素影响下的变化规律。

第一节　液体和固体介质的极化

一切电介质在电场强度比电介质的击穿场强小的电场下，都表现出极化、电导、损耗等电气物理现象。只是气体介质的极化、电导和损耗都很微弱，均可忽略不计。液体和气体介质在这些方面的特性相对突出，需要着重研究。

一、电介质的极化

电介质的极化是电介质在电场作用下，其束缚电荷相应于电场方向产生有限位移现象和偶极子的取向现象等的物理过程。此物理过程虽然在介质内部进行，电荷的偏移在原子或分子的范围内仅做微观位移，但我们可以通过此物理过程的宏观表现来证实极化过程的存在。如图 2-1 所示，为两个平板电容器，它们的结构尺寸完全一样。

图 2-1(a) 中的电容器极板间为真空，图 2-1(b) 中的电容器极板间为某固体电介质。实测表明，两图中由于极间介质的不同，电容量也不同。真空电容器的电容量小于固体介质电容器的电容量，即图 2-1(b) 中电容器的电容量要大于图 2-1(a) 中电容器的电容量。合理的解释就是固体电介质在电场作用下发生极化所致。

在图 2-1(a) 中，设真空电容器极板面积为 A ，其电容为 C_0，在极板上施加直流电压 U 后，两极板上分别充有等量的正、负电荷，$Q = Q_0$，则

$$Q_0 = C_0 U \tag{2-1}$$

$$C_0 = \frac{\varepsilon_0 A}{d} \tag{2-2}$$

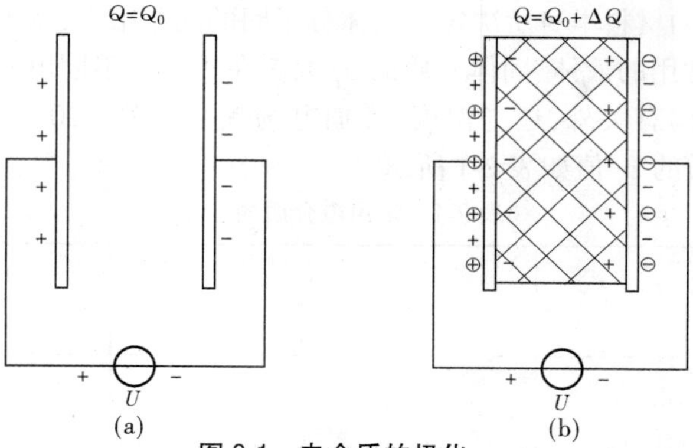

图 2-1　电介质的极化

式中　ε_0——真空的介电常数；

d——极间距离。

然后，在极板间插入一块厚度与极间距离相等的固体电介质，就成为图 2-1(b)所示的电容器，此时电容器的电容量变为 C，则

$$C=\frac{\varepsilon A}{d} \tag{2-3}$$

式中　ε——固体电介质的介电常数。

放入固体电介质后，极板上的电荷量变成

$$Q=CU \tag{2-4}$$

因为 $\varepsilon>\varepsilon_0$，所以，$C>C_0$；而电源电压 U 不变，所以，$Q>Q_0$。这表明放入固体电介质后，极板上的电荷量有所增加。增加的电荷量是由于固体电介质在极板之间的电场作用下发生了极化所导致的。

电介质插入极板间，就要受到电场的作用，电介质原子或分子结构中的正、负电荷在电场力的作用下产生位移，向两极分化，但仍束缚于原子或分子结构中而不能成为自由电荷。其结果是，在电介质靠近极板的两表面呈现出与极板上电荷相反的极性，即靠近正极板的表面呈现负的电极性，靠近负极板的表面呈现正的电极性。这些仍保持在电介质内部的电荷称为束缚电荷。正由于靠近极板两表面出现了束缚电荷，根据异性电荷相吸的规律，要从电源再吸取等量异性电荷 ΔQ 到极板上，这就导致了 $Q=Q_0+\Delta Q>Q_0$。

对于上述平板电容器，放入的电介质不同，介质极化的强弱程度也不同，极板上的电荷量 Q 也不同，因此 Q/Q_0 就表征在相同情况下不同介质极化的程度不同，可用介质的相对介电常数 ε_r 表示，则

$$\frac{Q}{Q_0}=\frac{CU}{C_0U}=\frac{C}{C_0}=\frac{\frac{\varepsilon A}{d}}{\frac{\varepsilon_0 A}{d}}=\frac{\varepsilon}{\varepsilon_0}=\varepsilon_r \tag{2-5}$$

ε_r 简称为介电常数。它是表征电介质在电场作用下极化程度的物理量，其物理意义表示金属极板间插入电介质后的电容量（或极板上的电荷量）比极板间为真空时的电容量（或极板上的电荷量）增大的倍数。

ε_r 值由电介质的材料本身所决定。气体分子间的间距很大，密度很小，因此各种气体的 ε_r 均接近于1；常用的液体、固体介质的 ε_r 大多在2~6。不同电介质的 ε_r 值除与该介质的微观和宏观结构有关外，还与温度、外加电场频率有关。20 ℃时，在工频电压作用下，一些常用电介质的 ε_r 值如表2-1所示。

表2-1 常用电介质的 ε_r 值

材料类别		名称	相对介电常数 ε_r（工频，20 ℃）
气体（标准大气条件）		空气	1.000 59
		氮气	1.000 60
		二氧化硫	1.009 00
液体电介质	弱极性	变压器油	2.2
		硅有机油	2.2~2.8
	极性	蓖麻油	4.5
	强极性	水	81
固体电介质	中性或弱极性	石蜡	1.9~2.2
		聚苯乙烯	2.4~2.6
		聚四氟乙烯	2
	极性	松香	2.5~2.6
		沥青	2.6~2.7
		聚氯乙烯	3.3
		胶木	4.5
		纤维素	6.5
	离子性	云母	5~7
		陶瓷	5.5~6.5

ε_r 在工程上的应用是有相当意义的。如对于电容器的绝缘材料，显然希望选用 ε_r 大的电介质，因为这样可使单位电容的体积减小和质量减轻。但在其他电气设备中往往希望选用 ε_r 较小的电介质，因为较大的 ε_r 往往和较大的电导率相联系，因而介质损耗也较大。采用 ε_r 较小的绝缘材料还可减小电缆的充电电流，提高套管的沿面放电电压等。

在高压电气设备中常常将几种绝缘材料组合在一起使用，这时应注意各种材料的 ε_r 值之间的配合，因为在工频交流电压和冲击电压的作用下，串联的多层电介质中的电场强度分布与串联各层电介质的 ε_r 成反比。

二、极化的基本形式

由于各类电介质的分子结构不同，其极化过程所表现的形式也不同。电介质最基本的极化形式可分为电子式极化、离子式极化和偶极子极化等三种，另外还有夹层极化和空间电荷极化等。现简要介绍如下。

（一）电子式极化

如图 2-2 所示，极化前，即不施加外电场前，电介质中性原子中的电子（假设只有一个电子）绕其原子核运动，其运动轨迹的中心与原子核心重合，如图 2-2（a）所示；但在外电场 E 的作用下，原子中的电子轨道相对于原子核发生弹性位移，正、负电荷作用中心不再重合，如图 2-2（b）所示，这就是介质产生了极化。我们把这种由电子位移所形成的极化称为电子式极化。电子式极化存在于一切电介质中，这种极化的特点是：

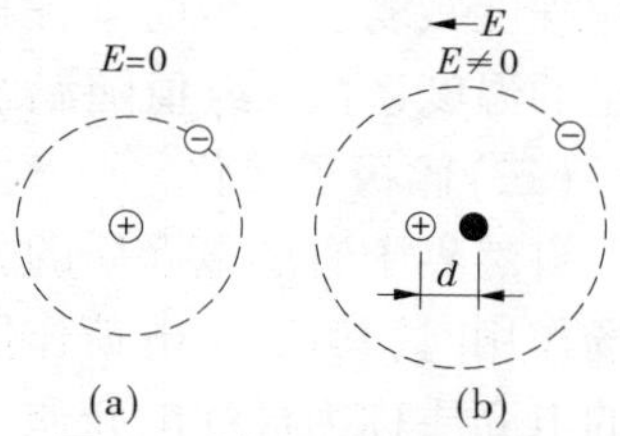

图 2-2　电子式极化示意

（1）极化所需的时间极短，约为 10^{-15} s，这是由于电子质量极小的缘故。因此，这种极化不随外电场频率的改变而变化。

（2）极化时没有能量损耗。这种极化的实质是电子的弹性位移，即在外电场去掉后，由于正、负电荷的相互吸引而自动恢复到原来的状态，所以极化过程中无能量损耗，不会使电介质发热。

（3）温度对极化的影响不大。只是在温度升高时，介质略有膨胀，单位体积内的分子数减少，引起 ε_r 稍有减小。

（二）离子式极化

固体无机化合物大多属离子式结构，在无外电场作用时，晶体的正、负离子对称排列，每个分子中正离子的作用中心（将所有正离子集中于此点时作用效果相同）与负离子的作用中心是重合的，故每个分子不呈现电的极性，如图 2-3（a）所示。在有外电场作用时，正、负离子将发生方向相反的偏移，使两者的作用中心不再重合，介质呈现极化，如图 2-3（b）所示。这种由正、负离子相对位移所形成的极化就称为离子式极化或离子位移极化。

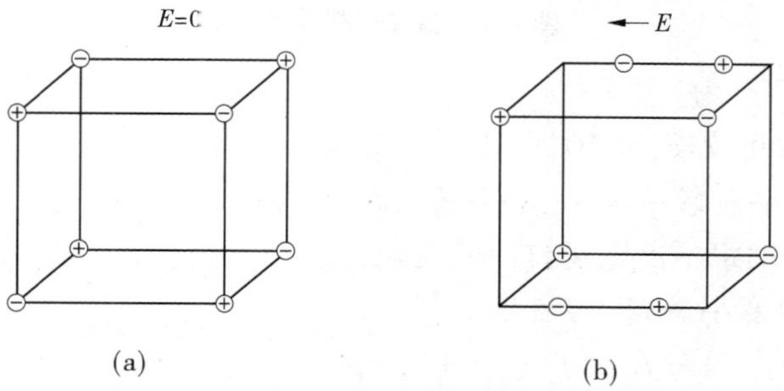

图 2-3　离子式极化示意

离子式极化的特点是：

（1）极化过程所需的时间极短，约为 10^{-13} s。这是由于离子间束缚较强，离子相对位移是有限的，外电场消失后即刻恢复原状。因此，这种极化亦属弹性位移，也不随外电场频率的改变而变化。

（2）极化时没有能量损耗。这种极化的实质是离子的弹性位移，即在外电场去掉后能自动恢复到原来的状态，所以极化过程中无能量损耗，也不会使电介质发热。

(3)温度对极化的影响较大。温度对离子式极化有两个相反的作用:一是温度升高时,离子间的结合力减小,使极化程度增强;二是离子的密度则随温度的升高而减小,又使极化程度减弱。综合起来,前者影响大于后者,所以这种极化随温度升高而增强,即 ε_r 具有正的温度系数(ε_r 值随温度升高而增大)。

(三)偶极子极化

自然界中有些电介质的分子较特别,如蓖麻油、氯化联苯、松香、橡胶、胶木等,在无外电场作用时,其正、负电荷作用中心是永不重合的,这种分子称为极性分子,由极性分子构成的电介质称为极性电介质。组成这些极性电介质的每一个分子是一个偶极子(有正、负两个电荷极)。在没有外电场作用时,由于介质内部偶极子作不停的热运动,排列混乱,如图 2-4(a)所示,故介质对外并不表现出电的极性;但在外电场作用下,原本排列混乱的偶极子受到电场力的作用而发生转向,沿电场方向作较有规则的排列,对外呈现出电的极性,如图 2-4(b)所示。这种由于极性电介质偶极子分子的转向所形成的极化就称为偶极子极化。

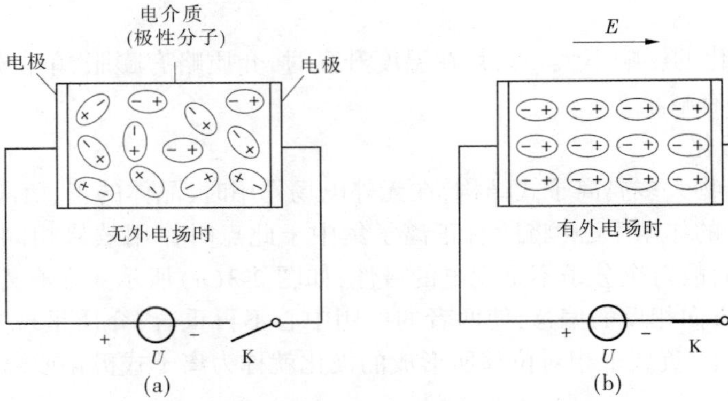

图 2-4 偶极子极化示意

偶极子极化的特点为:

(1)极化所需时间较长,为 $10^{-10} \sim 10^{-2}$ s,故极化与外加电场频率有较大关系。频率太高时,由于偶极子的转动跟不上电场方向的变化,因而极化减弱,ε_r 值变小。如图 2-5 所示,某极性介质在外电场中,当频率 $f_1 < f_2 < f_3$ 时,ε_r 值越来越小。

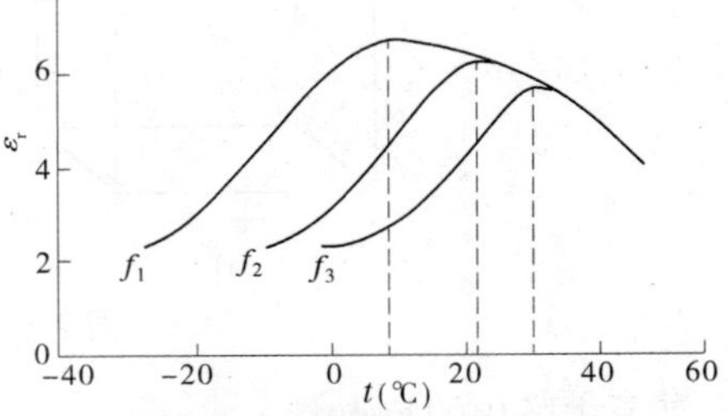

图 2-5 某极性介质的 ε_r 值与频率、温度的关系示意

(2)极化过程中有能量损耗。偶极子极化是非弹性极化,偶极子在转向时要克服分子间的吸引力和摩擦力,因而要消耗能量。

(3)温度对偶极子极化的影响很大。温度升高时,分子热运动加剧,阻碍偶极子沿电场方向转向的作用明显,极化减弱;温度降低时,分子间联系紧密,偶极子转向困难,极化也减弱。从图 2-5 可知,ε_r 值在低温下先随温度的升高而增大,以后当热运动变得较强烈时，分子热运动阻碍极性分子沿电场取向，使极化减弱，ε_r 值又开始随着温度的上升而减小。

（四）空间电荷极化

前面所讲的三种极化均是在单一电介质中发生的。但在高压电气设备，如电缆、电容器、电机和变压器等中，常应用多种不同介电常数和电导率的电介质组成绝缘结构，即便是采用单一电介质，由于不可能完全均匀和同质，也可以看成是由几种不同电介质组成的。这些多层介质在加上外电场后，各层电压将从开始时按介电常数分布逐渐过渡到稳态时按电导率分布。在电压重新分配的过程中，夹层界面上会积聚起一些空间电荷，使整个介质的等值电容增大。这种极化称为空间电荷极化。因发生在夹层介质界面，故又称夹层极化。

下面以平行板电极间的双层电介质为例说明夹层极化过程。图 2-6（a）所示为夹层极化试验电路，图 2-6（b）所示为其等值电路，在开关 K 刚闭合瞬间（相当于施加很高频率的电压），等值电路中电容支路的容抗远小于电导支路的电阻，两层电介质上的电压分配与各层电容成反比，即

$$\left.\frac{U_1}{U_2}\right|_{t\to 0}=\frac{C_2}{C_1} \tag{2-6}$$

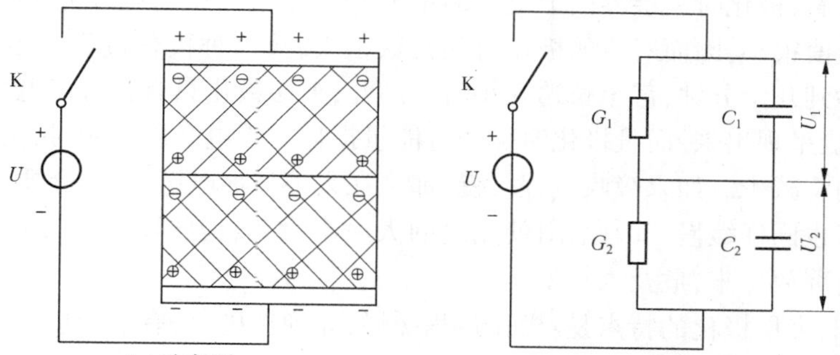

(a)示意图　　(b)等值电路

图 2-6　夹层极化物理过程示意图

达到稳态时，等值电路中的电容支路相当于开路，两层电介质上的电压分配与各层电导成反比，即

$$\left.\frac{U_1}{U_2}\right|_{t\to \infty}=\frac{G_2}{G_1} \tag{2-7}$$

一般来说，对两层不同的电介质，$\frac{C_2}{C_1}\neq\frac{G_2}{G_1}$，即

$$\left.\frac{U_1}{U_2}\right|_{t\to 0}\neq\left.\frac{U_1}{U_2}\right|_{t\to \infty} \tag{2-8}$$

所以合闸后，两层电介质上的电压有一个重新分配的过程。如图 2-7 所示的双层介质极化模型，各层介质的电容分别为 C_1 和 C_2，各层介质的电导分别为 G_1 和 G_2，直流电源的电压为 U。为了说明的简便，全部参数均只标数值，略去单位。

设 $C_1=1$, $C_2=2$, $G_1=2$, $G_2=1$, $U=3$。当 U 加在两极板的瞬间，电容上的电荷和电位分布如图 2-7(a)所示，整个介质的等值电容为 $C'_{eq}=\frac{Q'}{U}=\frac{2}{3}$。达到稳态时，电容上的电荷和电位分布如图 2-7(b)所示，整个介质的等值电容为 $C''_{eq}=\frac{Q''}{U}=\frac{4}{3}$。$C_1$ 与 C_2 分界面上堆积的电荷量为+4−1=+3。

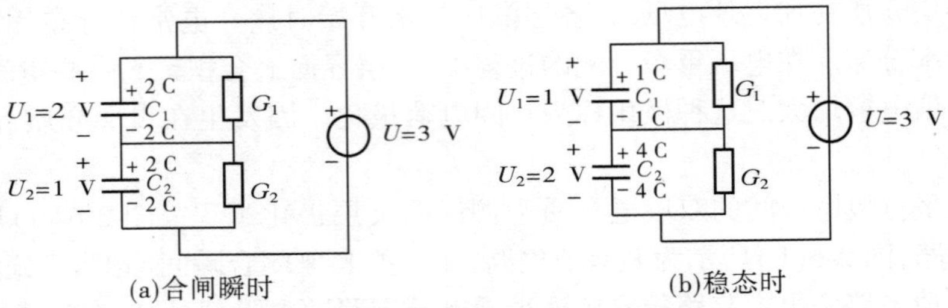

图 2-7　双层介质中电荷和电位分布

由此可见，夹层极化，使两电介质分界面上的正、负电荷不相等（在此例中夹层分界面上呈现+3 电的极性）以及等值电容增大。

从该例来看，极化时夹层界面上电荷的堆积是通过电介质的电导完成的。由于一般绝缘的电导数值很小，因而对应的极化时间常数很大，故这种极化过程是很缓慢的，其完成时间从几秒到几十分钟，甚至长达几小时。因此，夹层极化只有在直流电压下或低频电压作用下，才能呈现出来，而且极化时伴随有能量损耗。当电介质受潮时，由于电导增大，极化完成时间将减少。如果吸收过程缓慢，那么在去掉外加电压后，电介质内部的吸收电荷被释放出来也同样缓慢。因此，对使用过的大电容设备，应将两极短接并彻底放电，以免有吸收电荷释放出来，危及人身安全。

由上可知，夹层极化的特点是：极化过程缓慢，非弹性极化，有能量损耗。

第二节　电介质的电导

一、电介质电导的基本概念

电介质的基本作用是将不同电位的导体分隔开，使导体彼此绝缘，便于输送电能，它理应是不导电的。但任何电介质都不是理想的绝缘体，在电介质内部或多或少地存在数量很少的带电粒子（载流子，如正、负离子等），它们在外电场作用下（当加上电压后），都会不同程度地做定向移动而形成传导电流（电导电流）。或者说，任何电介质并非绝对不导电，只是导电性非常差，即其电导率很小而已。表征电介质导电性能的主要物理量为电导率 γ 或其倒数电阻率 ρ。固体和液体介质的电导率与温度 T 的关系可表示为

$$\gamma=\frac{1}{\rho}=Ae^{-\frac{B}{T}} \tag{2-9}$$

式中　A、B——常数，均与介质的性质有关，但固体介质的 B 值比液体介质的 B 值大

得多；

T——绝对温度，K。

上式表明，电介质电导率随温度 T 按指数规律上升。所以，在测量电介质的电导或绝缘电阻时，必须注意记载温度。电介质的电阻率一般为 $10^{10} \sim 10^{24}\ \Omega \cdot cm$，而导体的电阻率仅为 $10^{-6} \sim 10^{-2}\ \Omega \cdot cm$，可见两者差别之大。常用电介质的电导率见表 2-2。

表 2-2　常用电介质的电导率

材料类别		名称	电导率(20 ℃) [$(\Omega \cdot cm)^{-1}$]
液体电介质	弱极性	变压器油 硅有机油	$10^{-12} \sim 10^{-15}$ $10^{-14} \sim 10^{-15}$
	极性	蓖麻油	$10^{-10} \sim 10^{-12}$
	强极性	水	10^{-7}
固体电介质	中性或弱极性	石蜡 聚苯乙烯 聚四氟乙烯	10^{-16} $10^{-17} \sim 10^{-18}$ $10^{-17} \sim 10^{-18}$
	极性	松香 沥青 聚氯乙烯 胶木 纤维素	$10^{-15} \sim 10^{-16}$ $10^{-15} \sim 10^{-16}$ $10^{-15} \sim 10^{-16}$ $10^{-13} \sim 10^{-14}$ 10^{-14}
	离子性	云母 陶瓷	$10^{-15} \sim 10^{-16}$ $10^{-15} \sim 10^{-16}$

二、电介质电导的特点

电介质的电导按载流子的不同，可分为离子电导和电子电导两种，它们都属于体积电导。前者以离子为载流子，后者则以电子为载流子。又依照电介质物态的不同而体现出相应的特点。

（一）气体电介质的电导

气体电介质工作在场强低于其击穿场强时，其电导率是微小的，为 $10^{-15} \sim 10^{-16}$ $(\Omega \cdot cm)^{-1}$，故是良好的绝缘体。气体的电导主要是电子电导。

（二）液体电介质的电导

液体电介质中形成电导电流的带电粒子主要有两种：一是构成液体的基本分子和杂质的分子游离形成带电离子，构成离子电导；二是液体中的胶体吸附电荷后变成带电分子团，通常是乳化状态的胶体粒子（例如变压器油中的悬浮胶粒）或细小水珠，它们吸附电荷后变成了带电粒子，形成电泳电导。中性和弱极性液体，在纯净时，电导率很小，而当含有杂质和水分时，其电导率显著增加，绝缘性能下降，其电导主要由杂质离子构成。极性和强极性液体电介质，其分解作用很强，离子数多，电导率很大，一般情况下，不能用作绝缘材料。可见，液体的分子结构、极性强弱、纯净程度、介质温度等对电导影响很大。各种液体电介质的电导率可能相差悬殊，工程上常用的变压器油、漆和树脂等都属于弱极性电介质。

杂质和水分对液体电介质的绝缘油危害很大，电气设备在运行中一定要注意防潮，可以采用过滤、吸附、干燥等措施除去液体电介质中的水分和杂质。

(三)固体电介质的电导

固体电介质产生电导的机制和规律与液体类似，只是固体电介质没有电泳电导。离子电导很大程度上取决于电介质中含有的杂质，特别是在中性及弱极性电介质中，杂质离子起主要作用。

固体电介质除体积电导外，还存在表面电导。固体电介质的表面电导主要是由附着于电介质表面的水分和其他污物引起的。电介质表面极薄的一层水膜就能造成明显的电导。如果除水分外，介质表面还有尘埃等污秽物质中所含的盐类，电介质溶于水后形成大量的自由离子，将使表面电导显著增大。

固体电介质的表面电导与介质的特性有关。容易吸收水分的电介质称为亲水性电介质，水分可以在其表面形成连续水膜，如玻璃、陶瓷就属此类。不易吸收水分的电介质称为憎水性电介质，水分只能在其表面形成不连续的水珠，不能形成连续水膜，如石蜡、有机硅就属此类。显然憎水性电介质的表面电导通常要比亲水性电介质的小。

采取使电介质表面洁净、干燥或涂敷石蜡、有机硅、绝缘漆等措施，可以降低固体电介质的表面电导。

对于固体介质，由于表面吸附水分和污秽存在表面电导，绝缘特性受外界因素的影响很大。所以，在测量体积电阻率时，应尽量排除表面电导的影响，清除表面污秽、烘干水分，并在测量电极上采取一定的屏蔽措施。

三、电介质的绝缘电阻和等值电路

在图 2-8(a)所示电路中，对一固体介质施加(合上 K_1)直流电压，观察流过电介质的电流 i 的变化情况。从电流表的读数变化可知，电路中的电流从大到小随时间衰减，并最终稳定在某一数值，此现象称为介质的吸收现象。可粗略绘制出如图 2-8(b)所示的电流曲线，此曲线也称为吸收曲线。这里的“吸收”是比较形象的说法，好像有一部分电流被介质吸收掉似的，以致电流慢慢减小。

根据电介质在电压作用下发生的极化和电导过程，介质中的电流 i 由三部分组成，即 $i=i_c+i_a+i_g$。根据电流 i 各分量的特点，可得电介质等值电路如图 2-8(c)所示，图中 C_0 为反映无损极化所形成的电容，流过的电流为 i_c，该支路电流存在的时间很短，很快衰减到零；C_a 为反映有损极化形成的电容，R_a 为反映有损极化的等效电阻，流过的电流为 i_a，该支路电流随时间衰减，被称为吸收电流。吸收电流衰减的快慢程度取决于介质的材料及结构等因素，通常不是很大电气设备的绝缘，一般 1 min 内都衰减至零，但大的设备（如大型变压器、发电机等）可达 10 min。R_g 支路流过的电流为 i_g，i_g 为电介质中少量离子定向移动所形成的电导电流，它是不随时间变化的恒定电流，定义为泄漏电流，它是纯阻性电流。泄漏电流所对应的电阻 R_g 为电介质的绝缘电阻，一般以 MΩ（1 MΩ = 10^6 Ω）为单位。因此，绝缘电阻 R_g 可表示为

$$R_g = \frac{U}{i_g} \tag{2-10}$$

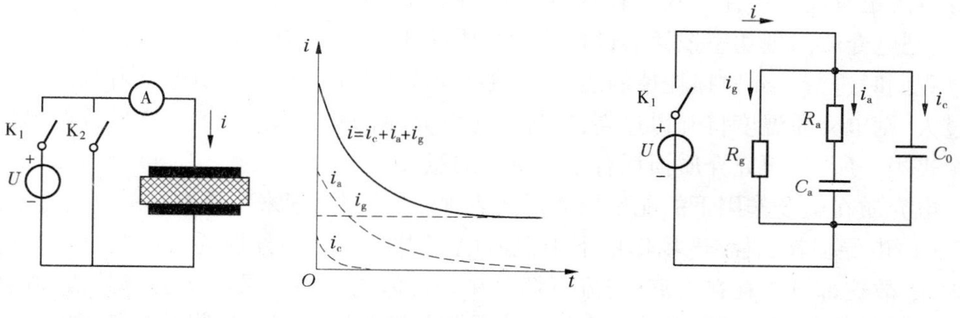

(a)在电介质上施加直流电压　(b)直流电压下流过电介质的电流　(c)电介质的等值电路

图 2-8　电介质中的电流及其等值电路

绝缘电阻的大小取决于绝缘介质的电阻率、尺寸、温度等因素。而泄漏电流的大小除与上述因素有关外，还与施加电压的高低有关。

测试固体电介质的绝缘电阻时，实际上包括体积绝缘电阻和表面绝缘电阻两部分，是它们两者并联的总阻值，即

$$R_\infty = \frac{R_1 R_2}{R_1 + R_2} \tag{2-11}$$

式中　R_1——体积绝缘电阻；

R_2——表面绝缘电阻。

这样当介质表面脏污或受潮时，所测到的绝缘电阻值偏小（或泄漏电流偏大），于是就不能根据绝缘电阻值（或泄漏电流值）来判断电介质内在绝缘性能的好坏，为此在测量中要采取措施消除表面泄漏所造成的影响。

研究电介质的电导过程和吸收现象，在工程实践中是有实际意义的，如：

（1）在高压设备绝缘预防性试验中，一般都要测量绝缘电阻和泄漏电流以及后面要介绍的吸收比、极化指数，以判断设备的绝缘是否有受潮或其他劣化现象。

（2）电介质的电导对电气设备的运行有重要影响。电导产生的能量损耗使设备发热，为限制设备的温度升高，有时必须降低设备的工作电流。在一定条件下，电导损耗还有可能导致电介质发生热击穿。

（3）注意环境温度对固体电介质绝缘的影响，有时需做表面防潮处理，如在胶布（或纸）筒外表面刷环氧漆，在绝缘子表面涂有机硅或地蜡等。

第三节 电介质的损耗

一、电介质损耗的概念

由前述可知，电介质在电场作用下（施加电压后），要发生极化和电导过程。在这些过程中，偶极子极化和夹层极化过程会引起能量损耗；电导过程中，电导性泄漏电流流过绝缘电阻也有能量损耗。其损耗程度一般用单位时间内损耗的能量，即损耗功率表示。于是，把电介质出现功率损耗的过程称为介质损耗。显然，介质损耗过程随极化过程和电导过程同时进行。介质损耗掉的能量（电能）变成了热能，使电介质温度升高。若介质损耗过大，则电介质温度将升得过高，这将加速电介质的热老化，最终可能导致绝缘性能的完全丧失。所以，研究介质损耗有十分重要的意义。

电介质在电场作用下的能量损耗形式表现多样，归总起来主要有：

（1）电导损耗，是在电场作用下由泄漏电流引起的那部分损耗。泄漏电流与电场频率无关，故这部分损耗在直流、交流下都存在。气体电介质以及绝缘良好的液、固体电介质，电导损耗都不大。液、固体电介质的电导损耗随温度升高而按指数规律增大。

（2）极化损耗，是在电场作用下由偶极子与空间电荷极化引起的损耗。在直流电压作用下，由于极化过程仅在电压施加后很短时间内存在，极化损耗与电导损耗相比可忽略；而在交流电压作用下，由于电介质随交流电压极性的周期性改变而作周期性的正向极化和反向极化，极化始终存在于整个加压过程之中。极化损耗在频率不太高时随频率升高而增大，但频率过高时，极化过程反而减弱，损耗也减小。极化损耗与温度也有关，在某一温度下极化损耗达最大。

（3）游离损耗，主要是指气体间隙的电晕放电以及液、固体介质内部气泡中局部放电所造成的损耗。这是因为放电时，产生带电粒子需要游离能，出现光、声、热、化学效应也要消耗能量。游离能随电场强度的增大而增大。

二、电介质损耗角正切值 $\tan\delta$

电介质在直流电压下，无周期性极化过程，因此当外加电压低于局部放电电压时，电介质中的损耗仍由电导引起，此时可用绝缘电阻（或电导率）这一物理量来表达。而在交流电压下，除电导损耗外，还存在周期性极化引起的能量损耗，因此需引入一个新的物理量来表征电介质综合损耗特性，这一新的物理量就是电介质损耗角正切值 $\tan\delta$ 。

电介质在电场作用下，考虑无损和有损极化以及电导时的等值电路如图 2-9 所示。该等值电路适用于直流电压，也适用于交流电压。图 2-9（b）所示电路可进一步简化为图 2-9（c）所示的电导和电容并联的等值电路。

在电介质两端施加交流电压 $\dot{U}$ 。由于电介质中有损耗，所以电流 $\dot{I}$ 不是纯电容电流，可分解为有功电流 $\dot{I}_R$ 和无功电流 $\dot{I}_C$ 两个分量，相量关系如图 2-9（d）所示，由三角形法则可得

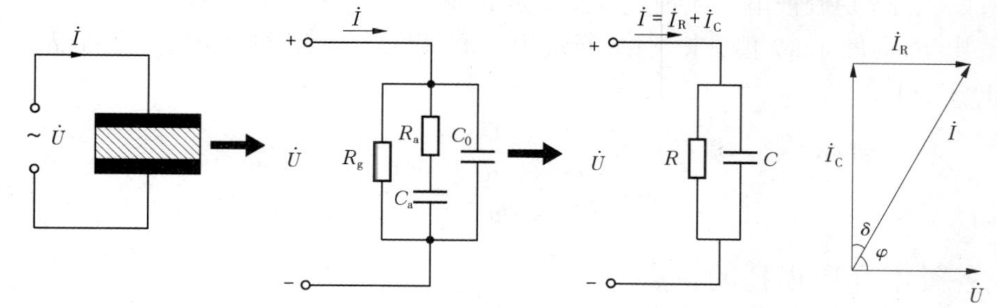

(a)交流电压下电介质的等值电路　(b)简化等值电路　(c)等值电路　(d)功率三角形

图 2-9 交流电压下电介质的等值电路和相量图

$$\dot{I} = \dot{I}_R + \dot{I}_C \tag{2-12}$$

由图 2-9(d)可见，$\dot{I}$ 与 $\dot{U}$ 夹角 φ 为功率因数角，$\dot{I}$ 与 $\dot{I}_C$ 夹角 δ 为功率因数角的余角，δ 越大，$\dot{I}_R$ 越大，则功率损耗越大，故定义 δ 角为介质损耗角。

此时，电介质的有功损耗为

$$P = UI_R = UI\cos\varphi = UI_C\tan\delta = U^2\omega C\tan\delta \tag{2-13}$$

同样的，也可以把图 2-9(b)等效变换为图 2-10 所示的串联等值电路及相量图。

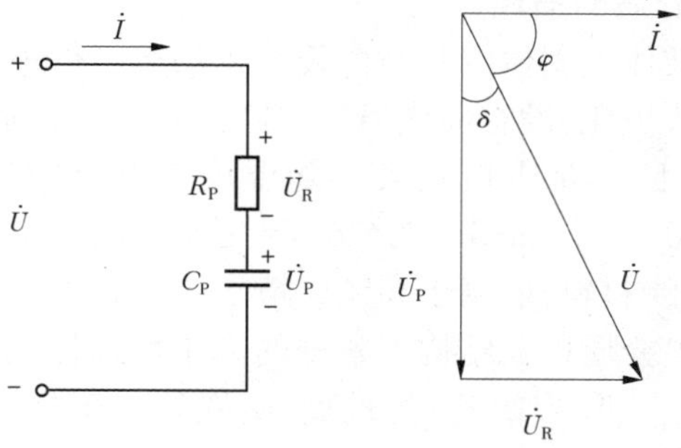

(a)　(b)

图 2-10 串联等值电路及相量图

可以证明

$$C_P = (1 + \tan^2\delta)C, R_P = R\tan^2\delta \tag{2-14}$$

当 $\tan\delta$ 很小时，$C_P \approx C$。

对于该串联等值电路，同样可以推导出损耗功率的计算公式

$$P = U^2\omega C_P\tan\delta \tag{2-15}$$

从上述计算电介质损耗功率 P 的公式来看，用功率 P 的大小来显示电介质的品质好坏是不科学的，因为从式(2-13)或式(2-15)中可以看出，P 值与外加电压的平方和电源频率成正比，与电介质的电容量以及 $\tan\delta$ 等因素有关，不同电介质之间难以进行比较。而若在外加电压、频率、电介质尺寸一定的情况下，那么电介质损耗功率仅取决于 $\tan\delta$，换句话说，也就是 $\tan\delta$ 是与电压、频率、绝缘尺寸无关的物理量，它仅取决于电介质的损耗

特性。所以，$\tan\delta$ 是表征电介质损耗程度的物理量，与 γ、ε_r 相当。这样，我们可以通过试验测量电介质的 $\tan\delta$ 值，来判断介质损耗的程度，从而判断电介质的品质。从图 2-9(d)中，可得

$$\tan\delta = \frac{I_R}{I_C} = \frac{\frac{U}{R}}{U\omega C} = \frac{1}{\omega CR} \tag{2-16}$$

三、各类电介质损耗的特点

(一)气体电介质的损耗

气体电介质分子间距离大，相互间的作用力很弱，其相对介电常数接近 1，极化程度极小，不会引起极化损耗，因此气体电介质的损耗仅是电导损耗。当电场强度小于使气体分子游离所需数值时，气体电介质的电导也是极小的。正因为如此，常利用气体电介质的电容器作为标准电容器(电容量非常准确和稳定，常用做计量标准或装在电测量仪器内作为标准电容元件的器件)。

但在强电场作用下，气体易游离，例如在不均匀电场中出现局部放电时，气体介质的电介质损耗将明显增加。这种情况常发生在固体或液体电介质中含有气泡的场合，因为固体或液体介质的相对介电常数比气体介质的相对介电常数大得多，即使外加电压不高，气泡中也可能出现很大的电场强度而导致局部放电，这也会使电介质损耗增加。

(二)液体和固体电介质的损耗

非极性和弱极性的液体或固体以及结构较紧密的离子性电介质，它们的极化形式主要是电子式极化和离子式极化，没有极化损耗。这类电介质的损耗主要由电导决定，$\tan\delta$ 较小，约为 10^{-4} 数量级，且电介质损耗大小随温度的升高而升高。例如，变压器油在 20 ℃时，$\tan\delta \leqslant 0.5\%$；70 ℃时，$\tan\delta \leqslant 2.5\%$。聚乙烯、聚苯乙烯、硅橡胶、云母等也属于这类电介质，是优良的绝缘材料，能用于高频或精密的仪器中。

偶极性固体和液体电介质以及结构不紧密的离子性固体电介质除具有电导损耗外，还有极化损耗，$\tan\delta$ 较大。纸、聚氯乙烯、玻璃、陶瓷等属于这类电介质。这类电介质的损耗与温度、频率等因素有较复杂的关系。在电力系统中电源频率固定为 50 Hz，一般频率只有很小变化，可视为对 $\tan\delta$ 无影响。部分电介质的 $\tan\delta$ 值如表 2-3 所示。

表 2-3　工频电压下 20 ℃时，部分液体和固体电介质的 $\tan\delta$ 值

电介质	$\tan\delta$	电介质	$\tan\delta$
变压器油	0.05%～0.5%	聚乙烯	0.01%～0.02%
蓖麻油	1%～3%	交联聚乙烯	0.02%～0.05%
沥青云母带	0.2%～1%	聚苯乙烯	0.01%～0.03%
陶瓷	2%～5%	聚四氟乙烯	<0.02%
油浸电缆纸	0.5%～8%	聚氯乙烯	5%～10%
环氧树脂	0.2%～1%	酚醛树脂	1%～10%

四、影响因素

影响 $\tan\delta$ 值的因素主要有温度、频率和电压。

(一)温度对 $\tan\delta$ 值的影响随电介质分子结构的不同有显著的差异

中性或弱极性介质的损耗主要由电导引起,故温度对 $\tan\delta$ 值的影响与温度对电导的影响相似,即 $\tan\delta$ 随温度的升高而按指数规律增大,且 $\tan\delta$ 较小。但在极性介质中的极化损耗不能忽略, $\tan\delta$ 与温度的关系如图 2-11 所示。

当介质温度在 $t < t_1$ 阶段时,由于此阶段温度较低,电导损耗与极化损耗都小,但电导损耗还是随温度升高而略有增大,极化损耗随温度升高也增大(黏滞性变小,偶极子转向较容易)。所以,总体 $\tan\delta$ 随温度升高而增大。

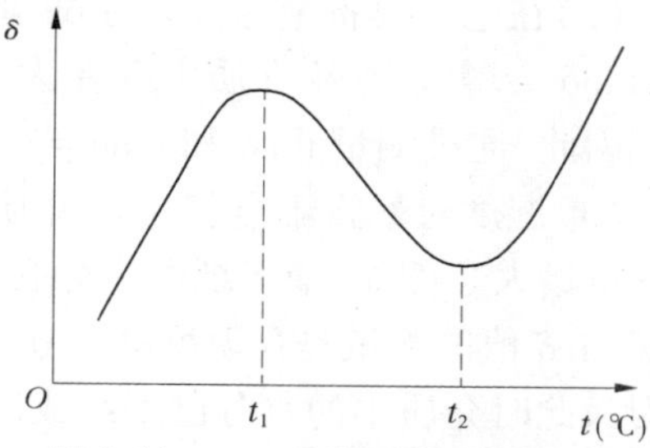

图 2-11　$\tan\delta$ 与温度的关系

当温度在 $t_1 < t < t_2$ 阶段时,温度已不低,此时分子的热运动反而妨碍偶极子沿电场方向作有规则的排列,极化损耗随温度升高而降低,而且降低的程度又超过电导损耗随温度升高的程度,因此总体 $\tan\delta$ 随温度升高而减小。

当介质温度在 $t > t_2$ 阶段时,温度已很高,电导损耗又重新占主导地位, $\tan\delta$ 随温度升高而增大。

(二)频率对 $\tan\delta$ 值的影响主要体现在频率对极化损耗的影响

$\tan\delta$ 与角频率 ω 的关系如图 2-12 所示。

在 $\omega < \omega_0$ 阶段,即频率不太高的范围内,偶极子的转向极化完全跟得上电场的交变,极化可以充分发展。随频率的升高,偶极子往复转向频率加快,极化程度逐步加强,介质损耗增大,即 $\tan\delta$ 值增大。

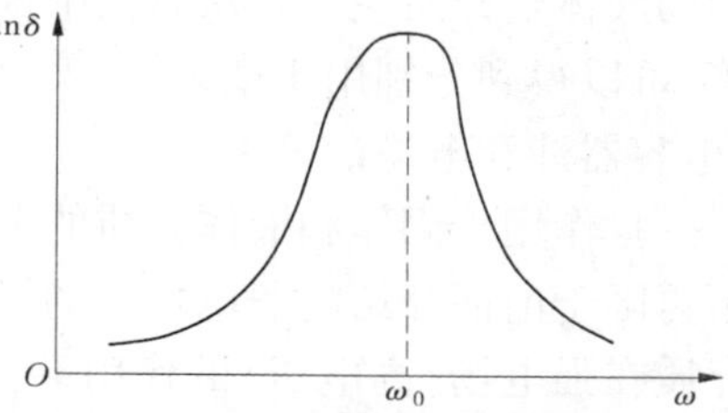

图 2-12　$\tan\delta$ 与角频率 ω 的关系

在 $\omega > \omega_0$ 阶段,即当频率超过某一数值后,由于偶极子质量的惯性及相互间的摩擦作用,来不及跟随电压极性的改变而转向,极化作用又减弱,极化损耗下降, $\tan\delta$ 值降低。

显然,在这样的变化过程中,一定有一个 $\tan\delta$ 的极大值,其对应的角频率为 ω_0。

(三)电压对 $\tan\delta$ 值的影响主要表现为电场强度对 $\tan\delta$ 值的影响

在电场强度不是很高的一定范围内,电场强度增大(由于电压升高),介质损耗功率变大,但 $\tan\delta$ 几乎不变。当电场强度达到某一较高数值时,随着介质内部不可避免存在的缺陷或气泡发生局部放电, $\tan\delta$ 随电场强度升高而迅速增大。因此,在较高电压下测 $\tan\delta$ 值,可以检查出介质中夹杂的气隙、分层、龟裂等缺陷。

五、电介质损耗在工程上的意义

在工程实际中,对 $\tan\delta$ 的测量及判断,对于监督绝缘的工作状况以及老化的进程有非常重要的意义。

(1)作为绝缘介质,希望其 $\tan\delta$ 越小越好。因此,选择绝缘介质时,必须注意材料的 $\tan\delta$ 。$\tan\delta$ 越大,电介质的损耗也越大,交流电压下发热也越严重。这不仅使电介质容易劣化,严重时还可能导致热击穿。

(2)在电气设备绝缘预防性试验中, $\tan\delta$ 的测量是一个基本项目。当绝缘介质受潮时, $\tan\delta$ 会增大;绝缘介质中存在大量气隙或大量气泡时,在高电压下 $\tan\delta$ 也会显著增大。因此,通过测量 $\tan\delta$ 和 $\tan\delta=f(u)$ 的关系曲线,可以对绝缘状态加以判断。

(3)湿度对暴露于空气中电介质的 $\tan\delta$ 影响也很大。介质受潮后,电导损耗增大, $\tan\delta$ 也增大。例如,绝缘纸中水分含量从4%增加到10%, $\tan\delta$ 值可增大100倍。然而,假如 $\tan\delta$ 值的测试是在温度低于0 ~ 5 ℃时进行的,含水量增加, $\tan\delta$ 反而不会增大,这是因为此时介质中的水分已凝结成冰,导电性又变差,电导损耗变小的缘故。为此,在进行绝缘试验时规定被试品温度不低于+5 ℃,这对 $\tan\delta$ 的测试尤为重要。

第四节　液体电介质的击穿特性与改进措施

电力系统中运行的高压电气设备,其内绝缘常用液体电介质。因为液体电介质除具有良好的绝缘强度外,还可以担当冷却(如在油浸式电力变压器中)以及灭弧(如在油断路器中)作用。液体电介质主要有天然的矿物油和人工合成油及蓖麻油等植物油。目前常用的液体电介质主要是从石油中提炼出来的碳氢化合物矿物油,通过不同程度的理化精炼,可以得到分别用于变压器、高压开关电器、电容器、套管及电缆等设备中的变压器油、电容器油和电缆油等。

一旦作用于固体和液体介质的电场强度增大到一定程度,在介质中出现的电气现象就不再限于前面介绍的弱电场下的极化、电导和介质损耗了。与气体介质相似,液体和固体介质在强电场(高电压)的作用下,也会出现由绝缘体转变为导体的击穿过程。

工程中使用的液体电介质并不是绝对纯净的,或多或少地含有水分、气体、固体微粒和纤维等杂质,它们对液体介质的击穿有很大的影响。因此,下面除介绍纯净液体电介质的击穿机制外,还要探讨工程用变压器油的击穿特点。

一、纯净液体电介质的击穿理论

(一)电子碰撞电离理论(电击穿理论)

在外电场足够高时,液体电介质中因肖特基效应产生的或阴极的强场发射产生的电子将被外电场加速而逐步积累到足够的动能,在碰撞液体分子时引起游离,使电子数倍增,形成电子崩。同时,由碰撞游离产生的正离子在阴极附近形成空间电荷层,增强了阴极附近的电场,使阴极发射的电子数增多。当外加电压增大到一定数值时,电子崩电流会急剧增加,而导致液体电介质击穿。这就是电子碰撞电离理论,又可简称电击穿理论。

纯净液体电介质的电击穿理论与气体放电汤逊理论中的α、γ作用有些相似。但液体密度比气体密度大得多,电子的平均自由行程很小,积累达到引起介质游离的能量比较困难,必须大大提高场强才开始碰撞游离。所以,纯净液体电介质的击穿场强要比气体电介质的击穿场强高得多。

由电击穿理论可知,纯净液体电介质的密度增加时,电子的平均自由行程小,击穿场强会增大;温度升高时液体膨胀,其间电子的平均自由行程变大,击穿场强会下降;由于电子崩的产生和空间电荷层的形成需要一定时间,当电压作用时间很短时,击穿场强将提高,因此液体电介质的冲击击穿电压高于工频击穿电压。

(二)气泡击穿理论("小桥"理论)

试验表明,液体电介质的击穿场强与其静压力密切相关。因而研究工作者认为,液体电介质在击穿过程中的临界阶段包含着状态变化,即液体中出现了气泡,从而提出了液体电介质击穿的气泡击穿理论,亦称"小桥"理论。

液体电介质中出现气泡,在交流电压下,串联介质中电场强度的分布与介质的ε_r成反比。由于气泡的ε_r最小,其电气强度又比液体电介质低很多,所以气泡必先发生电离。气泡电离后温度上升、体积膨胀、密度减小,这促使电离进一步发展。电离产生的带电粒子撞击液体电介质分子,使它又分解出气体,导致气体通道扩大。许多电离的气泡在电场中排列成气体"小桥",击穿就可能在此通道中发生。

这一理论在实际中的应用是,在高压充油电缆中总要加大油压,以提高电缆的击穿场强。

二、工程用变压器油的击穿过程及其特点

纯净液体电介质的击穿过程与气体击穿过程很相似,是由液体中带电质点的碰撞游离导致击穿的,但击穿场强要高得多(可达1 MV/cm),然而讨论这种纯净液体电介质的击穿并无实际意义。

使用气泡击穿理论解释液体电介质击穿过程,有赖于气泡的形成、发热膨胀、气泡通道扩大并积聚相连成气泡"小桥",有热的过程,应属热击穿的范畴。可推广这一理论到其他悬浮物引起的击穿,而用来解释变压器油的击穿过程。

工程实际中使用的变压器油不可能是纯净的,在生产运行中不可避免地要混入杂质。这些杂质主要是气体、水分和纤维。由于水分和纤维的ε_r很大,在电场中易沿电场方向极化定向,并排列成杂质"小桥"。这时可能会发生两种情况:

(1)如果杂质"小桥"连通电极,由于组成此"小桥"的水分和纤维的电导较大,使流过"小桥"的泄漏电流增大,发热增加,使水分汽化和"小桥"周围的油分解或汽化,即形成气泡。这种气泡也可以是油中原先存在的气体杂质所形成的。由于气泡中的电场强度要比油中高得多(与介电常数成反比),而气泡中气体的击穿强度又比油低得多,所以一旦气泡在电场作用下排列连成贯通两电极的"小桥",击穿就在此气泡通道中发生。换句话说,一旦油中形成气泡"小桥",就发生击穿。油中的水分和纤维形成"小桥",并不马上击穿,而仍要等到发展成气泡"小桥"才击穿,所以"小桥"理论也称为气泡击穿理论。

(2)杂质"小桥"尚未接通电极时,则纤维等杂质与油串联,由于纤维的ε_r大以及含

水分纤维的电导大，其端部油中电场强度显著增高并引起电离，于是油分解出气体，气泡扩大，电离增强，这样下去必然会出现由气体"小桥"引起的击穿。

判断变压器油的质量，主要依靠测量其电气强度、tanδ 和含水量。其中最重要的试验项目之一就是采用标准油杯测量油的工频击穿电压。我国试验采用的标准油杯如图 2-13 所示，极间距离为 2.5 mm，电极是直径等于 25 mm 的圆盘形铜电极，电极的边缘加工成半径为 2.5 mm 的半圆，以消除边缘效应。这样，极间电场基本是均匀电场。因为在均匀电场中杂质对击穿电压的影响要比在不均匀电场中大，所以基于试验数据的可靠性，而在油耐压中使用该种电极。

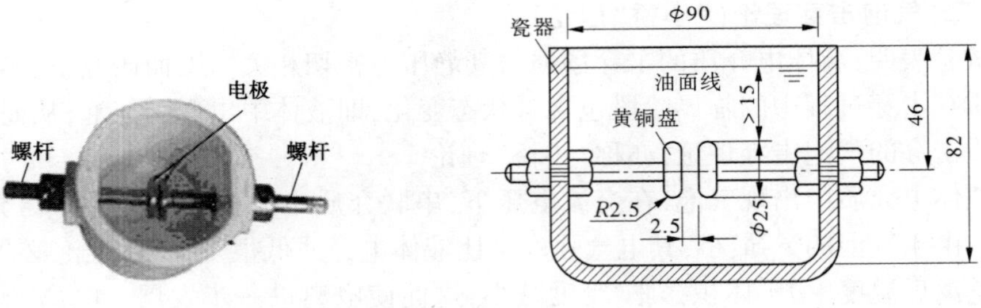

图 2-13　标准耐压油杯实物及尺寸　（单位：mm）

我国试验标准规定不同等级电气设备中所用变压器油的耐压值应符合表 2-4 的要求。

表 2-4　油的耐压值

额定电压等级(kV)	工频击穿电压(有效值)(kV)	
	新油，不低于	运行中的油，不低于
15 及以下	25	20
20~30	35	30
63~220	40	35
330	50	45
500	60	50

三、变压器油击穿电压的影响因素

(一) 水分和其他杂质的影响

水分在变压器油中一般情况下会出现两种状态：一是水分高度分散，且分布非常均匀，可视为溶解状态；二是水分以水珠状一滴一滴悬浮在油中，可视为悬浮状态。悬浮状水滴在油中十分有害，因为它们在电场作用下将沿电场方向极化伸长，会畸变油中的电场分布，以致在电极间连成"小桥"，造成油间隙击穿。

图 2-14 表示在常温下油中含水量对均匀电场油间隙工频击穿电压的影响。当油中含水量达十万分之几时，含水量对击穿电压就已有明显影响；含水量达到 0.02%时，击穿电压下降至 10 kV，比不含水分时的击穿电压低很多倍；含水量继续增大时，击穿电压下

降已不多,这是因为只有一定数量的水分能悬浮于油中,多余的水分会下沉到油的底部,但这对油的绝缘性能也是极其有害的。

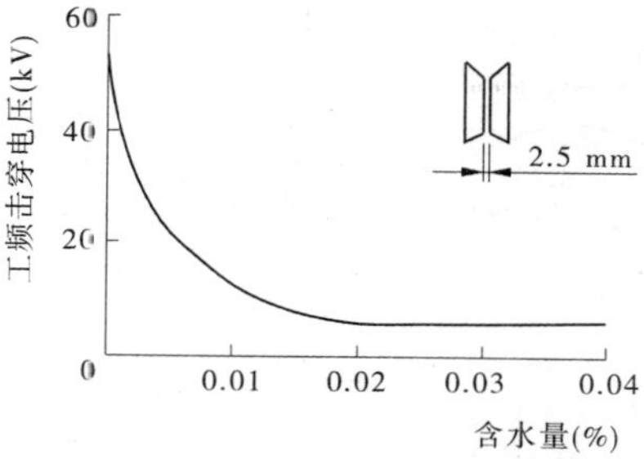

图 2-14　油中含水量对工频击穿电压(有效值)的影响

当油中还含有其他固体杂质时,击穿电压的下降程度随杂质的种类和数量而异。

当含有纤维素时,纤维量越多,越易形成纤维"小桥",则击穿电压越低。由于纤维具有很强的吸附水分能力,所以吸湿的纤维对击穿电压影响更大。当含有气体,且含气量很小时,溶解状态的气体对击穿电压影响很小。但当含气量增加而出现自由状态的气体时,击穿电压将随含气量增加而降低。

(二)油温的影响

击穿电压与温度的关系比较复杂,温度对变压器油击穿电压的影响随电场的均匀程度、油的品质以及电压类型的不同而异。

均匀电场(在标准油杯中)油间隙的工频击穿电压与温度的关系如图 2-15 所示。对于潮湿的油,当温度由 0 ℃开始逐渐上升时,水在油中的溶解度逐渐增大,原来悬浮状态的水分逐渐转化为溶解状态,此时油的击穿电压逐渐升高;当温度超过 80 ℃时,油中的水分汽化,产生气泡,又出现击穿电压下降。这样 60~80 ℃时,油的击穿电压由升高到降低,从而必然出现最大值;在 0~5 ℃时,油中水分以悬浮状态为最多,此时小桥最易形成,故击穿电压有最小值;温度再降低到 0 ℃以下时,水滴将凝结成冰粒,水分对油的影响减弱,再加上油也逐渐凝固使黏度增大,小桥不易形成,故此时变压器油的击穿电压随温度的下降反而提高。应该可以说,上述现象满足气泡击穿理论。

对于干燥的油,随着油温的升高,击穿电压略有下降,这符合电子碰撞游离理论。

在极不均匀电场中,随着油的温度上升,工频击穿电压稍有下降,如图 2-16 所示。这种击穿电压的下降可用电子碰撞游离理论来解释,水滴等杂质不影响极不均匀电场中的工频击穿电压。

不论是在均匀电场中还是在不均匀电场中,随温度上升,冲击击穿电压均单调地稍有下降。这也可用电子碰撞游离理论来解释,而水滴等杂质的影响极小,因为在冲击电压作用下来不及形成杂质"小桥"。

(三)电场均匀度的影响

对于优质油,保持油温不变,而改善电场均匀度,能使工频击穿电压显著增大,也能大大提高其冲击击穿电压;对于劣质油,其含杂质较多,改善电场对于提高其工频击穿电压的效果也较差。在冲击电压下,由于杂质来不及形成"小桥",故改善电场均匀度总是能显著提高油隙的冲击击穿电压,而与油的品质好坏几乎无关。

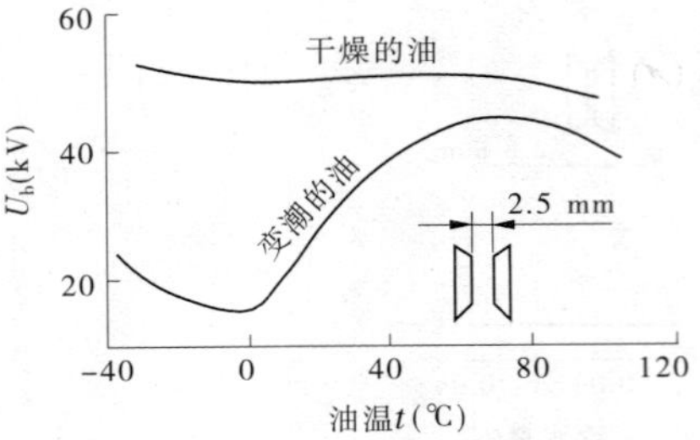

图 2-15　标准油杯中油间隙的工频击穿电压与温度的关系

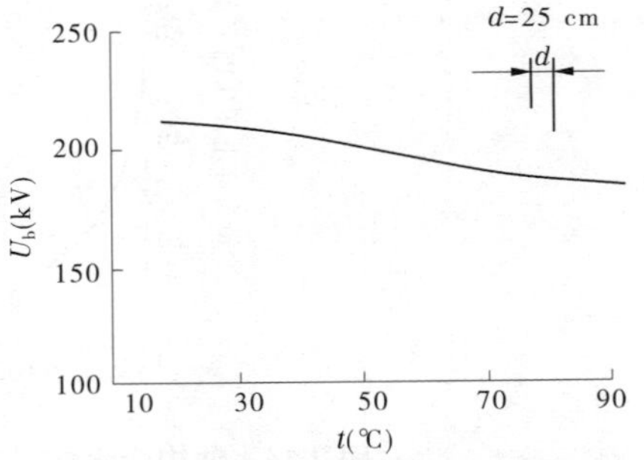

图 2-16　棒—板间隙中油间隙的工频击穿电压与温度的关系

(四)电压作用时间

油间隙的击穿电压会随电压作用时间的增加而下降,加压时间还会影响油的击穿性质。从图 2-17 的两条曲线可以看出:在电压作用时间短至几微秒时,击穿电压很高,击穿有时延特性,属电击穿;电压作用时间为数十到数百微秒时,杂质的影响还不能显示出来,仍为电击穿,这时影响油隙击穿电压的主要因素是电场的均匀程度;如果电压作用时间更长,杂质开始聚集,油隙的击穿开始出现热过程,于是击穿电压再度下降,为热击穿。油的击穿电压随电压作用时间的增加而下降是总的趋势,但在油不太脏的情况下,1 min 的击穿电压与长时间的击穿电压相差已不大。为此,变压器油的工频耐压试验(品质试验)通常加压时间确定为 1 min。

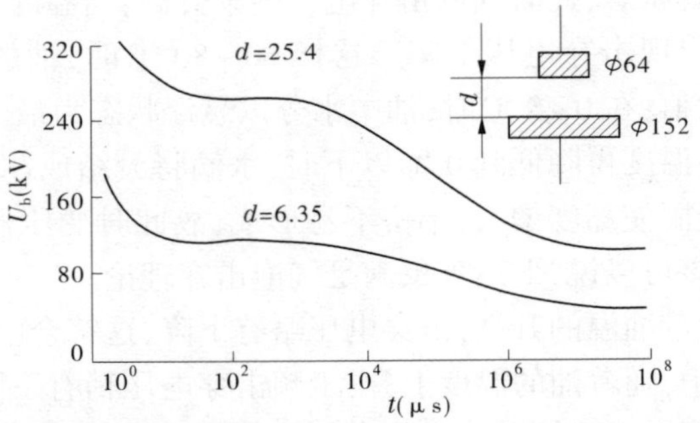

图 2-17　油间隙的工频击穿电压与作用时间的关系　(尺寸单位:mm)

(五)油压的影响

不论电场均匀度如何,纯净变压器油的工频击穿电压总是随油压的增大而增加,这是油中气泡的游离电压增高和气体在油中的溶解度增大的缘故。经过脱气处理的油,其工频击穿电压几乎与油压无关。

四、提高变压器油击穿电压的措施

从以上讨论中可以看出,油中杂质对油隙的工频击穿电压有很大的影响,所以对于工程用油来说,应设法减小杂质的影响,提高油的品质。

(一)提高及保持油的品质

为了提高及保持油的品质,通常可以采用过滤、防潮、祛气等方法,这些工序在工程上可由真空滤油机完成,如图 2-18 所示。

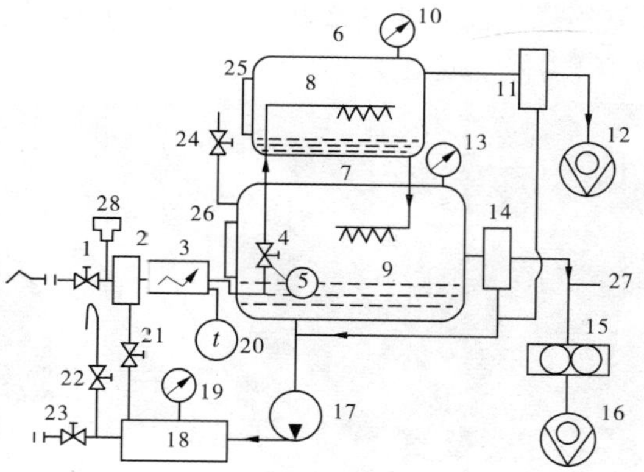

1—进油阀;2—粗滤元件;3—加热元件;4—液位阀;5—浮漂;6——级真空罐;7—二级真空罐;
8——级喷雾元件;9—二级喷雾元件;10—真空表;11——级防喷元件;12——级真空泵;13—电接点真空表;
14—二级防喷元件;15—罗茨泵;16—二级真空泵;17—油泵;18—精滤元件;19—压力表;20—感温元件;
21—回油阀;22—取样阀;23—出泄单向阀;24—补气阀;25、26—观察窗;27—真空接口;28—流量开关

图 2-18　工艺流程示意

1. 过滤

将油在压力下连续通过滤油机中的滤纸层,油中的纤维等杂质被滤纸阻挡,油中大部分的水分和有机酸也被滤纸纤维吸附。若在油中加一些白土、硅胶等吸附剂,吸附油中的水分、有机酸,然后再过滤,效果会更好。对于运行中的变压器,常用此方法来恢复变压器油的绝缘性能。

2. 防潮

充油的电气设备在制造、检修及运行过程中都必须注意防止水分侵入。浸油前要采用烘干、抽真空等方法去除绝缘部件中的水分,检修时尽量减少内绝缘物质暴露在空气中的时间。有些电气设备,如变压器不可能全密封时,则可在呼吸器的空气入口处放置干燥剂,以防止潮气进入。

3. 祛气

先将油加热,在真空中喷成雾状,油中所含气体和水分即挥发并被抽走。对于电压等级较高的电气设备,常要求在真空条件下将油注入电气设备中。

(二)采用固体电介质降低杂质的影响

在绝缘设计中则可利用“油—屏障”式绝缘(例如覆盖层、绝缘层和隔板等)来减少杂质的影响,这些措施都能显著提高油隙的击穿电压。具体措施阐述详见第七节。

第五节　固体电介质的击穿特性与改进措施

电力系统中的一些电气设备常用固体电介质作为绝缘和支撑材料。而固体电介质的击穿特性与气体、液体电介质的击穿特性相比,主要有两点显著不同:一是固体电介质的击穿场强一般比气体和液体电介质高，例如在均匀电场中，云母的工频击穿场强可达200~300 kV/cm；二是固体电介质击穿后其绝缘性能不能自行恢复，击穿以后在介质中留有不能恢复的痕迹，如贯穿两电极的熔洞、烧穿的孔道、开裂等，撤去电压后不像气体、液体电介质那样能自行恢复绝缘性能。如图 2-19 所示为变压器绕组绝缘击穿事故图片。显然，变压器的绝缘已损坏，需修复或更换。

图 2-19　变压器绕组绝缘击穿

在电场作用下，固体电介质的击穿可能由电过程、热过程、电化学过程而引起，因而其击穿特性表现为三种击穿形式，即电击穿、热击穿、电化学击穿。

实际电气设备中的固体电介质击穿过程是错综复杂的，它不仅取决于介质本身的特性，还与其绝缘结构形式、电场均匀性、外加电压波形和外加电压时间以及工作环境（周围媒介的温度及散热条件）等多种因素有关，往往需要用多种理论来说明其击穿过程。

另外，常用的有机绝缘材料，如纤维材料（纸、布和纤维板）以及聚乙烯塑料等，其短时电气强度很高，但在工作电压的长期作用下，会产生游离、老化等过程，从而使其电气强度大幅度下降。所以，对这类固体绝缘材料或绝缘结构，不仅要注意其短时耐电特性，而且要重视它们在长期工作电压下的耐电性能。

一、固体电介质的击穿机制

固体电介质的击穿尽管有电击穿、热击穿和电化学击穿三种形式，但每种形式的击穿过程具有不同的物理本质。

（一）电击穿

固体电介质的击穿与气体电介质的击穿类似，是以碰撞游离为基础的。在强电场作用下，固体电介质中存在的少量自由电子积累足够的动能后，与中性原子发生碰撞并使其游离，产生电子崩，从而引起击穿。

电击穿是由强电场引起的，其特点是：击穿电压高，击穿时间短；击穿前介质发热不显著；击穿电压与场强的均匀程度有关，而与周围环境温度无关。

（二）热击穿

当固体电介质受到电压作用时，电介质中发生损耗引起发热。当单位时间内电介质发出的热量大于散发的热量时，电介质的温度升高。而电介质的电导具有正的温度系数，即温度越高，电导越大，这就使泄漏电流进一步增大，损耗发热也随之增大，最后温升过高，导致绝缘性能完全丧失，电介质即被击穿。这种与热过程相关的击穿称为热击穿。当绝缘本身存在局部缺陷时，该处损耗增大，温升增大，击穿就容易发生在这种绝缘的局部缺陷处。

(三)电化学击穿

电气设备在运行了很长时间(数十小时甚至数年)后，运行中的绝缘受电、热、化学、机械力作用，绝缘性能逐渐劣化，这种现象称为老化。由于绝缘的老化而最终导致的电击穿或热击穿，称为电化学击穿。

二、影响固体电介质击穿电压的主要因素

(一)电压作用时间

外施电压作用时间对击穿电压的影响很大。通常，对于多数固体电介质，其击穿电压随电压作用时间的延长而明显地下降，且明显存在临界点。图 2-20 所示为常用的电工纸板击穿电压与外施电压作用时间的关系。从图中可以看出，在作用时间很短(小于微秒级)的冲击电压下，击穿电压才升高，约为 1 min 工频击穿电压(幅值)的 300%，且电压作用时间再增加的一段范围内，击穿电压与外施电压作用时间几乎无关。图中虚线左边区域属于电击穿范围，因为在这段时间内，热与化学的影响都来不及起作用。在此区域，当时间小于微秒级时(与放电时延相近)，击穿电压随加压时间缩短而升高，这与气体放电的伏秒特性很相似。虚线右边的区域，随电压作用时间的增加，击穿电压显著下降，这只能用发展较慢的热过程来解释，即击穿属于热击穿。如果电压作用时间更长，击穿电压仅为工频 1 min 击穿电压的几分之一。这表明，此时是由于绝缘老化，绝缘性能降低后发生了电化学击穿。

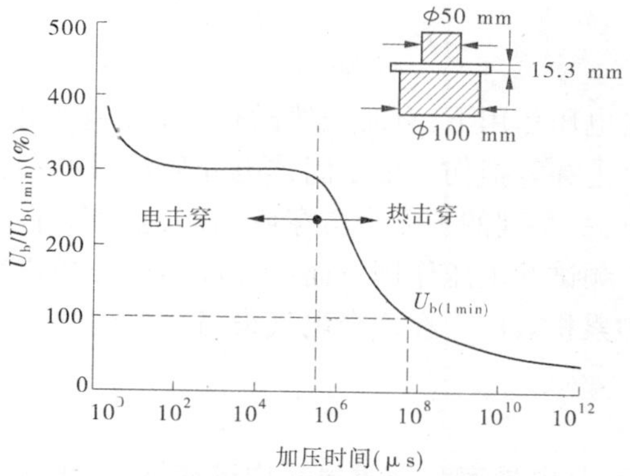

图 2-20　油浸电工纸板击穿电压与外施电压作用时间的关系(25 ℃时)

(二)温度

固体电介质在某个温度范围内其击穿性质属于电击穿，这时的击穿场强很高，且与温度几乎无关。如图 2-21 所示，当环境温度低于 t_0 时，击穿电压就很高，且与环境温度无关，属电击穿范围；当超过 t_0 后将发生热击穿，温度越高热击穿电压越低。图 2-21 中，若环境温度高于 t_0，环境温度越高，散热条件越差，热击穿电压越低。温度 t_0 是一个转折温

度,不同材料的转折温度也不同,即使同一种电介质,厚度越大,散热越困难,t_0 就越低。因此,应改善绝缘的工作条件,加强散热。

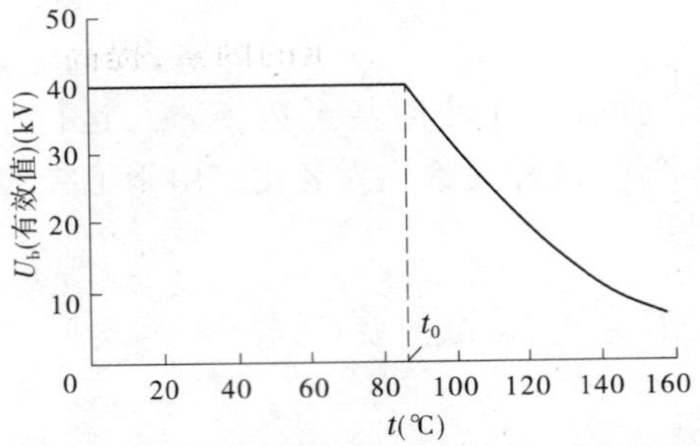

图 2-21　工频下瓷介质的击穿电压与温度的关系

(三)电场均匀程度与介质厚度

均匀电场中的击穿场强要高于不均匀电场中的击穿场强。在均匀电场中,击穿电压随电介质厚度的增加而线性增加;在不均匀电场中,击穿电压并不随电介质厚度的增加而线性增加。因为电介质厚度越大,电场不均匀程度也越大。还要注意的是,随着介质厚度的增加,散热条件也变差,所以当厚度增加到可能出现热击穿时,采用增加厚度来提高击穿电压的意义不大。

(四)电压种类

同一固体电介质、相同电极情况下,直流电压作用下的击穿电压要高于工频交流电压(幅值)下的击穿电压,这是由于在直流电压下介质损耗主要为电导损耗,而在工频交流电压下还包括极化损耗,甚至还有游离损耗。另外,交流电压下工频击穿电压要高于高频击穿电压,因为极化损耗随频率升高而增大。由于冲击电压作用时间短,而冲击击穿电压更高。

(五)累积效应

固体电介质在冲击电压作用下,有时虽然没有形成贯穿的击穿通道,但已在电介质中形成局部放电或不完全击穿等损伤。由于固体电介质绝缘的损伤是不可恢复的,在多次冲击或工频试验电压下,一系列的不完全击穿或局部的损伤得以逐步发展扩大而导致击穿。这种多次冲击或工频试验电压作用下而导致固体电介质击穿电压下降的现象,称为固体电介质击穿电压的累积效应。在确定电气设备试验电压值和试验次数时,应注意这种累积效应的影响。

(六)受潮

固体电介质受潮后,其电导率和介质损耗均迅速增大,击穿电压也迅速降低,其下降的程度与该介质的吸潮性相关。对不易吸潮的电介质,如聚乙烯、聚四氟乙烯等,受潮后击穿电压可下降一半左右;对容易吸潮的电介质,如棉纱、纸等,吸潮后的击穿电压可能仅为干燥时的百分之几或更低。所以,高压电气设备不仅在制造过程中要注意除去绝缘物质中的水分,而且运行过程中也要注意防潮,并应定期检查绝缘物质的受潮情况。

(七)机械负荷

固体电介质在使用时可能受到机械负荷的作用,使电介质发生裂痕等损伤,造成其击穿电压显著下降。

三、提高固体电介质击穿电压的方法

根据固体电介质的击穿形式及影响击穿电压的因素，提高固体电介质击穿电压的主要措施有以下几个方面。

（一）改进绝缘的制造工艺

尽可能地清除固体电介质中残留的杂质、气泡、水分等，使电介质尽可能均匀、致密。这可通过精选材料、改善工艺、真空干燥、浸渍绝缘油或漆等方法来达到。

（二）改进绝缘设计

采用合理的绝缘结构，使各结构部分的电气强度与其所承担的场强相适应；改善电极形状及表面光洁度，尽可能使电场分布均匀；改善电极与电介质的接触状态，消除接触处的气隙或使接触处的气隙不承受电位差（如采用半导体漆）。

（三）改善绝缘的运行条件

加强散热冷却，提高热击穿电压；防止尘污的腐蚀，维护绝缘材料的洁净；优化环境条件，防止高温，避免潮气、臭氧等有害物质的侵蚀。

第六节　电介质的老化

电力设备通常由相应的结构材料、导电材料、磁性材料及电介质材料所制成，其中以电介质最容易发生老化，甚至发生击穿或其他形式的破坏，直接影响电力设备运行的可靠性或寿命。因此，研究和防止电介质老化有着重大意义和实用价值。

电气设备的绝缘介质在长期运行过程中会发生一系列物理变化和化学变化，致使其电气、机械及其他性能逐渐劣化，这种现象统称为电介质的老化。

多数情况下，电介质老化是由于电介质的化学结构发生了变化，即通过降解、氧化、交联等化学反应改变了电介质的组织和化学结构，但也有仅仅由于电介质的物理结构发生变化而变化的情况。例如，电介质中所含的增塑剂不断挥发或电介质中的球晶不断长大，都会使电介质变硬、变脆，失去使用价值。总之，根据老化因素的不同，电介质的老化大致可分电老化、热老化、受潮老化、机械老化和环境老化等。环境老化由大气条件下的光、氧、臭氧、盐、雾、酸、碱等因素引起，主要对暴露于户外大气中的外绝缘有较大的影响。对于高压电气设备的绝缘，主要是电老化和热老化。

一、电老化

电介质在电场的长时间作用下会逐渐发生某些物理、化学变化，从而引起电介质物理、化学和电气特性等方面的性能劣化，这种现象称为电老化。

对于高压电气设备的绝缘，电老化是不容忽视的。电老化大致可分为无放电电老化和有放电电老化两种。无放电电老化包括因局部电流过大发生热不平衡而引起的老化，以及因电化学过程使金属导体被腐蚀，其残留物在电介质中或表面形成导电痕迹使绝缘性能丧失而造成的老化。有放电电老化是电老化的主要形式，并且主要来自于介质中的

局部放电，故有时也称为局部放电老化。电介质老化往往是由绝缘介质内部的局部放电造成的。因为在高压电气设备绝缘介质内部不可避免地存在着缺陷，例如固体绝缘介质内部存在的气泡或电极和绝缘接触处存在有气隙，加上电场分布不均匀，这些气泡、气隙或局部固体电介质表面的场强可能足够大，当达到或超过某一定值时，就会发生局部放电。这种局部放电可能长期存在而不会立即形成贯穿通道。但在局部放电过程中形成的氧化氮、臭氧等将对绝缘产生氧化和腐蚀作用，使固体电介质的绝缘劣化。同时，游离产生的带电粒子对绝缘介质的撞击也将对绝缘产生破坏作用。另外，局部放电产生时，电介质局部温度上升，使电介质加速氧化，并使局部电导和电介质损耗增加，严重时，甚至出现局部烧焦现象。局部放电除导致上述结果外，在某些高分子有机绝缘介质（如聚乙烯）中，还会导致树枝状的放电劣化痕迹，即“电树枝”，如图 2-22 所示。除局部放电引起绝缘介质发生电老化外，电场与其他因素的共同作用也会引起绝缘介质劣化，如在高分子有机绝缘介质中，电场和水的联合作用会产生“水树枝”，电场和某些化学物质的联合作用会产生“化学树枝”。“水树枝”和“化学树枝”是水或化学物质沿电场方向逐渐渗透的结果，它们的出现也将导致绝缘击穿场强下降。所以，对于高压，尤其是超高压电气设备绝缘中的局部放电，必须予以高度重视。

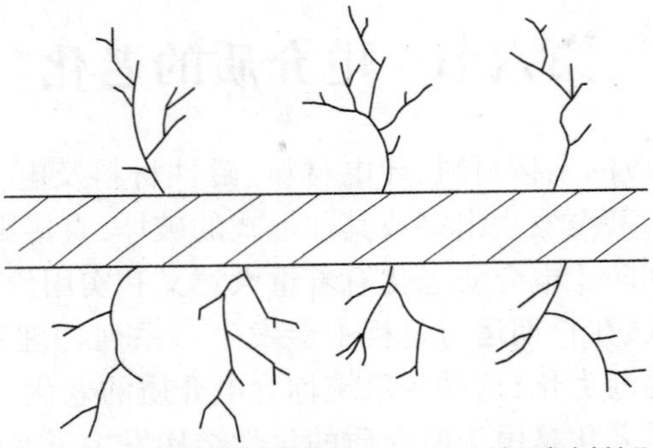

图 2-22　聚乙烯电缆缆芯近旁出现的“电树枝”

二、热老化

电介质在热的长期作用下发生化学反应，从而使其电气性能和其他性能逐渐变差，这一现象称为热老化。热老化是在受热状态下发生的劣化。固体电介质的热老化过程为热裂解、氧化裂解、交联，以及低分子挥发物的逸出，主要表现为机械强度降低（如失去弹性、变脆）以及电气性能变差。液体介质的热老化为电介质在热力作用下的氧化，而氧化所需的氧气为液体介质中残留的空气，或者油中纤维因热分解产生的氧气。绝缘油氧化后酸度升高，颜色加深，黏度增大，绝缘性能降低。

热老化的进程与电介质工作温度有关。如绝缘油的温度低于 60～70 ℃，热老化（或者说氧化）速度很慢，高于此温度后热老化的作用就显著了，大约温度每升高 10 ℃，油的氧化速度就增大一倍。当温度超过 115～120 ℃时，其情况就大有不同，不仅出现氧化的进一步加速，还可能伴有油本身的热裂解，这一温度一般称为油的临界温度。为此，绝缘油的运行或处理过程中，都应避免油温过高。

(一)电介质的耐热性

提高电介质的工作温度对提高电气设备的容量、减少体积、减轻质量、降低成本都有非常重要的意义。电介质的工作温度是由电介质的耐热性决定的。电介质的耐热性是指保证其运行安全可靠所能承受的最高允许温度。耐热性分以下两种：

(1)短时耐热性。电介质在高温作用下,短时就能发生明显损坏,如软化、硬化、气化、碳化、氧化、开裂等的温度。

(2)热劣化与长期耐热性。电介质在稍高的温度下,长时间后发生的绝缘性能的不可逆变化,即热劣化。在一定温度下,电介质不产生热损坏的时间称为寿命。在确定的条件下,电介质不产生热损坏的最高允许温度,即长期耐热性。

电介质热老化的程度主要决定于温度及介质经受热作用的时间。为了使绝缘材料能有一个经济合理的使用寿命,要规定一个最高持续工作温度。国家标准《电气绝缘　耐热性和表示方法》(GB/T 11021—2004)中将各种电工绝缘材料按其耐热程度划分等级,以确定各级绝缘材料的最高持续工作温度,如表 2-5 所示。

表 2-5　绝缘材料的耐热等级

耐热等级	最高持续工作温度(℃)	电介质种类
Y	90	未浸渍过的木材、棉纱、天然丝和纸等材料或其组合物,聚乙烯、聚氯乙烯、天然橡胶
A	105	矿物油及浸入其中的 Y 级材料;油性漆、油性树脂漆等
E	120	酚醛树脂塑料、胶纸板、胶布板,聚酯薄膜及聚酯纤维,聚乙烯醇缩甲醛漆
B	130	沥青油漆制成的云母带、玻璃漆布、玻璃胶布板,聚酯漆,环氧树脂
F	155	用耐热有机树脂或漆黏合或浸渍的无机物(云母、石棉玻璃纤维及其制品)
H	180	硅有机树脂、硅有机漆,或用它们黏合或浸渍过的无机材料,硅橡胶
N	200	氟树脂,间苯二甲酸二烯丙脂、有机硅、聚醚酰亚胺不采用任何有机黏合剂或浸渍剂的无机物,如云母、石英、石板、陶瓷、玻璃或玻璃纤维、石棉水泥制品、玻璃云母模压品等,聚四氟乙烯塑料
R	220	聚醚醚酮、聚酰胺酰亚胺、聚酰亚胺
—	250	聚苯并咪唑、聚苯基喹噁啉

注:1. 为了便于表示,字母可以写在括弧中,例如:180 级(H)。如因空间关系,比如在铭牌上,产品技术委员会可能仅选用字母表示。

2. 耐热等级超过 250 的可按 25 间隔递增的方式表示。

材料的使用温度若超过规定温度，则劣化加速。使用温度越高，寿命越短。对 A 级绝缘材料，使用温度若超过规定温度 8 ℃，则其寿命大约缩短一半，称 8 ℃规则；对 B 级绝缘材料，此温度约为 10 ℃；对 H 级绝缘材料，此温度约为 12 ℃。

设备的绝缘寿命主要由老化决定，设备的寿命与负荷情况有极密切的关系。同一设备，如果允许负荷较大，则运行期间投资效益高，但该设备必然温升较高，绝缘热老化快，寿命短；反之，欲使设备寿命长，应将使用温度规定较低，允许负荷较小，这样运行期间投资效益就会降低。综合考虑上述因素，为获得最佳综合经济效益，应规定电气设备经济合理的正常使用期限，对大多数电力设备（发电机、变压器、电动机等），认为使用期限定为 20~25 年较合适。根据这个期限，就可以定出该设备的标准使用温度。在此温度下，该设备的绝缘性能可保证在上述正常使用期限内安全工作。

（二）电介质的耐寒性

耐寒性一般用绝缘材料在低温作用下保证安全运行的最低许可温度来表征。若超过这个温度，固体绝缘材料可能变脆、开裂，液体绝缘材料可能凝固。例如 10 号、25 号、40 号变压器油分别表示其凝固温度为-10 ℃、-25 ℃、-40 ℃。对有可能运行在低温条件下的设备，就要充分考虑其耐寒性。

三、受潮老化

电介质受潮将导致其电导和损耗增大，使绝缘材料进一步发热，导致热老化速度加快。水分的存在使化学反应更加活跃，产生气体、气泡，引起局部放电。此外，水分的存在可使局部放电产生的氧化氮变成硝酸、亚硝酸等，腐蚀金属，使纤维及其他材料变脆。总之，受潮对绝缘材料来说是危险的，它将加速电老化及热老化过程，缩短绝缘材料的寿命。

为了防止或限制绝缘材料在运行中受潮，要采取一定的措施。对纤维材料要用浸渍剂浸渍，使气隙封闭。但一般浸渍剂难以进入微气孔，故浸渍只能限制而不能完全防止受潮。因此，在电气设备运行过程中，必须注意定期检查绝缘的受潮情况。

四、机械老化

机械老化是指电介质受到多次反复施加的应力或应变后，力学性能发生不可逆降低直到断裂的现象，即所谓机械疲劳。对于大容量电力设备特别是发电机组，疲劳现象是不容忽视的。疲劳原因主要是反复受力或反复变形时电介质中的分子链发生断裂，聚集态发生变化，导致产生裂纹甚至裂缝，直到断裂；其次是电介质力学损耗过大、发热严重，导致热不平衡，直到在高温下被撕裂。

固体绝缘材料按其机械性能可分为脆性、塑性和弹性材料三种，彼此间性能相差很大，使用时应分别考虑。

五、环境老化

环境老化是指在各种环境因素长期作用下发生的老化。其主要影响因素是自然环境因素。对电介质影响最大的环境因素有环境温度、湿度、太阳辐射、高能辐照、臭氧、工业有害气体、酸、碱、盐及其溶液、水、溶剂及油等。太阳辐射主要由波长小的紫外线所引起，紫外线光子可使电介质化学键断裂或使分子处于激发状态。氧能促进紫外线的辐射老化作用。臭氧的作用主要是袭击电介质中的双键并使之断裂，存在放电、光化学烟雾污染的地区都要注意臭氧引起的老化问题。化学作用是因电介质接触酸、碱、盐、水及溶剂等化学物质而被腐蚀所致，化学物质容易使电介质中的碳原子键发生水解、酸解、胺解等降解反应。化学作用与化学物质在电介质中的扩散和渗透难易程度有密切关系。高能辐照是由 α 射线、β 射线、X 射线等的高能粒子流的作用引起的，粒子的高能量可引起电介质的降解、氧化等反应。在原子能发电站、加速器、反应堆周围都应注意高能辐照问题。

由于老化中多个老化因素之间往往有相互作用，因此实际电介质老化往往不能用各个单一因素引起的老化的简单综合来表示，而应同时考虑多个因素，即所谓多因素老化。

第七节　组合绝缘的电气特性

对高压电气设备绝缘的要求是严格而又多方面的，除必须有优异的电气性能外，还要求有良好的热性能、机械性能及物理—化学性能，单一品质电介质往往难以同时满足这些要求。所以，电气设备的实际绝缘结构一般采用多种电介质的组合。例如变压器的外绝缘由套管的外瓷套和周围的空气组成，而其内绝缘则是由纸、布、胶木筒、聚合物、变压器油等固体和液体介质联合组成的。

组合绝缘的电气强度不仅取决于所用的各种介质的电气特性，而且与各种介质的特性相互之间的配合是否得当大有关系。

组合绝缘的常见形式是由多种介质构成的层叠绝缘。在外加电压的作用下，各层介质承受电压的状况必然是影响组合绝缘电气强度的重要因素。各层电压最理想的分配原则是：使组合绝缘中各层绝缘承受的电场强度与其电气强度成正比。在这种理想情况下，整个组合绝缘的电气强度最高，各种绝缘材料的利用最充分合理。

各层绝缘所承受的电压与绝缘材料的特性和作用电压的类型有关。如在直流电压下，各层绝缘分担的电压与其绝缘电阻成正比，亦即各层中的电场强度与其电导率成反比；在工频交流和冲击电压的作用下，各层所分担的电压与各层的电容成反比，亦即各层中的电场强度与其介电常数成反比。由此可见，在直流电压下，应该把电气强度高、电导率小的材料用在电场最强的地方；而在工频交流电压下，应该把电气强度高、介电常数小的材料用在电场最强的地方。

将多种介质进行组合应用时，还应该注意的重要原则是，使它们各自的优缺点进行互补，扬长避短、相辅相成。

实际的绝缘结构往往很复杂，上述各项原则难以同时实现。如在以浸渍纸作为绝缘的电缆中，电缆纸的介电常数和电气强度都大于矿物油浸渍剂，但在交流电压的作用下，纸层中分担的电场强度反而小于油层中的电场强度，因而是不合理和不利的，但因浸渍处理能消除纸中的空隙、气泡等，所以必须采取这样的工艺措施。相反地，在直流电压作用下，由于这时的电压分布取决于介质的电导率，纸的电导率远小于油的电导率，因而电气强度较大的纸层分担的电场强度也较大，这显然是合理和有利的。

还应该指出，在组合绝缘结构中，各部分的温度可能有较大差异，所以在确定组合绝缘中的电压分布问题时，还必须注意温度差异对各种绝缘材料电气特性和电压分布的影响。

以下是几种常见的组合绝缘结构，简要分析它们的电气特性和改进措施。

一、“油—屏障”式绝缘

油浸电力变压器的主绝缘采用的是“油—屏障”式绝缘结构，在这种组合绝缘中，以变压器油作为主要的电介质，在油隙中放置若干个屏障是为了改善油隙中的电场分布和阻止贯通性杂质“小桥”的形成，一般能将电气强度提高30%~50%。

在“油—屏障”式绝缘结构中应用的固体介质有三种不同的形式，即覆盖层、绝缘层和屏障。

(一)覆盖层

在不均匀电场中曲率半径小的电极上，紧紧包上的薄固体绝缘层如电缆纸、黄蜡布、漆膜等，称为覆盖层。其厚度一般只有零点几毫米，不会引起油中电场的改变，如图2-23(b)所示。在对称电场中，两个电极上曲率半径小的地方，都要包覆盖层，也可以把它加在均匀电场的电极上。虽然覆盖层很薄，但它能阻止杂质“小桥”直接接触电极，因而能有效地限制泄漏电流，从而阻止杂质“小桥”击穿过程的发展；能显著提高油隙的工频击穿电压，并减小其分散性。例如，在均匀电场中，击穿电压可提高70%~100%；在极不均匀电场中，可提高10%~15%。因此，在充油的电气设备中，极少用裸导体。

(二)绝缘层

在不均匀电场中曲率半径小的电极上，包缠较厚(几毫米)的电缆纸或黄蜡布等固体绝缘层，如图2-23(c)所示。它不但起着覆盖层的作用，而且能分担一定的电压，使油中的最大场强降低，可明显提高工频及冲击击穿电压。以变压器引线对箱壁间的绝缘为例，当油间隙为100 mm时，引线包上3 mm厚的绝缘层后，击穿电压较裸线时提高一倍左右。此外，在变压器线饼上包绝缘层、在充油套管中的铝箔上包绝缘层等，都能有效地提高其击穿电压。

(三)屏障

在油间隙中放置比电极尺寸稍大、厚度为1~3 mm的纸质或胶木屏障(或称隔板、极间障)，能阻止杂质“小桥”的形成，如图2-23(d)所示。如果在曲率半径小的电极附近发生游离，离子只能积聚在屏障的一侧，结果使屏障与对面电极间的电场变得均匀。在极不均匀电场中，屏障的效果更为显著，如图2-24所示。当屏障靠近针尖，$0.1<a/S<0.4$时，工频击穿电压可为无屏障时的2倍或更高。均匀电场中(例如高压变压器绕组和箱壁间的屏障)，工频击穿电压也比无屏障时提高约25%。所以，充油套管、多油开关及变压器等设备都广泛采用“油—屏障”或“覆盖+屏障”类型的绝缘结构，如图2-23(e)所示。

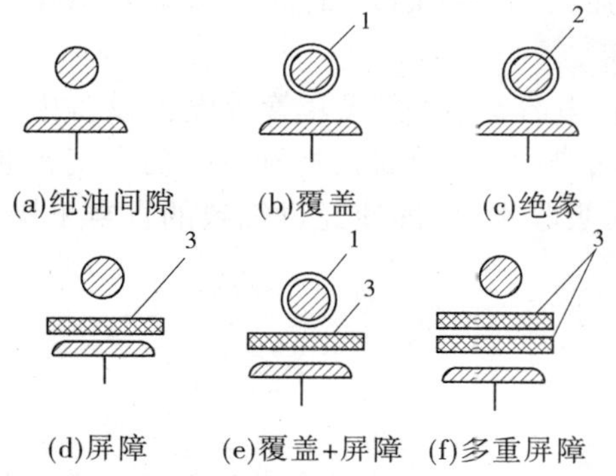

1—覆盖层；2—绝缘层；3—屏障

图 2-23　“油—屏障”式绝缘

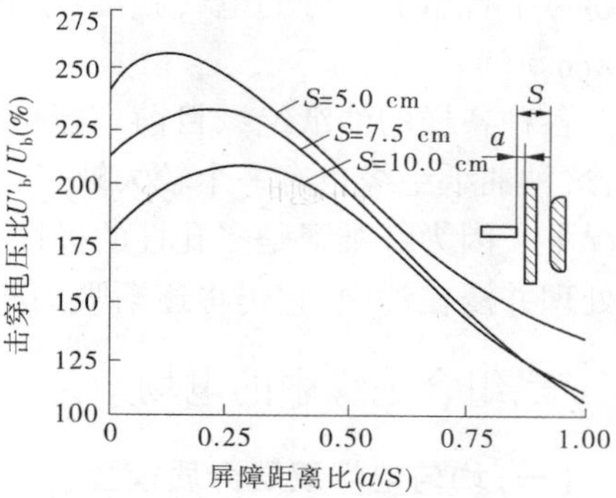

图 2-24　极不均匀电场中击穿电压与屏障位置关系

(四)多重屏障

多重屏障是将油间隙用几个屏障分隔成多个较小的间隙，如图 2-23(f)所示。分隔愈多，间隙愈小，击穿场强就愈高，如图 2-25 所示。但间隙过小时，油流动受阻，散热困难，故选取间隙应该适当。例如变压器的轴向油道，间隙一般不宜小于 6 mm。

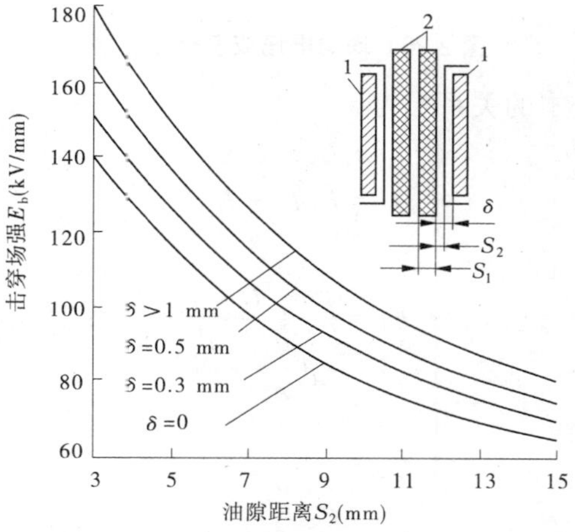

1—电极；2—屏障

图 2-25　多重绝缘中工频击穿场强与油隙距离关系

二、油纸绝缘

电气设备中使用的绝缘纸(包括纸板)纤维间含有大量的空隙，因而干纸的电气强度是不高的，用绝缘油浸渍后，整体绝缘性能可大大提高。前面介绍的“油—屏障”式绝缘是以液体介质为主体的组合绝缘，采用覆盖层、绝缘层和屏障都是为了提高油隙的电气强度；而油纸绝缘则是以固体介质为主体的组合绝缘，液体介质只是用作充填空隙的浸渍剂，因此这种组合绝缘的击穿场强很高，但散热条件较差。

绝缘纸和绝缘油的配合互补，使油纸组合绝缘的击穿场强可达 500～600 kV/cm，大大超过了各组成成分的电气强度(油的击穿场强约为 200 kV/cm,而干纸只有 100~150 kV/cm)。

各种各样的油纸绝缘目前广泛应用于电缆、电容器、电容式套管等电力设备中。不过,这种油纸绝缘也有一个较大缺点,就是易受污染(包括受潮),特别是在与大气相通的情况下。因为纤维素是多孔性的极性介质,很易吸收水分,即使经过细致的真空干燥、浸渍处理并浸在油中,它仍将逐渐吸潮和劣化。

三、组合绝缘中的电场

(一)均匀电场双层介质模型

在组合绝缘中,同时采用多种电介质,在需要对这一类绝缘结构中的电场做定性分析时,常常采用最简单的均匀电场双层介质模型,如图 2-26 所示。

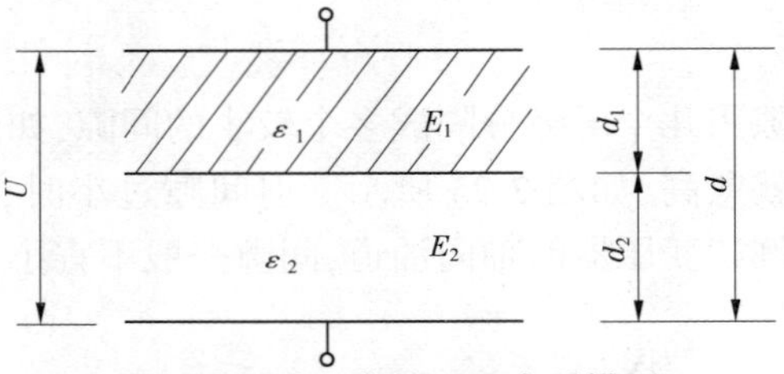

图 2-26 均匀电场双层介质模型

在这一模型中,最基本的关系式为

$$\varepsilon_1 E_1 = \varepsilon_2 E_2 \tag{2-17}$$

$$U = E_1 d_1 + E_2 d_2 \tag{2-18}$$

由此可得

$$E_1 = \frac{U}{\varepsilon_1\left(\dfrac{d_1}{\varepsilon_1} + \dfrac{d_2}{\varepsilon_2}\right)} \tag{2-19}$$

$$E_2 = \frac{U}{\varepsilon_2\left(\dfrac{d_1}{\varepsilon_1} + \dfrac{d_2}{\varepsilon_2}\right)} \tag{2-20}$$

如将上述模型应用于“油—屏障”式绝缘,并令 ε_1、E_1 分别为油的介电常数和油中电场强度,而 ε_2、E_2 分别为屏障的介电常数和屏障中电场强度,即可知 $\varepsilon_2 > \varepsilon_1$、$E_1 > E_2$。

式(2-19)可改写为

$$E_1 = \frac{\varepsilon_2 U}{\varepsilon_2 d - (\varepsilon_2 - \varepsilon_1) d_2} \tag{2-21}$$

可见,在极间距离 $d = d_1 + d_2$ 保持不变的情况下,增大屏障的总厚度 d_2,将使油中的 E_1 增大,即在油隙中放置多个屏障,会使油中电场强度显著增大。

如将上述模型应用于油纸绝缘,并令 ε_1、E_1 分别为油层的介电常数和电场强度,而 ε_2、E_2 分别为浸渍纸的介电常数和电场强度,则同样存在 $\varepsilon_2 > \varepsilon_1$、$E_1 > E_2$ 的关系。浸渍纸的电气强度要比油大得多,而作用在纸上的电场强度 E_2 却反而小于油中的电场强度

E_1，可见这时的电场分布状况是不合理的；如果外加的是直流电压，那么电压在两层介质间按电导率分配，由于浸渍纸的电导率比油大得多，所以此时的 $E_2 > E_1$，即电场分配状况是合理、有利的。这也是同样一根电缆在直流下的耐压远高于交流耐压的原因。

（二）分阶绝缘

超高压交流电缆常为单相圆芯结构，由于其绝缘层较厚，一般采用分阶结构，以减小缆芯附近的最大电场强度。所谓分阶绝缘是指由介电常数不同的多层绝缘构成的组合绝缘。分阶原则是：对越靠近缆芯的内层绝缘选用介电常数越大的材料，以达到电场均匀化的目的。如内层绝缘采用高密度的薄纸（纸的纤维含量高，质地致密），其介电常数较大，击穿场强也较大；外层绝缘则采用密度较低、厚度较大的纸，其介电常数较小，击穿场强也较小。适当选择分阶绝缘的参数，可使各阶绝缘的最大电场强度分别与各自的电气强度相适应，各层的电场分布比较均匀，利用系数彼此接近，从而使各阶绝缘材料利用更充分，整体击穿电压更高。

先讨论单相圆芯均匀介质电缆中绝缘的利用系数。如果施加交流电压 U（幅值），则其绝缘层中距电缆轴心 r 处的电场 E 可由下式求得

$$E = \frac{U}{r\ln\dfrac{R}{r_0}} \tag{2-22}$$

式中　r_0、R——电缆芯线的半径和外电极（金属护套）的半径。

绝缘层中最大电场强度 E_{max} 位于芯线的表面上，则

$$E_{max} = \frac{U}{r_0\ln\dfrac{R}{r_0}} \tag{2-23}$$

而最小电场强度 E_{min} 位于绝缘层的外表面（$r=R$）处。此时的平均电场强度 E_{av} 应为

$$E_{av} = \frac{U}{R - r_0} \tag{2-24}$$

绝缘中平均场强与最大场强之比称为该绝缘的利用系数 η，则此时

$$\eta = \frac{E_{av}}{E_{max}} = \frac{r_0}{R - r_0}\ln\frac{R}{r_0} \tag{2-25}$$

η 值越大，则电场分布越均匀，亦即绝缘材料利用得越充分。平板电容器绝缘的 η 值可视为 1。但对超高压电缆来说，因绝缘层较厚，$R - r_0$ 的值较大，如采用一种单一的介质，则 η 值将较小，为提高利用系数应采用分阶绝缘。

习　题

一、填空题

1. 影响液体电介质击穿电压的因素有________、________、________、________、________。

2. 固体电介质的击穿形式有__________、__________、__________。

3. 电介质是指__________，根据物质形态可以将其分成__________、__________、__________。

4. 电介质极化的基本形式有__________、__________、__________、__________、__________。

5. 介质损失角正切值的计算公式是__________，$\tan\delta$ 表示__________。

6. 一般来说，标准电容器采用__________绝缘，电力电容器采用__________绝缘。

7. 两个标准油杯，一个是含杂质较多的油，另一个是含杂质较少的油，试问：①当施加工频电压时，两杯油击穿电压__________。②当施加雷电冲击电压时，两杯油击穿电压__________，这是因为__________。

8. 纤维等杂质对极不均匀电场下变压器的击穿电压影响较小，这是因为__________。

9. 介质热老化的程度主要是由__________和__________来决定的。

10. 偶极子极化程度与电源频率和温度有关，随着频率的增加，极化程度__________，随着温度的增加，极化程度__________。

11. 纯净液体电介质的击穿理论分为__________和__________。

12. 影响固体电介质击穿电压的主要因素有__________、__________、__________、__________、__________。

二、选择题

1. 在下面的介质中，弱极性电介质有__________，中性电介质有__________，强极性电介质有__________。

A. H_2　B. N_2　C. O_2　D. CO_2　E. CH_4　F. 空气

G. 水　H. 酒精　I. 变压器油　J. 蓖麻油

2. 按照国家标准将各种电工绝缘材料按耐热程度划分等级，以确定各级绝缘材料的最高持续工作温度。其中 A 级绝缘材料的最高持续工作温度是__________，F 级绝缘材料的最高持续工作温度是__________。

A. 90 ℃　B. 105 ℃　C. 120 ℃　D. 130 ℃　E. 155 ℃　F. 180 ℃

三、计算问答题

1. 测量绝缘材料的泄漏电流为什么用直流电压而不用交流电压？

2. 电介质电导与金属电导的本质区别在哪里？为什么测量高电压电气设备的绝缘电阻时，需同时记录温度？

3. 试比较电介质中各种极化的性质。

4. 极性液体或极性固体电介质的介电常数与温度、电压频率的关系如何？为什么？

5. 电介质的等效电路是怎样的？某些电容量较大的设备如电容器、长电缆、大容量电机等，经高电压试验后，其接地放电时间要求长达 5~10 min，为什么？

第三章　高电压试验技术

第一节　概　述

电力系统运行的可靠性是指电力系统持续安全运行的能力。随着电力系统的快速发展,系统电压等级逐步提高,电气设备的绝缘强度、系统过电压的限制水平对系统安全经济运行的影响日益突出。电力系统的规模、容量不断地扩大,停电造成的损失越来越严重。绝缘往往是电力系统中的薄弱环节,绝缘故障通常是引发电力系统事故的首要原因。据统计,高压电网的各种故障多是由于高压电气设备绝缘的损坏所致,因此了解设备绝缘特性,掌握绝缘状况,不断提高电气设备运行可靠性是电力系统安全经济运行的根本保证。

高电压技术从本质上说是一门试验科学。因为现有的电介质理论还远未完备,各种绝缘材料和绝缘结构的电气性能还不能单纯依靠理论上的分析计算来解决问题,必须借助于各种绝缘试验来检验和掌握绝缘的状态与性能。

绝缘的缺陷通常可分为两大类型:一类是集中性缺陷,包括裂缝、局部破损、气泡等;另一类是分布性缺陷,指整体绝缘性能下降,如内绝缘受潮、老化、变质等。

高压电气设备在运行中必须保持良好的绝缘,为此从设备的制造开始,要进行一系列绝缘测试。这些测试包括:在制造时对原材料的试验、制造过程的中间试验、产品的定性及出厂试验,在使用现场安装后的交接试验,在电力系统运行中为维护和保证设备运行良好而进行的绝缘预防性试验等,以及设备在运行过程中的在线检测。

绝缘试验可分为两大类:一类是非破坏性试验或称绝缘特性试验,是在较低的电压下或用其他不会损坏绝缘的办法来测量各种特性参数,主要包括测量绝缘电阻、泄漏电流、介质损耗角正切值等,从而判断绝缘内部有无缺陷。试验证明,这类方法是行之有效的,但目前还不能只靠它来可靠地判断绝缘的耐电强度。另一类是破坏性试验或称耐压试验,试验所加电压高于设备的工作电压,对绝缘考核非常严格,可揭露那些危险性较大的集中性缺陷,并能保证绝缘有一定的耐电强度,主要包括直流耐压试验、交流耐压试验等。耐压试验的缺点是可能会给被试绝缘造成不可逆转的局部损伤或整体损坏。一般说来,这两类试验之间没有必然的因果关系,即不能根据非破坏性试验所得数据去推断绝缘的耐压水平或击穿电压,反之亦然。所以,为了准确而全面地把握电气设备的绝缘状况,这两类试验均不可缺少。通常为了真实反映绝缘的电气强度以及避免造成不必要的损伤,一般都将破坏性试验放在非破坏性试验合格之后进行。

第二节　绝缘电阻的测量

绝缘电阻表征的是电介质材料在直流电压下抵抗漏电流的能力,是反映一切电介质和绝缘结构的绝缘状态最基本的综合性特性参数。

在电气设备的绝缘设计中大多采用组合绝缘和层式结构，因而在直流电压下均有明显的吸收现象，使外电路中有一个随时间而衰减的吸收电流。如果在电流的衰减过程中的两个瞬间测得两个电流值或两个相应的绝缘电阻值，则利用其比值（吸收比或极化指数）可检验绝缘是否受潮或存在缺陷。

一、多层介质的吸收现象

多数电气设备的绝缘都是由多层介质构成的，如变压器、电缆等的绝缘，这些绝缘结构在直流电压下均有明显的吸收现象。从绝缘介质工作机制来说，多层介质的吸收特性与双层介质的吸收特性相同，因而可用双层介质来说明吸收现象。双层介质的等值电路如图 3-1 所示。

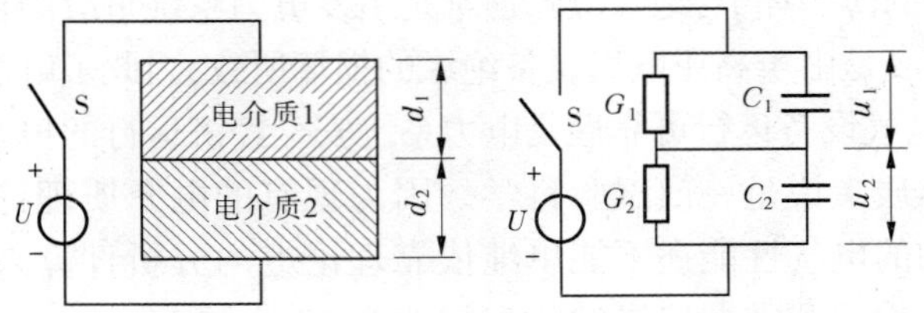

(a)示意图　　(b)等值电路

图 3-1　直流电压作用于双层介质

图中 $R_1(R_1=1/G_1)$、C_1 代表某层电介质 1 的电阻和电容；$R_2(R_2=1/G_2)$、C_2 代表另一层电介质 2 的电阻和电容。

以开关 S 合闸作为时间 t 的起点，在 $t=0^+$ 的极短时间内，层间电压按电容反比分配，即此时电介质 1 上的电压

$$U_{10}=U\frac{C_2}{C_1+C_2} \tag{3-1}$$

电介质 2 上的电压

$$U_{20}=U\frac{C_1}{C_1+C_2} \tag{3-2}$$

达到稳态时（$t\to\infty$），层间电压则要按电阻正比分配，即此时电介质 1 的电压

$$U_{1\infty}=U\frac{R_1}{R_1+R_2} \tag{3-3}$$

电介质 2 上的电压

$$U_{2\infty}=U\frac{R_2}{R_1+R_2} \tag{3-4}$$

此时的回路电流为稳态电流，流过串联介质 1 和介质 2 的电流相等，表现为电导电流 I_g，即

$$I_g=\frac{U}{R_1+R_2} \tag{3-5}$$

由于存在吸收现象，$U_{10} \neq U_{1\infty}$，$U_{20} \neq U_{2\infty}$，在这个过程中，依照电工理论中的 RC 电路暂态过程变化规律分析可知，层间电压按下式变化：

电介质 1 的电压

$$u_1 = U\left[\frac{R_1}{R_1 + R_2} + \left(\frac{C_2}{C_1 + C_2} - \frac{R_1}{R_1 + R_2}\right) e^{-\frac{t}{\tau}}\right] \tag{3-6}$$

电介质 2 的电压

$$u_2 = U\left[\frac{R_2}{R_1 + R_2} + \left(\frac{C_1}{C_1 + C_2} - \frac{R_2}{R_1 + R_2}\right) e^{-\frac{t}{\tau}}\right] \tag{3-7}$$

式中，参数 τ 为电路过渡过程的时间常数，表征双层介质从 S 合闸瞬间到稳态时的过渡过程的快慢。其表达式为

$$\tau = (C_1 + C_2)\frac{R_1 R_2}{R_1 + R_2} \tag{3-8}$$

流过双层介质的电流 i 为

$$i = i_{R_1} + i_{C_1} \tag{3-9}$$

或

$$i = i_{R_2} + i_{C_2} \tag{3-10}$$

如选用式(3-9)，则

$$i = \frac{u_1}{R_1} + C_1\frac{\mathrm{d}u_1}{\mathrm{d}t} = \frac{U}{R_1 + R_2} + \frac{U(R_2C_2 - R_1C_1)^2}{(C_1 + C_2)^2(R_1 + R_2)R_1R_2} e^{-\frac{t}{\tau}} \tag{3-11}$$

式(3-11)中第一个分量为电导电流 $I_g = \frac{U}{R_1 + R_2}$，第二个分量为吸收电流 i_a

$$i_a = \frac{U(R_2C_2 - R_1C_1)^2}{(C_1 + C_2)^2(R_1 + R_2)R_1R_2} e^{-\frac{t}{\tau}} \tag{3-12}$$

从式(3-12)可以看出：吸收电流的大小与试品绝缘的均匀程度密切相关。如果绝缘是均匀的，即 $R_1C_1 \approx R_2C_2$，则吸收电流很小，吸收现象不明显；如果绝缘是不均匀的，即 R_1C_1 与 R_2C_2 相差很大，则吸收电流很大，吸收现象十分明显。当绝缘严重受潮或出现导电性缺陷时，阻值 R_1、R_2 或两者之和显著减小，I_g 大大增加，而 i_a 迅速衰减。

二、绝缘电阻和吸收比的测量

(一) 绝缘电阻和吸收比的原理

在被试绝缘上施加直流电压时，这一电压与出现的电流之比即为被试品的绝缘电阻。但在吸收电流分量尚未充分衰减完毕时，呈现的电阻值是不断变化的，其表达式为

$$\begin{aligned} R(t) = \frac{U}{i} &= \frac{U}{\dfrac{U}{R_1 + R_2} + \dfrac{U(R_2C_2 - R_1C_1)^2}{(C_1 + C_2)^2(R_1 + R_2)R_1R_2} e^{-\frac{t}{\tau}}} \\ &= \frac{(C_1 + C_2)^2(R_1 + R_2)R_1R_2}{(C_1 + C_2)^2R_1R_2 + (R_2C_2 - R_1C_1)^2 e^{-\frac{t}{\tau}}} \end{aligned} \tag{3-13}$$

显然,测量绝缘电阻时,其值是不断变化的。通常所说的绝缘电阻均指吸收电流衰减完毕后的稳态电阻值。由式(3-13)可知,t 趋近无穷时刻的电阻值等于两层介质绝缘电阻的串联值。

使用仪表测量绝缘电阻稳态值以初步判断绝缘状态是运用得最普遍的一种试验方法,能有效地揭示绝缘整体受潮、局部严重受潮和脏污以及严重过热老化、贯穿性(如绝缘击穿)缺陷等情况。因为受潮时,绝缘电阻值显著减小,I_g 显著增大,i_a 迅速衰减。但仅仅依靠测量稳态电阻值存在局限性,因为某些大型电气设备的被试品(如大型发电机、变压器)的吸收电流很大,衰减时间很长,要测出稳态值需要花很长时间。另外,有一些电气设备如电机等,由 I_g 反映的绝缘电阻值往往有很大的变化范围,与该设备的体积尺寸(或其容量)大小关系密切,难以给出一定的绝缘电阻判断标准,只能把这次测量的绝缘电阻值与过去所测数据相比较来发现问题。基于此,对于某些大型电气设备的被试品(如大型发电机、变压器),往往用测吸收比的方法来替代单一稳态值的测量。测量原理是:令 $t=15$ s 和 $t=60$ s 两个瞬间的两个电流值 I_{15} 和 I_{60} 所对应的绝缘电阻值分别为 R_{15} 和 R_{60},则比值

$$K_1 = \frac{R_{60}}{R_{15}} = \frac{I_{15}}{I_{60}} \tag{3-14}$$

K_1 即为吸收比。一般情况下 R_{60} 已经接近于稳态绝缘电阻值 R_∞。吸收比的值恒大于 1,且 K_1 越大表示吸收现象越显著,绝缘性能越好。一旦绝缘受潮,电导电流分量将显著增大,吸收电流衰减很快,在 $t=15$ s 时 I_{15} 已衰减很多,因而 K_1 值减小,其极限值为 1。由于吸收比是同一试品在两个不同时刻的绝缘电阻的比值,所以排除了绝缘结构和体积尺寸的影响。

在实际测试中,如果绝缘状况良好,吸收现象显著,K_1 值远大于 1,电气试验标准中一般以 $K_1 \geqslant 1.3$ 作为设备绝缘状态良好的标准。这一标准有时亦不尽合适,例如有些油浸变压器的 K_1 虽大于 1.3,但 R 值却很低;有些 K_1 虽小于 1.3,但 R 值却很高。所以,应将 R 值和 K_1 值结合起来考虑,方能做出比较准确的判断。

大容量电气设备中,吸收现象延续很长时间,吸收比不能反映吸收现象的全过程,即不能很好地反映绝缘的真实状态,这时要用极化指数作为又一个判断指标进一步判断绝缘状况。按惯例,将 $t=10$ min 和 $t=1$ min 时的绝缘电阻比值定义为绝缘的极化指数 K_2,即

$$K_2 = \frac{R_{10\ \text{min}}}{R_{1\ \text{min}}} \tag{3-15}$$

当吸收比 K_1 不能很好地反映绝缘状况时,建议测试极化指数 K_2 代替 K_1,例如对于 K_1 值虽小于 1.3,但 R 值却很高的变压器,应该再测 K_2 值,然后再做出判断。

在工程上,绝缘电阻和吸收比(或极化指数)能反映发电机、油浸式电力变压器等设备绝缘的受潮程度。绝缘受潮后吸收比(或极化指数)降低,因此它是判断绝缘是否受潮的重要指标。

应该指出,有时绝缘具有较明显的缺陷(如绝缘在高压下击穿),但吸收比(或极化指数)值仍然很好,吸收比(或极化指数)不能用来发现受潮和脏污以外的其他局部绝缘

缺陷。

还应指出,某些集中性缺陷虽已相当严重,以致在耐压试验时试品被击穿,但在此前测得的绝缘电阻、吸收比(或极化指数)却并不低,因为这些缺陷还未贯穿整个绝缘。可见仅凭上述试验结果判断绝缘状态是不够的。

(二)兆欧表的工作原理

测量绝缘电阻最常用的仪表为手摇式兆欧表(俗称摇表)。兆欧表的工作原理接线图如图 3-2 所示。

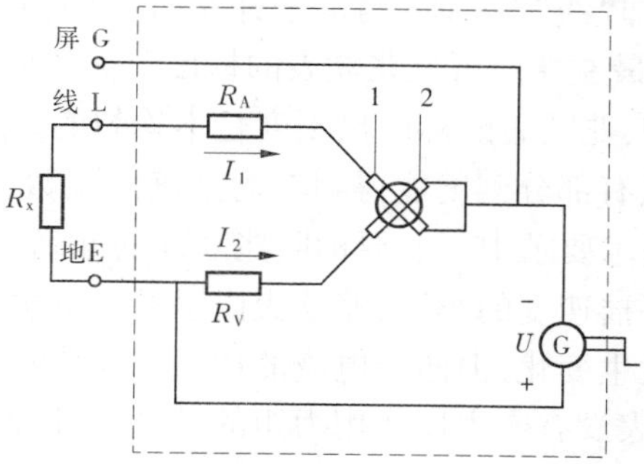

图 3-2　兆欧表的工作原理接线图

虚框内表示兆欧表的内部电路,测量时被测绝缘电阻接在兆欧表的“线”(L)与“地”(E)端子之间。整个电路由两个回路组成:一个是电流回路,另一个是电压回路。电流回路从电源正端经被测绝缘电阻 R_x、内附电阻 R_A、线圈 1 回到电源负端,电压回路从电源正端经内附电阻 R_V、线圈 2 回到电源负端。若手摇发电机输出一定的直流电压 U,则在线圈 1 和线圈 2 中产生的电流分别为

$$I_1 = \frac{U}{R_1 + R_A + R_x} \tag{3-16}$$

$$I_2 = \frac{U}{R_2 + R_V} \tag{3-17}$$

式中　R_1、R_2——线圈 1 和线圈 2 的内阻。

由于气隙中的磁场不均匀,所以线圈 1 所受到的力矩不仅与电流 I_1 有关,还与线圈所在的位置即偏转角 α 有关,其数学表达式为

$$M_1 = I_1 f_1(\alpha) \tag{3-18}$$

同理

$$M_2 = I_2 f_2(\alpha) \tag{3-19}$$

式中,$f_1(\alpha)$、$f_2(\alpha)$分别为 M_1、M_2 与 α 的关系函数,它们取决于磁场的分布状态。

转动力矩 M_1 和反作用力矩 M_2 方向相反。当 $M_1 = M_2$ 时,指针停在平衡位置,此时

$$I_1 f_1(\alpha) = I_2 f_2(\alpha) \tag{3-20}$$

即

$$\frac{I_1}{I_2} = \frac{f_2(\alpha)}{f_1(\alpha)} = f_3(\alpha) \tag{3-21}$$

因而可得

$$\alpha = f\left(\frac{I_1}{I_2}\right) = f\left(\frac{R_2 + R_V}{R_1 + R_A + R_x}\right) = f'(R_x) \tag{3-22}$$

式(3-22)表明,当活动部分处于平衡位置时,其偏转角 α 是两线圈电流 I_1、I_2 比值的函数,所以这种型式的仪表又叫比率表。由于式中 R_1、R_2、R_V 及 R_A 都是常数,所以活动部分的偏转角 α 只与被测电阻 R_x 有关,它能直接反映被测电阻 R_x 的大小。

当被测电阻 $R_x=0$,即"线"与"地"两端子短接时,电流回路的电流 I_1 最大,活动部分偏转角也最大,使指针位于标尺最右端。

当被测电阻 $R_x=\infty$,即"线"与"地"两端子开路时,电流回路的电流 $I_1=0$,活动部分在 I_2 作用下,指针偏转到最左端。可见兆欧表的标度尺为反向刻度。

由式(3-22)可以得知,兆欧表的标度尺刻度是不均匀的。从理论上讲,兆欧表的测量范围为 0~∞,但实际上只有部分刻度能得到较为准确的读数,如 0~50 MΩ,0~100 MΩ,0~1 000 MΩ,因而产品技术要求中一般要标明兆欧表的准确度范围。

测量过程中因受到手摇速度的影响,兆欧表内手摇发电机的输出电压会有波动,因而两个线圈中的电流也会发生变化,但两个电流的比值却保持不变,所以指针的偏转角也保持不变。另外,由于兆欧表没有产生反作用力矩的游丝,所以使用前指针可以停留在标度尺的任意位置上。这是比率表的两个特点。

(三)兆欧表的选择

选用兆欧表时,其额定电压要与被测设备的工作电压相对应,主要是根据不同的电气设备选择兆欧表的电压及其测量范围。对于额定电压在 500 V 以下的电气设备,应选用电压等级为 500 V 或 1 000 V 的兆欧表;额定电压在 500 V 以上的电气设备,应选用 1 000~2 500 V 的兆欧表。对于电压较高的电气设备,必须使用额定电压较高的兆欧表去测量,否则测量结果不能正确地反映被测设备在工作电压下的绝缘电阻;而对于低压电力设备,则不能用额定电压较高的兆欧表去测量,否则容易在测量时损坏被测设备的绝缘。

另外,兆欧表的测量范围也要与被测绝缘电阻的范围相吻合。各种型号的兆欧表在不同的测量电压下有不同的测量范围,如 ZC11E 型兆欧表为多量程的兆欧表,额定电压为 1 000 V 时,测量范围为 0~1 000 MΩ;额定电压为 500 V 时,测量范围为 0~500 MΩ;额定电压为 250 V 时,测量范围为 0~250 MΩ。选用的兆欧表的测量范围不应超过绝缘电阻值太多,否则读数将会产生较大误差。

(四)兆欧表的使用

使用兆欧表时应当注意以下事项:

(1)测量前必须将电气设备的电源切断,并对具有大电容的设备,如输电线路、高压电容器等进行充分放电(5 min 以上)。放电时应用绝缘棒等工具进行,不得用手触碰放电导线。

(2)用干燥清洁柔软的布擦拭被试品外绝缘(如变压器套管等)表面的脏污,必要时用适当的清洁剂洗净。应尽量在空气相对湿度较小的环境下进行。

(3)测量前应对兆欧表进行检查,当兆欧表接线端开路时,摇动摇柄至额定转速(120 r/min),指针应指在"∞";接线端短路时,缓慢摇动摇柄,指针应指在"0"。

(4)测量时应正确接线。兆欧表一般有三个接线柱,分别标有"线"(L)、"地"(E)和

"屏"(G)。接线端子E是接被试品的接地端的,常为正极性;L是接被试品的高压端的,常为负极性;G是接屏蔽端的。在进行一般测量时,只要将被测绝缘接在L和E之间即可。例如,测量电机绕组的绝缘电阻时,将绕组的接线端接在L上,机壳接到E上。但对表面不干净或潮湿的对象进行测量时,因为绝缘体表面有泄露电流I_s,它将与通过绝缘体的电流I_V一起通过线圈1,所以此时测出的电阻包括表面电阻和内部绝缘电阻两部分,为了准确测出材料的内部绝缘电阻,就必须使用G接线柱。屏蔽环用细铜线或熔丝紧扎数圈构成,其位置如图3-3所示。

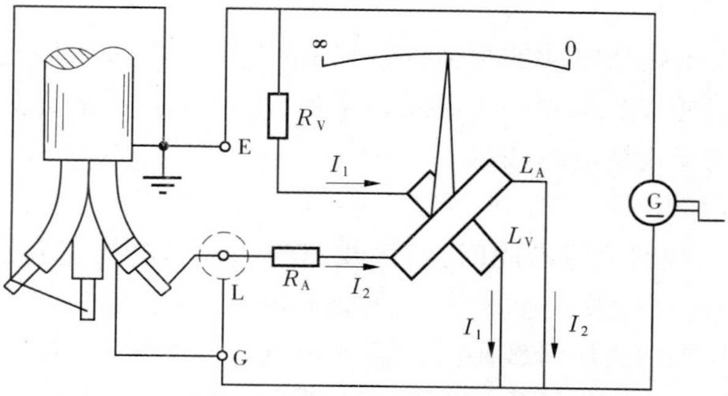

图3-3　手摇式兆欧表原理接线图

(5)兆欧表在使用时,应放置平稳,摇动手柄的速度应控制在120 r/min,且要均匀。连接兆欧表的导线,要选用绝缘良好的单股线,不要选用绞线;测量时两根测量导线要分开,悬空。不能触碰兆欧表的接线柱或其测量导线的金属部位,在指针稳定后(一般是1 min)读取绝缘电阻数值。

(6)测量吸收比和极化指数时,接通被试品后同时记录时间,分别读出15 s和60 s(1 min和10 min)的绝缘电阻值。

(7)读取绝缘电阻数值后停止测试前应先断开接至被试品高压侧的连线,然后停转兆欧表。在测量电缆线路、电容器、电机和变压器等大电容试品绝缘电阻时更要注意,防止由于测量时向被试品的电容充电的电荷经兆欧表放电而损坏。所以,测量结束后,应对被测物短路放电。

(8)测量时应该记录下被试品的温度、空气温度、湿度、气象情况、试验日期和使用仪表等。

图3-3所示是利用手摇式兆欧表测量三芯电力电缆绝缘电阻的接线图,也表示了它的测量原理。

(五)影响绝缘电阻测量的因素及改善措施

通过测量电气设备的绝缘电阻,可以检查设备绝缘状态,如是否受潮、老化等。但由于一些不良因素的影响,试验测得的数据往往不准确,不能真实地反映设备绝缘的实际状态,影响了工作人员对设备状况的正确判断。

1. 温度对绝缘的影响

测量绝缘电阻时,试品的温度一般应为10~40 ℃。温度上升时,许多绝缘材料的绝缘电阻都会明显下降,因为温度升高使绝缘材料的原子、分子运动加剧,原来的分子结构变得松散,带电的离子在电场的作用下,产生移动而传递电子,于是绝缘材料的绝缘能力下降。针对这一因素,试验人员应将测试结果换算到同一温度下进行比较。如果试验数据相差很大,且不合乎试验规程,应根据试验结果,分析绝缘是否有老化或受潮现象。

2. 湿度对绝缘的影响

当绝缘物在湿度较大的环境中时,其表面会吸收潮气,形成水膜,致使其表面电导电流增加,绝缘电阻显著下降。此外,某些绝缘材料具有毛细管作用,会吸收较多的水分,使电导增加,致使总体绝缘下降。针对这一情况,应加上等电位屏蔽。

3. 残余电荷的影响

重复测量时,由于残余电荷的存在,所得到的充电电流和吸收电流比前一次小,造成绝缘电阻假增现象。因此,每测一次绝缘电阻后,应将被测试品充分放电,做到放电时间大于充电时间,以利于残余电荷放尽。

4. 感应电压的影响

在测量高压架空线路绝缘电阻时,若该线路与另外带电线路有平行段,则不宜进行测量,以防止静电感应电压危及人身安全,也避免工频感应电流流过兆欧表使测量无法进行。

测量变电所、升压站高压母线附近的高压电气设备绝缘时,若被试设备上的感应电压太高,也会对安全和试验结果产生较大影响。所以,禁止在雷电或邻近设备带有高压电的情况下测量。

5. 污秽对绝缘电阻的影响

测试品表面容易附着灰尘或油污等污秽物质,这些污秽物质大多能够导电,使绝缘物表面电阻降低,但这不代表绝缘体的真实情况。针对这一情况,通常要用清扫手段,把绝缘体表面揩拭干净,这样被测试物的绝缘电阻值就会大大提高。

6. 操作方法

兆欧表使用不当,会使得数据不准确,因此可选择合适电压等级的兆欧表。接线要正确(测量端接表的 L 端,接地端接表的 E 端,屏蔽端接表的 G 端),驱动转速为 120 r/min。只有通过正确的操作方法,才能测得一个比较真实的试验数据。

第三节　泄漏电流的测量

在直流电压下测量设备绝缘的泄漏电流和绝缘电阻的测量原理是一样的,因为泄漏电流的大小实际上反映出绝缘电阻的大小。尽管测量设备的泄漏电流和绝缘电阻本质上没有多大区别,但是泄漏电流的测量有如下特点:

(1)所加试验电压比兆欧表的电压高得多,绝缘本身的缺陷容易暴露,能发现一些尚未贯通的集中性缺陷。加在试品上的直流电压比兆欧表的工作电压高得多,故能发现兆欧表所不能发现的缺陷。

(2)施加在试品上的直流电压是逐渐增大的,这样就可以在升压过程中监视泄漏电流的增长动向。测量泄漏电流和外加电压的关系有助于分析绝缘的缺陷类型,如图 3-4 所示。

(3)泄漏电流测量用的微安表要比兆欧表精度高。

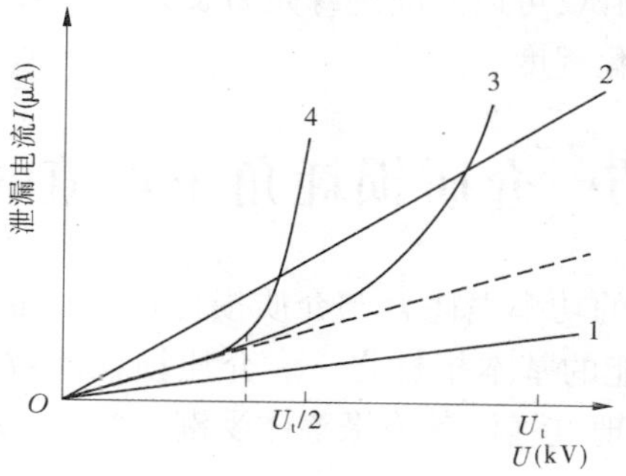

1—良好绝缘；2—受潮绝缘；3—有集中性缺陷的绝缘；
4—有危险的集中性缺陷的绝缘；U_t—发电机的直流耐压试验电压

图 3-4　发电机的泄漏电流变化曲线

（4）在电压升到规定的试验电压值后，要保持 1 min 再读出最后的泄漏电流值。当绝缘良好时，泄漏电流应保持稳定，且其值很小（微安级）。

以图 3-4 所示的发电机的几种不同泄漏电流变化曲线为例加以分析。

绝缘良好的发电机，泄漏电流值较小，且随电压呈线性上升，如曲线 1 所示；如果绝缘受潮，电流值变大，但基本上仍随电压呈线性上升，如曲线 2 所示；曲线 3 表示绝缘中的电流不随电压呈线性上升，说明绝缘中已有集中性缺陷，要找出原因加以消除；如果在电压上升过程中还不到直流耐压试验电压的 1/2 时，泄漏电流值就急剧上升，如曲线 4 所示，那么，这台发电机的绝缘就可能在运行电压时就发生击穿，因而不能使用。

泄漏电流试验接线如图 3-5 所示。其中 V 为高压整流元件，*C* 为稳压电容，PV2 为高压静电电压表，TO 为被试品。试验电源经调压器连接到试验变压器的初级绕组上，其电压由电压表 PV1 测量；试验变压器输出的交流高压经高压整流元件（高压硅堆）V 接在稳压电容 *C* 上。为了减小直流高压的脉动幅度，*C* 值一般选择为 0.1 μF 左右，但当被试品是电容量较大的发电机、电缆等设备时，也可略去稳压电容 *C*。*R* 为保护电阻，以限制初始充电电流和故障短路电流不超过整流元件和试验变压器的容许值，通常采用水电阻。整流所得的直流高压可用静电电压表 PV2 测量，而泄漏电流则用接在被试品 TO 高压侧或接地侧的微安表测量。如果被试品的一极固定接地且接地线不易解开，微安表可接在高压侧（图中 a 处），这时读数和切换量程有些不便，应特别注意安全！并且微安表及其接往被试品的高压连线均应加等电位屏蔽（图中虚线所示），使对地杂散电流不流过微安表，以减小测量误差。当被试品的两极都可以做到不直接接地时，微安表就可接在低压侧和地之间（图中 b 处），这时读数方便、安全，回路高压部分对外界物体的杂散电流不流过微安表，故可不设屏蔽。

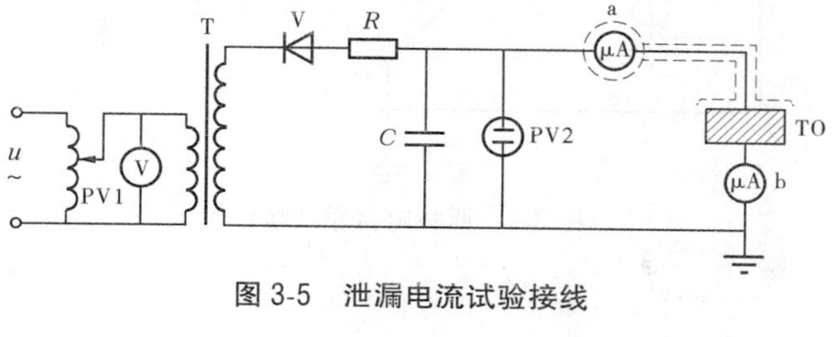

图 3-5　泄漏电流试验接线

对绝缘进行泄漏电流测试,可以判断绝缘是否良好,因为泄漏电流可以反映绝缘是否受潮、有无局部缺陷及其劣化程度。

第四节　介质损耗角正切值的测量

由前面章节可知,介质的功率损耗 P 与介质损耗角正切 $\tan\delta$ 成正比。介质损耗因数 $\tan\delta$ 是反映电介质绝缘性能的基本指标之一。介质损耗因数 $\tan\delta$ 是反映绝缘损耗的特征参数,它可以很灵敏地发现电气设备绝缘整体受潮、劣化变质以及小体积设备贯通和未贯通的局部缺陷。

介质损耗因数 $\tan\delta$ 的测量与绝缘电阻和泄漏电流的测试相比具有明显的优点,它与试验电压、试品尺寸等因素无关,更便于判断电气设备绝缘变化情况,因而测量 $\tan\delta$ 值是判断电气设备绝缘状态的一项灵敏有效的方法。因此,介质损耗因数 $\tan\delta$ 为高压电气设备绝缘测试的最基本的试验项目之一。

通过测量介质损耗因数 $\tan\delta$ 可以有效地发现绝缘的下列缺陷:①受潮;②穿透性导电通道;③绝缘内气泡的游离,绝缘分层、脱壳;④绝缘有脏污、劣化、老化等。

测量 $\tan\delta$ 虽然不能灵敏地反映大容量发电机、变压器和电力电缆绝缘中的局部性缺陷,但只要尽可能地将这些设备分解成几个部分,然后分别测量它们的 $\tan\delta$,也能灵敏地反映出绝缘状况。

$\tan\delta$ 值的测量以往最常用的方法是西林电桥或不平衡电桥或低功率因数瓦特表法。下面简要介绍西林电桥。

一、西林电桥基本原理

西林电桥基本原理接线如图 3-6 所示。其中被试品的等值电容和电阻分别为 C_x 和 R_x,R_3 为可调的无感电阻,C_n 为高压标准电容器的电容,C_4 为可调电容,R_4 为定值无感电阻,G 为交流检流计。

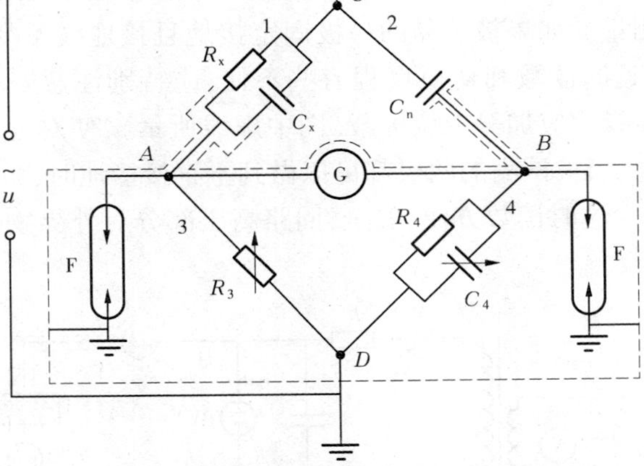

图 3-6　西林电桥原理接线

在交流电压 u 的作用下，调节 R_3 和 C_4，使电桥达到平衡，即通过交流检流计 G 的电流为零，因而 $U_{CA}=U_{CB}$，$U_{AD}=U_{BD}$。设

$$Z_1=\frac{1}{\frac{1}{R_x}+j\omega C_x},\quad Z_2=\frac{1}{j\omega C_n},\quad Z_3=R_3,\quad Z_4=\frac{1}{\frac{1}{R_4}+j\omega C_4}$$

则依据电桥平衡原理可得：$Z_1Z_4=Z_2Z_3$，代入相应的阻抗并依照复数相等的条件可求得

$$C_x=\frac{R_4C_n}{R_3(1+\omega^2C_4^2R_4^2)} \tag{3-23}$$

$$R_x=\frac{R_3(1+\omega^2C_4^2R_4^2)}{\omega^2C_4R_4^2C_n} \tag{3-24}$$

那么，介质并联等值电路的介质损耗正切值为

$$\tan\delta=\frac{1}{\omega C_xR_x}=\omega C_4R_4 \tag{3-25}$$

取工频时 $\omega=2\pi f=100\pi$，并取值 $R_4=\frac{10\ 000}{\pi}\ \Omega$，电容 C_4 的单位取 μF，则

$$\tan\delta=C_4 \tag{3-26}$$

那么被试品的电容值可由下式求出

$$C_x=\frac{R_4C_n}{R_3(1+\tan^2\delta)}\approx\frac{R_4C_n}{R_3} \tag{3-27}$$

如果介质的等效电路是串联等值电路，其电桥电路如图 3-7 所示，其介质损耗角正切值也为 $\tan\delta=\omega C_4R_4$。

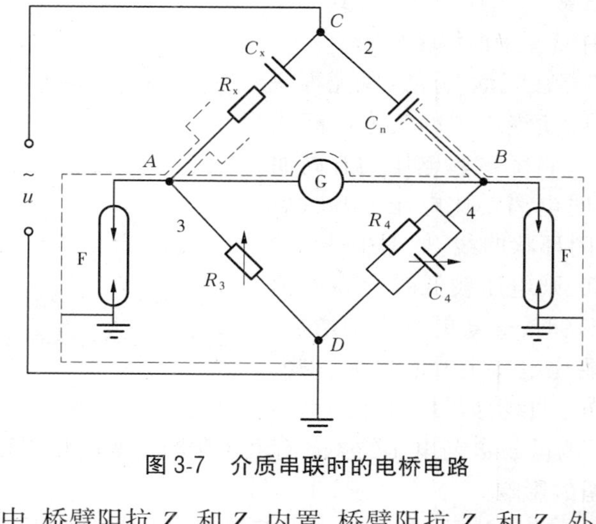

图 3-7　介质串联时的电桥电路

在实际的电桥中，桥臂阻抗 Z_3 和 Z_4 内置，桥臂阻抗 Z_1 和 Z_2 外置，因而 Z_1 和 Z_2 要比 Z_3 和 Z_4 大得多，以便承受更高的工作电压，故桥臂 1 和桥臂 2 称为高压臂，桥臂 3 和桥臂 4 称为低压臂，还并联有放电管，承受了较低的工作电压，确保人身和设备安全。

上述介绍的是西林电桥的正接线，即接地点为图 3-6 中的 D 点，而被试品的两端均对

地绝缘。而实际上电力系统设备的金属外壳直接固定在接地底座上而无法解开接地端，因此不能采用正接法测量介损而应采用图 3-8 所示的反接法进行测量。

西林电桥反接线的电桥平衡过程与正接线时无异，所不同之处在于：各个调节元件、检流计和屏蔽网均处于高电位，故必须保证足够的绝缘水平和采取可靠的保护措施。

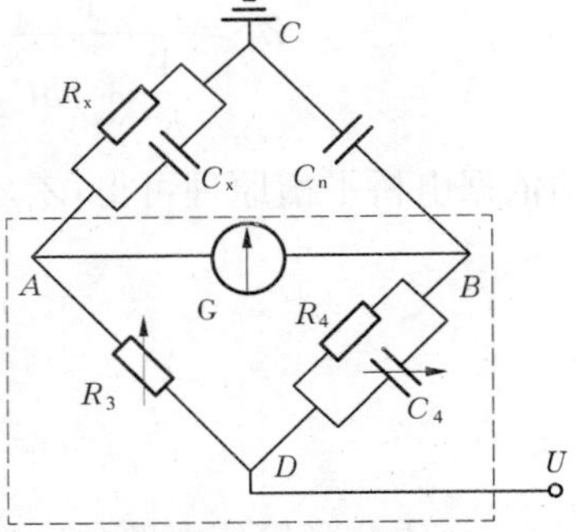

图 3-8　西林电桥反接线原理

二、tanδ 测量的影响因素

利用西林电桥测量 tanδ 时会受到一系列外界因素的影响，主要有以下几点。

(一) 外界电磁场的影响

外界电磁场的影响包括试验用高压电源和试验现场高压带电体(高压母线等)引起的电场干扰，这些高压源与电桥臂和连线之间存在杂散电容，产生的干扰电流流过桥臂就引起测量误差。另外，在现场测试条件下，电桥往往处于一个相当显著的交变磁场中，这时电桥接线内也会感应出一个干扰电势，对电桥的平衡产生影响，也将导致测量误差。消除干扰的方法是采用金属屏蔽网和屏蔽电缆，如图 3-6~图 3-8 中虚线所示。

(二) 温度的影响

一般来说，tanδ 随温度的升高而增大。为了便于比较，应将在各种温度下测得的值换算到 20 ℃时的值。

(三) 试验电压的影响

良好的绝缘在其额定电压范围内，其 tanδ 值不随电压变化，如图 3-9 中曲线 1 所示。

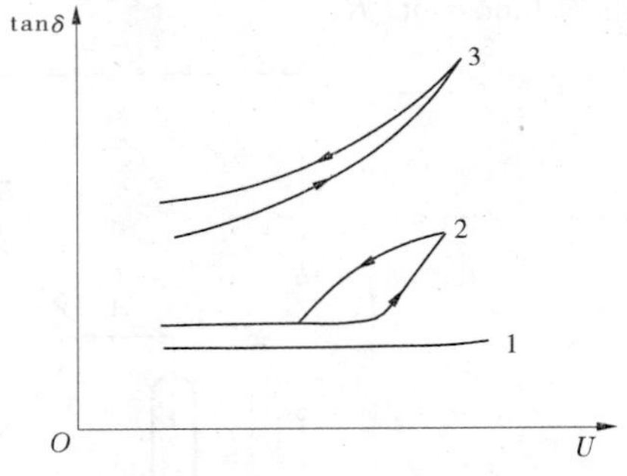

1—良好的绝缘；2—绝缘中存在气泡；3—受潮绝缘

图 3-9　tanδ 与试验电压的典型关系曲线

但如果绝缘内部存在气泡、分层、脱壳等缺陷，所加试验电压足以使绝缘中的气泡电离或局部放电时，则 tanδ 值将随试验电压的升高而迅速增大，电压回落时电离要比电压上升时更强一些，因而会出现闭环状曲线，如图中曲线 2 所示。如果绝缘受潮，则电压较低时的 tanδ 值就已相当大，电压升高时，tanδ 更将急剧增加，电压回落时 tanδ 也要比电压上升时更大一些，因而形成不闭合的分岔曲线，如图中曲线 3 所示。产生这一现象的主要原因是介质的温度因发热而升高了。测量 tanδ 与电压的关系有助于判断绝缘的状态和缺陷的类型。

(四) 试品电容量的影响

尽管测量 tanδ 对小电容试品(如电压电流互感器、套管等)十分灵敏，但对电容量较大的试品(如发电机、变压器、电力电缆、电力电容器等)，测量 tanδ 只能发现整体分布性缺陷，因而用测量介质损耗角正切值的方法来判断绝缘状态就不很灵敏了。此时，可将大电容试品分解成几个独立的绝缘部分来分别测量 tanδ 值，就能有效发现缺陷。

（五）试品表面泄漏电流的影响

体现试品表面泄漏电流的表面泄漏电阻总是与试品的等值电阻相并联，因而影响试品的 $\tan\delta$ 测量值。为了减小影响，在测试前应清除试品表面的污垢和水分，必要时还可以在绝缘表面上装设屏蔽极。

三、介质损耗测试仪

由上述介绍知道，使用西林电桥能灵敏有效地发现电气设备绝缘缺陷，但测量受一系列外界因素的影响，尤其是电磁场的影响难以克服，而且操作也比较复杂，因而在生产实际中常采用介质损耗测试仪。

介质损耗测试仪是一种新颖的测量介质损耗角正切（$\tan\delta$）值和电容（C_x）值的自动化仪器。可以在工频高电压下，现场测量各种绝缘材料、绝缘套管、电力电缆、电容器、互感器、变压器等高压设备的介质损耗角正切（$\tan\delta$）值和电容（C_x）值。与西林电桥相比，介质损耗测试仪具有操作简单、自动测量、读数直观、无须换算、精度高、抗干扰能力强等优点。

（一）工作原理

仪器测量线路包括一路标准回路和一路被试回路，如图 3-10 所示。标准回路由内置高稳定度标准电容器与采样电路组成，被试回路由被试品和采样电路组成。由 8031 单片机运用计算机数字化实时采集方法，对数以万计的采样数据处理后进行矢量运算，分别测得标准回路电流与被试回路电流幅值及其相位关系，并由之算出试品的电容（C_x）值和介质损耗角正切（$\tan\delta$）值，测量结果可靠。现场有干扰时，先利用移相、倒相法减小干扰的影响，再将被试回路测得的电流与单独测得的干扰电流矢量相加，得到真正的测量电流 I_x，进而得出正确的测量结果。由图 3-10 可见，可根据不同的测量对象和测量需要，灵活地采用多种接线方式。如测量非接地试品（正接法）时，"LV"（E）点接地；而测量接地试品（反接法）时，则"HV"点接地。

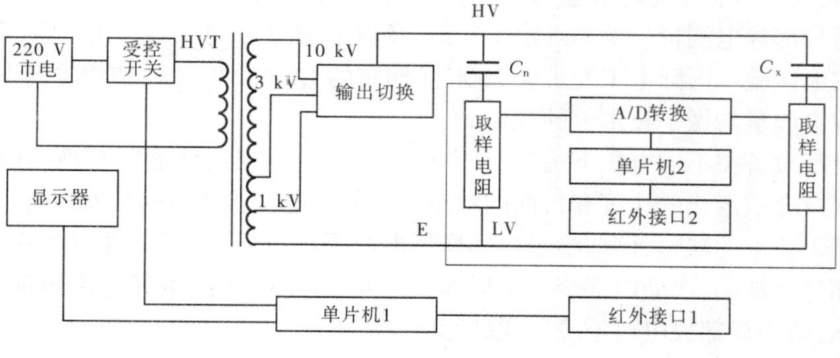

说明：

1. 图中除试品 C_x 外，其余为自动介质损耗测试仪；
2. 细线表示仪器的内屏蔽 E，与测量电缆的内屏蔽层相连；
3. C_n 为仪器内附标准电容器；
4. HVT 为仪器为附升压变压器，额定输出功率 10 kW。

图 3-10　原理框图

(二)特点

(1)仪器内附标准电容器和升压装置,在"内接"方式下使用,无须其他外接设备,便于携带。

(2)具有多种测量方式,可选择正/反接线、内/外标准电容器和内/外试验电压进行测量。

(3)内附 SF_6 标准电容器,$\tan\delta<0.005\%$,受空气湿度影响小。

(4)矢量运算法结合移相、倒相法,抗干扰效果好;能有效地消除强烈的电场干扰对测量的影响,适用于 500 kV 及以下电站的强干扰现场试验。

(5)高压短路和突然断电时,仪器能迅速切断高压,并发出警告信息。

(6)测量重复性好,电压线性好(测量准确度不受电压影响)。

(7)一体化结构,质量适中,便于携带。

(8)大屏幕带背光中文液晶显示器信息提示操作,使用方便。

(9)仪器自带打印机,及时保存测试数据。

(10)高压电缆连接至试品,保障安全;仪器未接地报警,安全措施完备。

第五节 局部放电试验

局部放电是指高压电气设备中的绝缘介质在高电场作用下,发生在绝缘内部(也有表面)的未贯穿的放电现象。绝缘中的局部放电是引起绝缘老化的重要原因之一。

电气设备绝缘内部不可避免地存在一些弱点,例如在一些浇筑、挤制或层绕绝缘内部容易出现气隙或液体绝缘中的气泡和电场分布不均匀。空气的击穿场强和介电常数都比固体介质的小,因此在外施电压作用下这些气隙或气泡会首先发生放电,这就是电气设备的局部放电。放电的能量很微弱,故不影响设备的短时绝缘强度,但日积月累将引起绝缘老化,最后可能导致整个绝缘在正常电压下发生击穿。近数十年来,国内外已越来越重视对设备进行局部放电测量。例如规定 110 kV 及以上的电力变压器在出厂例行试验时必须做局部放电试验。国际电工委员会 2000 年颁布的 IEC60270 文件和相关的中国国家标准对局部放电测量均做了技术上的规定。

测定电气设备在不同电压下的局部放电强度和发展趋势,就能判断绝缘内是否存在局部缺陷以及介质老化的速度和目前的状态。局部放电试验的目的是发现电气设备绝缘结构和制造工艺上的缺陷,例如绝缘内部局部电场强度过高,金属部件有尖角,绝缘混入杂质或局部带有缺陷,产品内部金属接地部件之间、导电体之间电气连接不良等,以便消除这些缺陷,防止局部放电对绝缘造成破坏。

一、局部放电基本概念

(一)视在放电量

绝缘内部气隙局部放电的等值电路可用图 3-11 表示。

图 3-11(a)中 C_a 代表绝缘介质完好部分的电容,C_g 代表气隙的电容,C_b 代表与气隙串联的介质的电容。等值电路如图 3-11(b)所示,其中与 C_g 并联的放电间隙 g 等效于气

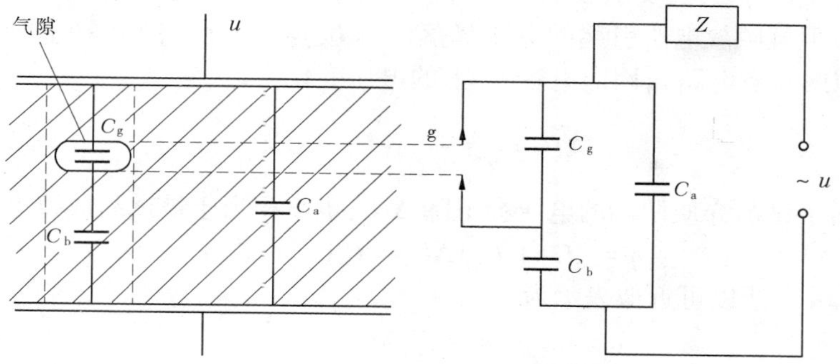

(a)示意图 (b)等值电路

图 3-11 绝缘内部气隙局部放电的等值电路

泡中的局部放电。整个系统的总电容为

$$C = C_a + \frac{C_b C_g}{C_b + C_g} \tag{3-28}$$

在外加电源 $u = U_m \sin\omega t$ 的作用下，气隙 C_g 上所分得的电压为

$$u_g = \frac{C_b}{C_b + C_g} U_m \sin\omega t \tag{3-29}$$

其变化规律如图 3-12(a)所示。设气隙的放电电压为 U_s，熄灭电压为 U_r。当 u_g 达到该气隙的放电电压 U_s 时，气隙内发生局部放电，相当于图 3-11 中的并联间隙 g 放电。放电后电压迅速下降，达到熄灭电压 U_r 时，停止放电，完成一次局部放电。此后，依据 u_g 的变化会多次重复这种放电过程。图 3-13 表示一次局部放电的过程，出现一个对应的局部放电高频电流脉冲。因为放电的时间很短，相比工频就可用短直线表示，如图 3-12(b)所示。

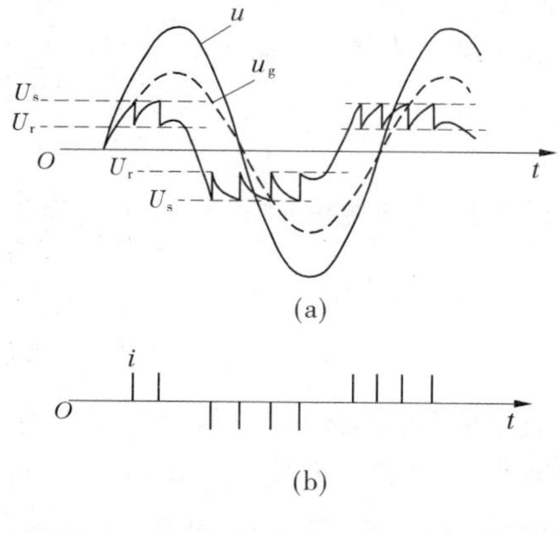

图 3-12 局部放电时的电压电流变化曲线

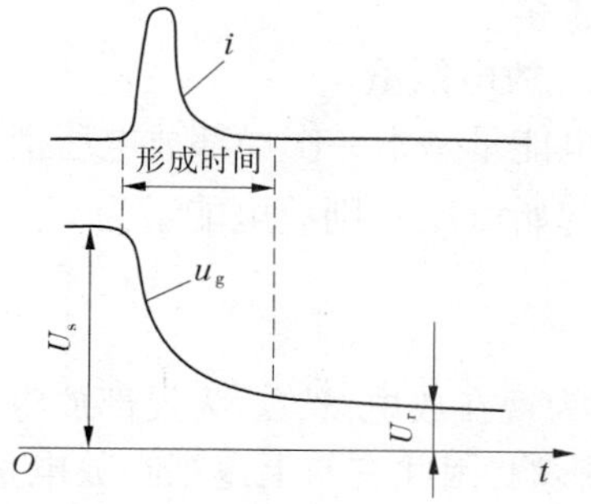

图 3-13 一次局部放电的电流脉冲

气泡每放电一次，则电压瞬时下降 $\Delta U_g = U_s - U_r$。每次放电所释放出的电荷量为

$$q_r = \left(C_g + \frac{C_a C_b}{C_a + C_b}\right)(U_s - U_r) \tag{3-30}$$

式(3-30)中的 q_r 为真实的放电量。由于公式中的参数都无法直接测量,因而 q_r 也无法直接确定。但气隙放电所引起的电压降落(U_s-U_r)将按反比例分配在串联电容 C_a 和 C_b 上(从气隙两端看电路),因而电容 C_a 上的电压变化为

$$\Delta U_a = \frac{C_b}{C_a + C_b}(U_s - U_r) \tag{3-31}$$

即气隙放电时被试品介质两端的电压会下降 ΔU_a,也就相当于被试品放掉电荷 q

$$q = (C_a + C_b)\Delta U_a = C_b(U_s - U_r) \tag{3-32}$$

因为 $C_a \gg C_b$,所以可近似表示为

$$q \approx C_a \Delta U_a \tag{3-33}$$

式(3-33)中的 q 相比真实放电量 q_r 可称为视在放电量,是衡量局部放电强度的一个重要参数。q 既是发生局部放电时试品 C_a 所放掉的电荷,也是电容 C_b 上的电荷增量。比较 q 和 q_r 的表达式可得

$$q = \frac{C_b}{C_g + C_b}q_r \tag{3-34}$$

由于 $C_g \gg C_b$,可知视在放电量比真实放电量小得多,但仍然可以用来反映 q_r 的大小,其单位通常用 pC(皮库)表示。

需要考虑的是,上述局部放电分析是在交流电压的作用下进行的,只要电压足够高,局部放电在半个周期内可以重复多次;而在直流电压的作用下,情况就不一样了。由于直流电压的大小和方向不变,一旦介质内部气隙被击穿,空间电荷在气隙内建立反电场,放电熄灭,直到空间电荷通过介质内部电导相互中和,使反电场削弱到一定程度后,才会出现第二次放电,如此反复。可见,在其他条件相同时,直流电压下单位时间的放电次数要比交流电压下少得多,所以直流电压下局部放电产生的破坏作用要比交流电压下小得多。这也是绝缘在直流下的工作电场强度可以大于交流下的工作电场强度的原因之一。

(二)放电重复率

放电重复率也叫脉冲重复率。在选定的时间间隔内测得的每秒发生放电脉冲的平均次数表示局部放电出现频度。放电重复率与外加电压的大小有关,显然外加电压越大,放电次数越多。

(三)放电能量

放电能量是指一次局部放电所消耗的能量。设出现局部放电时的外加电压为 U_y(局部放电起始电压),则放电能量为

$$W = \frac{1}{2}qU_y \tag{3-35}$$

其中,q 为视在放电量,U_y 为局部放电起始电压。放电能量的大小对绝缘介质的老化速度有显著影响,因此它与上述视在放电量、放电重复率一起构成表征局部放电的三个基本参数。表征局部放电的其他参数主要还有平均放电电流、放电的均方率、放电功率、局部放电起始电压、局部放电熄灭电压等,这里不一一赘述。

二、局部放电检测方法简述

伴随局部放电往往会出现多种现象,包括电、光、噪声、气压变化、化学变化等。基于

这些现象而研究的局部放电的检测方法很多，可概括为非电检测和电气检测两大类。目前应用得比较成功的是电气检测法。下面主要介绍脉冲电流法的测量原理，另外简单介绍超声波检测法、光学检测法、化学检测法。

（一）脉冲电流法

用脉冲电流法测量绝缘介质的视在放电量，是一种研究最早、应用最广泛的检测方法。它是通过把检测阻抗接入到测量回路中来检测绝缘介质中由于局部放电引起的脉冲电流，获得视在放电量的一种方法。脉冲电流法通常用于变压器出厂时的试验以及其他离线测试中，其离线测量灵敏度高，国际上推荐三种基本试验回路，如图 3-14 所示。

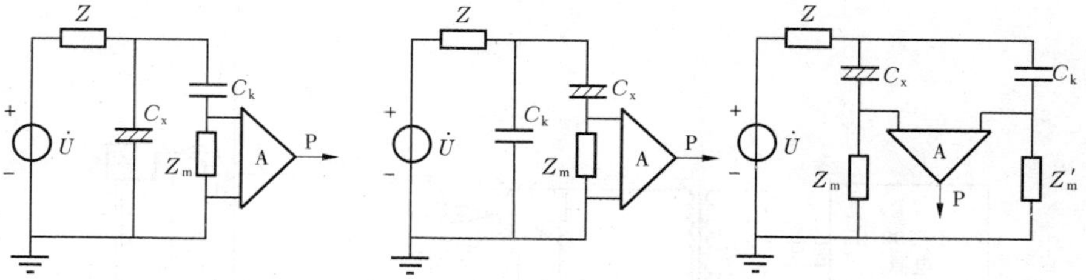

(a)并联测试回路　　(b)串联测试回路　　(c)桥式测试回路

C_x—试品电容；C_k—耦合电容；Z—阻塞阻抗；Z_m—检测阻抗

图 3-14　用脉冲电流法检测局部放电的测试回路

这三种回路的测量原理是：在一定电压的作用下，试品 C_x 中产生的局部放电电流脉冲流过检测阻抗 Z_m，然后把 Z_m 上的电压或 Z_m 及 Z'_m 上的电压差放大后送到仪器 P 进行检测。

图 3-14 中有关元件的作用及要求如下：

（1）耦合电容 C_k 为试品电容 C_x 与检测阻抗 Z_m 之间提供一条低阻抗通路，当 C_k 发生局部放电时，脉冲信号立即顺利耦合到 Z_m 上去，对电源的工频电压起隔离作用。要求 C_k 的残余电感足够小，在试验电压下内部不能有局部放电现象。还要求 C_k 不小于 C_x，以增大检测阻抗上的信号。

（2）阻塞阻抗 Z 使工频高电压顺利作用到试品上，同时阻止高压电源中的高频分量对测试回路产生干扰，防止局部放电脉冲分流到电源中去，所以它实际上是一只低通滤波器。要求 Z 比 Z_m 大，使得 C_x 中发生局部放电时，C_x 与 C_k 之间能较快地转换电荷，而从电源重新补充电荷的过程减慢，以提高测量的准确度。

三种回路的说明：图 3-14(a)为并联测试回路，适用于被试品一端接地的情况。它的优点是流过 C_x 的工频电流不流过 Z_m，在 C_x 较大的场合，尤显其优。图 3-14(b)为串联测试回路，适用于被试品两端均对地绝缘的情况。它的优点是：如果试验变压器的入口电容和高压引线的杂散电容足够大，采用这种回路可以省去电容 C_k。这两种回路均属直测法。图 3-14(c)为桥式测试回路，属于平衡法，适用于试品电容 C_x 与耦合电容 C_k 的低压端均对地绝缘的情况。此时测量仪器 P 测的是 Z_m 及 Z'_m 上的电压差，因而与直测法相比，其抗干扰性能好，因为外部干扰源在 Z_m 及 Z'_m 上产生的干扰信号基本上相互抵消。而在 C_x 发生局部放电时，放电脉冲在 Z_m 及 Z'_m 上产生的信号却是相互叠加的。

三种回路可依据具体条件进行选择。原理上 Z_m 上出现的脉冲电压经放大器 A 放大后送到检测仪器 P,即可得出测量结果。虽然已知测量仪器上测得的脉冲幅值与试品的放电量成正比,但要确定具体的视在放电量还必须对整个测量系统进行校准,这时需向试品两端注入已知数量的电荷 q_0,记下仪器显示的读数 h_0,即可得出测量回路的刻度系数。

局部放电试验是非破坏性试验项目,从试验顺序而言,应放在所有绝缘特性试验合格之后进行。下面以变压器的局部放电测量为例说明测量过程。

1. 试验接线

试验原理接线如图 3-15 所示,试验接线完成后应检查接线的正确性。

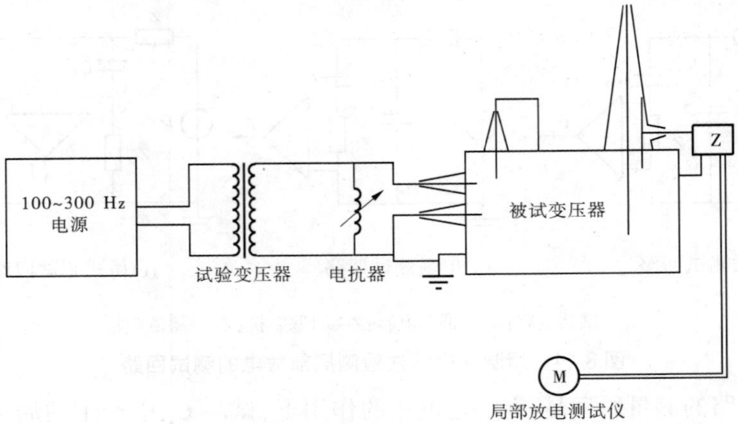

图 3-15　变压器局部放电试验原理接线

2. 试验步骤

1)检查测试回路本身的局部放电水平

先不接试品,仅在试验回路施加电压,如果在略高于试品试验电压下仍未出现局部放电,则测试回路合格;如果其局部放电干扰水平超过或接近试品放电量最大允许值的 50%,则必须找出干扰源并采取措施,以降低干扰水平。

2)测试回路的校准

在加压前应对测试回路中的仪器进行例行校正,以确定接入试品时测试回路的刻度系数,该系数受回路特性及试品电容量的影响。在已校正的回路灵敏度下,观察未接通高压电源及接通高压电源后是否存在较大的干扰,如果有干扰应设法排除。

3)测定局部放电起始电压和熄灭电压

拆除校准装置,其他接线不变,在试验电压波形符合要求的情况下,电压从远低于预期的局部放电起始电压加起,按规定速度升压,直至放电量达到某一规定值,此时的电压即为局部放电起始电压。其后电压再增加 10%,然后降压,直到放电量等于上述规定值,对应的电压即为局部放电熄灭电压。测量时,不允许所加电压超过试品的额定耐受电压。另外,重复施加接近于它的电压也有可能损坏试品。

4)测量规定试验电压下的局部放电量

表征局部放电的参数都是在特定电压下测量的,它可能比局部放电起始电压高得多。

有时规定测几个试验电压下的放电量，有时规定在某试验电压下保持一定时间并进行多次测量，以观察局部放电的发展趋势。在测放电量的同时，可测放电次数、平均放电电流及其他局部放电参数。

（1）无预加电压的测量。

试验时试品上的电压从较低值起逐渐增加到规定值，保持一定时间再测量局部放电量，然后降低电压，切断电源。有时在电压升高、降低过程中或在规定电压下的整个试验期间测量局部放电量。

（2）有预加电压的测量。

试验时电压从较低值逐渐升高，超过规定的局部放电试验电压后升到预加电压，维持一定的时间，再降到试验电压值，又维持规定时间，然后按给定的时间间隔测量局部放电量（可按加压程序图 3-16 进行）。在施加电压的整个期间内，应注意局部放电量的变化。

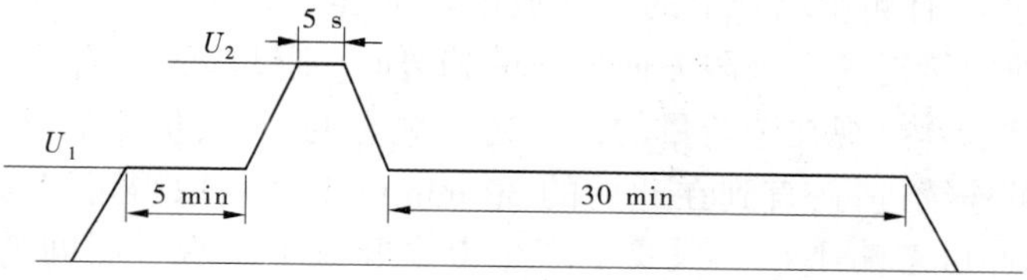

图 3-16　加压程序图

5）干扰的抑制

干扰分为以下两类：

（1）在试验回路未通电前就存在的干扰。其主要来源是试验回路以外的其他回路中的开关操作、附近高压电场、电机整流和无线电传输等。

（2）试验回路通电后产生的但又不是来自试品内部的干扰。这种干扰通常随电压增大而增大，包括试验变压器本身的局部放电、高压导体上的电晕或接触不良放电，以及低压电源侧局部放电通过试验变压器或其他连线耦合到测量回路中引起的干扰等。

根据干扰的性质和来源，可采用以下方法来抑制干扰。

对来自电源的干扰，可采用在高压试验变压器的初级设置低通滤波器，在试验变压器的高压端设置高压低通滤波器，试验电源和仪器用电源设置屏蔽式隔离变压器。高压端部电晕放电的抑制措施主要是选用合适的无晕球作为高压连线。

抑制试验回路接地系统的干扰，唯一的措施是在整个试验回路选择一点接地。有的仪器本身具有抑制干扰的功能，这时可采用平衡接线法和时间窗口法抑制干扰。

6）局部放电的观测

读取视在放电量值时应以重复出现的、稳定的最高脉冲信号计算视在放电量。真正的局部放电信号具有一定的对称性和周期性，偶尔出现的较高的脉冲可以忽略。测量回路的背景噪声水平应低于允许放电水平的 50%。当试品的允许放电水平为 10 pC 或以下时，背景噪声水平可达到允许放电水平的 100%。测量中明显的干扰可不予考虑。

7）注意事项

应在所有的分级绝缘绕组的线端上进行测量。对自耦连接的一对绕组的较高电压和较低电压的线路端子，也应同时用来测量。

每个测量端子都应该在线端与地之间施加重复脉冲来校准,这种校准用来在试验期间对读数进行定量。

在变压器一个指定线端上测得的视在电荷量是根据经上述校准后的最高的稳态重复脉冲波计算出来的。偶然出现的尖波可以忽略不计。

在施加电压的前后,应记录所有测量端子的背景噪声水平。背景噪声水平应低于规定的视在电荷量限值 q 的一半。

在电压升至 U_2 及由 U_2 再降低的过程中,应记录可能出现的起始放电电压和熄灭电压值;在电压 U_1 的第一阶段中应读取并记下一个读数,在施加 U_1 的短时间内不要求观测;在电压 U_1 的第二阶段的整个期间内,应连续观察并按一定的时间间隔记录局部放电水平。

如果在上述局部放电的观测过程中,试验电压不产生突然下降,并在施加电压 30 min 的最后 29 min 内,所有测量端子上的视在放电量的连续水平低于规定的限值,并不表现出明显的、不断地向接近这个极限方向增长的趋势时,则试验为合格。

如果在一段试验内,视在电荷量的读数超过规定的限值,但之后又低于这个限值,则试验不必中断,可连续进行,直到在此后的 30 min 的期间内取得可以接受的读数。偶然出现的较高的脉冲可忽略不计。只要不产生击穿并且不出现长时间的特别高的局部放电,则试验是非破坏性的。

当测量结果表明局部放电量超过标准规定或被试品有异常放电时,应停止试验,检查测量接线是否存在问题,复测试验电源背景噪声水平是否低于标准对被试品规定的视在放电量的 50%,确定异常放电的原因后,重新进行试验。

(二)超声波检测法

这一方法的原理是:当绝缘介质中发生局部放电时,其瞬时释放的能量产生的效果就像一个小爆炸。此时放电源如同一个声源,向外发出超声波直达绝缘介质的表面。在绝缘的外壁贴装压电元件,在超声波的作用下,压电元件的两个端面上会出现交变的束缚电荷,引起端部金属电极上电荷的变化或在外电路引起交变电流,由此指示设备内部是否发生了局部放电。由于放电持续时间很短,所发射的声波频谱很宽,可达到数兆赫兹。所以,应选择数值较大的频率范围作为测量频率,以提高灵敏性。

超声波检测法的特点:抗电磁干扰能力强,灵敏度不受试品电容的影响,能进行复杂设备放电源定位。但超声波在传播途径中衰减、畸变严重,基本不能反映放电量的大小。因此,实际中一般不独立使用超声波检测法,而将声测法和电测法结合起来使用。

(三)光学检测法

采用光纤传感器,局部放电产生的声波压迫使得光纤性质改变,导致光纤输出信号改变,从而可以测得放电量。光测法只能测试表面放电和电晕放电,在现场中光测法基本上没有直接应用。

(四)化学检测法

这一方法是利用气相色谱仪对绝缘油中溶解的气体进行气相色谱分析。通过分析绝缘油中溶解的气体成分和含量,能够判断设备内部隐藏的缺陷类型。其优点是能够发现充油电气设备中一些用其他方法不易发现的局部性缺陷。

第六节　绝缘油中溶解气体的色谱分析

新绝缘油中溶解的气体主要是空气,即 N_2(约占 71%)和 O_2(约占 28%)。浸绝缘油的电气设备在出场高压试验和在平时正常运行过程中,绝缘油和油浸绝缘材料会逐渐老化,绝缘油中也就可能溶解微量或少量的 H_2、CO、CO_2 或烃类气体,但其量一般不会超过某些经验参考值(随不同的设备而异)。而当电器中存在局部过热、局部放电或某些内部故障时,绝缘油或固体绝缘材料会发生裂解,就会产生大量的各种烃类气体和 H_2、CO、CO_2 等气体,因而把这类气体称为故障特征气体,绝缘油也就会溶解较多量的这类气体。

不同的绝缘物质,不同性质的故障,分解产生的气体成分是不同的。因此,分析油中溶解气体的成分、含量及其随时间而增长的规律,就可以鉴别故障的性质、程度及其发展情况。这对于测定缓慢发展的潜伏性故障是很有效的,而且可以不停电进行,故已列入绝缘试验标准,并制定了相应的国家标准《变压器油中溶解气体分析和判断导则》(GB/T 7252—2016),适用于充有矿物绝缘油和以纸或层压纸板为固体绝缘材料的电气设备。其中包括变压器、电抗器、电流互感器、电压互感器、油纸套管等。

具体步骤为:先将油中溶解的气体脱出,再送入气相色谱仪,对不同气体进行分离和定量。据此即可按下述三步来初探有无故障。

一、看特征气体的组分和主次

油和固体绝缘材料在电或热的作用下分解产生的各种气体中,对判断故障有价值的气体有甲烷(CH_4)、乙烷(C_2H_6)、乙烯(C_2H_4)、乙炔(C_2H_2)、氢(H_2)、一氧化碳(CO)、二氧化碳(CO_2)。正常运行老化过程产生的气体主要是 CO 和 CO_2。油纸绝缘中存在局部放电时,油裂解产生的气体主要是 H_2 和 CH_4;在故障温度高于正常运行温度不多时,产生的气体主要是 CH_4;随着故障温度的升高,C_2H_4 和 C_2H_6 逐渐成为主要特征;当温度高于 1 000 ℃时,例如在电弧温度的作用下,油裂解产生的气体中则含有较多的 C_2H_2;当故障设计固体绝缘材料时,会产生较多的 CO 和 CO_2。不同故障类型产生的特征气体组分见表 3-1。

表 3-1　不同故障类型产生的气体

故障类型	主要气体组分	次要气体组分
油过热	CH_4,C_2H_4	H_2,C_2H_6
油和纸过热	CH_4,C_2H_4,CO,CO_2	H_2,C_2H_6
油纸绝缘中局部放电	H_2,CH_4,CO	C_2H_2,C_2H_6,CO_2
油中火花放电	H_2,C_2H_2	
油中电弧	H_2,C_2H_2	CH_4,C_2H_4,C_2H_6
油和纸中电弧	H_2,C_2H_2,CO,CO_2	CH_4,C_2H_4,C_2H_6

注:进水受潮或油中气泡可能使油中的 H_2 含量升高。

出厂和新投运的设备，油中不应含有 C_2H_2，其他各组分也应该很低。

有时设备内并不存在故障，而由于其他原因，在油中也会出现上述气体，要注意这些可能引起误判断的气体来源。例如：有载调压变压器中切换开关油室的油向变压器主油箱渗漏；油冷却系统附属设备（如潜油泵）故障产生的气体也可能进入电器本体的油中；设备曾经有过故障，而故障排除厚绝缘油未经彻底脱气，部分残余气体仍留在油中等。

二、看特征气体含量

《变压器油中溶解气体分析和判断导则》（GB/T 7252—2016）规定：运行中设备内部油中气体含量超过表 3-2 所列数值时，应引起注意。

表 3-2　油中溶解气体含量的注意值　（单位：μL/L）

设备	气体组分	含量			
		≥330 kV	≤220 kV	≥220 kV	≤110 kV
变压器和电抗器	总烃	150	150		
	乙炔	1	5		
	氢	150	150		
套管	甲烷	100	100		
	乙炔	1	2		
	氢	500	500		
电流互感器	总烃			100	100
	乙炔			1	2
	氢			150	150
电压互感器	总烃			100	100
	乙炔			2	3
	氢			150	150

注：1. 注意值不是划分设备有无故障的唯一标准。当气体浓度达到表中给出的注意值时，应进行追踪分析、查明原因。

2. 影响电流互感器和电容式套管油中氢气含量的因素较多，有的氢气含量虽低于表中数值，但若增加较快，也应引起注意；有的仅氢气含量超过表中数值，若无明显增加趋势，也可判断为正常。

当故障涉及固体绝缘时，会引起 CO 和 CO_2 含量的明显增长。但在考虑这两种气体含量时更应注意结合具体电器的结构特点（如油保护方式）、运行温度、负荷情况、运行历史等情况加以综合分析。

突发性绝缘击穿事故时，油中溶解气体中的 CO、CO_2 含量不一定高，应结合气体继电器中的气体分析做判断。

三、看特征气体含量随时间的增长率

应该说，仅根据油中特征气体含量的绝对值时很难对故障的严重性做出正确判断的，还必须考察故障的发展趋势，也就是故障点的产气速率。产气速率时与故障消耗能量大小、故障部位、故障点的温度等情况有关的。

产期速率有以下两种表达方式。

(1)绝对产气速率：即每运行日产生某种气体的平均值，按下式计算

$$\gamma_a = \frac{C_{i2} - C_{i1}}{\Delta t} \frac{G}{\rho}$$

式中 γ_a——绝对产气速率，mL/d；

C_{i2}——第二次取样测得油中某气体浓度，μL/L；

C_{i1}——第一次取样测得油中某气体浓度，μL/L；

Δt——两次取样时间间隔的实际运行时间，d；

G——本设备总油量，t；

ρ——油的密度，t/m^3。

变压器和电抗器绝对产气速率的注意值见表 3-3。

表 3-3　变压器和电抗器绝对产气速率的注意值

气体组分	开放式	隔膜式
总烃	6	12
乙炔	0.1	0.2
氢	5	10
一氧化碳	50	100
二氧化碳	100	200

注：当产气速率达到注意值时，应缩短检测周期，进行追踪分析。

(2)相对产气速率：即每运行一个月(或折算到月)，某种气体含量增加原有值的百分数的平均值，按下式计算

$$\gamma_r(\%) = \frac{C_{i2} - C_{i1}}{C_{i1}} \times \frac{1}{\Delta t} \times 100$$

式中 γ_r——相对产期速率，%；

C_{i2}——第二次取样测得油中某气体浓度，μL/L；

C_{i1}——第一次取样测得油中某气体浓度，μL/L；

Δt——两次取样时间间隔的实际运行时间，月。

相对于产气速率也可以用来判断充油电气设备内部状况。总烃的相对产气速率大于10%时，应引起注意，但对总烃起始含量很低的设备不宜采用此判据。

需要指出，有的设备，其油中某些特征气体的含量，若在短期内就有较大的增量，则即使尚未达到需要注意的数值，也可以判为内部有异常状况；有的设备因某种原因使气体含量基值较高，超过了注意值，但增长速率低于产气速率的注意值，则仍可认为是正常的。

通过上述三步，可以说，对设备中是否存在故障做了初探。若初探结果认定设备中存在故障，则下一步就要设法对故障的性质(类型)进行判断。

《变压器油中溶解气体分析和判断导则》推荐采用三比值法(五种特征气体含量的三

对比值)作为判断变压器或电抗器等充油电气设备故障性质的主要方法。取出 H_2、CH_4、C_2H_2、C_2H_4、及 C_2H_6 这五种气体含量,分别计算出 C_2H_2/C_2H_4、CH_4/H_2、C_2H_4/C_2H_6 这三对比值,再将这三对比值按照表 3-4 进行编码,并根据表 3-5 判断故障的性质。

表 3-4 三比值法的编码规则

气体比值范围	比值范围的编码		
	C_2H_2/C_2H_4	CH_4/H_2	C_2H_4/C_2H_6
<0.1	0	1	0
0.1~1	1	0	0
1~3	1	2	1
≥1	2	2	2

表 3-5 用三比值法判断故障类型

<table>
<tr><th colspan="3">编码组合</th><th rowspan="2">故障类型</th><th rowspan="2">故障实例(参考)</th></tr>
<tr><th>C_2H_2/C_2H_4</th><th>CH_4/H_2</th><th>C_2H_4/C_2H_6</th></tr>
<tr><td rowspan="5">0</td><td>0</td><td>1</td><td>低温过热(低于 150 ℃)</td><td>绝缘导线过热,注意 CO 和 CO_2 含量和 CO_2/CO 的值</td></tr>
<tr><td>2</td><td>0</td><td>低温过热(150~300 ℃)</td><td rowspan="3">分解开关接触不良,引线夹件螺丝松动或接头焊接不良,涡流引起铜过热,铁心漏磁,局部短路,层间绝缘不良,铁芯多点接地</td></tr>
<tr><td>2</td><td>1</td><td>中温过热(300~700 ℃)</td></tr>
<tr><td>0,1,2</td><td>2</td><td>高温过热(高于 700 ℃)</td></tr>
<tr><td>1</td><td>0</td><td>局部放电</td><td>高湿度,高含气量引起油中低能量密度的局部放电</td></tr>
<tr><td rowspan="3">1</td><td>0,1</td><td>0,1,2</td><td>低能放电</td><td rowspan="3">引线对电位未固定的部件之间连续火花放电,分解抽头引线和油隙闪络,不同电位之间的油中火花放电或悬浮电位之间的火花放电</td></tr>
<tr><td>2</td><td>0,1,2</td><td>低能放电兼过热</td></tr>
<tr><td>0,1</td><td>0,1,2</td><td>电弧放电</td></tr>
<tr><td rowspan="2">2</td><td>2</td><td>0,1,2</td><td>电弧放电兼过热</td><td rowspan="2">线圈匝间、层间短路,相间闪络、分接头引线间油隙闪络、引线对箱壳放电、线圈熔断、分接开关飞弧、因环路电流引起电弧、引线对其他接地体放电等</td></tr>
<tr><td></td><td></td><td></td></tr>
</table>

实践证明,用油中溶解气体色谱法来检测充油电气设备内部的故障,是一种有效的方法,而且可以带电进行。但是由于设备的结构、绝缘材料、保护绝缘油的方式和运行条件等差别,迄今尚未能制定出统一的严密的标准,如发现有问题,一般还需缩短测量的时间

间隔,跟踪测量并多做几次试验,再与过去气体分析的历史数据、运行记录、制造厂提供的资料及其他电气试验结果相对照比较,综合分析后,才能做出正确的判断。

第七节　工频交流耐压试验

如前所述,一系列非破坏性试验如绝缘电阻和吸收比试验、介质损耗角正切值 $\tan\delta$ 测量、泄漏电流试验等,确能发现一部分绝缘缺陷,但是因为这些试验的试验电压较低,往往对某些局部缺陷反应不灵敏,而这些局部缺陷在实际的运行中可能会逐渐发展成为影响安全运行的严重隐患。如局部放电缺陷可能会逐渐发展成为整体缺陷,在过电压作用下使设备失去绝缘性能而引发短路事故。因此,为了更灵敏有效地暴露出某些局部缺陷,考验被试品绝缘承受各种过电压的能力,就必须对被试品进行交流耐压试验。

工频交流耐压试验是用来对被试品施加高出其正常运行电压许多倍的同频率交流电压以考验被试品绝缘承受各种过电压能力最严格有效的一种试验方法,在许多场合也用来等效地检验被试品对操作过电压和雷电过电压的耐受能力,以解决进行操作过电压和雷电过电压试验所遇到的设备仪器的短缺和试验技术上的困难,对保证设备安全运行具有重要意义。

交流耐压试验的电压、波形、频率和在被试品绝缘内部电压的分布,均符合实际运行情况,因此能有效地发现绝缘缺陷。交流耐压试验应在被试品的绝缘电阻及吸收比测量、直流泄漏电流测量及介质损耗角正切值 $\tan\delta$ 测量均合格后进行。如在这些试验中已查明绝缘有缺陷,则应设法消除,并重新试验合格后才能进行交流耐压试验,以免造成不必要的损坏。

交流耐压试验对于固体有机绝缘来说,会使原来存在的绝缘弱点进一步发展(但又不至于在耐压时击穿),使绝缘强度逐渐衰减,形成绝缘内部劣化的积累效应,这是我们所不希望的。因此,必须正确地选择试验电压的标准和耐压时间。试验电压过高,发现绝缘缺陷的有效性是高了,但被试品被击穿的可能性也越大,积累效应也越严重。反之,如果试验电压过低,则难以有效发现局部缺陷,使设备在运行中击穿的可能性增加。实际上,国家根据各种设备的绝缘材质和可能遭受的过电压倍数,规定了相应的试验电压标准。具有夹层绝缘的设备,在长期运行电压的作用下,绝缘具有累积效应,所以现行有关标准规定运行中设备的试验电压,比出厂试验电压有所降低,且按不同设备区别对待(主要由设备的经济性和安全性来决定)。但对纯瓷套管、充油套管及支持绝缘子则例外,因为它们几乎没有累积效应,故对运行中的设备就取出厂试验电压标准。

绝缘的击穿电压值与加压的持续时间有关,尤以有机绝缘特别明显,其击穿电压随加压时间的增加而逐渐下降。有关标准规定耐压时间为 1 min,一方面,为了便于观察被试品情况,使有弱点的绝缘来得及暴露(固体绝缘发生热击穿需要一定的时间);另一方面,又不致时间过长而引起不应有的绝缘击穿。

一、工频交流高电压的产生

工频交流高电压一般是指频率在 45~65 Hz 的交流电压。通常采用高压试验变压器或其串级装置来产生。对电缆、电容器等电容量较大的被试品,可采用串联谐振回路来获得试验用的工频高电压。工频高电压装置既是高电压实验室中最基本的设备,也是产生其他类型高电压相关设备的基础部件。

(一)试验变压器

试验变压器多是油浸式和环氧树脂浇注的干式单相变压器,其工作原理与电力变压器相同,但工作方式和结构都具有诸多特点。

(1)电压高。工频交流高电压试验需要试验变压器产生很高的电压,以满足相关电压等级的电气设备耐压数值的要求而符合相应的国家标准。也就是试验电压高于设备额定电压很多倍。所以,试验变压器的输出电压高。如 110 kV 等级的电力变压器的工频试验电压要求为 220 kV。

(2)容量小。当试验电压满足要求后,试验变压器的容量主要由被试品的负载电流即被试品的电容电流决定。试验变压器的额定电流应能满足被试品的电容电流和泄漏电流的要求。一般按试验时所加的电压和被试品的电容量来选择所需的试验电源,可按下式计算

$$I_C = \omega C_x U_s \tag{3-36}$$

试验所需的电源容量按下式计算

$$P = \omega C_x U_s^2 \times 10^{-3} \quad (\text{kVA}) \tag{3-37}$$

可见,试验变压器高压侧电流和额定容量都主要取决于被试品的电容。

(3)体积小。由于试验变压器的容量小,可以选择较小的线圈截面,因而整体的体积小;又由于电压高,因而高压套管大又长,这是外观特点。按高压套管的个数,试验变压器可分为:

单套管式试验变压器:额定电压一般不超过 250~300 kV。

双套管式试验变压器:最高额定电压达 750 kV。

(4)绝缘裕度小。因为试验变压器是在试验条件下工作的,不会受到雷电及操作过电压的威胁,所以它的绝缘裕度不需取得太大,一般比其额定电压高出 10%~15%。

(5)持续运行时间短。因为绝缘裕度小,散热条件差,在额定功率下只能短时运行。

(6)漏抗大。试验变压器的漏抗大有利于限制短路电流,因而可降低绕组的机械强度,节省材料,降低制造成本。但输出电压波形很难完美,需要采取措施加以修正。

试验变压器的接线与结构示意图如图 3-17 所示。

(二)串级试验变压器

当所需的工频试验电压很高(例如超过 750 kV)时,如采用单台试验变压器来产生试验电压在技术和经济上不合理。因为变压器的体积和质量近似地与其额定电压的三次方成比例,其绝缘难度和制造价格成倍增加,因而在试验电压不小于 1 000 kV 时,或现场试验需要时,就采用若干台试验变压器组成串级装置的方法来满足要求。

由两台单套管试验变压器组成的串级装置示意图如图 3-18 所示。

T_2 的容量为

$$P_2 = U_2 I_2 = U_3 I_3 \tag{3-38}$$

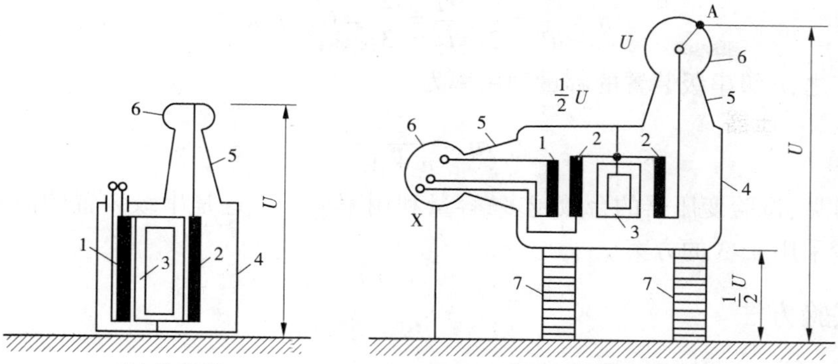

(a)单套管 (b)双套管

1—低压绕组；2—高压绕组；3—铁芯；4—油箱；
5—套管；6—屏蔽极；7—绝缘支柱

图 3-17 试验变压器的接线与结构示意图

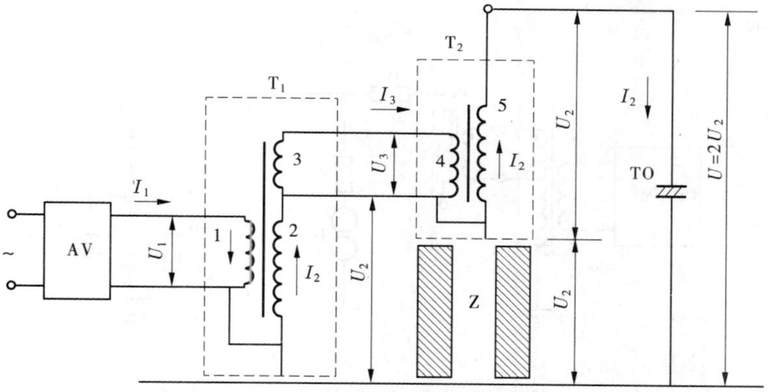

T_1—第 1 级试验变压器；1—T_1 的低压绕组；2—T_1 的高压绕组；3—累接绕组；
T_2—第 2 级试验变压器；4—T_2 的低压绕组；5—T_2 的高压绕组；
AV—调压器；TO—被试品；Z—绝缘支柱

图 3-18 由两台单套管试验变压器组成的串级装置示意图

T_1 的容量为

$$P_1 = U_1I_1 = U_2I_2 + U_3I_3 = 2U_2I_2 \tag{3-39}$$

显然，虽然这两台试验变压器的初级电压相同，次级电压也相同，但它们的容量和高压绕组结构都不同，因而不能互换位置。

整套串级装置的制造容量为

$$P = P_1 + P_2 = 3U_2I_2 \tag{3-40}$$

串级装置的输出容量却只有

$$P' = 2U_2I_2 \tag{3-41}$$

因而装置的容量利用率为

$$\eta = \frac{P'}{P} = \frac{2U_2I_2}{3U_2I_2} = \frac{2}{3} = 66.67\% \tag{3-42}$$

推而广之，n 级串级装置的容量利用率为

$$\eta = \frac{2}{n+1} \tag{3-43}$$

由此可见，试验变压器的台数越多，容量利用率越低。这是串级装置的固有缺点，因而通常很少采用 $n>3$ 的方案。

二、试验方法

（一）工频交流耐压试验原理接线

交流耐压试验的接线，应按被试品的要求（电压、容量）和现有试验设备条件来确定。根据被试设备对试验电压的要求，选用电压合适的试验变压器，并应考虑试验变压器低压侧电压是否和试验现场电源电压及调压器相符。

通常试验变压器是成套设备（包括控制及调压设备），对调压及控制回路加以简化，如图 3-19 所示。

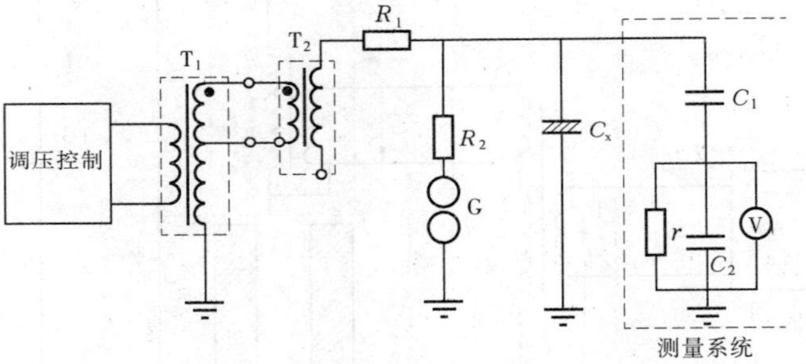

T_1，T_2—试验变压器；R_1，R_2—保护电阻；G—保护球隙

图 3-19　工频交流耐压试验原理接线

图 3-19 所示是串级升压的试验变压器，当试验变压器的输出电压不能满足试验所需的电压时，可采用串级升压的方法。

进行交流耐压试验的被试品，一般为容性负荷，当被试品的电容量较大时，电容电流在试验变压器的漏抗上就会产生较大的压降。由于被试品上的电压与试验变压器漏抗上的电压相位相反，有可能使被试品上的电压比试验变压器的输出电压还高，因此要求在被试品上直接测量电压如图中电压表的读数。

此外，由于被试品的容抗与试验变压器的漏抗是串联的，因此当回路的自振频率与电源基波或高次谐波频率相同而产生串联谐振时，在被试品上就会产生比电源电压高得多的过电压。通常调压器与试验变压器的漏抗不大，而被试品的容抗很大，所以一般不会产生串联谐振过电压。但在试验大容量的被试品时，若谐振频率为 50 Hz，应满足 $C_x < 3\,184/X_L$（即 $X_C < X_L$），X_L 是调压器和试验变压器的漏抗之和。为避免三次谐波分量谐振，可在试验变压器低压绕组上并联 LC 串联回路或采用线电压。当被试品闪络、击穿或球隙放电时，也会由于试验变压器绕组内部的电磁振荡，在试验变压器的匝间或层间产生

过电压。因此,要求在试验回路内串入保护电阻 R_1、R_2,将过电流限制在试验变压器与被试品允许的范围内,但保护电阻不宜选得过大,太大了会由于负载电流而产生较大的压降和损耗;R_1 的另一作用是在被试品击穿时,防止试验变压器高压侧产生过大的电动力。R_1 按 0.1~1 Ω/V 选取(对于大容量的被试品可适当选小些)。串联在保护球隙回路中的 R_2 可按下式计算

$$R_2 = 2\sqrt{2}U/3\omega C_x \tag{3-44}$$

G 是保护球隙,作用是限制试验回路中可能出现的过电压,其放电电压调整为试验电压的 1.1 倍左右。

(二)试验变压器容量不足时的试验方法

对于长输电线路、静电电容器、大型发电机和变压器等电容量较大的被试品的交流耐压试验,需要较大容量的试验设备和电源,现场往往难以办到。在此情况下,可根据具体情况,分别采用串联谐振、并联谐振或串并联谐振(也称串并联补偿法)的方法解决试验设备容量不足的问题。

1. 串联谐振(电压谐振)法

当试验变压器的额定电压不能满足所需试验电压,但电流能满足被试品试验电流的情况下,可用串联谐振的方法来解决试验电压不足的问题,原理接线如图 3-20 所示。

被试品 C_x 上的电压决定于试验回路中的电流 I 的大小,其值可比试验变压器输出电压高许多倍,因此用这种方法能得到所需的试验电压。

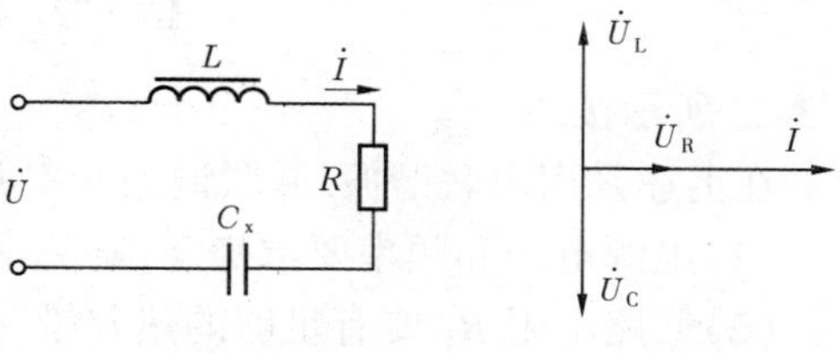

(a)接线图　　(b)相量图

图 3-20　串联谐振原理

当应用串联谐振法时,以被试品本身的电容和消弧线圈或电感线圈串联,并调节线圈的电感量,使其与被试品电容对 50 Hz 产生谐振。利用串联谐振作耐压试验有两个优点:①若被试品击穿,则谐振终止,高压消失;②击穿后电流下降,不致造成被试品击穿点扩大。

2. 并联谐振(电流谐振)法

当试验变压器的额定电压能满足试验电压的要求,但电流达不到被试品所需的试验电流时,可采用并联谐振法对电流加以补偿,以解决容量不足的问题,原理接线如图 3-21 所示。

并联回路两支路的感抗和容抗分别为 X_L 和 X_C,当 $X_L=X_C$ 时,回路产生谐振。这时虽然两个支路的电流都很大,但回路的总电流 $I\approx 0$,X_C 上的电压等于电源电压。实际上,因回路中有电阻和铁芯的损耗,回路电流不可能完全等于零。

3. 串并联谐振法

除以上的串联谐振、并联谐振外,当试验变压器的额定电压和额定电流都不能满足试验要求时,可同时运用串并联谐振线路,通称串并联补偿法,其原理如图 3-22 所示。

图 3-22 中,使 L_2 对 C_x 欠补偿,即并联后仍呈容性负荷,再与 L_1 形成串联谐振,这样能同时满足试验电压和电流的要求。对要求试验电压高、电容量大的被试品,常采用

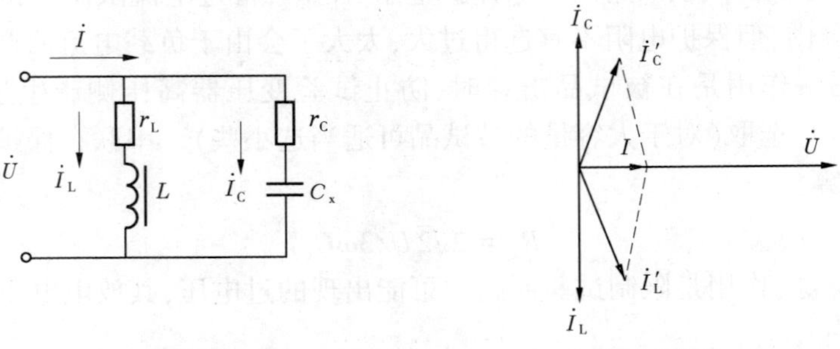

(a)接线图　　　　(b)相量图

图 3-21　并联谐振原理

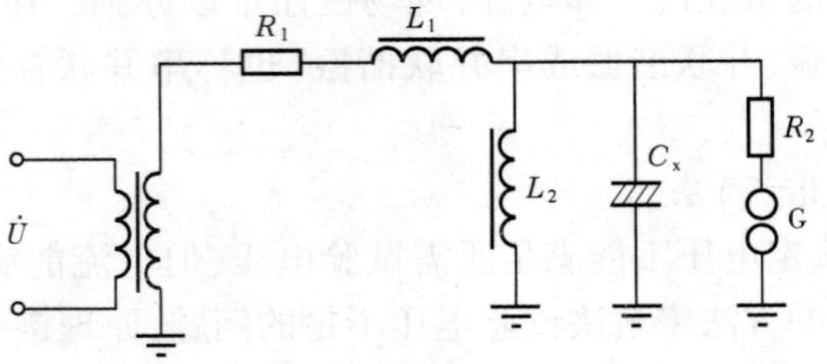

图 3-22　串并联谐振原理

图 3-22 所示接线。

在上述采用串联谐振、并联谐振和串并联谐振法进行试验时应注意以下事项：

(1) 电源电压和频率要求稳定，避免用电阻器调压；

(2) 回路电阻 R_1 要有足够的热容量，并保持稳定；

(3) 试验电压直接在被试品两端测量；

(4) 电感线圈应满足电流和绝缘强度的要求；

(5) 对于并联谐振，当被试品击穿，谐振停止时，试验变压器有过流的可能，因此要求过流速断保护可靠动作；

(6) 对于串联谐振，当被试品击穿时，回路中的电流减小、电压降低，所以，除了正常的过流保护措施，还应有欠压保护措施。

(三) 调压设备

调压器应能从零开始平滑地调节电压，以满足试验所需要的任意电压。调压器的输出波形应尽可能地接近正弦波，容量也应满足试验变压器的要求，通常与试验变压器容量相同。如试验变压器工作时间较短，调压器的容量可略小些。常用的调压器有自耦调压器、移卷调压器等。

1. 自耦调压器

自耦调压器的应用广泛，它具有体积小、质量轻、效率高、波形好等优点。自耦调压器是用移动碳刷接触调压的，所以容量受到限制，适用于小容量调压。

2. 移卷调压器

移卷调压器是通过移动一个可活动的线圈来调压的，移卷调压器的调压范围宽，并与试验变压器配套,电压可达 10 kV。主要缺点是效率低、空载电流大,在低电压和接近额定电压下使用,波形容易畸变。

(四)试验电压的测量

1. 在试验变压器低压侧测量

对于一般瓷质绝缘、断路器、绝缘工具等,可测取试验变压器低压侧的电压,再通过变比换算至高压侧电压,适用于负荷容量比电源容量小得多、测量准确度要求不高的情况。

2. 用电压互感器测量

将电压互感器的原边并接在被试品的两端,在电压互感器的副边测量电压,根据测得的电压和电压互感器的变压比计算出高压侧的电压。为保证测量的准确度,电压互感器的精度等级应不低于 1 级,电压表不低于 0.5 级。

3. 用高压静电电压表测量

用高压静电电压表测量工频高压的有效值,将高压静电电压表接于被试设备的两端,可直接读出加于被试设备上的高压。这种方法比较简单、准确,缺点是测量时易受电磁场和风的影响,故一般被用于实验室测量。

4. 用电容分压器测量

用电容分压器测量高压是目前现场经常采用的方法,分压器结构简单、携带方便,准确度也比较高。现场常用的还有阻容分压器,接入并联电阻后使测量系统有良好的升降特性。

(五)试验分析

对于绝缘良好的被试品,在交流耐压中不应击穿,是否击穿可根据下述现象来分析。

(1)根据试验回路接入表计的指示进行分析。一般情况下,电流表突然上升,说明被试品已击穿。但当被试品的容抗 X_C 与试验变压器的漏抗 X_L 之比等于 2 时,虽然被试品已击穿,但电流表的指示不变(因为回路电抗 $X=|X_C-X_L|$,所以当被试品短路 $X_C=0$ 时,回路中仍有 X_L 存在,与被试品击穿前的电抗值是相等的,故电流表的指示不会发生变化);当 X_C 与 X_L 的比值小于 2 时,被试品击穿后,试验回路的电抗增大,电流表指示反而下降。通常 $X_C \gg X_L$,不会出现上述情况,只有在被试品电容量很大或试验变压器容量不够时,才有可能发生。此时,应以接在高压端测量被试品上的电压的电压表来判断,被试品击穿时,电压表指示明显下降。低压侧电压表的指示也会有所下降。

(2)根据被试品的状况进行分析。被试品发出击穿响声(或断续放电声)、冒烟、出气、焦臭、闪弧、燃烧等,都是不容许的,应查明原因。这些现象如果确定是绝缘部分出现的,则认为是被试品存在缺陷或击穿。

(六)注意事项

被试品为有机绝缘材料时,试验后应立即触摸,如出现普遍或局部发热,则认为绝缘不良,应及时处理,然后再做试验;对夹层绝缘或有机绝缘材料的设备,如果耐压试验后的绝缘电阻比耐压前下降 30%,则认为该试品不合格。

在试验过程中,若由于空气湿度、温度、表面脏污等影响,引起被试品表面滑闪放电或空气放电,不应认为被试品不合格,须经清洁、干燥处理后,再进行试验。

升压必须从零开始,不可冲击合闸。升压速度在 40%试验电压以内可不受限制,其后应均匀升压,速度约为每秒3%的试验电压。耐压试验前后均应测量被试品的绝缘电阻。

第八节　直流耐压试验

直流耐压试验也称为直流高电压试验。它是对被试品施加很高的直流电压以考核其绝缘性能的十分有效的试验方法。对于大容量的交流设备,如长电缆段、发电机、电力电容器等,用工频交流高电压进行绝缘试验时会出现很大的电容电流,因而要求试验装置具有很大的容量很难满足,这时用直流高电压试验来代替工频高电压试验;直流高电压输电工程的增多促进了直流高电压试验的广泛应用。另外,直流高电压试验在其他科学技术领域也广泛应用,如静电技术、高能物理及其他需要的场合。

一、直流高电压的产生

直流电压是指单极性(正或负)的持续电压,它的幅值用算术平均值表示。通常在所需电压不高时可将工频高电压经高压整流器整流而变换成直流高电压;而所需电压较高时,则利用倍压整流原理制成的串级直流高压发生器产生出直流试验电压。下面主要介绍利用倍压整流原理制成的串级直流高压发生器。

(一)高压半波整流原理

高压半波整流是将交流高压试验变压器产生的工频高压通过半波整流设备来产生直流高压。半波整流是高压直流装置中必不可少的基本单元。图3-23所示为半波整流回路。高压半波整流相对于电子线路中的半波整流电路而言多出一个限流电阻,用来限制回路电流不超过整流元件和试验变压器的高压侧的电流容许值。

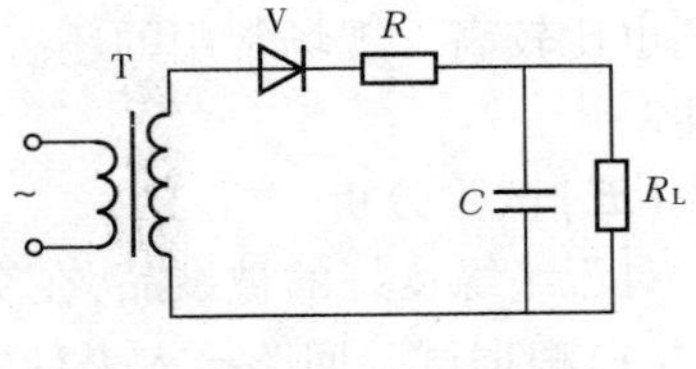

T—高压试验变压器;V—高压整流器;C—滤波电容器;R—限流保护电阻;R_L—负载电阻

图3-23　半波整流回路

高压半波整流电路的主要技术参数如下:

(1)额定输出电压,表征的是脉动波形的最大值和最小值的算术平均值,波形如图3-24所示。

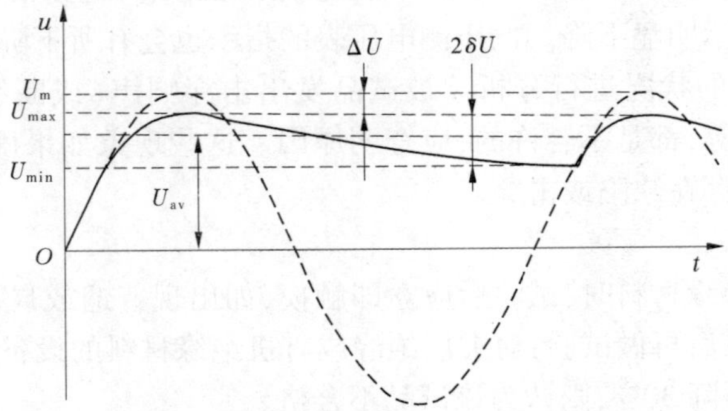

图3-24　半波整流回路有负载时的输出电压波形

其值为

$$U_{av} = \frac{U_{max} + U_{min}}{2} \tag{3-45}$$

（2）额定电流，是通过整流器的正向电流在一个周期内的平均值。

$$I_{av} = \frac{U_{av}}{R_L} \tag{3-46}$$

（3）电压脉动系数，也称波纹系数，可表示为

$$S = \frac{\delta U}{U_{av}} \tag{3-47}$$

其中

$$\delta U = \frac{U_{max} - U_{min}}{2} \tag{3-48}$$

或者为

$$\delta U = \frac{U_{av}}{2fCR_L} \tag{3-49}$$

可见，负载电阻越小，脉动越大，而增大滤波电容或提高频率都有助于减小脉动。IEC 标准和国家标准规定，电压脉动系数不大于 3%。

（二）倍压整流回路

利用半波整流或全波整流回路能够获得的最高直流电压仅仅等于交流电源电压的幅值，有时不能满足要求，而采用倍压整流回路却可以在不改变电源的情况下获得更高电压的直流。图 3-25 所示是 3 种倍压整流回路。

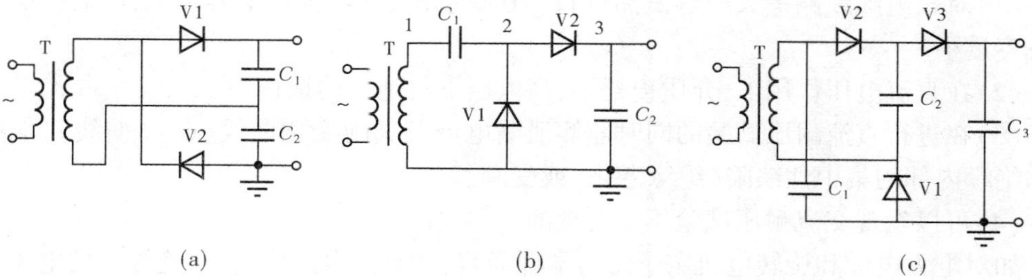

图 3-25　3 种倍压整流回路

图 3-25（a）、（b）所示电路可获得等于 $2U_m$ 的直流电压，而图 3-25（c）所示电路可以获得等于 $3U_m$ 的直流电压。

（三）串级直流高压发生器

利用图 3-25（b）中的倍压整流电路作为基本单元，多级串联起来即可组成一台串级直流高压发生器，如图 3-26 所示。

如果所串的级数为 N，则空载时可获得 $2NU_m$ 的直流电压。通过分析计算，串级直流高压发生器接上负载时的电压脉动为

$$\delta U = \frac{(N^2 + N)I_{av}}{4fC} \tag{3-50}$$

最大输出电压平均值为

$$U_m = 2NU_m - \frac{I_{av}}{6fC}(4N^3 + 3N^2 + 2N) \quad (3\text{-}51)$$

平均电压降落为

$$\Delta U_{av} = \frac{I_{av}}{6fC}(4N^3 + 3N^2 + 2N) \quad (3\text{-}52)$$

脉动系数为

$$S = \frac{\delta U}{U_{av}} = \frac{(N^2 + N)I_{av}}{4fCU_{av}} \quad (3\text{-}53)$$

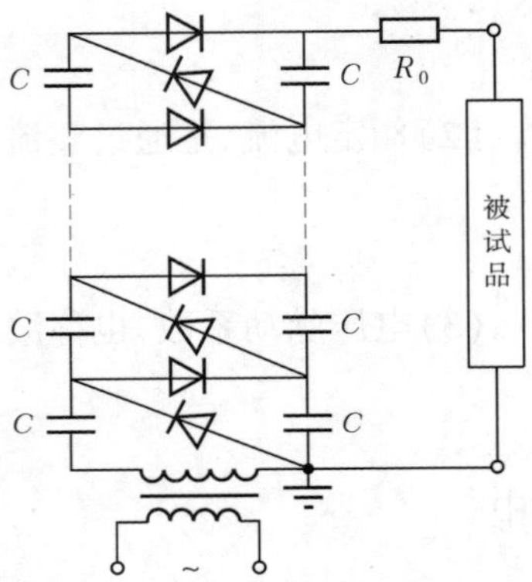

图 3-26 串级直流高压发生器原理

采用上述串级电路时需要注意：

实际试验时，如果被试品击穿，除回路中的右边电容柱经 R_0 对已击穿的被试品放电外，左边电容柱也将经 R_0 对已击穿的被试品放电。因而要求 R_0 足够大，其值为 $R_0 = \frac{(0.001 \sim 0.01)U_{av}}{I_{av}}$；串接级数增加时，电压脉动、脉动系数及电压降落也增大，因此可以提高每级电容工作电压或提高电源频率，增大电容量可有效减小电压脉动。

二、直流耐压试验的适用范围及特点

直流耐压试验的试验对象主要是一些高压大容量的交流电气设备，如油纸绝缘电力电缆、电力电容器、旋转电机、变压器绕组等，试验接线等同于泄漏电流试验。与交流耐压试验比较，直流耐压试验的特点如下：

(1) 对长电缆线路等大电容试品进行耐压试验时，不需提供电容电流，因而所需试验设备容量小。

(2) 在直流电压作用下，介质损耗小，高电压下对绝缘的损伤小。

(3) 在进行直流耐压试验的同时监测泄漏电流及其他变化曲线（$U \sim I$ 曲线），能有效显示绝缘内部的集中性缺陷（绝缘老化）或受潮。

(4) 可以发现交流耐压试验不易发现的一些缺陷。

如对电力电缆和旋转电机定子绕组端部而言，在直流电压作用下，绝缘中的电压按电阻分布，当绝缘有局部缺陷时，大部分试验电压将加在与缺陷串联的未损坏的绝缘上，使缺陷更易于暴露。一般来说，直流耐压试验对检查绝缘中的气泡、机械损耗等局部缺陷比较有效。同时直流击穿强度与所加电压极性有关，试验时一般接负极性高压。有文献表明，如果接正极性高压，其击穿电压较接负极性高压高 10%左右，而且在电场作用下，绝缘中的水分将移向正极性高压，使缺陷不易被发现。

(5) 在直流电压下的击穿多为电击穿，电缆直流击穿电压与作用时间关系不大，将电压作用时间自数秒增加至数小时，电缆的抗电击强度仅减小 8%～15%，电缆的电击穿一般在加压最初的 2 min 内发生，故电缆直流耐压的时间一般规定为 5 min。

三、直流耐压试验注意事项

直流耐压及泄漏电流试验是用来检查设备的绝缘缺陷的试验。当试验电压加至规定电压值时，保持规定的时间后，如试品无破坏性放电，微安表指针没有突然向增大方向摆动，则可以认为直流耐压试验合格。泄漏电流的数值不仅和绝缘的性质、状态有关，而且和绝缘的结构、设备的容量、环境温度及湿度、设备的脏污程度等有关。因此，不能仅从泄漏电流绝对值的大小来泛泛地判断绝缘是否良好，重要的是，观察其温度特性、时间特性、电压特性以及与历年试验结果比较，与同型号设备互相比较，同一设备相间比较来进行综合判断。当出现下列情况时，应引起注意：

（1）泄漏电流过大或过小均属不正常现象。电流过大应检查试验回路设备状况和屏蔽是否良好，消除客观因素的影响；电流过小则应先检查接线是否正确，微安表回路是否正常。

（2）测试中若发生微安表指针来回摆动，且摆动幅度比较小，则可能有交流分量流过，应检查微安表的保护回路和滤波电容；若指针发生周期性摆动，且幅度比较大，则可能试品绝缘不良，发生周期性放电，应查明原因。

（3）若试验过程中，指针向减小方向摆动，可能是电源不稳引起波动；若指针向增大方向突然摆动，则可能是被试品或试验回路闪络。

（4）若读数随时间逐渐上升，则可能是绝缘老化。

第九节　冲击电压试验

在电力系统中运行的高压电气设备，除承受长期的工作电压作用外，还可能经受过电压的作用，如雷电和操作过电压。冲击电压试验就是用来研究或检验高压电气设备在运行中遭受雷电过电压和操作过电压的作用时的绝缘性能或保护性能的。规程规定，高压电气设备在出厂试验、型式试验时或大修后都必须进行冲击电压试验。

许多高压实验室中都装设了冲击电压发生器，用来产生试验用的雷电冲击电压波和操作冲击电压波。无论是雷电冲击电压波还是操作冲击电压波，都是双指数函数波，并且电气设备的绝缘性能与波形密切相关，为便于比较试验结果和研究设备的绝缘强度，IEC标准和国家标准都对冲击电压波形做出了明确的规定。

一、冲击电压发生器

（一）单级冲击电压发生器基本回路

标准雷电冲击全波采用的是非周期性双指数波，可用解析式表示为

$$u(t)=A(e^{-\frac{t}{\tau_1}}-e^{-\frac{t}{\tau_2}}) \tag{3-54}$$

式中　τ_1——波尾时间常数；

τ_2——波前时间常数。

波形图如图 3-27 所示。这一波形实际上是由两个指数函数波形叠加而成的。

实际冲击电压发生器采用图 3-28 所示的回路。其中，R_{11} 为阻尼电阻，主要用来阻止回路中的寄生振荡；R_{12} 为波前电阻，专门调节波前时间；R_2 和 C_1 决定波长时间，称为波长电阻和主电容。这种回路的效率可近似表示为

$$\eta = \frac{C_1}{C_1 + C_2} \times \frac{R_2}{R_{11} + R_2} \tag{3-55}$$

实际的冲击电压发生器中，C_1 的电压是由高压整流电源充电得到的，其电压受到高压硅堆和电容器额定电压的限制，所以单级冲击电压发生器能产生的最高电压为 200~300 kV。

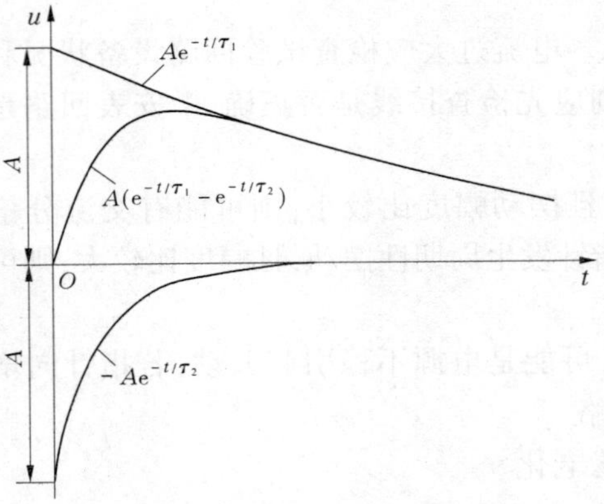

图 3-27 双指数函数冲击电压波

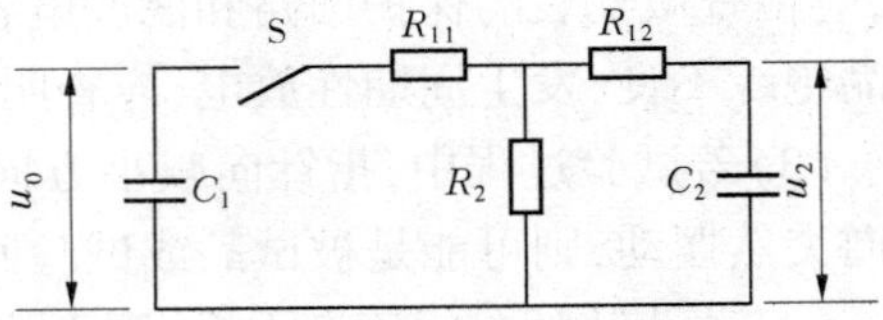

图 3-28 冲击电压发生器常用回路

(二) 多级冲击电压发生器的基本回路及工作原理

利用前述回路可以得到标准的全压冲击波，但冲击电压的幅值有限，一般而言，单级冲击电压发生器能产生的最高电压一般不超过 200~300 kV。但冲击电压试验所需的冲击高压要达数兆伏，单靠单级冲击电压发生器所得电压不能满足要求，因而采用多级叠加的方法来产生波形和幅值都能满足需要的冲击高电压波。

多级冲击电压发生器原理接线图如图 3-29 所示。它的基本工作原理可概括为并联充电，串联放电。具体充放电过程描述如下。

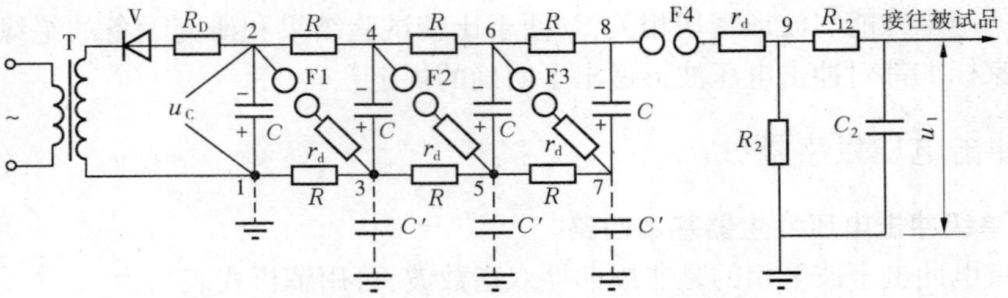

图 3-29 多级冲击电压发生器的原理接线图

充电过程。首先调整各级球隙的间距，使 F1 的放电电压略大于 U_C，球隙 F2、F3 的间距都略大于 F1 的间距，然后升高充电电压到 u_C，对各级电容器 C(主电容)充电。如果忽略各级电容器 C 的泄漏电流，并且充电时间足够长，各级电容器 C 皆可充电到电压 u_C。此时，2、4、6、8 点的对地电位均为 $-u_C$，而 1、3、5、7 点均为地电位。并联充电的等值电路如图 3-30 所示。按图中整流器的接法，所得到的电压将为负极性。若要改变极性，只需调换 V 的接法即可。充电电阻 R 在充电过程中没有作用，可以取为零，但在放电过程中，

R 应足够大才能视其为开路。

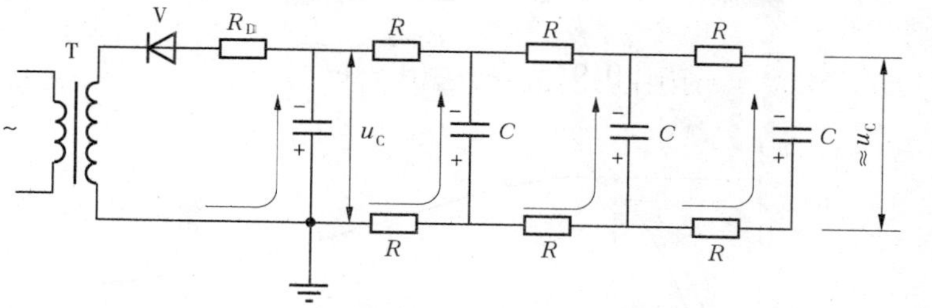

图 3-30　冲击电压发生器充电过程等值电路

放电过程。一旦第一对球隙 F1 被击穿(称为点火球隙),各级球隙将迅速依次击穿,各级电容器被串联起来,发生器立即由充电状态转化为放电过程。这时,由于充电电阻 R 足够大,在瞬时放电过程中,可近似地看作开路,因而可得出如图 3-31 所示的放电过程等值电路。

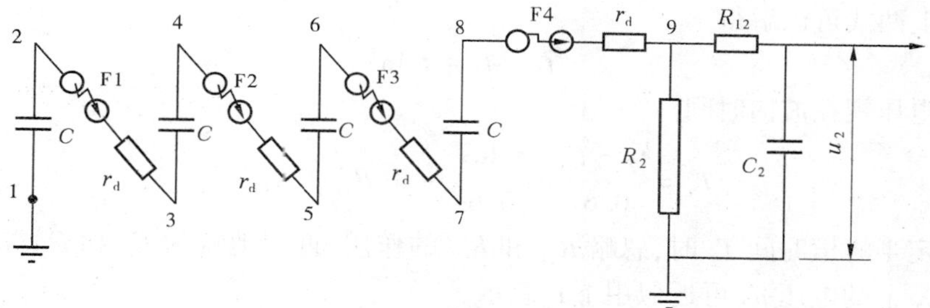

图 3-31　冲击电压发生器放电过程等值电路

在多级冲击电压发生器中,球隙起着将各级电容器从并联充电自动转换成串联放电的作用。因而冲击电压发生器有两种启动方式:

(1)自启动方式:只要将点火球隙 F1 的极间距离调节到使其击穿电压等于所需的充电电压 U_C,当 F1 上的电压上升到等于 u_C 时,F1 即自行击穿,启动整套装置。

(2)它启动方式:使各级电容器充电到一个略低于 F1 击穿电压的水平上,处于准备动作的状态,然后利用点火装置产生一点火脉冲,送到点火球隙 F1 中的一个辅助间隙上,使之击穿,并引起 F1 的主间隙击穿,以启动整套装置。

不论采取何种方式启动,都应该保证全部球隙均能跟随 F1 的点火而同步击穿。

(三)冲击电压发生器的近似计算

下面以图 3-28 回路为基础,来分析输出电压波形与回路元件参数之间的关系。

在决定波前时间时忽略 R_2 的存在,这时 C_2 上的电压可近似表示为

$$u_2(t) \approx U_{2m}(1 - e^{-\frac{t}{\tau_2}}) \tag{3-56}$$

式中波前时间常数

$$\tau_2 \approx (R_{11} + R_{12}) \times \frac{C_1 C_2}{C_1 + C_2} \tag{3-57}$$

根据冲击视在波前时间 T_1 的定义(波形如图 3-32 所示)可知

$$0.3U_{2m} = U_{2m}(1 - e^{-\frac{t_1}{\tau_2}}) \tag{3-58}$$

$$0.9U_{2m} = U_{2m}(1 - e^{-\frac{t_2}{\tau_2}}) \tag{3-59}$$

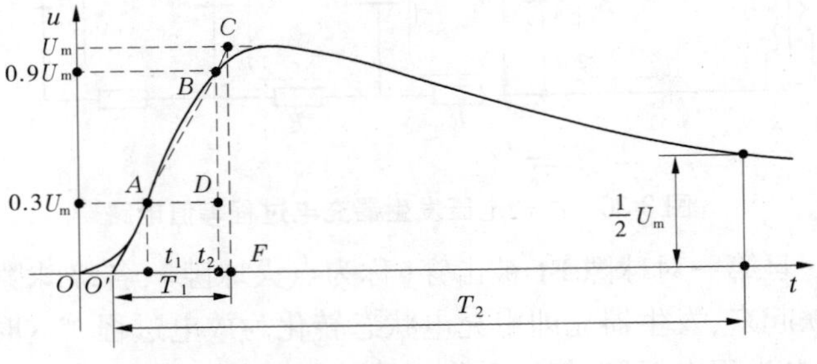

O′—视在原点；T_1—（视在）波前时间；T_2—（视在）半峰值时间

图 3-32　冲击电压波形的定义

由以上两式可以解得

$$t_2 - t_1 = \tau_2 \ln 7 \tag{3-60}$$

冲击电压视在波前时间

$$T_1 = \frac{t_2 - t_1}{0.6} = \frac{\tau_2 \ln 7}{0.6} \approx 3(R_{11} + R_{12})C_2 \tag{3-61}$$

在决定半峰值时间 T_2 时，忽略 R_{11} 和 R_{12} 的作用，近似地认为 C_1 和 C_2 并联对 R_2 放电，这时 C_2 上的电压 u_2 可近似用下式表示

$$u_2(t) \approx U_{2m} e^{-\frac{t}{\tau_1}} \tag{3-62}$$

式中波尾时间常数

$$\tau_1 \approx R_2(C_1 + C_2) \tag{3-63}$$

根据视在半峰值时间 T_2 的定义可知，当 $t = T_2$ 时，$u_2(t) = \frac{U_{2m}}{2}$，即

$$U_{2m} e^{-\frac{T_2}{\tau_1}} = \frac{U_{2m}}{2} \tag{3-64}$$

化简后可得

$$T_2 = \tau_1 \ln 2 \approx 0.7R_2(C_1 + C_2) \tag{3-65}$$

显然，利用这些关系式即可由所要求的试验电压波形（例如 1.2/50 μs）求出各个回路参数值；反之，也可由已知的回路参数求出所得的冲击电压波形。

上述计算只能作为参考，真正的波形还得依靠实测，并以其结果为依据进一步调整回路参数，直到获得所需的试验电压波形为止。

（四）雷电冲击截波试验

对于电力变压器等带有绕组的电力设备，国家标准通常还要求做雷电冲击截波试验，以模拟运行条件下因气隙或绝缘子在雷电过电压下发生击穿闪络时出现的雷电截波对绕组绝缘的作用。冲击电压发生器外接一截断间隙即可产生冲击截波，标准雷电截波是标准雷电冲击波经过 2~5 μs 截断的波形。

产生雷电冲击截波的原理：在试品上并联一个适当的截断间隙，让它在雷电冲击全波的作用下击穿，作用在试品上的就是一个截波。为了满足对截断时间的要求，必须使截断装置的放电分散性小和能准确控制截断时间。图 3-33 表示采用三电极针孔球隙和延时回路的截断装置原理图。球隙的主间隙 F 的自放电电压被整定得略高于发生器送出的全波电压，在全波电压加到截断间隙的同时，从分压器分出某一幅值的启动电压脉冲，经过延时回路 Y 再送到下球的辅助触发间隙 f 上去，f 击穿后立即引发主间隙 F 的击穿而形成截波。延时回路可采用延时电缆段，调节电缆的长度即可调节主间隙击穿时刻和冲击全波的截断时间。但采用电缆线来进行延时，既不方便又不经济，用晶体管电子线路延时代替电缆线延时，延时时间可任意调整，既节约空间又节约资源。

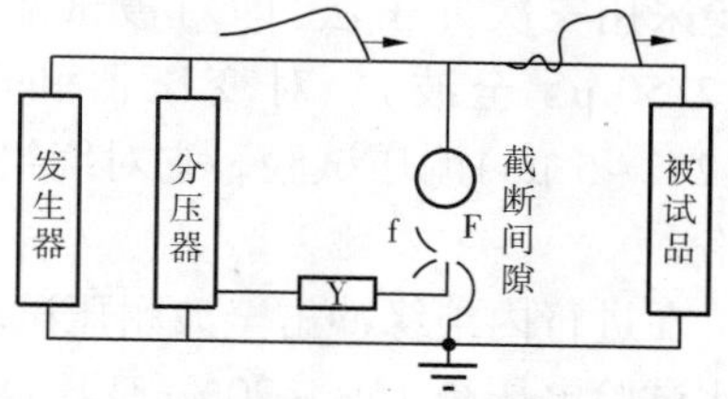

图 3-33　具有延时回路的截断装置

二、操作冲击试验电压的产生

国家标准规定，额定电压大于 220 kV 的超高压电气设备在出厂试验、型式试验中，不能像 220 kV 及以下的高压电气设备那样，以工频耐压试验来等效取代操作冲击耐压试验。操作冲击耐压试验所用的标准操作冲击电压波形及其产生方法可分为两类。

（一）利用冲击电压发生器产生操作冲击电压波

国家标准规定的波形为 250/2 500 μs，波形如图 3-32 所示。在做气隙的操作波试验时，特别采用这一波形，因为此波形下气隙的电气强度最低。原理上与产生雷电冲击波完全相同。但由于波前时间和波尾时间都显著增长了，因此在选择发生器的电路形式和元件参数时，应注意以下两个问题：

（1）为拉长波前时间，又使发生器的利用系数降低不是很多，需采用高效率回路。

（2）计算操作波回路参数时，不能用前面介绍的雷电波时的近似计算法来计算操作波回路参数；要考虑充电电阻 R 对波形和发生器效率的影响。

（二）利用变压器产生操作冲击电压波

在现场对电力变压器进行操作波耐压试验时，可利用被试变压器本身产生操作冲击波，既简单又方便；在高压实验室也可利用试验变压器产生操作冲击波。图 3-34 所示是 IEC 所推荐的一种操作波发生装置，即利用冲击电压发生器对变压器的低压绕组放电，在变压器的高压绕组感应出幅值很高的操作冲击电压波。具体可通过调节 R_1 和 C，并根据所需试验电压提高充电电压 U_0 获得幅值很高的操作波。

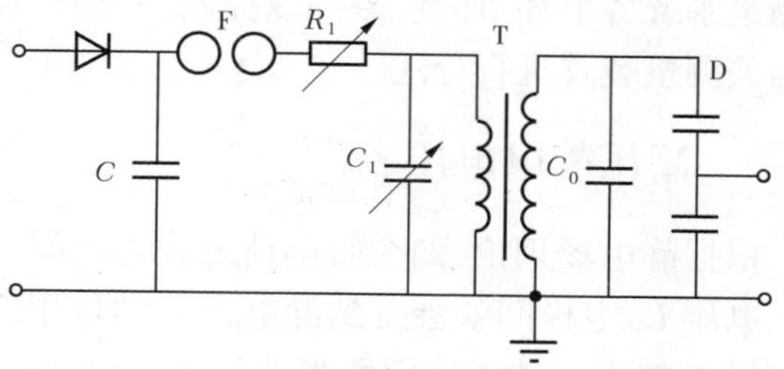

C—主电容；R_1 和 C_1—调波电阻和电容；

C_0—被试品电容；T—变压器；D—分压器

图 3-34　利用变压器的操作冲击波发生装置

三、绝缘的冲击电压试验方法

电气设备内绝缘的雷电冲击耐压试验采用三次冲击法，即对被试品施加三次正极性和三次负极性雷电冲击试验电压（1.2/50 μs 全波）。对变压器和电抗器类设备的内绝缘，还要进行雷电冲击截波（1.2/2~5 μs）耐压试验。它对绕组绝缘特别是纵绝缘的考核比雷电冲击全波试验更加严格。

在进行内绝缘冲击全波耐压试验时，应在被试品上并联球隙，并将它的放电电压整定得比试验电压高 15%~20%（变压器和电抗器类试品）或高 5%~10%（其他试品）。这是因为在冲击电压发生器调波过程中，有时会无意出现过高的冲击电压，造成被试品不必要的损伤。

进行内绝缘的冲击高压试验时，作用时间很短，以致难以发现绝缘内部的局部损伤或故障，用常规的试验方法不能揭示，目前用得最多的监测方法是拍摄变压器中性点处的电流示波图，与完好无损的同型变压器中拍摄的典型示波图以及人为制造各种故障时所拍摄的示波图作比较，以判断损伤或故障的出现甚至确定它们所在的位置。

电力系统外绝缘的冲击电压试验通常采用 15 次冲击法，即对被试品施加正、负极性冲击全波试验电压各 15 次，相邻两次的时间间隔不应少于 1 min。在每组 15 次冲击试验中，若击穿或闪络的次数不超过 2 次，即可认为该外绝缘试验合格。

内、外绝缘的操作冲击电压试验的方法与雷电冲击全波试验相同。

第十节　高电压测量技术

为了准确而有效地进行高电压试验，以完成或达到高电压试验的目的，除要有产生各种试验电压的高压设备外，还必须有能测量这些高电压的仪器和设备。

电力系统中，广泛应用电压互感器配上低电压表来测量高电压，但此法因其既不经济也不灵活，所以在实验室中用得很少。实验室条件下广泛应用高压静电电压表、峰值电压表、球隙测压器、高压分压器等仪器测量高电压。在使用这些测量方法时，依照国标和 IEC 标准，其高电压的测量误差一般应控制在±3%以内。要达到这个标准并不容易，需要对测量系统各个环节的误差加以控制，所用低压仪表的准确度至少不低于 0.5 级。以下对相关测量装置进行分述。

一、高压静电电压表

根据静电场理论，两个带电荷的物体之间存在着静电力。如果在两个特制的电极间加上电压 U，电极间就会受到静电力 F 的作用，而且 F 的大小与 U 的数值有固定关系，设法测量 F 的大小就能确定所加电压 U 的大小。利用这一原理制成的仪表即为静电电压表，它可以用来测量低电压，也可以在高压测量中应用。

若采用的是消除了边缘效应的平板电极，那么由静电场理论，易求得 F 与 U 的关系式

$$F = kU^2 \tag{3-66}$$

式中　k——与介电常数有关的系数。

由测量仪表的一般原理知道，仪表不可能反映力的瞬时值，而只能反映其平均值。为了尽可能减小极间距离和仪表体积，极间应采用均匀电场，所以高压静电电压表的电极均采用消除了边缘效应的平板电极，如图 3-35 所示，图中 1 为可动电极，与保护电极 2 相连，3 为固定电极。

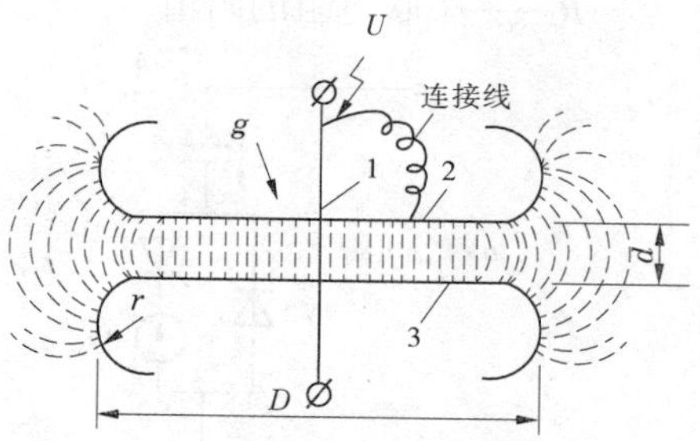

图 3-35　静电电压表极板

静电电压表的使用：在使用静电电压表测量时，如果电压是纯粹的直流，则仪表的指示就是直流电压的大小；如果是脉动的直流，则测量的数值近似于整流电压的平均值；如果是周期性变化的交流电压，则测量的是其有效值；静电电压表不能用来测量冲击电压。

静电电压表的优点：①内阻抗特别大，接入电路后不会改变被试品上的电压；②因为是平板电容，几乎不消耗能量；③能直接测量相当高的直流电压和交流电压。

静电电压表的量程与电极间的绝缘介质有关，在空气中为 50~520 kV；在 SF_6 气体中为 500~600 kV。如果要测量更高的电压，则可以与分压器配合使用。

二、峰值电压表

在有些场合只需测量高电压的峰值，如绝缘的击穿取决于电压的峰值，所以试验时只需测量其峰值，此时使用峰值电压表即可。峰值电压表可分为交流峰值电压表和冲击峰值电压表，它们常与分压器配合使用。

交流峰值电压表的工作原理可分为两类。

（一）利用整流电容电流来测量交流高压

如图 3-36 所示，当被测电压 u 随时间变化时，流过电容 C 的电流为 $i_C = C\dfrac{du}{dt}$，在 i_C 的正半波，电流经整流元件 V1 及检流计 P 流回电源。设流过 P 的电流平均值为 I_{av}，那么它与被测电压的峰值 U_m 之间的关系式为

$$U_m = \frac{I_{av}}{2Cf} \tag{3-67}$$

式中　C——电容器的电容量；

　　　f——被测电压的频率。

（二）利用电容器充电电压来测量交流电压

如图 3-37 所示，幅值为 U_m 的被测交流电压经整流器 V 使电容 C 充电到某一电压 U_C，它可以用静电电压表 PV 或用电阻 R 串联微安表 PA 测得。如用后一种方法，则被测电压的峰值为

$$U_m = \frac{U_C}{1 - \dfrac{T}{2RC}} \tag{3-68}$$

式中　T——交流电压的周期，s；

C——电容器的电容量；

R——串联电阻的阻值。

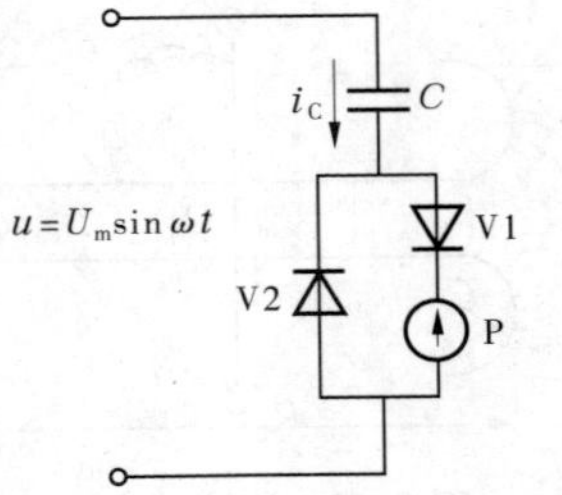

图 3-36　整流峰值表原理

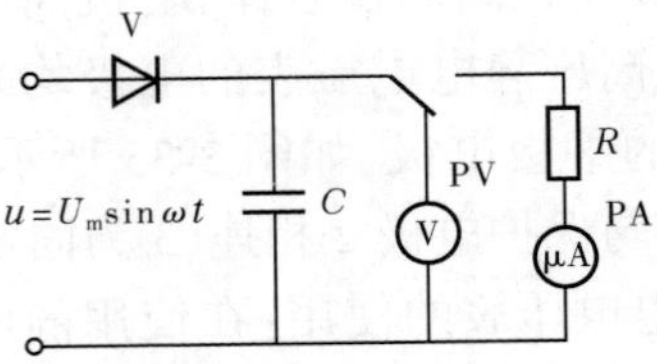

图 3-37　电容充电峰值表原理

注意事项：

(1)选用冲击峰值电压表时，要注意其响应时间是否合适于被测波形的要求，并应使其输入阻抗尽可能大。

(2)利用峰值电压表，可直接读出冲击电压的峰值，与用球隙测压器测峰值相比，可大大简化测量过程。

(3)被测电压波形必须是平滑上升的，否则就会产生误差。

(4)指示仪表可以是指针式表计，也可以是具有存储功能的数字式电压表。

三、球隙测压器

球隙测压器是唯一能直接测量高达数兆伏的各类高压峰值的测量装置，它由一对直径相同的金属球构成，测量误差为2%~3%，能满足工程测量需要。

球隙测压器的工作原理是，一定直径(D)的球隙在一定极间距离(d)时的放电(击穿)电压为一定值。

(一)球隙的优点

(1)击穿时延小，具有比较稳定的放电电压值和较高的测量精度。

(2)50%冲击放电电压与静态(交流或直流)放电电压的幅值几乎相等。

(3)不必对湿度进行校正。

(4)与平板电极相比，制作容易，省料，安装简单。

(二)球隙的放电电压

IEC综合比较了各国高压实验室所得试验数据，编制成标准球隙放电电压表(见附表1)。为了保证测量所要求的精度，IEC标准和国标对球隙的结构、布置、连接使用及球面的光洁度和曲率均有严格的要求。球隙在高压试验时的接入方式如图3-38所示。图中R_1为限流电阻，既限制流过试验装置的电流，也限制流过球隙的电流；R_2为球隙测压器的专用保护电阻。

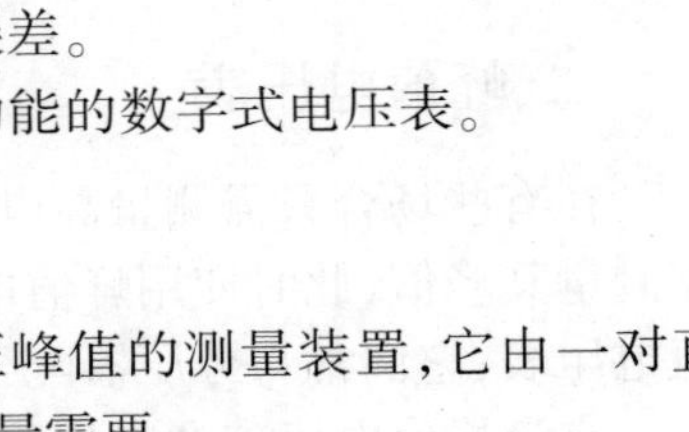

图 3-38　球隙测压器接入示意图

用球隙测量工频电压时，应取连续三次放电电压的平均值，相邻两次放电的时间间隔不应少于 1 min，以便每次放电后充分去游离，各次击穿电压与平均值的偏差不应大于 3%。

用球隙测量冲击电压时，应通过调节极距 d 来达到 50%放电概率，此时被测电压即等于球隙在这一距离时的 50%冲击放电电压。

确定 50%的放电概率常用 10 次加压法，即对球隙加上 10 次同样的冲击电压，如有 4~6 次发生了放电，即可认为已达到 50%放电概率。

(三)确定球隙或其他自恢复绝缘的 50%冲击放电电压的方法

1. 多极法

根据试验的需要或固定电压值，逐级调节球隙距离；或固定球隙距离，逐级改变所加冲击电压的幅值，得到放电概率 P 与所加电压 U(或球隙距离 d)的关系曲线，如图 3-39 所示，从而得到 $P=50\%$时的 $U_{50\%}$(或 $d_{50\%}$)

2. 升降法

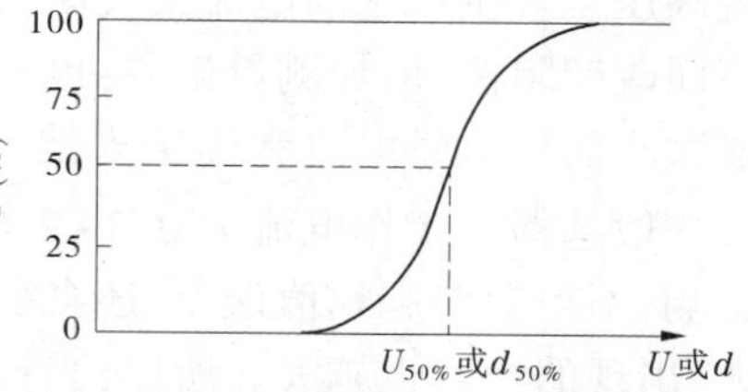

图 3-39 放电概率 P(%)与所加电压 U 或球隙距离 d 的关系

预先估计一个大致的 50%击穿电压 $U_{50\%}$，并取其值的 2%~3%作为级差 ΔU。先以 $U_{50\%}$ 作为初试电压加在气隙上，如未引起击穿，则下次施加的电压为 $U_{50\%}+\Delta U$，再试；如在 $U_{50\%}$ 下击穿，则下次施加的电压将为 $U_{50\%}-\Delta U$，再试。以此类推，每次加压都遵循这样的规律，即凡是加压未引起击穿，则下次加压比上次高 ΔU；凡是加压引起击穿，则下次加压比上次低 ΔU。反复加压 20~40 次，分别统计各级电压 U_i 的加压次数 n_i，然后按下式计算冲击电压 $U_{50\%}$

$$U_{50\%}=\frac{\sum U_i n_i}{\sum n_i} \tag{3-69}$$

式中 $\sum n_i$——加压总次数。

统计时应注意：如果第一次加压未击穿，则从后来首先引起击穿的那一次开始统计；如果第一次加压击穿，则从后来最先未引起击穿的那一次开始统计。

四、高压分压器

当被测电压很高，以致高压静电电压表、测量球隙等无法直接测量或者是需要用示波器测量电压的波形时，常采用高压分压器来分出一小部分电压，然后利用静电电压表、峰值电压表、高压脉冲示波器等来测量。

对一切分压器最重要的技术要求有：①分压比的准确度和稳定性，即幅值误差要小；②分出的电压与被测高电压波形的相似性，即波形畸变要小。

按照用途不同，分压器可分为交流高压分压器、直流高压分压器、冲击高压分压器；按照分压元件的不同，又可分为电阻分压器、电容分压器和阻容分压器。

每一个分压器均由高压臂和低压臂组成，在低压臂上得到的就是分给测量仪器的低电压 u_2，总电压 u_1 与 u_2 之比，即 u_1/u_2 称为分压比。

(一)电阻分压器

电阻分压器的高、低压臂均为电阻,如图 3-40 所示。图中的放电管 F 起保护作用。理想情况下的分压比为

$$N=\frac{R_1+R_2}{R_2} \tag{3-70}$$

高压臂电阻 R_1 应是无感电阻,其长度应能耐受最大被测电压的作用而不会发生沿面闪络。

如果测量的是直流高压,选用分压器时只能选用电阻分压器,但电阻分压器还可以测量交流高电压和冲击电压。

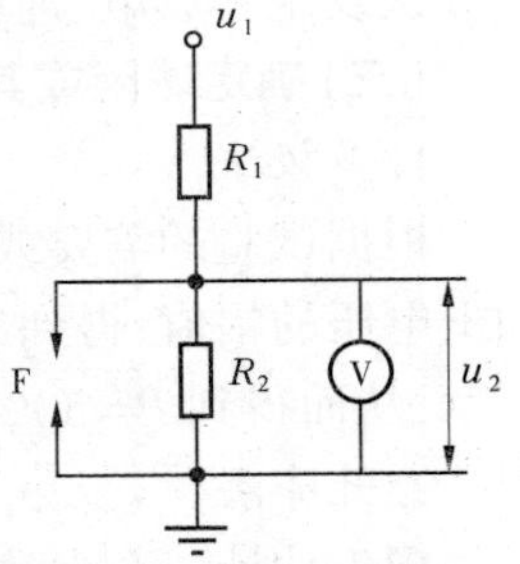

图 3-40　电阻分压器

电阻分压器的使用规范:①用于测量稳态电压(交流、直流)的电阻分压器的阻值既不能选得太小,否则会使直流高压装置和交流高压装置供给它的电流太大而引起电阻发热损耗,致使温度升高而改变阻值,增加测量误差;也不能选得太大,否则由于工作电流太小而使电晕电流和绝缘支架的泄漏电流所引起的误差变大。一般选择其工作电流为 0.5~2.0 mA。②用于测量交流高压时,由于对地杂散电容的影响,不但会引起幅值误差,还会引起相位误差。而且,电压越高、阻值越大、杂散电容越大,出现的误差也越大。所以,当被测电压高于 100 kV 时,大多采用电容分压器而不用电阻分压器。③用于测量雷电冲击电压的电阻分压器的阻值比测量稳态电压的电阻分压器小得多,因为雷电冲击电压的变化很快,对地杂散电容的不利影响要比交流电压时大得多,引起幅值误差和波形畸变。用于测量冲击电压的电阻分压器的阻值往往只有 10~20 kΩ,即使屏蔽措施完善也只能增大到 40 kΩ 左右。④在高压实验室中,分压器常与示波器配合使用,两者因安全原因由数十米高频同轴电缆连接,电阻分压器的测量回路如图 3-41 所示,同轴电缆可以避免输出波形在这段距离内受到周围电磁场的干扰。终端并联匹配电阻 R 以避免冲击波在终端处的反射。此时,低压臂的电阻变为$\frac{R_2Z}{R_2+Z}$。

(二)电容分压器

电容分压器的高、低压臂均为电容,如图 3-42 所示。分压比为

$$N=\frac{C_1+C_2}{C_1} \tag{3-71}$$

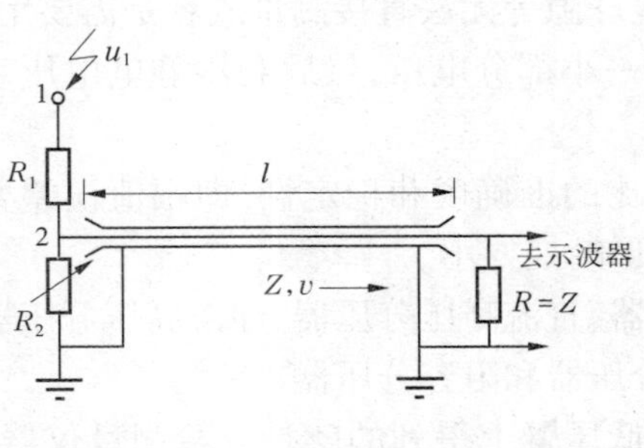

图 3-41　电阻分压器测量回路

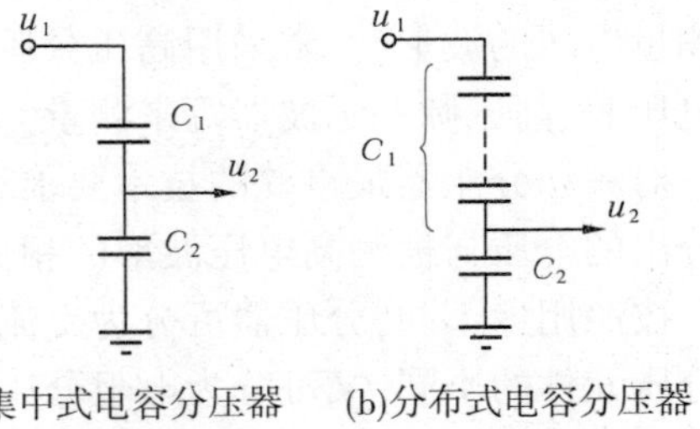

(a)集中式电容分压器　(b)分布式电容分压器

图 3-42　电容分压器

电容分压器也存在对地杂散电容，但由于分压器本身也是电容，所以杂散电容只会引起幅值误差，而不会引起波形畸变。

（三）阻容分压器

电容分压器在冲击电压作用下存在着一系列高频振荡回路，其中的电磁振荡将使分压器输出电压波形发生畸变。阻容分压器可阻尼各处的振荡。阻容分压器按阻尼电阻的接法不同，发展出两种，即串联阻容分压器和并联阻容分压器，如图 3-43 所示。

五、高压脉冲示波器和新型冲击电压数字测量系统

（一）高压脉冲示波器

高压脉冲示波器是用来测量、记录冲击波的专用仪器。"高压"二字并非指需要测量的电压很高，而是指这种示波器的加速电压很高，例如要 10～20 kV，而普通示波器的加速电压只要 2～3 kV 就够了。

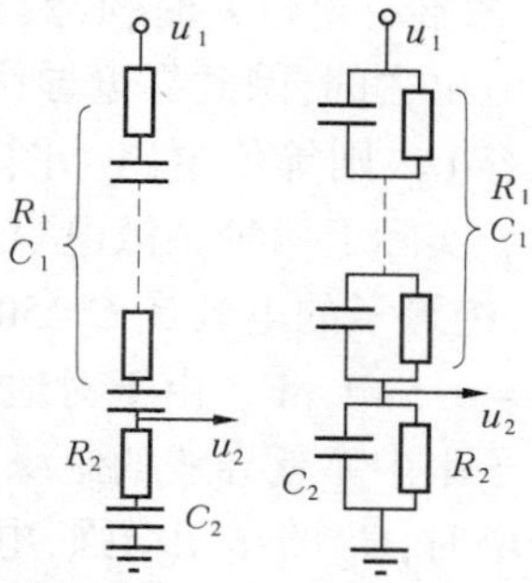

(a)串联阻容分压器　(b)并联阻容分压器

图 3-43　阻容分压器

高压脉冲示波器的基本组成包括高压示波管、电源单元、射线控制单元、扫描单元、标定单元。具有以下特点：

（1）加速电压高。

（2）射线开放时间短。

（3）各部分协同工作的要求高。

（4）扫描电压多样化。

（二）新型冲击电压数字测量系统

近年来，由于电子技术和计算机工业的迅速发展，传统的高压脉冲示波器已逐渐被新的数字测量系统代替。

高电压数字测量系统由硬件和软件两大部分组成：硬件系统包括高压分压器、数字示波器、计算机、打印机等，软件系统包括操作、信号处理、存储、显示、打印等软件，其核心部分为数字示波器、计算机、测量软件，用这些来实现被测信号的量化、采集、存储、处理、显示、打印等功能。

用来测量冲击电压的数字测量系统能对雷电冲击全波、截波及操作冲击电压波的波形和有关参数进行全面的测定，整个测量过程按预先设置的指令自动执行，测量结果可显示在屏幕上，并可存入机内或打印输出。这种测量系统的推广应用大大缩短了试验周期，提高了试验质量。

第十一节　电压分布的测量

电力线路广泛使用绝缘子，其主要作用是固定导线，使各相导线之间以及导线与地之间保持绝缘。在工作电压的作用下，沿着绝缘结构的表面会有一定的电压分布。当绝缘子表面比较清洁时，其电压分布规律取决于绝缘结构本身的电容和杂散电容；当其表面污染受潮时，电压分布规律取决于表面电导。如果绝缘子串中某一部分（一片或几片）损坏

或污染受潮，则会使绝缘电阻下降，使其表面电压分布明显改变。因而通过测量绝缘子表面上的电压分布就能发现某些绝缘子缺陷。测量电压分布最适用于那些由一系列绝缘子串组成的绝缘结构。

一、绝缘子串的电压分布

如图 3-44(a)所示，设绝缘子本身的电容为 C，只考虑对地电容 C_E 时，由图可知，当 C_E 两端有电位差时，必然有一部分电流经 C_E 流入杆塔。流过 C_E 的电流都是由绝缘子串分流出去的，因此靠近导线的绝缘子流过电流最多，电压降也最大。如果只考虑对导线的电容 C_L，则等值电路如图 3-44(b)所示。同样分析可知，靠近杆塔的绝缘子的电压降最大。实际上两种杂散电容同时存在，绝缘子串的电压分布应如图 3-44(c)所示。一般说来，绝缘子的电容量 $C=50\sim70$ pF，绝缘子对地电容 $C_E=4\sim5$ pF，绝缘子对导线的电容 $C_L=0.5\sim1$ pF。由于对地电容大于对线路电容，因而 C_E 的影响大于 C_L 的影响，所以绝缘子串中靠近导线的绝缘子的电压降最大，离导线远的绝缘子的电压降逐渐减小，当靠近杆塔时，C_L 的作用增强，电压降又有些升高。

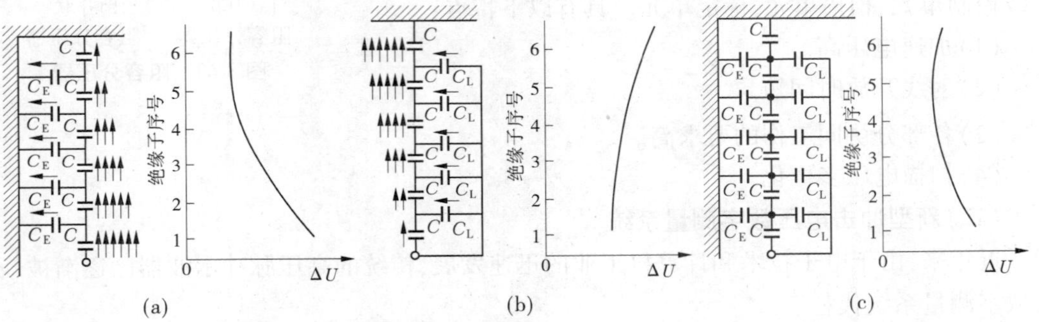

图 3-44 绝缘子串电压分布

由以上分析可知，绝缘子片数越多，电压分布越不均匀；靠近导线端第一个绝缘子电压降最高，易产生电晕放电。为使绝缘子串上的电压分布均匀一些，可在绝缘子串与导线连接处装设均压环，它能增大 C_L 值，有利于补偿 C_E 的影响，所以能有效地改善绝缘子串电压分布。

二、绝缘子串的电压分布的测量

检测劣化绝缘子必须严格按照规程规定的在绝缘子表面干燥时测量绝缘电阻。若某一片绝缘子的实测电压低于标准值的一半，可认定该片为劣化绝缘子。

近年来，高压输电线路上悬式绝缘子串检测零值绝缘子的方法有：短路叉法、火花间隙法、小球放电法、红外热像仪法、绝缘电阻法、激光多普勒振动法、电压分布法、紫外成像法和智能绝缘子检测仪法。各地最常用的是火花间隙法，俗称短路叉法，是一种定性检测方式。叉子是两根金属探针，尾部为可调间隙，检测过程中，两叉接触被测瓷瓶两端钢帽，好的瓷瓶，现象为发出"噼噼啪啪"的放电声响并产生放电火花，若有低值或零值，则声小或无声。还有一种光电式检测杆，头部由探针和塑料管组成，管内有电压转换为光脉冲的装置，中部由两节绝缘管组成，管内有光导纤维，尾部有接收光脉冲的装置，还有微安表显示。

第十二节　绝缘状况的综合判断与在线检测

一、试验项目综述

为保证电力设备的安全运行，要定期对电力设备的绝缘进行试验，以提前发现设备绝缘缺陷，及时处理事故隐患。电气设备绝缘试验分两类：耐压试验和检查性试验，通过对各试验项目结果的综合分析能及时发现设备绝缘存在的问题。

（1）测定绝缘电阻和吸收比能有效发现下列缺陷：①受潮；②两极间有穿透性的导电通道；③表面污垢。对绝缘状态做初步判断，达不到标准值，则绝缘中肯定存在某种缺陷。即使满足标准值，也不能肯定绝缘是良好的。根据试验值来判断绝缘状况时，不仅要与规定标准相比较，也要与以前的试验记录相比较，如果试验结果变化较大，K=最大值/最小值>2，则表示有以上某种绝缘缺陷存在。

（2）测定泄漏电流：实际上也就是测量绝缘电阻，由于测定泄漏电流用的直流电压较高，它可以发现兆欧表所不能发现的绝缘缺陷。

（3）测定介质损耗角正切值 $\tan\delta$ 能有效发现下列缺陷：①受潮；②穿透性导电通道；③绝缘内气泡的游离、绝缘分层、脱壳；④老化、劣化，绕组上附积油泥；⑤绝缘油脏污劣化。测 $\tan\delta$ 法对较大面积的分布性的绝缘缺陷是较灵敏和有效的。而对个别局部的非贯穿性的绝缘缺陷不是很有效。同时，在大的绝缘体中存在局部缺陷时，测总体的 $\tan\delta$ 是不易反映出这些缺陷的，全部被测绝缘体可看作是各部分绝缘体的并联，因此应尽可能地对绝缘体进行分部测试。若测得的值与历史记录有显著变化，也表示有绝缘缺陷存在。

（4）局部放电测试：该试验是测定绝缘物在不同电压下局部放电强度的规律，它能预示绝缘的状况，是估计绝缘老化速度的重要依据。用其他方法很难发现的绝缘中存在的较轻的局部缺陷，局部放电能很灵敏地指示出来。但这种绝缘测试方法抗干扰能力较差，有待进一步完善。

电力系统中有些电气设备为充油设备，如变压器、油断路器、互感器、充油电缆等，如果浸绝缘油的电气设备存在局部过热或局部放电情况，会使绝缘油和固体绝缘材料分解，产生溶于油中的一部分气体。根据油中所含分解产生的气体的成分、含量，与历史数据比较，就可以分析出故障的具体性质。

以上几种为检查性试验，又称非破坏性试验。另外，对绝缘施加在运行中可能受到的各种等值电压或更高的电压，考验绝缘耐受这类电压的能力，即为耐压试验。在绝缘缺陷发展到一定程度时，耐压试验有时会发生击穿破坏。因此，试验时应先做检查性试验，再确定做耐压试验的条件，两种试验互为补充，但不能互代。

综上所述，对电气设备绝缘做测试时，要采用合理方法，与历史记录相比较，对试验结果综合分析，得出对设备绝缘状况的正确判断，以便采取防范措施，防患于未然。

二、综合判断方法

由上可知,电气设备绝缘试验中的种种非破坏性试验项目,对于揭示绝缘介质的各种缺陷和把握其变化趋势各具功能,但也尽显其局限性。因此,不能孤立地依据某一项试验结果就判断绝缘状态的好或坏,而必须将各项试验结果联系起来进行综合分析,并结合被试品的特点和特殊要求,方能作出正确的判断。

一般说来,如果电气设备各项试验全部符合相关标准、规程的要求,则认为该设备绝缘状况良好,能投入运行。但有些项目规程往往不作具体规定,有的虽有规定,但试验结果又在合格范围内出现"异常",即测量结果合格,增值率很快。对这些情况如何作出正确判断是试验工作者非常关心的问题。一般要采取以下办法处理:

(1)与该设备技术档案中的历年试验所得数据比较:因为一般的电气设备都应定期进行试验,如果设备绝缘没有什么变化,则历次的试验结果都应当比较接近。如果有明显的差异,则说明绝缘可能有缺陷。

(2)与同类型设备试验结果相互比较:因为对同一类型的设备而言,其绝缘结构相同,在相同的运行和气候条件下,其测试结果应大致相同。若悬殊很大,则说明绝缘可能有缺陷。

(3)与同一设备的三相间的试验结果进行比较:因为同一设备各相的绝缘情况应基本一样,如果三相试验结果差异明显,则说明异常相的绝缘可能有缺陷。

三、绝缘的在线检测简介

传统的离线检测方法,无论其试验项目多么完备以及对试验数据的综合判断所显示的可靠性都不足以确认电气设备的绝缘状况良好与否,尤其是这一判断只是当前的状态,至于电气设备在线绝缘状态的确认,则传统的方法失去作用,因而提出了电气设备绝缘的在线监测课题。电气设备在运行过程中绝缘性能的好坏是决定其寿命的关键,从电气设备维修的进步和发展看,已从停电预试转入状态维修,而绝缘状态维修的基础就是电气设备绝缘在线检测与诊断技术。

预防性试验和检修是电力设备运行和维护工作中的一个重要环节,是保证电力设备安全运行的有效手段之一。多年来,电力系统运行的高压电力设备基本上都是按照原电力部颁发的《电力设备预防性试验规程》(DL/T 596—1996)的要求进行试验的,对及时发现、诊断设备缺陷起到重要作用。但随着电力系统的发展及电力用户的要求日益增高,对供电的可靠性和安全性提出了更高的要求,传统的预防性试验和检修方式愈来愈显示出许多不足。

(一)电力设备预防性试验的不足

电力系统所使用的高压电气设备,不仅在出厂前就已按照有关标准进行严格而又合理的测试及试验,而且在投运前要进行交接试验,在运行过程中也要定期离线进行预防性试验。对不同的电气设备选择相关的绝缘预防性试验项目,严格执行电力设备预防性试验规程、检修规程的检验条例,对绝缘进行考核。这种传统的方式的确发现了许多电力设备的绝缘缺陷,通过及时消除绝缘缺陷,保证了电力设备和系统的安全运行。但是,预防性试验这一定期维护体制在实践中也暴露出很多弊端。主要表现在以下几点：

（1）预防性试验无法及时、准确、及早发现绝缘隐患。预防性试验的目的之一是通过各种试验手段诊断电力设备的绝缘状况。电力设备的绝缘部分是薄弱环节，最容易被损坏或劣化。绝缘故障具有随机性、阶段性、隐蔽性。绝缘缺陷大多数发生在设备内部，从外表上不易观察到。微弱的绝缘缺陷，特别是早期性绝缘故障，对运行状态几乎没有影响，甚至预防性试验根本测试不到。受试验周期的限制，事故可能发生在 2 次预防性试验的间隔内，这就决定了定期的预防性试验无法及时、准确、及早发现绝缘隐患。

（2）预防性试验包括破坏性试验（如直流耐压、交流耐压等）和非破坏性试验（如绝缘电阻、绕组直流电阻、介质损耗等）。非破坏性试验中，一般所加的交流试验电压不超过 10 kV，这比目前的 35~220 kV 电网的运行电压低很多。在运行电压下，设备的局部缺陷已发生了局部击穿现象，而在预防性试验中仍可顺利过关，但这种局部缺陷在运行电压下却不断发展，以致在预防性试验周期内可能导致重大事故。显然，随着电压等级的升高，预防性试验的实际意义已减弱。另外，破坏性试验则可能引入新的绝缘隐患，由于试验电压都数倍于设备的额定电压，且这种高压对绝缘造成的不同程度的损伤是不可逆转的，长此以往必将缩短电力设备的使用寿命。

（3）计划性的预防性试验的重要依据是试验和检修周期。虽然对状态不佳的设备进行预防性试验是必要的，但对运行情况良好的设备按部就班进行，不仅增加设备维护费用，而且由于检修不慎或者频繁拆装反而缩短了使用寿命，降低了设备利用率。经验表明，有些初始状态和运行状态都很好的设备，经过带有一定盲目性的试验和检修后，反而破坏了原有的良好状态。

可见这种不考虑设备运行状态的定期检修，带有很大的盲目性。不仅造成了大量的人力、物力、财力的浪费，同时也增大了运行人员误操作、继电保护及开关误动作的概率。通过对近年来发生的电气事故原因的分析发现，预防性试验期间是电气责任事故多发期。

（二）状态检修是发展趋势

设备检修体制是随着科技的进步而不断演变的。状态检修是从预防性检修发展而来的更高层次的检修体制，是一种以设备状态为基础，以预测设备状态发展趋势为依据的检修方式。通过信息采集、处理、综合分析后有目的地安排检修的周期和检修的项目，“该修则修，修必修好”。它与计划检修相比，具有明显的优势，如：

（1）克服定期检修的盲目性，具有很强的针对性。根据状态的不同采取不同的处理方法，降低运行检修费用。对于状态差的设备及时安排预防性试验，对于状态好的设备可以延长检修周期，从而节省人力、物力和财力，有效地降低维护成本和检修风险。

（2）减少停运（总检修）时间，提高设备可靠性和可用系数，延长设备使用寿命，更好地贯彻“安全第一，预防为主”的方针。

（3）减少维护工作量，降低劳动强度，有利于减员增效，提高经济效益。

状态监测是状态检修的基础。实现电力设备状态检修的基础是必须了解运行设备的绝缘状态，这就需要绝缘在线监测。绝缘在线监测是一种实时监测方法，能及时反映被监测参数的变化情况或变化趋势，从而及时发现电力设备早期绝缘故障，做到防患于未然，这是预防试验难以做到的。

(三)便携式容性设备及避雷器在线检测仪介绍

1. 概述

变电站运行电气设备绝缘状况的监测,通常可采用集中式(固定)在线监测和分散式(便携)在线检测两种方式实现。

集中式在线监测方式能够随时了解反映设备绝缘异常的特征参量,便于实现自动化管理,但投资相对较大,且需要定期维护;而分散式在线检测方式具有投资少、针对性强,便于维护和更新等优点,只要预先在电气设备上安装取样保护单元,即可通过便携式带电检测仪器,对运行中电气设备进行定期检测,同样也可达到及时发现绝缘缺陷,延长停电预防性试验周期的目的,可完全替代投资较大的集中式在线监测方式。

便携式容性设备及避雷器在线检测仪,可用于带电检测容性电气设备(套管、CT、CVT、耦合电容器)的介质损耗、电容量和氧化锌避雷器的阻性电流、全电流等绝缘参数。

2. 工作原理

在线测试结果如何与现有的常规预防性试验结果对比,是目前电力部门较为关心的一个问题。运行经验及研究结果表明,测试电压的不同以及周围电磁环境的差异,虽然会导致在线测试结果与停电预防性试验结果之间缺乏对比性,但如果能够获得真实可靠的在线测试结果,仍可通过纵向或横向比较的方式判断出运行设备的绝缘状况。

便携式容性设备及避雷器在线检测仪得益于高性能的电流传感器和先进的386EX嵌入式计算机系统的采用,并妥善解决了以下几个方面的问题:

(1)采用具有异频自校功能的高精度电流传感器和先进的数字鉴相技术,较好地解决了介质损耗测试精度及其稳定性问题,可完全排除谐波干扰及环境温度变化造成的影响。

(2)增加了同相电容型设备介质损耗差值及电容量比值的检测功能,不但可避免因使用PT二次侧电压作为基准信号所导致的介质损耗测试结果失真,还有助于减弱相间电场干扰的影响程度。

(3)利用数字化处理技术实现避雷器容性电流的全补偿,降低了谐波干扰对避雷器阻性电流测试结果的影响,可准确测得阻性电流及其基波分量的峰值。

(4)借助于性能优良的传感器和先进的386EX嵌入式计算机系统,实现了一机多用功能。

检测仪的工作原理框图如图3-45所示。为保证测试安全,传统的在线检测方式大多是将传感器直接安装在运行设备的末屏接地线上。检测仪采用了内置传感器的设计结构,传感器的输入阻抗极低(穿芯),能够耐受较大的工频和雷电电流冲击。为确保现场测量方便安全,防止因测量引线损坏导致末屏或接地线开路,在用于检测运行电气设备时加装取样保护装置。取样保护装置以取样简单、保护可靠为原则,不会对设备的正常运行方式造成不良影响。由于检测仪的信号输入端阻抗极低(仅为测量引线的自身阻抗),故取样保护装置的参数变化通常不会影响测试结果的精度。

检测仪仅设置参考信号 C_n 和被测信号 C_x 两个信号输入端,测量电压信号时只需根据被测电压信号的大小,在输入端串接合适的取样电阻即可。采用这样的设计结构,不但可降低检测系统的投资,还有助于提高长期工作的稳定性,并可随时对检测精度进行校

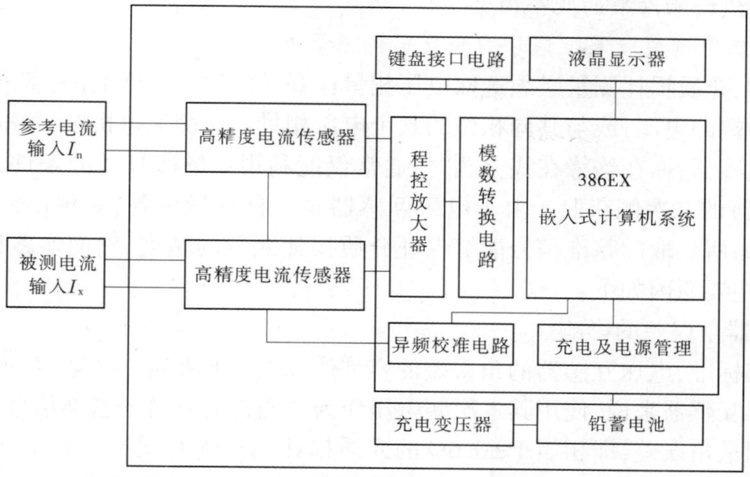

图 3-45　在线检测仪原理框图

验，对设备的运行状态也没有影响。

3. 功能及特点

(1)具备多种测试功能，既可对电容型设备的介质损耗和电容量进行在线或停电测量，又能用于氧化锌避雷器阻性电流参数的测试。

(2)内置两个高精度电流传感器，并采用了独特的异频自校技术，对传感器精度进行动态校验，故可准确检测 70 μA～650 mA 的输入信号，并能通过外部串接电阻的方式实现对电压信号的测量。

(3)电流传感器采用穿芯结构，输入阻抗极低，可耐受 10 A 工频电流的作用以及 10 kA 雷电流的冲击，满足在线检测的使用条件。

(4)提供两种介质损耗在线检测方式，既可测量两个同相电容型设备的介质损耗差值和电容量比值，又可用 PT 二次侧电压作基准信号，对设备的电容量及介质损耗值进行测量。

(5)完善的电磁屏蔽措施和先进的数字处理技术，可确保介质损耗测试结果不受谐波干扰及脉冲干扰的影响，具有高达±0.05%的绝对检测精度。

(6)提供两种阻性电流检测方式，容性电流的补偿信号既可使用 PT 二次侧电压，又可使用同相电容型设备的泄漏电流，能够准确测量 MOA 的全电流、容性电流、阻性电流及其基波与三次谐波分量等多种参数。

(7)采用先进的数字化处理技术，实现避雷器容性电流的全补偿，极大地降低了 MOA 端电压谐波分量对阻性电流峰值测试结果的影响。

(8)具有相间干扰自动补偿功能，对电场分布较为规则的“一”字形排列避雷器，可正确测得两个边相的阻性电流及其基波分量的峰值。

(9)具有完善的自我校验功能和高稳定度的电流传感器，确保测试结果准确可靠，检测精度基本不受环境温度变化(-20～40 ℃)的影响。

(10)采用便携式设计结构，操作使用极为简单，机内铅蓄电池可维持 8 h 的连续工作时间，完全满足现场使用的要求。

4. 影响在线检测结果的几个因素

1) 从PT二次侧获取基准信号的介质损耗测量方式

众所周知,介质损耗测量必须选取电压相量作基准信号。严格地讲,基准信号应该是施加在试品两端的电压,或与其同相位的某个电压相量。在交流电桥中,基准电压取自无损耗的标准电容器;而在绝缘在线检测时,通常仅能利用现场所具备的条件,从电压互感器(PT或CVT)的二次侧获取。由于电压互感器是一种计量设备,对角误差有严格的标准,故一般认为所获取的基准信号能够保证介质损耗测量的精度,然而实践证明,这种观点是错误的,主要原因如下:

(1)互感器角误差的影响。

根据国家标准,电压互感器的角误差的容许值如表3-1所列。可见,对于目前绝大多数0.5级电压互感器来说,使用其二次侧电压作为介质损耗测量的基准信号,本身就可能造成±20′的测量角误差,即相当于±0.6%的介质损耗测量绝对误差。而正常电容型设备的介质损耗通常较小,仅为0.2%~0.6%,显然这会严重影响检测结果的真实性。

表3-6 电压互感器角误差容许值

精度等级	角误差	一次电压和二次负荷变化范围
0.5	±20′	$U_1=(0.85\sim1.15)U_{1e}$ $S_2=(0.25\sim1)S_{2e}$
1.0	±40′	

注:U_{1e} 为一次额定电压;S_{2e} 为二次额定负荷。

(2)PT二次负荷变化的影响。

电压互感器的测量精度与其二次负荷的大小有关,如果PT二次负荷不变,则角误差基本固定不变。目前,国内绝大多数母线PT二次侧为两个线圈,其中一个0.5级的线圈供继电保护和测量仪表使用,另一个1.0级线圈供开口三角形使用。由于介质损耗测量时基准信号的获取只能与继电保护和仪表共用一个线圈,且该线圈的二次负荷主要由继电保护决定,故随着变电站运行方式的不同,所投入使用的继电保护会作出相应变化,因此PT的二次负荷通常是不固定的,这必然会导致其角误差改变,从而影响介质损耗测试结果的稳定性。

(3)接地点的影响。

根据继电保护规程要求,PT二次侧只能有一个接地点,通常是在户内保护盘处一点接地。绝缘在线检测的接地点通常在户外,而基准信号的接地点又在户内,尽管它们共用一个地网,但受接地电流的影响,这两个接地点之间的电位不会完全相同,且通常是不稳定的。此时,如果不改变PT二次侧的接地方式,很难获得稳定的介质损耗测量结果。

2) 结合滤波器对耦合电容器介质损耗测量的影响

耦合电容器(OY)的末端小套管通常带有结合滤波器,供通信载波或保护系统使用。当对耦合电容器进行在线检测时,建议在耦合电容器与结合滤波器之间连接专用的信号取样保护单元。

3) 环境湿度及外绝缘污秽程度的影响

在潮湿或污秽严重的情况下,避雷器外绝缘(磁套)表面的泄漏电流将显著增大,由于其通常呈阻性成分，故会严重影响 MOA 阻性电流的测试结果。电容型设备介质损耗参数的检测，通常受环境湿度及磁套表面污秽程度的影响较小，但如果抽样小套管绝缘受潮，因分流作用，同样也会导致介质损耗测试结果失真。因此，在线检测工作必须在磁套表面干燥清洁时进行，最好选择雨过天晴后的一段时间，并同时记录下测量时的环境温度、相对湿度及变电站运行方式，以便对测试结果进行纵向对比。

4）变电站电场干扰对测试结果的影响

变电站内的运行电气设备除了要承受自身工作电压的作用，还会受相邻的其他电气设备产生的电场的影响。如果被测电气设备的电容量较小且设备的运行电压较高，则介质损耗或阻性电流测试结果将会受到严重影响。对于呈"一"字形排列的电气设备，通常的表现方式是 A 相测试结果偏大，B 相适中，C 相测试结果偏小。如果变电站的运行方式不变，则电场干扰对测试结果的影响也是较为固定的。因此，前后两次的在线测试工作最好在同一种运行方式下进行，以便对测试结果进行纵向比较。

对于电容型设备的介质损耗测量，停电试验时所施加的电压通常远远低于设备的实际运行电压，故要求在线测试结果与停电试验结果完全一致同样也是不现实的，特别是对 500 kV 变电站内的电气设备。

变电站的运行方式改变也会对电容型设备的介质损耗测量数据造成影响，例如设备处于热备用状态时，高压断路器打开，但隔离开关仍然闭合，此时的线路 CT 会承受来自另外一个系统的电压作用，从而导致介质损耗测量结果出现三相同时变大或减小的异常现象。

总之，导致在线检测结果失真的原因是多方面的，除与测试仪器、测试方法有关外，还与现场条件及环境有关。尽管检测仪能较好地解决谐波对介质损耗及阻性电流测试结果的影响，仪器的检测精度及稳定性也能得到保证，但如果要求在线测试结果能够与停电试验时的结果完全可比，目前尚有一定的技术难度。然而，运行经验及研究结果表明，测试电压的不同以及周围电磁环境的差异，尽管会导致在线测试结果与停电预防性试验结果之间缺乏对比性，但如果能够获得真实可靠的在线测试结果，仍可通过纵向或横向比较的方式判断出运行设备的绝缘状况。

习　题

一、填空题

1. 根据绝缘特征诊断规则的不同，可将诊断方法分为__________、__________、__________。

2. 当绝缘良好时，稳定的绝缘电阻值________，吸收过程相对________；绝缘不良或受潮时，稳定的绝缘电阻值________，吸收过程相对________。

3. 测量泄漏电流的方法有________和________。其中________测量泄漏电流更好，因为________________。

4. 目前实用的局部放电测量的方法，使用得最多的是________、________、

________。

5. 在局部放电测量中，Δq 称为________，是指________。

6. 用阻抗法进行局部放电测量，阻抗 Z 的位置很重要，根据 Z 位置不同，可以分为________和________。如果试样电容很大的话，这里应该使用________，因为________。

7. 在对电力设备绝缘进行高电压耐压试验时，所采用的电压波形有________、________、________、________。

8. 交流高电压试验设备主要是指________。

9. 试验变压器的体积和质量都随其额定电压值的增加而急剧增加，试验变压器的额定容量 P_n 应按________来选择。

10. 在电压很高时，常采用几个变压器串联的方法，几台试验变压器串联的意思是________。如果串级数为 n，串级变压器整套设备的装置总容量 W 为________。随着串级数的增加，装置的利用率明显下降，一般串级数 $n \leq$________。

11. 串级数为 4 级的串级试验变压器的利用率 η 为________。

12. 试验变压器容性试品上的电压的升高，称为________现象。

13. 利用高压试验变压器产生操作冲击波，而不用冲击电压发生器来产生冲击波，是因为________。

14. 电力系统外绝缘的冲击高压试验通常可以采用 15 次冲击法，即是________。

15. 用高压静电电压表测量稳态高电压的优点是________；缺点是________。

16. 冲击电压发生器的原理是________。

17. 在冲击电压发生器的等效电路中，若考虑回路电感效应，获得非振荡冲击波的条件是________。

18. 冲击电流的试验设备的功用是________。

19. 测量冲击大电流的仪器有________和________。

20. 实验室测量冲击高电压的方法有________。

21. 影响球隙测量电压的可靠性的因素有________和________。

22. 常用的冲击电压分压器有________。

23. 为了补偿分压器的对地电容，在分压器的高压端安装一个圆伞形________。

二、选择题

1. 下面的选项中，非破坏性试验包括________，破坏性试验包括________。

A. 绝缘电阻试验　　B. 交流耐压试验　　C. 直流耐压试验

D. 局部放电试验　　E. 绝缘油的气相色谱分析　　F. 操作冲击耐压试验

G. 介质损耗角正切试验　　H. 雷电冲击耐压试验

2. 用铜球间隙测量高电压，需满足________才能保证国家标准规定的测量不确定度。

A. 铜球距离与铜球直径之比不大于 0.5

B. 结构和使用条件必须符合 IEC 的规定

C. 需进行气压和温度的校正

D. 应去除灰尘和纤维的影响

3. 交流峰值电压表的类型有________。

A. 电容电流整流测量电压峰值

B. 整流的充电电压测量电压峰值

C. 有源数字式峰值电压表

D. 无源数字式峰值电压表

4. 关于以下对测量不确定度的要求，说法正确的是________。

A. 对交流电压的测量，有效值的总不确定度应在±3%范围内

B. 对直流电压的测量，一般要求测量系统测量试验电压算术平均值的总不确定度应不超过±4%

C. 测量直流电压的纹波幅值时，要求其总不确定度不超过±8%

D. 测量直流电压的纹波幅值时，要求其总不确定度不超过±2%的直流电压平均值

5. 构成冲击电压发生器基本回路的元件有冲击电容 C_1、负荷电容 C_2、波头电阻 R_1 和波尾电阻 R_2，为了获得一很快由零上升到峰值然后较慢下降的冲击电压，应使________。

A. $C_1 \gg C_2$、$R_1 \gg R_2$　　B. $C_1 \gg C_2$、$R_1 \ll R_2$

C. $C_1 \ll C_2$、$R_1 \gg R_2$　　D. $C_1 \ll C_2$、$R_1 \ll R_2$

6. 用球隙测量交直流电压时，关于串接保护电阻的说法，下面________是对的。

A. 球隙必须串有很大阻值的保护电阻

B. 串接电阻越大越好

C. 一般规定串联的电阻不超过 500 Ω

D. 冲击放电时间很短，不需要保护球面。

7. 标准规定的认可的冲击电压测量系统的要求是________。

A. 测量冲击全波峰值的总不确定度为±5%范围内

B. 当截断时间 0.5 μs≤T_c<2 μs 时，测量冲击截波的总不确定度在±5%范围内

C. 当截断时间 T_c≥2 μs 时，测量冲击电压截波的总不确定度在±4%范围内

D. 测量冲击波形时间参数的总不确定度在±15%范围内

8. 光电测量系统的调制方式有________。

A. 幅度-光强度调制(AM-IM)

B. 调频-光强度调制(FM-IM)

C. 数字脉冲调制

D. 利用光电效应

三、计算问答题

1. 正接法西林电桥和反接法西林电桥各应用在什么条件下？

2. 根据图 3-46 所示的介质内部气隙放电三电容模型，试推导说明视在放电电荷量 q 与介质中真实放电电荷 q_r 之间的关系，要求写出推导过程。

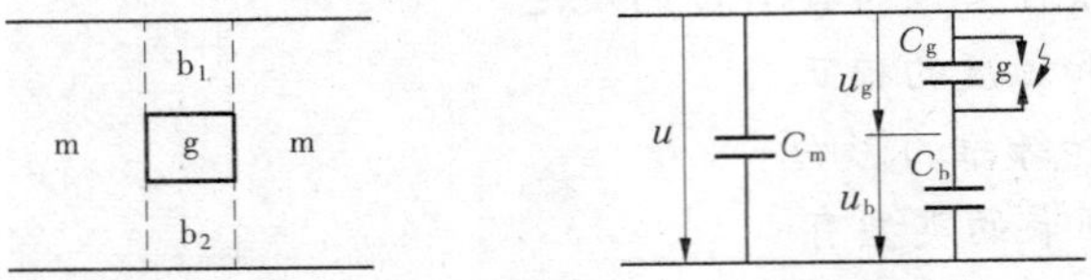

(a)具有气泡的介质剖面　　(b)等效电路

图 3-46　介质内部气隙放电的三电容模型

3. 一台测工频高电压的电阻分压器，额定电压为 100 kV（有效值），阻值为 4 MΩ，对地杂散电容为 1 000 pF，求由杂散电容引起的峰值和相位测量误差，以及在额定测量电压下热耗的功率值。

4. 高压直流分压器的选择原则是什么？

5. 怎样选择试验变压器的额定电压和额定容量？设一被试品的电容量为 4 000 pF，所加的试验电压有效值为 400 kV，试求进行这一工频耐压试验时流过试品的电流和该试验变压器的输出功率。

6. 高压实验室中被用来测量交流高电压的方法常用的有几种？在说明多极冲击电压发生器动作原理时，为什么必须强调装置对地杂散电容所起的作用？

7. 某冲击电压发生器的等效电路如图 3-47 所示。已知 C_1 为 20 nF，C_2 为 2 nF，阻尼电阻 R_d 为 100 Ω，若要获得标准雷电冲击波形，设暂不计 L 的影响，请用近似公式计算 R_f、R_t。

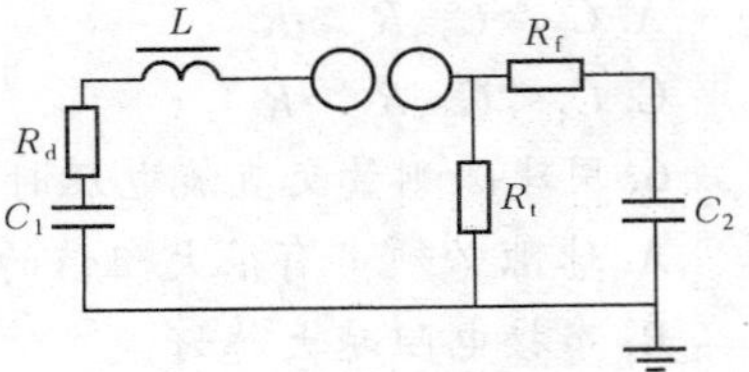

图 3-47

8. 冲击电流波形有哪两类？对两类冲击波，我国和 IEC 标准是怎么规定的？

9. 简述冲击电流发生器的基本原理。

10. 名词解释：50%放电电压。

11. 简述对冲击电压测量系统响应特性的要求。

12. 测量高电压的弱电仪器常受一些电磁干扰，干扰来源主要有哪些？

13. 简述高电压试验时的抗干扰措施。

下篇　电力系统过电压与绝缘配合

电力系统中使用的众多设备如发电机、变压器、高压开关、输电线路等的绝缘在正常运行状态下，只承受电网工作电压即额定电压的作用，但在运行中，由于雷电、操作、故障或参数配合不当等，系统中某些部分的电压(或电位差)可能升高，以致超过或远远超过正常的额定电压，对设备绝缘产生有危险的影响。我们把超过额定电压的非正常的最高作用电压称为过电压。

一般说来，过电压都是由于系统中的电磁场能量发生变化而引起的。这种变化或是由于系统外部突然加入一定的能量(如雷击电力系统的导线、设备或导线附近的接地体)而引起的，或是由于系统内部的电磁场能量发生转换而引起的。这种由于雷击或雷电感应等外部因素所引起的过电压称为大气过电压，亦称外部过电压，包括直击雷过电压和感应雷过电压；由于系统内部因素引起的过电压称为内部过电压，又可分为操作过电压和暂时过电压(包括工频电压升高和谐振过电压)。

不论哪种过电压，它们作用时间虽较短(工频电压升高、谐振过电压作用时间较长)，但其数值较高，可能使电力系统的正常运行受到破坏，使设备的绝缘受到伤害。因此，为了保证系统安全、可靠地运行，必须研究过电压产生的机制和它发展的物理过程，从而找到限制过电压的措施，以保证电气设备能正常运行和得到可靠保护。

电力系统中的过电压通常是以行波的形式出现的。所以，研究过电压及其防护问题要以线路上和绕组中的波过程理论为基础。

第四章　线路和绕组中的波过程

电力系统中的过电压大多发源于输电线路，在发生雷击或进行操作时，线路上都可能产生以行波的形式出现的过电压波。波过程实质上是能量沿着导线传播的过程，即在导线周围空间逐步建立起电场($\vec{E}$)和磁场($\vec{H}$)的过程，亦即在导线周围空间储存电磁能的过程。这个过程所遵循的基本规律乃是储存在电场里的能量密度和储存在磁场里的能量密度彼此相等。空间各点的电场($\vec{E}$)和磁场($\vec{H}$)相互垂直，并处于同一平面内，与波的传播方向也相互垂直，故为平面电磁波。

电力系统是各种电气设备，诸如发电机、变压器、电抗器和电容器等经线路连接成的一个保证安全发供电的整体。从电路的观点看，除电源外，系统可以由 $R(G)$、L、C 三个典型元件的不同组合来表示。对这样一个电路，我们把回路的电流看作是相同的，所考虑的电压只是代表具有集中参数元件的端电压,因而将电压和电流看作是时间的函数。但这种电路仅适宜在电源频率较低、线路实际长度小于电源波长条件之下。例如,在工频电压作用下,它的波长,即 $\lambda=v/f=3\times10^8/50(\mathrm{m})=6\ 000\ \mathrm{km}$,因此在路线不长时,电路中的元件可作为集中参数处理。但是,如果线路或设备的绕组在雷电波作用下,由于雷电波的波头时间仅为 1.2 μs,则雷电压(或雷电流)从零上升到最大幅值时,雷电波仅在线路上传播 360 m,也就是说,对长达几十千米乃至几百千米的输电线路,在同一时间,线路上的雷电压(或雷电流)的幅值是不一样的。这样,当在线路的某一点出现电压、电流的突然变化时,这一变化并不能立即在其他各点出现,而要以一定的形式,按一定的速度从该点向其他各点传播。这时,该线路中电压和电流不仅与时间有关,而且还与离该点的距离有关。同时,由于线路、绕组有电感,对地有电容,绕组匝间又存在电容,因此输电线路和绕组就不能用一个集中参数元件来代替,而要考虑沿线参数的分布性,即用分布参数来表征这些元件的特征。而分布参数的波过程实质上就是电磁波的传播过程,我们简称为波过程。

研究线路和绕组的波过程,如果从电磁场方程组出发就比较繁复。为方便起见,一般都采用以积分量 u 和 i 表示的关系式,而且必须用分布参数电路和行波理论来进行分析。这是因为过电压波的变化速度很快,延续时间很短,在线路上的分布长度短。换言之,线路各点的电压和电流都将是不同的,根本不能将线路各点的电路参数合并成集中参数来处理问题。

本章将从均匀无损单导线开始分析,并逐步深入,直至变压器和发动机绕组的波过程规律。

第一节　波沿均匀无损单导线的传播

电力系统中实际运行的输电线路往往采用三相交流或双极直流输电,均属多导线系统,再加上避雷线,导线的数目就更多了,彼此之间的电磁联系就更复杂了。导线中存在电阻,绝缘中存在电导,因而一定会产生能量损耗,使得线路各点的电气参数就不可能完全一样,所以均匀无损单导线线路实际上是没有的。但为了清晰地揭示线路波过程的物理本质和基本规律,先从理想的均匀无损单导线入手,其研究的结果在实际系统中是适用的。

对于单根输电线路,如图 4-1(a)所示,当有电流流过时,在它周围空间建立起磁场,导线链有磁通,当磁通变化时,导线上将产生自感压降 $u_{\mathrm{L}}=L\dfrac{\mathrm{d}i}{\mathrm{d}t}$,所以可用参数 L 来表示磁场效应,显然 L 是沿着导线分布在每一单元长度 $\mathrm{d}x$ 线段上,用 $L_0\mathrm{d}x$ 表示。线路上有电流流过即有电荷运动,在导线周围空间建立起电场,导线对地有电压存在。当电场变化时,导线对地就有电容电流流过,这一效应可用参数 C 表示,$i_{\mathrm{C}}=C\dfrac{\mathrm{d}u}{\mathrm{d}t}$,同时电容 C 也是沿线分布的,在每一单元长度 $\mathrm{d}x$ 线段上,用 $C_0\mathrm{d}x$ 表示。另外,导线有电阻 R,线路绝缘有泄漏电流,发生电晕时有电晕损耗,这些效应可用电导 G 表示,这些参数也是沿线分布的。

由于输电线路的直径和对地距离变化不大，所以 R_0、G_0、L_0、C_0 可以认为是均匀的，如图 4-1(b)所示。又由于一般导线的 $R \ll X_L$，G 也可以忽略不计，因而可使导线简化为图 4-1(c)所示。这可使计算大为简化，物理本质清晰明了。于是，我们把仅由 L、C 组成的链形回路称为均匀无损长线。

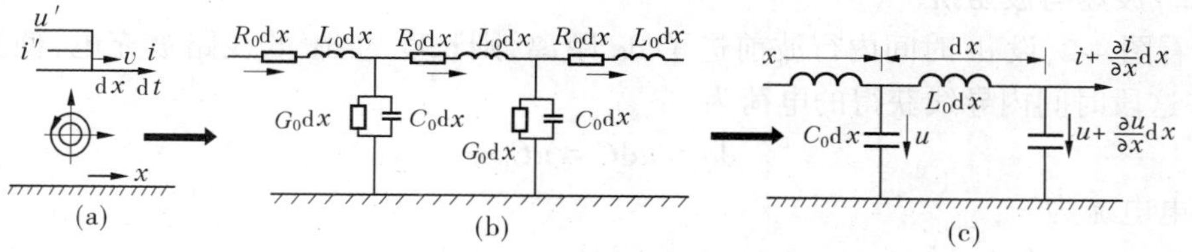

图 4-1　均匀无损长线等值电路

一、波过程的物理描述

(一) 波的传播过程

设一条单位长度电感和对地电容分别为 L_0 和 C_0 的均匀无损单导线在 $t=0$ 时合闸到一个直流电压 U 上去，如图 4-2 所示。

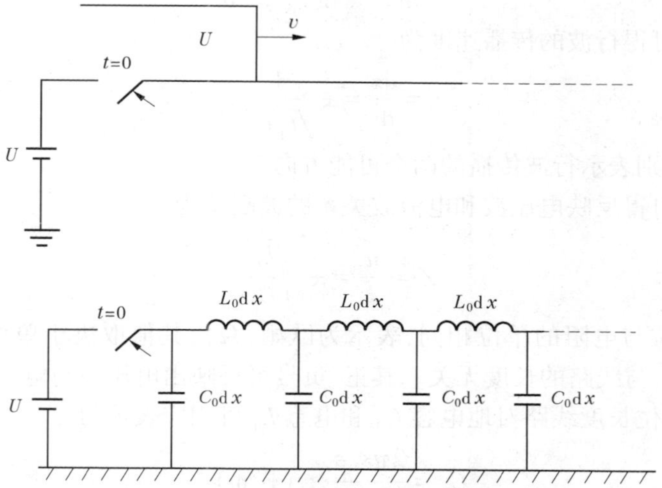

图 4-2　线路中波的传播过程

此时，电源即开始向线路单元电容 C_0dx 充电，使它的对地电压由零变为 U，在导线周围空间开始建立电场。这时靠近电源的单元电容 C_0dx 将立即得到充电，并向相邻的单元电容放电。但是，由于每段导线都存在单元电感 L_0dx，离电源较远处的对地电容势必要隔上一段时间才能得到充电，并向更远处的电容 C_0dx 放电。这样一来，线路单元电容 C_0dx 依次得到充电，沿线逐步建立起电场，亦即有一电压波以一定的速度 v 沿着线路按 x 正方向传播；在 C_0dx 的充放电过程中，将有电流 i 流过单元电感 L_0dx，即在导线周围空间建立起磁场，因此和电压波相对应，还有一个电流波以同一速度 v 沿着线路按 x 正方向传播。这种电压波和电流波是相伴出现的统一体，它们沿着线路传播实质上就是电磁波沿线传播的统一过程,而且遵循储存于电场中的能量一定与储存于磁场中的能量相等的普遍规律。它们的波形相似,而且保持一个恒定的比值 $Z=u/i$。这种电压波、电流波是以波的形式沿导线传播的,故称为行波。行波在沿无损导线传播的过程中,幅值不会衰减,波形也不会改变。

(二)波速与波阻抗

参看图 4-2,设 $\mathrm{d}t$ 时间内行波前进了 $\mathrm{d}x$ 距离,则长度为 $\mathrm{d}x$ 的线路被充电,使其电位为 u,在这段时间内导线获得的电荷为

$$\mathrm{d}q = u\mathrm{d}C = uC_0\mathrm{d}x$$

充电电流为

$$i = \frac{\mathrm{d}q}{\mathrm{d}t} = u\frac{\mathrm{d}C}{\mathrm{d}t} = uC_0\frac{\mathrm{d}x}{\mathrm{d}t} \tag{4-1}$$

同理,可把行波建立磁场的过程用相似的公式表示。行波前进 $\mathrm{d}x$ 的距离,磁通的增加量为

$$\mathrm{d}\Phi = i\mathrm{d}L = iL_0\mathrm{d}x$$

导线对地电压为

$$u = \frac{\mathrm{d}\Phi}{\mathrm{d}t} = i\frac{\mathrm{d}L}{\mathrm{d}t} = iL_0\frac{\mathrm{d}x}{\mathrm{d}t} \tag{4-2}$$

将两式相乘可得行波的传播速度为

$$v = \frac{\mathrm{d}x}{\mathrm{d}t} = \pm\frac{1}{\sqrt{L_0C_0}} \tag{4-3}$$

式中的正、负号分别表示行波传播的两个可能方向。

将两式相除可得反映电压波和电流波关系的波阻抗为

$$Z = \frac{u}{i} = \pm\sqrt{\frac{L_0}{C_0}} \tag{4-4}$$

波阻抗的单位与电阻的单位相同,表示为欧姆(Ω),其值取决于单位长度线路电感 L_0 和对地电容 C_0,与线路的长度无关。其正、负号可反映出电压波与电流波的关系。

进一步地,单位长度线路对地电容 C_0 和电感 L_0 可相应表示为

$$C_0 = \frac{2\pi\varepsilon_0\varepsilon_r}{\ln\frac{2h}{r}} \quad (\mathrm{F/m})$$

$$L_0 = \frac{\mu_0\mu_r}{2\pi}\ln\frac{2h}{r} \quad (\mathrm{H/m})$$

式中 ε_0——真空介电常数,$\varepsilon_0=\frac{1}{36\pi\times10^9}$,F/m;

ε_r——相对介电常数;

μ_0——真空导磁系数,$\mu_0=4\pi\times10^{-7}$,H/m;

μ_r——相对导磁系数;

h——导线对地平均高度,m;

r——导线半径，m。

把 L_0 和 C_0 代入式(4-4)可得

$$Z = \frac{1}{2\pi}\sqrt{\frac{\mu_0\mu_r}{\varepsilon_0\varepsilon_r}}\ln\frac{2h}{r} \tag{4-5}$$

对于架空线路，一般单导线架空线路的波阻抗约为 500 Ω。同时看到，波阻抗不但与线路周围介质有关，且与导线的半径和悬挂高度有关。对于电缆线路，$\mu_r = 1$，磁通主要分布在芯线和外皮之间，故 L_0 较小；又因 $\varepsilon_r \approx 4$，芯线和外皮间距离很近，故 C_0 比架空线路大得多。因此，电缆的波阻抗比架空线要小得多，为 10~50 Ω 不等。

再者，把 L_0 和 C_0 代入式(4-3)可得

$$v = \frac{1}{\sqrt{\varepsilon_0\varepsilon_r\mu_0\mu_r}} = \frac{3\times10^8}{\sqrt{\varepsilon_r\mu_r}} \quad (\mathrm{m/s}) \tag{4-6}$$

从式(4-6)可以看到：波的传播速度与导线的几何尺寸、悬挂高度无关，而仅由导线周围的介质所确定。

对架空线，$\varepsilon_r = 1$，$\mu_r = 1$，所以 $v = 3\times10^8$ m/s，即等于 c（真空中的光速）。

与之相似，单芯同轴电缆的 $\varepsilon_r \approx 4$，$\mu_r = 1$，此时电缆中的波速为 $v \approx \frac{3\times10^8}{\sqrt{1\times4}} = 1.5\times10^8 = \frac{c}{2}$，即约为光速的一半。

（三）电磁波的能量

将式(4-4)改写为

$$\frac{1}{2}L_0 i^2 = \frac{1}{2}C_0 u^2 \tag{4-7}$$

由此可以看出，导线单位长度所具有的磁场能量恒等于电场能量，这正是电磁波传播的基本规律。导线单位长度所具有的总能量为

$$W = \frac{1}{2}L_0 i^2 + \frac{1}{2}C_0 u^2 = L_0 i^2 = C_0 u^2 \tag{4-8}$$

或者表示为

$$W = Zi^2 \tag{4-9}$$

这说明，电压、电流沿导线传播的过程就是电磁场能量沿导线传播的过程。

二、线路波动方程

（一）方程的导出

设单位长度线路的电感和电容均为恒值，分别为 L_0 和 C_0，忽略线路的能量损耗，得均匀无损单导线等值电路，如图 4-1(c)所示。令 x 为线路首端到线路中某一点的距离，取 $\mathrm{d}x$ 长微分元电路，线路上的电压 $u(x,t)$、电流 $i(x,t)$ 都是距离和时间的函数。由 KCL（基尔霍夫电流定律）及 KVL（基尔霍夫电压定律）可得均匀无损单导线的方程组为

$$\begin{cases} -\dfrac{\partial u}{\partial x} = L_0 \dfrac{\partial i}{\partial t} \\ -\dfrac{\partial i}{\partial x} = C_0 \dfrac{\partial u}{\partial t} \end{cases} \tag{4-10}$$

式(4-10)表示,电压沿 x 方向的变化是由于电流在 L_0 上的电感压降,电流沿 x 方向的变化是由于在 C_0 上分去了电容电流,负号表示在 x 的正方向上电压、电流都将减小。

由式(4-10)中 u、i 再分别对 x、t 求导,可得一组二阶偏微分方程,即波动方程

$$\begin{cases} \dfrac{\partial^2 u}{\partial x^2} = L_0 C_0 \dfrac{\partial^2 u}{\partial t^2} \\ \dfrac{\partial^2 i}{\partial x^2} = L_0 C_0 \dfrac{\partial^2 i}{\partial t^2} \end{cases} \tag{4-11}$$

运用拉普拉斯变换和延迟定理可求得上式的通解为

$$u = u_{1(x-vt)} + u_{2(x+vt)} = u_q + u_f \tag{4-12}$$

$$i = i_{1(x-vt)} + i_{2(x+vt)} = i_q + i_f \tag{4-13}$$

式中
$$v = \frac{dx}{dt} = \pm\frac{1}{\sqrt{L_0 C_0}}$$

(二)方程通解的物理意义

由式(4-12)可知,电压的通解包括两个部分,一部分是$(x-vt)$的函数,另一部分是$(x+vt)$的函数。为了理解这两部分的物理意义,先来研究其中函数 $u_{1(x-vt)}$,函数 $u_q=u_{1(x-vt)}$ 代表一个任意形状并以速度 v 朝着 x 的正方向运动的电压波。如果取 x 的正方向为前行方向,那么 u_q 即为一电压前行波。因为,如果设波在 dt 的时间内,从线路上的 x 点移动到 $x+dx$ 点,那么此处有

$$x + dx - v(t + dt) = x - vt + dx - vdt = x - vt \tag{4-14}$$

其中,$v=\dfrac{dx}{dt}$。这表明,导线上 $x+dx$ 点在 $t+dt$ 瞬间的电压与 x 点在 t 瞬间的电压完全一样,可见波的运动方向为 x 的正方向,如图 4-3 所示。同样可以证明,$u_f=u_{2(x+vt)}$ 是一个任意形状并以速度 v 朝着 x 的负方向运动的电压反行波。与此类似,式(4-13)中的 i_q 为电流前行波,i_f 为电流反行波。

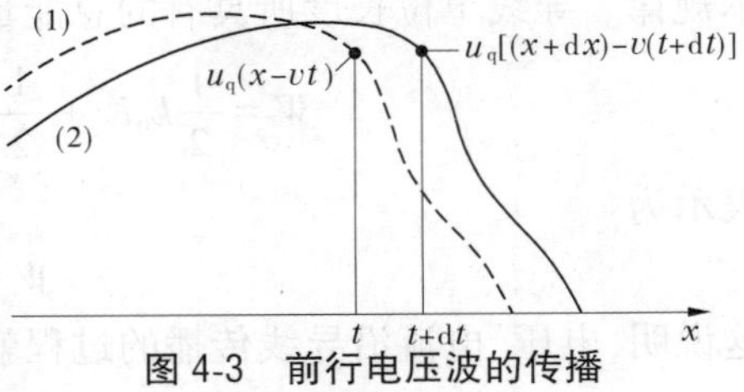

图 4-3 前行电压波的传播

式(4-12)说明,任何时刻在线路上的任何点的电压,都可能由一个前行波电压和一个反行波电压叠加而成。同样,线路上任何点的电流,都可能由一个前行波电流和一个反行波电流叠加而成。

从式(4-4)可知,电压波和电流波的数值之间是通过波阻抗 Z 互相联系的。但不同极性的行波向不同方向传播时,需要确定一定的正方向。电压波的符号只决定于导线对地电容上相应电荷的极性,而和它的运动方向无关;电流波的符号不但与相应的电荷极性

有关,而且与其运动方向有关,我们一般以 x 正方向作为电流的正方向。这样,当前行波电压为正时,电流也为正,即电压波与电流波同号,如图 4-4(a)所示。但当反行波电压为正时,由于反行波电流与规定的电流正方向相反,所以应为负,如图 4-4(b)所示。从图 4-4(a)可以看出,在规定行波正方向的前提下,前行波电压和前行波电流总是同号的,而反行波电压和反行波电流总是异号的,即

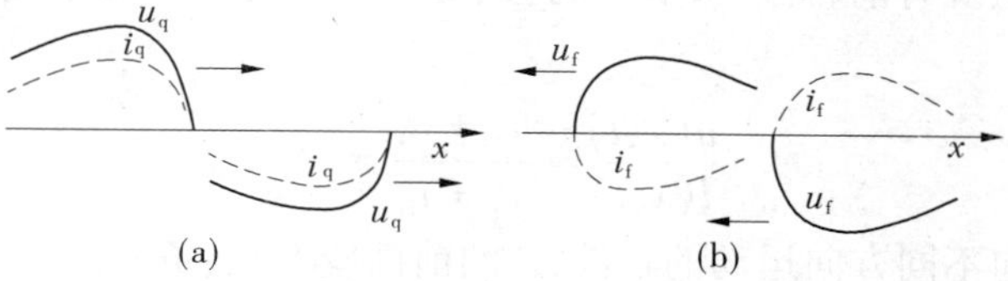

图 4-4 传播方向不同时电压波与电流波的关系

$$\frac{u_q}{i_q} = Z \tag{4-15}$$

$$\frac{u_f}{i_f} = -Z \tag{4-16}$$

把式(4-15)和式(4-16)代入式(4-13),波动方程的通解又可以写成

$$\begin{cases} u = u_{1(x-vt)} + u_{2(x+vt)} = u_q + u_f \\ i = \dfrac{1}{Z}[u_{1(x-vt)} + u_{2(x+vt)}] = i_q + i_f \end{cases} \tag{4-17}$$

另外,从我们所熟悉的电路参数如 R、L、C、G、X_C、X_L 和阻抗 Z_Σ 中找出一个特性与波阻抗 Z 最相近的参数,应该只有电阻 R 最贴切了。因为二者在一些重要的特性方面有相似之处:

(1)在众多电路参数中,量纲与波阻抗相同者只有 R、X_L、X_C 和 Z_Σ,四者之中只有 R 是与电源频率或波形无关的,而波阻抗 Z 的大小也与 ω 或波形完全没有关系,可见它是阻性的。又因 Z 的存在所决定的 u_q 和 i_q 或 u_f 和 i_f 永远是同相的,不会出现相位差,这也是阻性的表现。

(2)从功率的表达式来看,行波所给出的功率 $P_Z = u_q i_q = \dfrac{u_q^2}{Z} = i_q^2 Z$;如用一阻值 $R=Z$ 的电阻来替换这条波阻抗为 Z 的长线,则 $P_R = u_q i_q = \dfrac{u_q^2}{R} = i_q^2 R$。可见,一条波阻抗为 Z 的线路从电源吸收的功率 P_Z 与一阻值 $R=Z$ 的电阻从电源吸收的功率 P_R 完全相同。从电源的角度来看,后面接一条波阻抗为 Z 的长线与接一个电阻 $R(=Z)$ 是一样的。如果只需要计算线路上电压波与电流波之间的关系、行波的输出功率、线路从电源吸收的能量等数值,可以用一只阻值 $R=Z$ 的集中参数电路的电阻来替换一条波阻抗为 Z 的分布参数长线。这一理念在后面的行波计算中得到相应的使用。

不过另一方面,分布参数的波阻抗与集中参数电路中的电阻在物理本质上毕竟有很大的不同:

(1)波阻抗 Z 的数值只和导线单位长度的电感 L_0 和电容 C_0 有关,与线路长度无关,线路长度的大小并不影响波阻抗 Z 的数值;而一条长线的电阻是与线路长度成正比的。

(2)波阻抗 Z 表示具有同一属性(如同属前行波或是反行波)的电压波和电流波大小的比值。电磁波通过波阻抗为 Z 的导线时,能量以电磁能的形式存储在周围介质中,而不是被消耗掉;而电阻从电源吸收的功率和能量均转化为热能而散失掉。

(3)如果导线上既有前行波,又有反行波,导线上总的电压和电流的比值不再等于波阻抗 Z。即

$$\frac{u(x,t)}{i(x,t)}=\frac{u_q+u_f}{i_q+i_f}\neq Z$$

(4)为了区别向不同方向运动的行波,Z 的前面应有正、负号。

第二节　行波的折射和反射

在实际输电线路上,常常会遇到线路的均匀性遭到破坏的情况,例如一条架空线与一根电缆相连或在两段架空线之间插接某些集中参数电路元件(R、L 或 C),等等。此时,线路中的均匀性受到破坏。这种情况也可以发生在波传播到接有集中阻抗的线路终点。我们把线路中的均匀性开始遭到破坏的点(或者不同波阻抗的两段线路的连接点)称为节点。由于节点前后波阻抗不同,而行波在节点前后都必须保持单位长度导线的电场能和磁场能总和相等的规律,故必然要发生电磁场能量的重新分配,亦即当行波投射到节点时,必然会出现电压、电流、能量重新调整分配的过程,就像光线在空气中的传播遇到明净的湖水一样,必将发生行波的折射与反射现象,以便进行电磁场能量的重新分配。

通常采用最简单的无限长直角波来介绍线路波过程的基本概念。因为任何其他波形都可以用一定数量的单元无限长直角波叠加而得,所以无限长直角波实际上是最简单和代表性最广泛的一种波形,如图 4-5 所示。

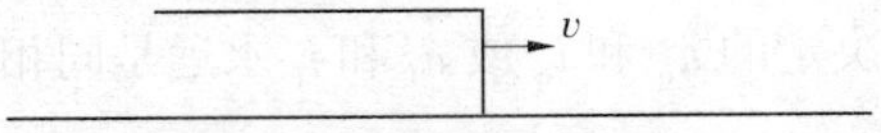

图 4-5　无限长直角波的定义

一、折射波和反射波的分析计算

设一条波阻抗为 Z_1 的线路 1 与另一条波阻抗为 Z_2 的线路 2 在节点 A 处相连,一无限长直角波(u_r,i_r)从线路 1 向线路 2 传播,如图 4-6 所示(为简单未画出折射和反射电流波);就节点 A 而言,第一条线路的前行波电压和电流(u_r,i_r)就是投射到 A 点上来的入射波;第二条线路的前行波(u_q,i_q)就是入射波(u_r,i_r)经节点 A 折射到 Z_2 上来的折射波;第一条线路的反行波(u_f,i_f)是由入射波在节点 A 上因反射而产生的,故可称为反射波。在第二条线路上也可以有反行波,它可能是由折射波到达第二条线路的终端时引起的反射波,也可能是从第二条线路的终端入侵的另一过电压波。为了简明起见,通常先分析第二条线路中不存在反行波或反行波尚未抵达节点 A 的情况。

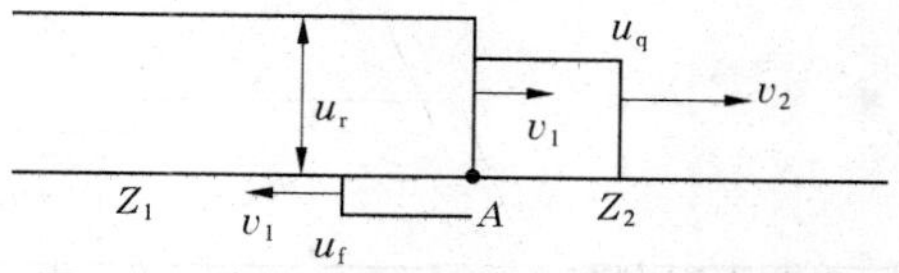

图 4-6　入射、折射与反射波的行进关系

此时在线路 1,总的电压和电流分别为

$$\left.\begin{aligned} u_1 &= u_r + u_f \\ i_1 &= i_r + i_f \end{aligned}\right\} \tag{4-18}$$

线路 2 的总电压与总电流分别为

$$u_2 = u_q$$
$$i_2 = i_q$$

根据边界条件,在节点 A 处只能有一个电压和一个电流,即

$$u_{1A} = u_{2A}$$
$$i_{1A} = i_{2A}$$

因此可得

$$u_r + u_f = u_q$$
$$i_r + i_f = i_q$$

式中,$i_r = \frac{u_r}{Z_1}$,$i_f = -\frac{u_f}{Z_1}$,$i_q = \frac{u_q}{Z_2}$,代入上式即可求得 A 点的折射、反射电压为

$$u_q = \frac{2Z_2}{Z_1 + Z_2} u_r = \alpha u_r \tag{4-19}$$

$$u_f = \frac{Z_2 - Z_1}{Z_1 + Z_2} u_r = \beta u_r \tag{4-20}$$

式中　α——电压折射系数,$\alpha = \frac{2Z_2}{Z_1 + Z_2}$;

β——电压反射系数,$\beta = \frac{Z_2 - Z_1}{Z_1 + Z_2}$。

α、β 之间通过关系式 $1+\beta=\alpha$ 而联系在一起。同时,随着 Z_1 与 Z_2 值的不同,α 和 β 的值在下面的范围内变化

$$\left.\begin{aligned} 0 \leqslant \alpha \leqslant 2 \\ -1 \leqslant \beta \leqslant 1 \end{aligned}\right\} \tag{4-21}$$

当 $Z_2=Z_1$ 时,$\alpha=1$,$\beta=0$,这表明电压折射波等于入射波,而电压反射波为零,即不发生任何折射、反射现象,实际上这是均匀导线的情况;当 $Z_2<Z_1$ 时(例如行波从架空线进入电缆),$\alpha<1$,$\beta<0$,这表明电压折射波将小于入射波,而电压反射波的极性将与入射波的相反,叠加后使线路 1 的总电压小于电压入射波,如图 4-7 所示;当 $Z_2>Z_1$ 时(例如行波从电缆进入架空线),$\alpha>1$,$\beta>0$,此时电压折射波将大于入射波,而电压反射波与入射波同号,叠加后使线路 1 上的总电压升高,如图 4-8 所示。图 4-7 和图 4-8 中同时画出了相应的电流折射波和电流反射波。

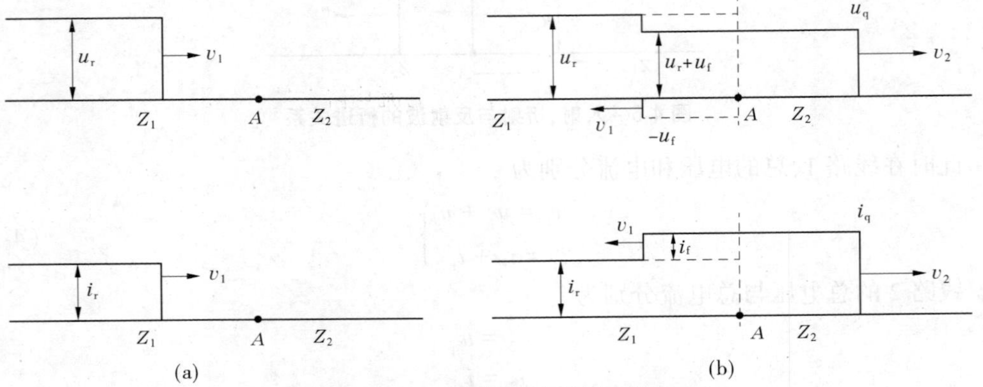

图 4-7　$Z_2<Z_1$ 时波的折射与反射

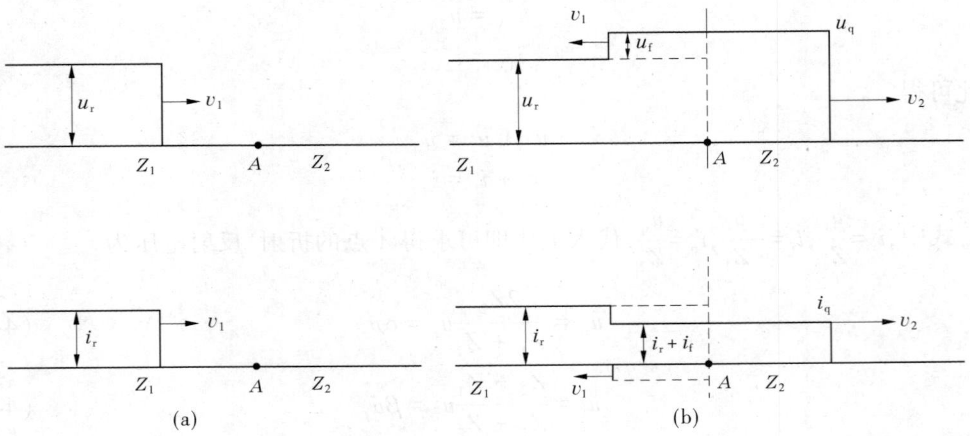

图 4-8　$Z_2>Z_1$ 时波的折射与反射

如果波阻抗为 Z_1 的导线在 A 点不是接到波阻抗为 Z_2 的导线上，而是接在集中阻抗 Z_2 上，此时边界条件、方程式及其解仍然同上述一样，代表的是集中阻抗 Z_2 上的电压和电流。

二、线路末端三种特殊端接情况下的波过程

行波在线路中的传播将会遇到下面三种特殊端接情况，这三种特殊端接情况下的波过程，其折射、反射具有不同的特点，对这些特点的研究具有特别的指导意义。

（一）线路末端开路（$Z_2\to\infty$）

线路 Z_1 末端开路相当于其末端所接阻抗 $Z_2\to\infty$ 的情况。此时的 $\alpha=\dfrac{2Z_2}{Z_1+Z_2}=2$，$\beta=\dfrac{Z_2-Z_1}{Z_1+Z_2}=1$，因而折射波电压 $u_q=2u_r$，反射波电压 $u_f=u_r$。这一结果表明，电压入射波 u_r 到达线路开路的末端后将发生全反射，结果是使线路末端电压上升到电压入射波的 2 倍。

随着电压反射的逆向传播，其所到之处电压均加倍为 $2u_r$，未到之处仍保持着 u_r。同时，反射波电流 $i_f=-\dfrac{u_f}{Z_1}=-\dfrac{u_r}{Z_1}=-i_r$，折射波电流 $i_q=i_r+i_f=\dfrac{u_r}{Z_1}+(-\dfrac{u_f}{Z_1})=0$，可见电流发生了负的全反射。随着电流反射的逆向传播，其所到之处电流均降为零，这也是线路开路末端的边界条件所决定的。上述结果都表示在图 4-9 中。

上面计算表明：当波到达开路末端时，将发生全反射。全反射的结果是使线路末端电压上升到入射波电压的 2 倍。同时，电流波则发生了负的全反射，电流波反射的结果使线路末端的电流为零，也就是末端开路时，入射波的全部磁场能量将转变为电场能量，其结果是使线路的电压升高为原来电压的 2 倍。显然，过电压波在开路末端的加倍升高对线路的绝缘是很危险的，因此在考虑过电压防护措施时，应该防止线路末端开路。

（二）线路末端短路（接地）（$Z_2=0$）

线路 Z_1 末端短路相当于其末端所接阻抗 $Z_2=0$ 的情况。此时的 $\alpha=\dfrac{2Z_2}{Z_1+Z_2}=0$，$\beta=\dfrac{Z_2-Z_1}{Z_1+Z_2}=-1$，因而折射波电压 $u_q=0$，反射波电压 $u_f=-u_r$。这一结果表明，电压入射波 u_r 到达线路接地的末端后将发生负的全反射，结果是使线路末端电压下降为零，而且逐步向着线路始端逆向发展，使整条线路电压为零。这也是线路末端短路（接地）的边界条件所决定的。同时，反射波电流 $i_f=-\dfrac{u_f}{Z_1}=\dfrac{u_r}{Z_1}=i_r$，折射波电流 $i_q=i_r+i_f=\dfrac{u_r}{Z_1}+(-\dfrac{u_f}{Z_1})=2i_r$。可见，电流末端的电流增大为电流入射波的 2 倍，而且这一状态逐步向着线路始端逆向推移。上述结果都表示在图 4-10 中。

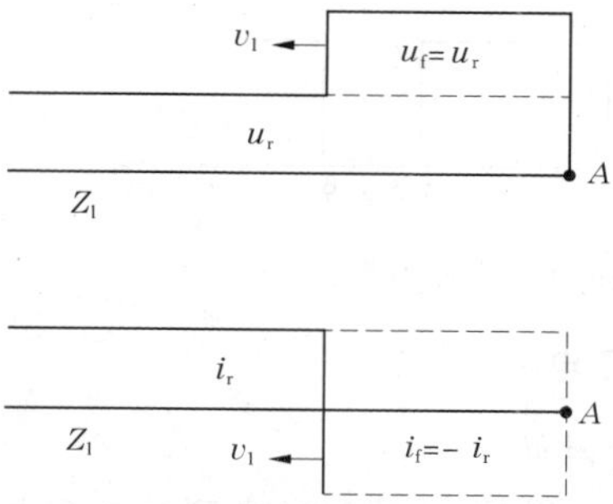

图 4-9 末端开路时的电压波和电流波

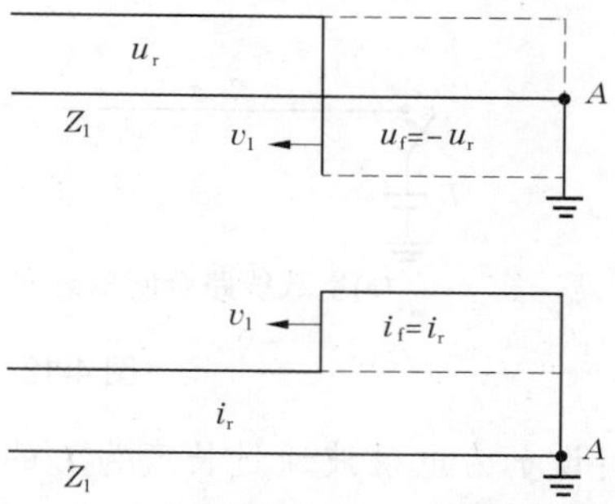

图 4-10 末端短路时的电压波和电流波

上面计算表明：当电压波到达短路的末端后将发生负的全反射，负反射的结果使线路末端电压下降为零。同时，电流波则发生正的全反射，电流波正的全反射的结果使线路末端的电流上升为入射波电流的 2 倍。也就是末端短路时，入射波的全部电场能量将转变为磁场能量。显然，行波在短路末端的电流加倍增大，将会引起严重的热稳定和动稳定问题，同样对线路的绝缘也是很危险的，因此应该防止线路末端短路。

（三）线路末端接有阻值为 $R=Z_1$ 的负载电阻（$Z_2=R$）

如图 4-11 所示，线路末端接负载电阻 $R=Z_1$，即是 $Z_2=R$，此时，$\alpha=\dfrac{2Z_2}{Z_1+Z_2}=1$，$\beta=$

$\frac{Z_2-Z_1}{Z_1+Z_2}=0$。于是，$u_f=0$，$u_q=u_r$；而同时 $i_f=0$，$i_q=i_r+i_f=\frac{u_r}{Z_1}+(-\frac{u_f}{Z_1})=i_r$。这表明，行波到达线路末端 A 点时完全不发生反射，与 A 点后面接一条波阻抗 $Z_2=Z_1$ 的无限长导线的情况相同，入射波的电磁能量全部消耗在电阻 R 上。

作为这种特例的实际应用，前面介绍过的电阻分压器测量回路中，在时延电缆末端跨接一只匹配电阻 R 就是为了这个目的。

顺便说明，为了清晰起见，虽然以上分析均采用幅值恒定的无限长直角波作为电压入射波，但是所得到的结论适用于任意波形。

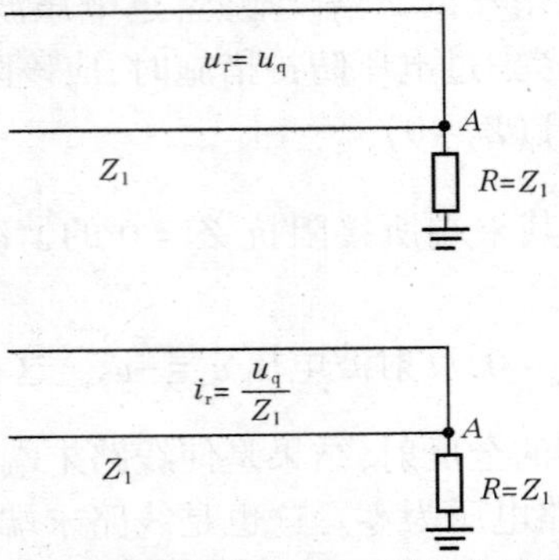

图 4-11　末端接负载电阻 $R=Z_1$ 时的电压波和电流波

【例 4-1】　设直流电源 E 在 $t=0$ 时合闸于长度为 L 的空载线路，如图 4-12(a)所示，求线路末端点的电压波形。

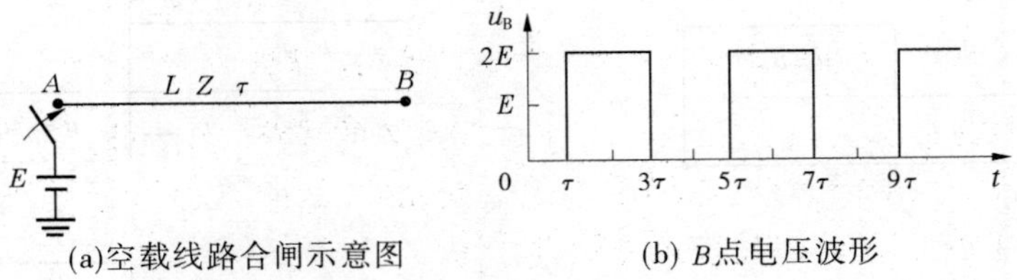

(a)空载线路合闸示意图　　(b) B点电压波形

图 4-12　空载线路合闸于电源

解：设 τ 为电磁波通过长度为 L 的线路时所需的时间。

(1) 当 $0<t<\tau$ 时，由线路首端发生的第一次电压入射波 $u_{1q}=E$ 尚未到达线路末端，B 点电压为零，即 $u_B=0$；

(2) 当 $\tau\leqslant t<2\tau$ 时，由于线路末端开路，在末端发生正电压全反射，产生第一次反射波 $u_{1f}=E$，则 $u_B=2E$；

(3) 当 $2\tau\leqslant t<3\tau$ 时，u_{1f} 到达线路首端，由于首端电源内阻为零，对波的传输来说，相当于发生末端对地短路的情况，从而在首端发生负电压全反射，产生 $u_{2q}=-E$ 的第二次电压入射波，但此时 u_{2q} 尚未到达 B 点，因而仍有 $u_B=2E$；

(4) 当 $3\tau\leqslant t<5\tau$ 时，u_{2q} 已到 B 点，并产生第二次反射波 $u_{2f}=-E$，则 $u_B=u_{1q}+u_{1f}+u_{2q}+u_{2f}=0$；

(5) 当 $5\tau\leqslant t<7\tau$ 时，$u_{2f}=-E$ 到达首端，产生的第三次入射波 $u_{3q}=E$ 到达 B 点，故在此

时间内 $u_B=2E$。

如此反复下去，得到周期为 4τ、振幅为 $2E$ 的振荡方波，如图 4-12(b) 所示。

三、计算行波的彼德逊法则

前面从波沿分布参数线路传播的角度，讨论了行波在线路的均匀性遭到破坏的节点上的折射、反射问题。但在实际的电气工程中，一个节点上往往接有多条分布参数长线（它们的波阻抗可以不同）和若干集中参数元件。最为典型的实例就是变电站的母线，在它上面接有多条架空线路和电缆作为其进、出线，还有其他的电气设备，如变压器、互感器、电容器、电抗器、避雷器等接在上面，它们都是集中参数元件，如图 4-13 所示。显然，依照分布参数观点，其计算很复杂，以致无法进行。因此，为了简化计算，最好是利用一个统一的集中参数电路来解决波的折射、反射问题，这就是下面要介绍的彼德逊法则。

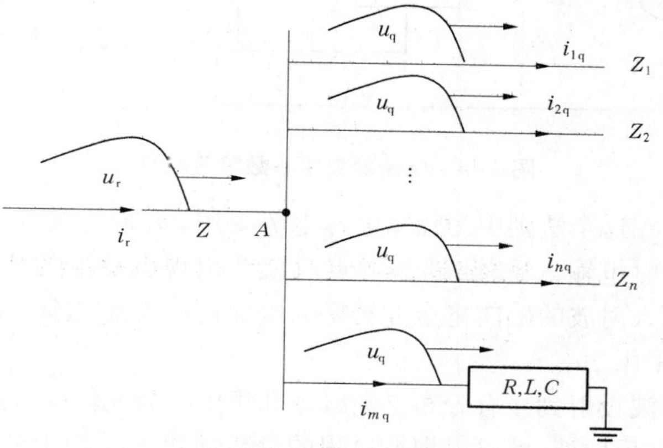

图 4-13　行波投射到节点的波状态

设任意波形的行波 u_r 和 i_r 沿着一条波阻抗为 Z 的线路投射到某一节点 A 上，在这个节点上连接有若干条架空线路、电缆及集中参数元件，如图 4-13 所示。无论节点 A 后面的电路结构如何复杂，下面的关系式总是成立的

$$\left.\begin{aligned} u_q &= u_r + u_f \\ i_q &= i_r + i_f = \frac{u_r}{Z} - \frac{u_f}{Z} \end{aligned}\right\} \tag{4-22}$$

由于 A 点后面的所有线路和元件都接在同一节点上，属于并联关系，所以电压折射波 u_q 对于每一个支路都是一样的。但各支路的电流折射波可能不相同（分别为 i_{1q}，i_{2q}，…），可是它们之和一定等于上式中的 i_q，即

$$i_q = \sum_{k=1}^{n} i_{kq} \tag{4-23}$$

由前面式(4-22)、式(4-23)可得

$$i_f = i_q - i_r = i_q - \frac{u_r}{Z} \tag{4-24}$$

$$u_q = u_r + u_f = u_r - i_f Z \tag{4-25}$$

将式(4-24)代入式(4-25),即得

$$u_q = 2u_r - i_q Z \tag{4-26}$$

式(4-26)表明,为了计算节点 A 上的电压 u_q 与电流 i_q,可将入射波和波阻抗为 Z 的线路用一个集中参数等值电路来代替,其电源电势等于入射波电压的 2 倍即 $2u_r$,该电源的内阻等于线路的波阻抗 Z。接在 A 点的各条分布参数线路,只要不存在反射波,也都可以用阻值等于各线路波阻抗的电阻来代替。这就可以得出图 4-14 所示的集中参数等值电路,这种处理法则就是波过程分析中应用很广的彼德逊法则。

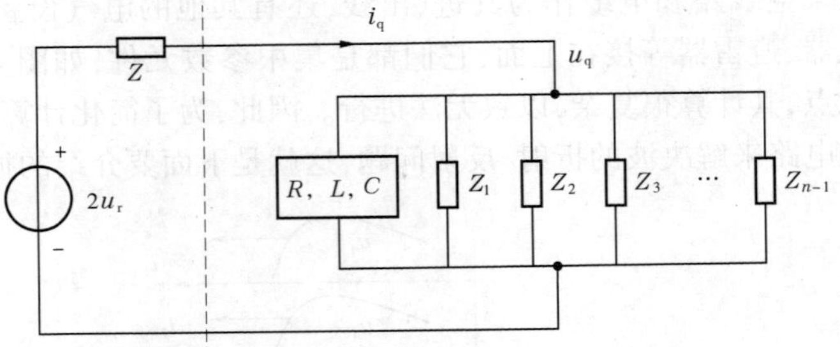

图 4-14 电压源集中参数等值电路

需要说明的是,在这个法则中为什么电源电势要用 $2u_r$ 而不是 u_r 呢?这是因为入射波不仅输入电能,同时也输入磁能,遇到节点时就会出现电磁能的相互转换。当节点 A 是一个开路末端时,入射波的磁能将全部转换为电能而使电压达到 $2u_r$,所以在等值电路中的电源电势必须采用 $2u_r$。

这样一来,当行波投射到接有分布参数线路和集中参数元件的节点上时,如果只需求取节点上的折射波和反射波,就可以把波过程的分析简化为我们十分熟悉的集中参数电路问题来解决。

考虑到在实际计算中遇到的是已知电流源(如雷电流)的情况,有时采用电流源等值电路将更加简便。将式(4-26)中的 u_r 用 $i_r Z$ 来代替,即可得出

$$2i_r = \frac{u_q}{Z} + i_q \tag{4-27}$$

由此可知,在电流入射波 i_r 沿着导线传输到某一节点时,节点的电压和电流也可以利用图 4-15 所示的电流源集中参数等值电路进行计算。

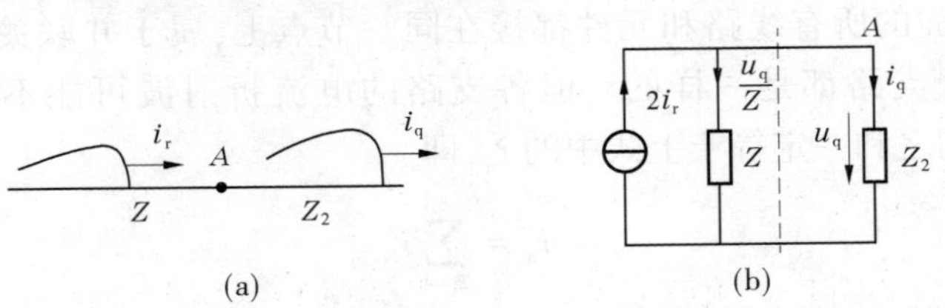

图 4-15 电流源集中参数等值电路

这里必须指出,彼德逊法则只在一定的条件下适用:一是入射波必须沿一条分布参数

线路传播过来;二是它只适用于节点 A 两端的任何一条线路末端产生的反射波尚未回到 A 点之前。

【例 4-2】 设某变电所的母线上共接有 n 条架空线路,当其中某一线路遭受雷击时,即有一过电压波 u_0 沿着该线进入变电所,试求此时变电所母线上的电压 u_A。

解:由于架空线路的波阻抗均大致相等,所以依据彼德逊法则可得出图 4-16 中的接线示意图(a)和等值电路图(b)。

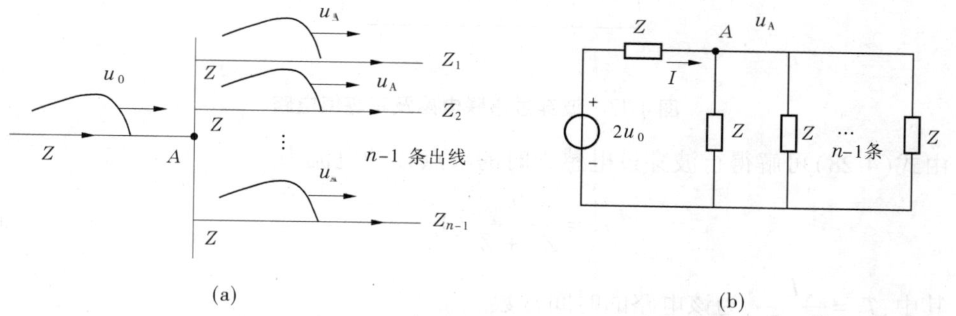

图 4-16 例 4-2 图

母线上的电压即是图中 A 点的电压,于是有

$$u_A = 2u_0 \frac{\dfrac{Z}{n-1}}{Z + \dfrac{Z}{n-1}} = \frac{2u_0}{n}$$

由此可知:变电所母线上接的线路数越多,则母线上的过电压越低,在变电所的过电压防护中对此应有所考虑。当 $n=2$ 时,$u_A=u_0$,相当于 $Z_2=Z_1$ 的情况。

第三节 行波穿过串联电感和旁过并联电容

集中参数元件电感和电容是电力系统中常见的运行元件。在实际系统运行中,常常遇到过电压行波穿过与线路串联的电感 L(如载波用的扼流线圈及限制短路电流的限流线圈)和旁过并接在线路与地之间的电容 C(如耦合电容器)的情况。由于储能元件电感中的电流及电容上的电压都不能突变,这就对经过这些元件的折射波和反射波产生影响,使波形发生改变。为了便于说明基本概念,我们仍然使用无限长直角波作为入射波来分析线路上行波穿过串联电感和旁过并联电容的情况。

一、无限长直角波穿过串联电感

图 4-17(a)表示无限长直角波投射到具有串联电感线路的情况。当波阻抗为 Z_2 的线路中的反行波未到达两线连接点 A 时,依照彼德逊法则,其等值电路如图 4-17(b)所示,由此根据 KVL,可以写出回路方程

$$2u_0 = i_2(Z_1 + Z_2) + L\frac{di_2}{dt} \tag{4-28}$$

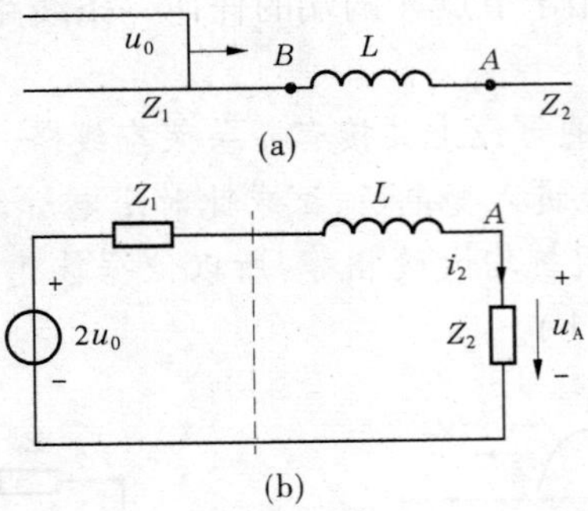

图 4-17 波穿过串联电感及其等值电路

由式(4-28)可解得行波穿过电感 L 时的节点 A 的电流为

$$i_2 = \frac{2u_0}{Z_1 + Z_2}(1 - e^{-\frac{t}{T_L}}) \tag{4-29}$$

其中,$T_L = \frac{L}{Z_1 + Z_2}$,为该电路的时间常数。

将式(4-29)代入式(4-28)中可得,行波穿过电感 L 时节点 A 的电压为

$$u_A = \frac{2Z_2}{Z_1 + Z_2}u_0(1 - e^{-\frac{t}{T_L}}) = \alpha u_0(1 - e^{-\frac{t}{T_L}}) \tag{4-30}$$

其中,$\alpha = \frac{2Z_2}{Z_1 + Z_2}$,为折射系数。

从上面解析可见,折射波电流及电压都是由两部分组成的:前一部分为与时间无关的强制分量,后一部分为随时间而衰减的自由分量。

进一步随时间的变化分析式(4-29)和式(4-30):

当 $t = 0$ 时,$u_A = 0, i_2 = 0$;

当 $t = \infty$ 时,$u_A = \frac{2Z_2}{Z_1 + Z_2}u_0 = \alpha u_0, i_2 = \frac{2u_0}{Z_1 + Z_2}$。

其电压、电流变化的波形图如图 4-18 所示。可见无穷长直角波穿过串联电感时,波头被拉长,变为指数波头的行波,串联的电感起了降低来波上升速率的作用,而电压、电流的稳态值与未经串联电感时一样。波头被拉长的程度与电感 L 值的大小有关,L 值越大,$T_L = \frac{L}{Z_1 + Z_2}$ 就越大,其波头就越长。

通过串联电感后折射波的陡度为

$$\frac{du_A(t)}{dt} = \frac{2Z_2}{L}u_0 e^{-\frac{t}{T_L}} \tag{4-31}$$

通过串联电感后行波的最大陡度出现在 $t = 0$ 时,即为

$$\left.\frac{du_A(t)}{dt}\right|_{max} = \alpha u_0 \left.\frac{1}{T_L}\right|_{t=0} = \frac{2Z_2}{L}u_0 \tag{4-32}$$

而最大空间陡度为

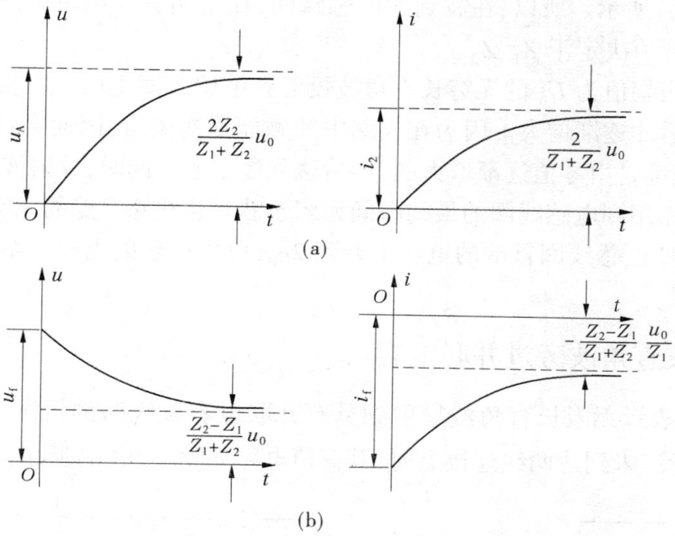

图 4-18　波穿过串联电感的电压、电流波形

$$\left.\frac{\mathrm{d}u_A(t)}{\mathrm{d}l}\right|_{\max}=\left.\frac{\mathrm{d}u_A(t)}{\mathrm{d}t}\right|_{\max}\frac{\mathrm{d}t}{\mathrm{d}l}=\frac{2Z_2}{Lv}u_0 \tag{4-33}$$

由式(4-33)可看出，降低电压波 u_0 的陡度的有效办法是增加电感 L，但一般被保护设备的波阻抗 Z_2 很大，为使陡度降低到被保护设备的允许值则需要装设很大的电感 L。因此，采用串联电感的办法来降低过电压波的陡度是不经济的。

进一步来分析反射波，因为

$$u_A+L\frac{\mathrm{d}i_2}{\mathrm{d}t}=u_0+u_f$$

将式(4-28)和式(4-29)代入上式可得反射波电压为

$$u_f=\frac{Z_2-Z_1}{Z_1+Z_2}u_0+\frac{2Z_1}{Z_1+Z_2}u_0\mathrm{e}^{-\frac{t}{T_L}}$$

如图 4-18(b)所示。

当 $t=0$ 时，$u_f=u_0$，此时 $u_B=u_0+u_f=2u_0$；

当 $t=\infty$ 时，$u_f=\frac{Z_2-Z_1}{Z_1+Z_2}u_0=\beta u_0$，此时 $u_B=u_0+u_f=\frac{2Z_2}{Z_1+Z_2}u_0=u_A$。

所以，在波到达电感瞬间，在线圈首端的电压将上升到 $2u_0$，之后逐渐下降到稳定值，比值与电感无关，仅由波阻 Z_1、Z_2 决定，此时 A、B 两点电压相等。

反射波电流为

$$i_f=-\frac{u_f}{Z_1}=-\frac{Z_2-Z_1}{Z_1+Z_2}\frac{u_0}{Z_1}-\frac{2u_0}{Z_1+Z_2}\mathrm{e}^{-\frac{t}{T_L}}$$

当 $t=0$ 时，$i_f=-i_0$，此时 $i_B=0$；

当 $t=\infty$ 时，$i_f=-\frac{Z_2-Z_1}{Z_1+Z_2}\cdot\frac{u_0}{Z_1}$。

如图 4-18(b)所示。所以,在波到达电感瞬间,在线圈首端电流下降为零,然后逐渐上升到稳定值,此值决定于 Z_1、Z_2。

由此可见,当幅值为 U_0 的无穷长直角波投射到电感线圈上时,通过线圈的电流在最初瞬间是零,然后才逐渐增大。因为在线圈中的磁能不能突变,因而穿过电感在 Z_2 上传播的电压与电流都是由零值逐渐增大的,然后达到稳定值。同时,反射波的波形也不再是直角波,因为波作用到电感线圈的最初瞬间相当于波到达线路开路的末端一样,反射波在此瞬间值为 u_0,使电感线圈首端的电压上升到 $2u_0$,以后反射的电压从幅值 u_0 逐渐下降,最后达到稳定值。

二、无限长直角波旁过并联电容

图 4-19(a)表示无限长直角波投射到具有并联电容接线时的情况。当波阻抗为 Z_2 的线路中的反行波未到达两线连接点时,其等值电路如图 4-19(b)所示。

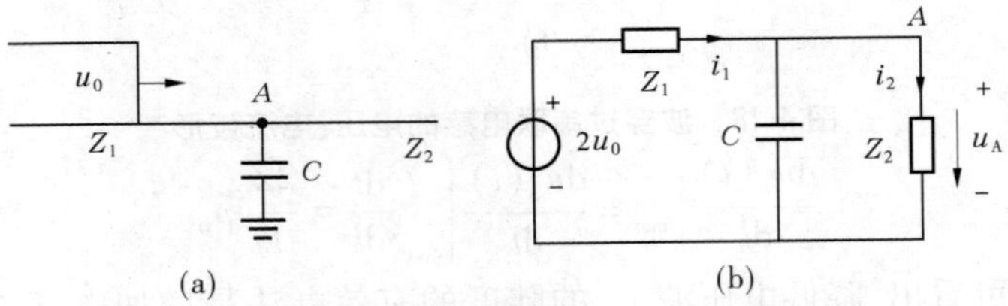

图 4-19　波旁过并联电容及其等值电路

由 KVL 可得

$$2u_0 = i_1 Z_1 + i_2 Z_2 \tag{4-34}$$

对于节点 A,由 KCL 可得

$$i_1 = i_2 + C\frac{\mathrm{d}u_A}{\mathrm{d}t} = i_2 + CZ_2\frac{\mathrm{d}i_2}{\mathrm{d}t} \tag{4-35}$$

解上两式联立方程可得

$$i_2 = \frac{2u_0}{Z_1 + Z_2}(1 - \mathrm{e}^{-\frac{t}{T_C}}) \tag{4-36}$$

$$u_A = \frac{2Z_2 u_0}{Z_1 + Z_2}(1 - \mathrm{e}^{-\frac{t}{T_C}}) = \alpha u_0(1 - \mathrm{e}^{-\frac{t}{T_C}}) \tag{4-37}$$

其中,$T_C = \frac{Z_1 Z_2}{Z_1 + Z_2}C$,为该电路的时间常数;$\alpha = \frac{2Z_2}{Z_1 + Z_2}$,为折射系数。

同样可见,无限长直角波旁过并联电容时,电流及电压也由两部分组成:前一部分为与时间无关的强制分量,后一部分为随时间而衰减的自由分量。

波旁过并联电容的电压、电流波形如图 4-20 所示。

当 $t=0$ 时,$u_A=0$,$i_2=0$;

当 $t=\infty$ 时,$u_A=\frac{2Z_2}{Z_1+Z_2}u_0=\alpha u_0$,$i_2=\frac{2u_0}{Z_1+Z_2}$。

由图可见无穷长直角波旁过并联电容时,电压和电流都随时间从零值渐增至稳定值,

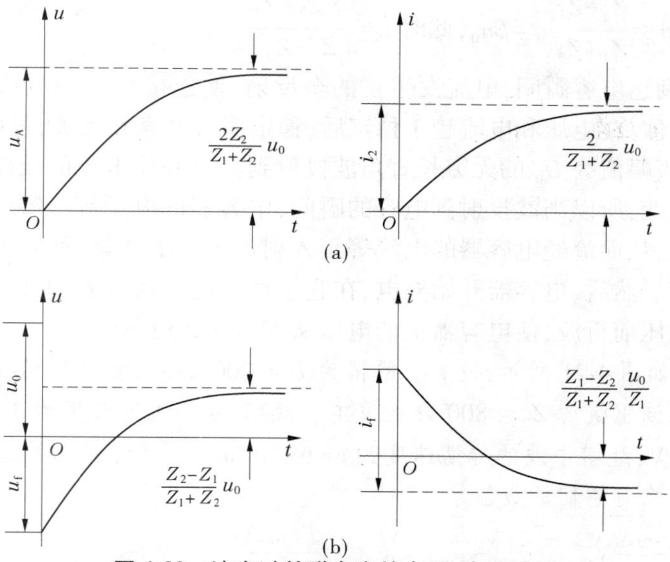

图 4-20 波旁过并联电容的电压、电流波形

波头被拉平。

旁过并联电容后折射波的陡度为

$$\frac{\mathrm{d}u_A(t)}{\mathrm{d}t}=\frac{2}{Z_1C}u_0\mathrm{e}^{-\frac{t}{T_C}} \tag{4-38}$$

旁过并联电容后行波的最大陡度出现在 $t=0$ 时，即为

$$\left.\frac{\mathrm{d}u_A(t)}{\mathrm{d}t}\right|_{\max}=\frac{2}{Z_1C}u_0 \tag{4-39}$$

而最大空间陡度为

$$\left.\frac{\mathrm{d}u_A(t)}{\mathrm{d}l}\right|_{\max}=\left.\frac{\mathrm{d}u_A(t)}{\mathrm{d}t}\right|_{\max}\frac{\mathrm{d}t}{\mathrm{d}l}=\frac{2}{Z_1Cv}u_0 \tag{4-40}$$

从最大陡度表示式中可看出：最大陡度与 Z_2 无关，而与 Z_1 和 C 有关。因此，为了获得更小的陡度，采用并联电容较采用串联电感更为经济。

进一步来分析反射波，因为

$$u_A=u_0+u_f$$

将式(4-37)代入上式可得反射波电压为

$$u_f=\frac{Z_2-Z_1}{Z_1+Z_2}u_0-\frac{2Z_1}{Z_1+Z_2}u_0\mathrm{e}^{-\frac{t}{T_C}}$$

同时，反射波电流为

$$i_f=\frac{Z_1-Z_2}{(Z_1+Z_2)Z_1}u_0+\frac{2Z_1}{(Z_1+Z_2)Z_1}u_0\mathrm{e}^{-\frac{t}{T_C}}$$

反射波电压、电流波形如图 4-20(b)所示。

当 $t=0$ 时，$u_f=-u_0$，$i_f=i_1$，此时 $i_A=i_f+i_1=2i_1$；

当 $t=\infty$ 时，$u_f=\dfrac{Z_2-Z_1}{Z_1+Z_2}u_0=\beta u_0$，此时 $i_f=\dfrac{Z_1-Z_2}{(Z_1+Z_2)Z_1}u_0$。

所以，在波到达电容瞬间，电流发生正的全反射，使连接点 A 的电流上升到 $2i_1$ 之后逐渐下降到稳定值，在电压和电流趋于稳定后，稳定值与电容 C 无关，仅取决于 Z_1 和 Z_2。

由此可见，当幅值为 U_0 的无穷长直角波投射到具有并联电容的线路时，由于电容器上的电压不能突变，所以当波投射到电容的瞬间，电容器的电压等于零，全部电场能量均转变为磁场能量，从而流经电容器的电流等于入射波电流的 2 倍，而在波阻抗为 Z_2 的线路上电流将为零。然后，电容器开始充电，在它上面的电压将开始增加，在电容器后面线路也就出现了电压前行波，使电容器上的电压从零增加到稳态值。

【例 4-3】 如图 4-21 所示，设有一幅值为 $U=200$ kV 的直角波沿波阻抗 $Z_1=50\ \Omega$ 的电缆线路侵入波阻抗为 $Z_2=800\ \Omega$ 的发电机绕组，绕组每匝长度为 3 m，匝间绝缘可耐受的电压为 800 V，绕组中波的传播速度为 $v=6\times10^7$ m/s。试计算用并联电容器或串联电感来保护匝间绝缘时它们的数值。

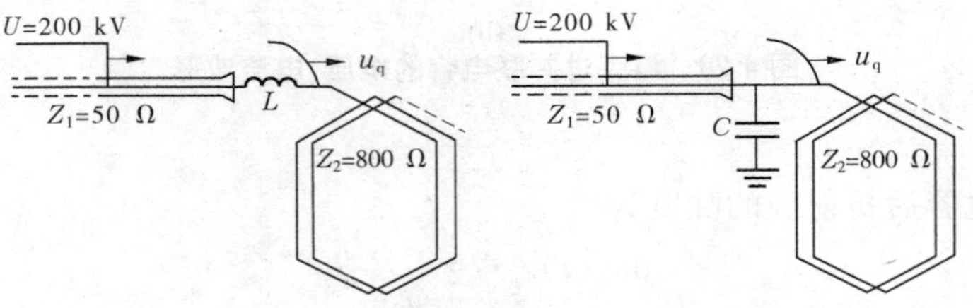

图 4-21　例 4-3 图

解：电机允许承受的侵入波空间最大陡度为

$$\left.\frac{\mathrm{d}u_q}{\mathrm{d}l}\right|_{\max}=\frac{0.8}{3}\ \mathrm{kV/m}$$

当用串联电感时，$L=\dfrac{2Z_2U}{v\left(\dfrac{\mathrm{d}u_q}{\mathrm{d}l}\right)_{\max}}=\dfrac{2\times800\times200}{6\times10^7\times\dfrac{0.8}{3}}=2\times10^{-2}(\mathrm{H})$

当用并联电容时，$C=\dfrac{2U}{vZ_1\left(\dfrac{\mathrm{d}u_q}{\mathrm{d}l}\right)_{\max}}=\dfrac{2\times200}{6\times10^7\times50\times\dfrac{0.8}{3}}=5\times10^{-7}(\mathrm{F})$

第四节　行波的多次折射、反射

前面所述波过程都是在第二条线路上的反射波尚未到达节点 A 的情况。而实际电力系统中，线路的长度总是有限的，例如两段架空线中间加一段电缆，或用一段电缆将发电机连到架空线上等，此时夹在中间的这一段线路就是有限长的。在这些情况下，波在两个节点之间将发生多次折射、反射，本节将介绍用网格法计算行波的多次折射、反射。

用网格法计算波的多次折射、反射的特点，是用网格图把波在节点上的每次折射、反射的情况，按照时间的先后逐一表示出来，使我们可以比较容易地求出节点在不同时刻的电压值。下面我们以计算波阻抗各不相同的三种导线互相串联时节点上的电压为例，来介绍网格法的具体应用。

设在两条波阻抗各为 Z_1 和 Z_2 的长线之间插接一段长度为 l_0、波阻抗为 Z_0 的短线，两个节点分别为 A 和 B，如图 4-22 所示。为了简化计算，假设两侧的两条线路均为无限长线，即是不考虑从线路 1 的始端和线路 2 的末端反射回来的行波。

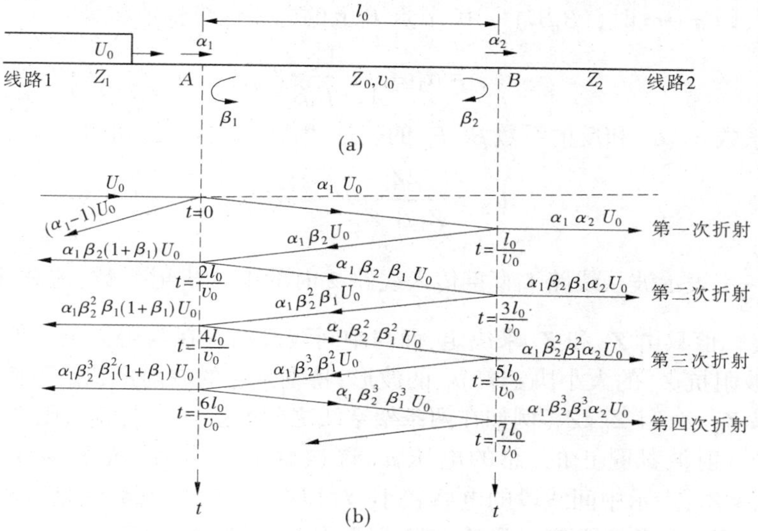

图 4-22　计算波的多次折射、反射的网格图

设一无限长直角波 U_0 从线路 1 投射到节点 A 上来，折射波 $\alpha_1 U_0$ 从线路 Z_0 继续投射到 B 点上来，在 B 点产生的第一个折射波 $\alpha_1\alpha_2 U_0$ 沿着线路 2 继续传播，而在 B 点产生的第一个反射波 $\alpha_1\beta_2 U_0$ 又向 A 点传去，而在 A 点产生的反射波 $\alpha_1\beta_2\beta_1 U_0$ 又沿着 Z_0 投射到 B 点，在 B 点产生的第二个折射波 $\alpha_1\beta_2\beta_1\alpha_2 U_0$ 沿着线路 2 继续传播，而在 B 点产生的第二个反射波 $\alpha_1\beta_2^2\beta_1 U_0$ 又向 A 点传去，如此等等。

以上所用到的折射系数 α_1、α_2 和反射系数 β_1、β_2 的走向标注在图 4-22 中，它们的计算式如下

$$\alpha_1=\frac{2Z_0}{Z_1+Z_0},\alpha_2=\frac{2Z_2}{Z_0+Z_2},\beta_1=\frac{Z_1-Z_0}{Z_1+Z_0},\beta_2=\frac{Z_2-Z_0}{Z_0+Z_2}$$

在线路各点上的电压即为所有折射、反射波的叠加，但需注意它们到达时间的先后，波传过长度为 l_0 的中间线段所需的时间 $\tau=\dfrac{l_0}{v_0}$（式中 v_0 为中间线段的波速）。

以节点 B 上的电压为例，参照图 4-22 中的网格图，以入射波 U_0 到达 A 点的瞬间作为时间的起算点（$t=0$），则节点 B 在不同时刻的电压为

当 $0\leqslant t<\tau$ 时，$u_B=0$

当 $\tau\leqslant t<3\tau$ 时，$u_B=\alpha_1\alpha_2 U_0$

当 $3\tau\leqslant t<5\tau$ 时，$u_B=\alpha_1\alpha_2(1+\beta_1\beta_2)U_0$

当 $5\tau\leqslant t<7\tau$ 时，$u_B=\alpha_1\alpha_2(1+\beta_1\beta_2+\beta_1^2\beta_2^2)U_0$

……

发生第 n 次折射后,即当 $(2n-1)\tau \leqslant t<(2n+1)\tau$ 时,节点 B 上的电压将为

$$\begin{aligned} u_B &= \alpha_1\alpha_2[1+\beta_1\beta_2+(\beta_1\beta_2)^2+\cdots+(\beta_1\beta_2)^{n-1}]U_0 \\ &= \alpha_1\alpha_2\frac{1-(\beta_1\beta_2)^n}{1-\beta_1\beta_2}U_0 \end{aligned} \tag{4-41}$$

当 $t\to\infty$,即 $n\to\infty$ 时,$(\beta_1\beta_2)^n\to 0$,节点 B 上的电压最终幅值将为

$$U_B=\alpha_1\alpha_2\frac{1}{1-\beta_1\beta_2}U_0 \tag{4-42}$$

将折射系数 α_1、α_2 和反射系数 β_1、β_2 的表达式代入式(4-42)可得

$$U_B=\frac{2Z_2}{Z_1+Z_2}U_0=\alpha U_0 \tag{4-43}$$

式中,$\alpha=\dfrac{2Z_2}{Z_1+Z_2}$,表示波从线路 1 直接传入线路 2 时的电压折射系数,这意味着进入线路 2 的电压最终幅值只由 Z_1 和 Z_2 来决定,而与中间线段的存在与否无关。但是,中间线段的存在及其波阻抗 Z_0 的大小决定着 u_B 的波形,特别是它的波前形状。下面分别讨论:

(1)如果 $Z_0<Z_1$ 且 $Z_0<Z_2$(例如在两条架空线之间插接一段电缆),则 β_1 和 β_2 均为正值,因而各次折射波都是正的,总的电压 u_B 逐次叠加而增大,如图 4-23(a)所示。若 $Z_0\ll Z_1$ 且 $Z_0\ll Z_2$,表示中间线段的电感较小、对地电容较大(电缆就是这种情况),就可以忽略电感而用一只并联电容来代替中间线段,从而使波前陡度下降了。

(2)如果 $Z_0>Z_1$ 且 $Z_0>Z_2$(例如在两条电缆线路中间插接一段架空线),则 β_1 和 β_2 皆为负值,但其乘积 $(\beta_1\beta_2)$ 仍为正值,所以折射电压 u_B 也逐次叠加增大,其波形亦如图 4-23(a)所示。若 $Z_0\gg Z_1$ 且 $Z_0\gg Z_2$,表示中间线段的电感较大、对地电容较小,因而可以忽略电容而用一只串联电感来代替中间线段,同样可使波前陡度减小。

(3)如果 $Z_1<Z_0<Z_2$,此时的 $\beta_1<0$,$\beta_2>0$,乘积 $(\beta_1\beta_2)$ 为负值,这时 u_B 的波形将是振荡的,如图 4-23(b)所示,但 u_B 的最终稳态值 $U_B>U_0$。

(4)如果 $Z_1>Z_0>Z_2$,此时的 $\beta_1>0$,$\beta_2<0$,乘积 $(\beta_1\beta_2)$ 亦为负值,故 u_B 的波形如图 4-23(b)所示,且 u_B 的最终稳态值 $U_B<U_0$。

第五节　波在平行多导线系统中的传播

前面分析的都是以大地为回路的单导线线路中波过程的情况,实际上输电线路大都是由多根平行导线组成的。例如,常见的三相交流输电线路的平行导线数目少则 3 根(无避雷线的单回线),多则 8 根(同杆架设的双回线加双避雷线)。此时,每根导线都处于沿某根或若干根导线传播的行波所建立起来的电磁场中,因而都会感应出一定的电位。这种现象在过电压计算中具有重要的实际意义,因为作用在任意两根导线之间绝缘上的电压就等于这两根导线之间的电位差,所以求出每根导线的对地电压是必要的前提。

为了不干扰对基本原理的理解,我们仍然忽略导线和大地的损耗,因而多导线系统中的波过程还是可以近似地看成是平面电磁波的沿线传播,这样一来,只需引入波速 v 就可

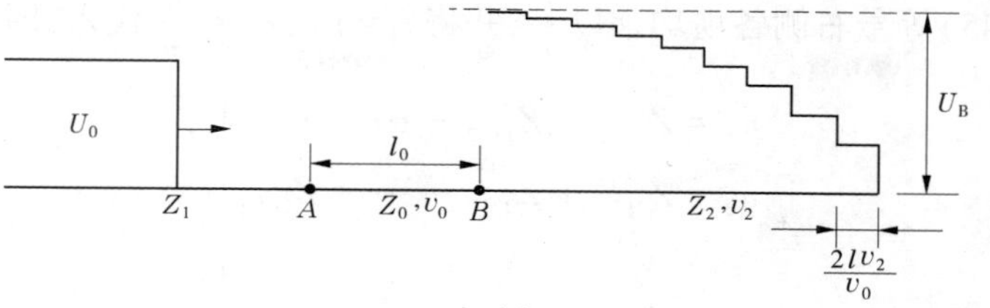

(a)

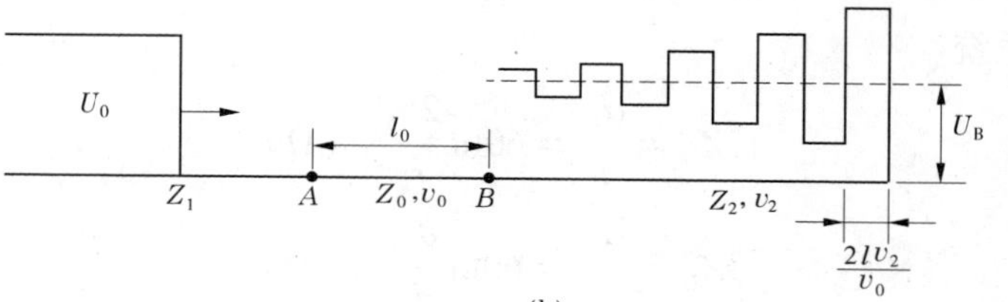

(b)

图 4-23　不同波阻抗组合下的 u_B 波形

将静电电场中的麦克斯韦方程应用于平行多导线系统。本节将介绍在平行于地面的多导线系统中波的传播情况。

根据静电场的基本原理，当单位长度导线上有电荷 q_0 时，其对地电压可表示为 $u=\frac{q_0}{C_0}$（C_0 为单位长度导线的对地电容）。如 q_0 以速度 v 沿着导线运动，则在导线上将有一个以速度 v 传播的电压波 u 和电流波 i，其中

$$i = qv = uC_0\frac{1}{\sqrt{L_0C_0}} = \frac{u}{Z} \tag{4-44}$$

设有 n 根平行导线系统，如图 4-24 所示。它们单位长度上的电荷分别为 $q_1,q_2,\cdots,q_n$，各线的对地电压分别为 $u_1,u_2,\cdots,u_n$。可用静电场中的麦克斯韦方程组表示如下

$$\left.\begin{aligned} u_1 &= \alpha_{11}q_1 + \alpha_{12}q_2 + \cdots + \alpha_{1n}q_n \\ u_2 &= \alpha_{21}q_1 + \alpha_{22}q_2 + \cdots + \alpha_{2n}q_n \\ &\vdots \\ u_n &= \alpha_{n1}q_1 + \alpha_{n2}q_2 + \cdots + \alpha_{nn}q_n \end{aligned}\right\} \tag{4-45}$$

式中，α_{kk} 为第 k 根导线的自电位系数，α_{kn} 为第 k 根导线与第 n 根导线之间的互电位系数，它们的值可按下列二式求得

$$\alpha_{kk} = \frac{1}{2\pi\varepsilon_0}\ln\frac{2h_k}{r_k}\quad(\text{m/F}) \tag{4-46}$$

$$\alpha_{kn} = \frac{1}{2\pi\varepsilon_0}\ln\frac{d_{kn'}}{d_{kn}}\quad(\text{m/F}) \tag{4-47}$$

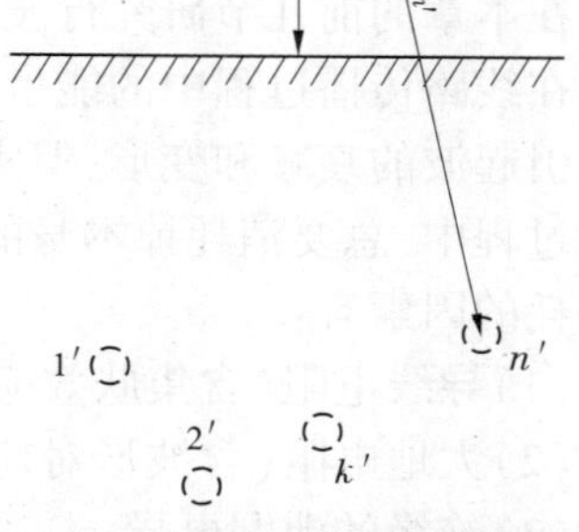

图 4-24　n 根平行导线系统及其镜像

式中，h_k、r_k、$d_{kn'}$、d_{kn} 等几何尺寸的定义见图 4-24。

若将式(4-45)等号右侧各项均乘以$\frac{v}{v}$,并将$i_k = q_k v$,$Z_{kn} = \frac{\alpha_{kn}}{v}$代入,即可得

$$\left.\begin{aligned} u_1 &= Z_{11}i_1 + Z_{12}i_2 + \cdots + Z_{1n}i_n \\ u_2 &= Z_{21}i_1 + Z_{22}i_2 + \cdots + Z_{2n}i_n \\ &\vdots \\ u_n &= Z_{n1}i_1 + Z_{n2}i_2 + \cdots + Z_{nn}i_n \end{aligned}\right\} \tag{4-48}$$

式中,Z_{kk} 称为第 k 根导线的自波阻抗,Z_{kn} 称为第 k 根导线与第 n 根导线间的互波阻抗。对于架空线路系统

$$Z_{kk} = \frac{\alpha_{kk}}{v} = 60\ln\frac{2h_k}{r_k} \quad (\Omega) \tag{4-49}$$

$$Z_{kn} = \frac{\alpha_{kn}}{v} = 60\ln\frac{d_{kn'}}{d_{kn}} \quad (\Omega) \tag{4-50}$$

显然,导线 k 与导线 n 靠得越近,则 Z_{kn} 越大,其极限值等于导线 k 与导线 n 重合时的自波阻抗 Z_{kk}(或 Z_{nn}),所以 Z_{kn} 总是小于 Z_{kk}(或 Z_{nn})。此外,如果架空导线系统是完全对称的,那么,$Z_{kn} = Z_{nk}$。

若导线上同时存在前行波和反行波,则对 n 根导线中的每一根(例如第 k 根),都可以写出下面的关系式

$$\left.\begin{aligned} u_k &= u_{kq} + u_{kf} \\ i_k &= i_{kq} + i_{kf} \\ u_{kq} &= Z_{k1}i_{1q} + Z_{k2}i_{2q} + \cdots + Z_{kn}i_{nq} \\ u_{kf} &= -(Z_{k1}i_{1f} + Z_{k2}i_{2f} + \cdots + Z_{kn}i_{nf}) \end{aligned}\right\} \tag{4-51}$$

式中,u_{kq} 和 u_{kf} 分别为导线 k 上的电压折射波和电压反射波;i_{kq} 和 i_{kf} 分别为导线 k 上的电流折射波和电流反射波。

针对 n 根导线可列出 n 个类似式(4-51)的方程式,再加上边界条件就可以求解无损平行多导线系统中的波过程。

第六节　行波在有损耗线路上的传播

在本章的前几节研究行波沿导线传播时,都假定波的能量并不散失,也就是没有考虑行波在线路传播过程中的能量损耗。尽管行波在理想的无损线路上传播时不会有能量损耗而引起波的衰减和变形,但实际上,电力系统中任何运行的导线都是有损耗的,行波在传播过程中,总要消耗掉本身的一部分或全部能量,因而使行波产生衰减和变形。引起能量损耗的因素有:

(1)导线电阻(含集肤效应和邻近效应)。

(2)大地电阻(含波形对地中电流分布)。

(3)绝缘的泄漏电导。

(4)介质损耗(主要只存在于电缆线路中)。

(5)极高频或陡波下的辐射损耗。

(6)冲击电晕。

上述这些能量损耗因素能引起行波变化,主要表现为:

(1)幅值降低,体现为波的衰减。

(2)波前陡度减小,体现为波前被拉平。

(3)波长增大,体现为波被拉长。

(4)波形不规则处变得平滑。

(5)电压波与电流波的波形不再相同。

以上现象对电力系统过电压防护有着重要意义,并在发电厂和电力系统中获得实际应用。

一、线路电阻和绝缘电导的影响

在考虑线路单位长度的电阻 R_0 和对地电导 G_0 后,输电线路的分布参数等值电路如图 4-25 所示。

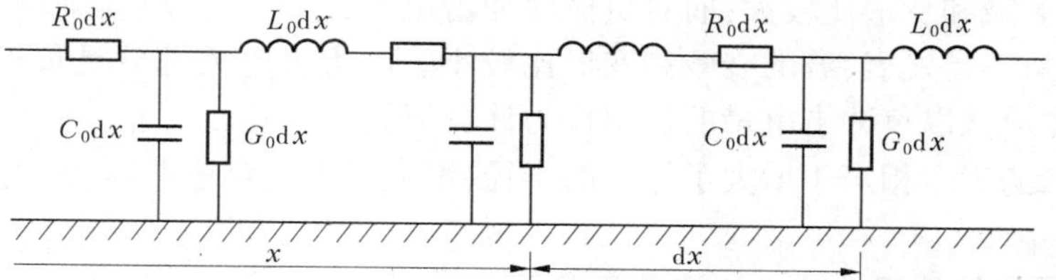

图 4-25　有损导线的分布参数等值电路

图中 R_0 包含导线电阻和大地电阻,G_0 包含绝缘泄漏和介质损耗。当行波在有损导线上传播时,由于 R_0 和 G_0 的存在,将有一部分波的能量转化为热能而耗散,导致波的衰减和变形。但是,如果线路参数满足无畸变导线的条件,即 $R_0C_0 = G_0L_0$,那么,波形不产生畸变而仅有衰减。从电路分析中的均匀长线方程出发,求得过电压波的衰减规律为如下表达式

$$U_x = U_0 e^{-\frac{1}{2}\left(\frac{R_0}{L_0}+\frac{G_0}{C_0}\right)t} = U_0 e^{-\frac{1}{2}\left(\frac{R_0}{Z}+G_0 Z\right)x} \tag{4-52}$$

式中　U_0, U_x——电压波的原始幅值和流过距离 x 后的幅值;

x, t——电压波沿线流动所经过的距离和时间;

Z——导线的波阻抗,$Z=\sqrt{\dfrac{L_0}{C_0}}$。

式(4-52)说明电压波只是按指数规律随距离 x 或时间 t 衰减而不变形。

实际上,无畸变导线的条件很难满足,即 $R_0C_0 \neq G_0L_0$,此时,波在衰减的同时还发生变形的现象。

一般而言,架空导线的绝缘泄漏和介质损耗都很小,波沿架空线传播时,G_0 的影响可忽略,其衰减可近似地按下式进行计算

$$U_x = U_0 e^{-\frac{1}{2}\frac{R_0}{Z}x} \tag{4-53}$$

由式(4-53)可见,行波所流过的距离 x 越长,衰减的越多;R_0/Z 的比值越大,衰减的越多。相比架空线路,电缆的 R_0/Z 值大得多,波在电缆中传播时,一定衰减较多;又因为 R_0 与波的等效频率有关,波形变化越快,集肤效应越显著,因而 R_0 也越大,R_0/Z 值越大,衰减越多。可见,短波(高频波)沿线传播时衰减较显著。

二、冲击电晕的影响

电力系统中的线路受到雷电冲击或出现操作冲击过电压时,若导线上的冲击电压幅值超过其起始电晕电压,则冲击电压波在导线上发生电晕,称为冲击电晕。

导线上一旦形成冲击电晕,那么波沿线路传播时的衰减和变形将主要因冲击电晕而引起。

冲击电晕是在冲击电压波前上升到等于导线电晕起始电压时才开始出现的,形成冲击电晕所需的时刻极短。因而在波前范围内,冲击电晕的发展强度只与电压瞬时值有关而与电压陡度无关。但电压的极性对电晕的发展有很大的影响。当产生正极性冲击电晕时,空间的正电荷加强了距导线较远处的电位递度,有利于电晕的发展,使电晕圈不断扩大,因此波的衰减和变形比较大;而对负极性冲击电晕,空间的正电荷削弱了电晕圈外部的电场,使电晕不易发展,波的衰减和变形比较小。因为雷电大部分是负极性的,所以在过电压计算中应该以负冲击电晕的作用作为计算依据。

冲击电晕的产生相当于增大了导线的半径,增大了导线对地电容,因此对波过程产生如下影响。

(一)使导线的波阻抗减小和波速变慢

当导线上出现电晕后,相当于增大了导线的半径,使得导线对地电容增大。于是,此时的波阻抗为

$$Z' = \sqrt{\frac{L_0}{C_0'}} = \sqrt{\frac{L_0}{C_0 + \Delta C_0}} < Z(Z = \sqrt{\frac{L_0}{C_0}}) \tag{4-54}$$

波阻抗一般可减小 20%~30%。

而波速为

$$v' = \frac{1}{\sqrt{L_0 C_0'}} = \frac{1}{\sqrt{L_0(C_0 + \Delta C_0)}} < v(v = \frac{1}{\sqrt{L_0 C_0}}) \tag{4-55}$$

冲击电晕强烈时,v'可减小到 0.75c(c 为光速)。

由上可见,出现冲击电晕时,导线的波阻抗和波速都将下降。电气规程建议,在雷击杆塔时,不出现电晕,则导线和避雷线的波阻抗可取为 400 Ω,两根避雷线的波阻抗取为 250 Ω,此时波速可近似取为光速;当雷击避雷线档距中央时,电位较高,电晕比较强烈,故规程建议,在一般计算时,避雷线的波阻抗可取为 350 Ω,波速可取为光速的 75%。

(二)使导线的耦合系数增大

当导线上出现电晕以后,相当于增大了导线的有效半径,导线的自波阻抗减小而导线间的互波阻抗增大,因而与其他导线间的耦合系数增大了。前述不考虑电晕时的耦合系数,只取决于导线的几何尺寸及其相互位置,所以又称为几何耦合系数 k_0,出现电晕后,耦合系数由原来的 k_0 增大到 k,可以表示为

$$k = k_1 k_0 \tag{4-56}$$

式中　k_1——耦合系数的电晕修正系数。

电压越高，k_1 值越大。我国规范《交流电气装置的过电压保护和绝缘配合》建议按表 4-1 选取 k_1 值。

表 4-1　耦合系数的电晕修正系数

线路额定电压(kV)	20~35	60~110	154~330	500
两条避雷线	1.1	1.2	1.25	1.28
一条避雷线	1.15	1.25	1.3	—

(三)引起波的衰减与变形

如图 4-26 所示，随着波前电压的上升，从 $u=U_c$ 开始，波的传播速度开始变小，此后变得越来越小，其具体数值与电压瞬时值有关。由于波前各点电压所对应的波速变得不一样，电压越高波速越小，就造成了波前的严重变形。如设 $u_0(t)$ 为原始波形，传播距离 l 后的波形为 $u_1(t)$，在 $u=U_c$ 处出现一明显的台阶；在 $u>U_c$ 以后，当 $u=U_1$ 时，$\Delta t=\Delta t_1$；当 $u=U_2$ 时，$\Delta t=\Delta t_2$；$U_2>U_1$，则 Δt_2 一定大于 Δt_1。Δt 的大小一方面取决于 u 的高低，另一方面也取决于波传播的距离，可用下式表示为

$$\Delta t = t_1 - t_0 = \left(0.5 + \frac{0.008u}{h_d}\right)l \tag{4-57}$$

式中　t_0, t_1——电压从零上升到 U_1 原来所需的时间和波流过距离 l 所需的时间，μs；

h_d——该导线的平均对地高度，m；

l——波传播的距离，km。

如果令 $u=U$(电压波的峰值，kV)，则 t_0 变成 T_0(波前时间)，而 t_1 即为波流过距离 l 后的波前时间 T_1，此时有如下关系

$$T_1 = T_0 + \left(0.5 + \frac{0.008U}{h_d}\right)l \tag{4-58}$$

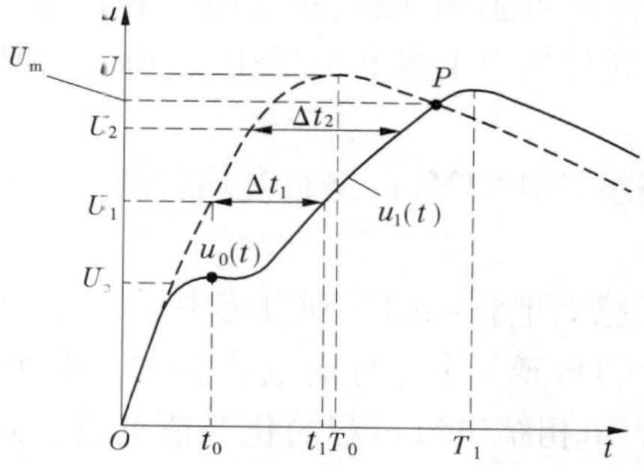

图 4-26　冲击电晕引起行波的衰减与变形

实际经验表明，如果将原始波形 $u_0(t)$ 和变形后的波形 $u_1(t)$ 画在一起，可以近似地认为两条曲线的交点 P 的纵坐标就是变形后电压波的峰值 U_m。

第七节　变压器绕组中的波过程

电力变压器在运行中是与输电线路连接在一起的，因此它们与输电线路一样也会受到来自线路的过电压的侵袭，这时在变压器内部会产生非常复杂的电磁振荡过程，在绕组的主绝缘（对地和对其他两相绕组的绝缘）以及纵绝缘（匝间、层间和线饼间等的绝缘）上出现过电压。分析这些过电压可能达到的幅值和波形是变压器绝缘结构设计的基础。

变压器绕组中的波过程与下列三个因素有很大的关系：

（1）绕组的接法（星形（Y）或三角形（△））。

（2）中性点接地方式（接地还是不接地）。

（3）侵入波情况（一相、两相或三相进波）。

因为变压器是电力系统中的关键设备，绕组中的波过程和线路中的波过程又有所不同，因此为了防止雷电侵入波的危害，需要研究变压器绕组中的波过程。实际上，由于绕组结构的复杂性，为了求取不同波形的冲击电压作用下绕组各点对地电压及各点间电位差随时间的分布规律，完全依靠理论分析方法是不可能的。但为了掌握绕组中波过程的基本规律，必须先建立一个较为简单的等值电路，以便由简入繁，逐步分析。

一、单相绕组中的波过程

尽管变压器既可以做成单相的，又可以做成三相的，但是只有其绕组接成三相才能运行。但对绕组中的波过程进行研究时，在以下两种情况下只需研究单相绕组中的波过程：

（1）采用 Y 接法的高压绕组的中性点直接接地（任何一相进来的过电压都在中性点入地，对其他几相没有影响）。

（2）在中性点不接地时，三相绕组同时进波，因各相绕组完全对称，也以单相绕组对待。

变压器绕组的基本单元是它的线匝，每一匝都有电和磁两方面与其他线匝联系着。绕组的基本电气参数有：各匝的自感和互感、匝间电容和对地电容、导体的电阻和绝缘的电导。实际上，在绕组的不同部位以上参数不尽相同，所以情况变得十分复杂。为了便于分析可作如下简化：

（1）假定上述参数在绕组各处均等，即绕组是均匀的。

（2）忽略电阻和电导。

（3）不单独计入各种互感而把它们归并到自感中。

于是，设单位长度绕组的自感为 L_0，对地电容为 C_0，匝间电容为 K_0，每匝的长度为 Δx，即可得出图 4-27 所示的单相绕组波过程简化等值电路。其中，$\Delta L=L_0\Delta x$，$\Delta C=C_0\Delta x$，$\Delta K=\dfrac{K_0}{\Delta x}$。如果绕组的全长为 l，则整个绕组的参数为 $L=L_0 l$，$C=C_0 l$，$K=\dfrac{K_0}{l}$。

当绕组突然合闸于等值电路的首端时（相当于直角波 U_0 突然施加在绕组中），由于电感中的电流不能突变，故在合闸的瞬间，电感中不会有电流流过，则图 4-27 可进一步简化为图 4-28 所示的等值电路。

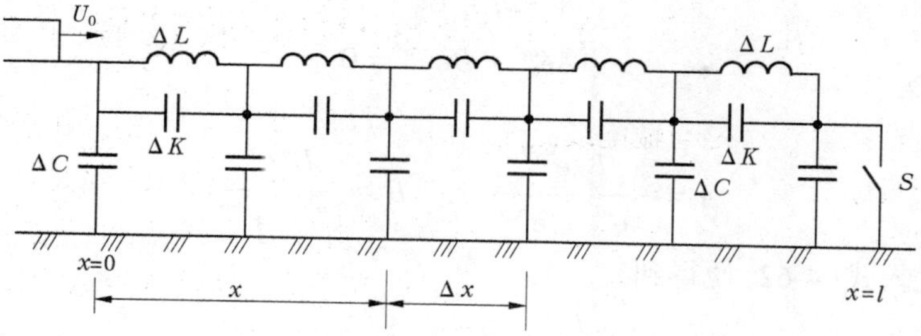

图 4-27　单相绕组波过程简化等值电路

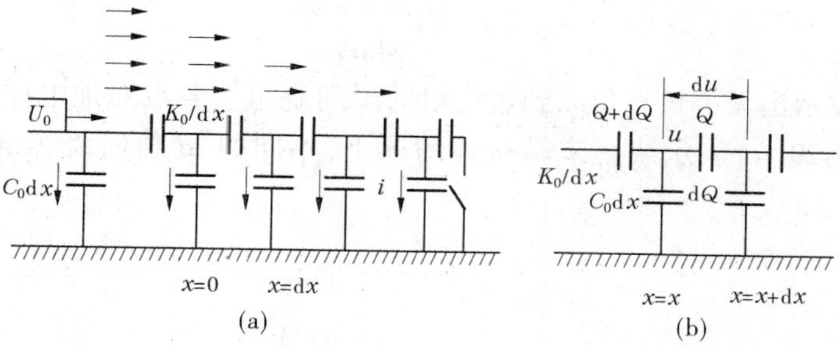

图 4-28　在 $t=0$ 瞬间绕组等值电路

若距离绕组首端为 x 处的电压为 u，纵向电容 $\Delta K=\dfrac{K_0}{\Delta x}$上的电荷为 Q，对地电容 $\Delta C=C_0\Delta x$ 上的电荷为 dQ，以 dx 代替 Δx，则可写出下列方程

$$Q=\frac{K_0}{dx}du \tag{4-59}$$

$$dQ=C_0u dx \tag{4-60}$$

将式(4-59)对 x 微分得

$$\frac{dQ}{dx}=K_0\frac{d^2u}{dx^2}$$

代入式(4-60)可得

$$\frac{d^2u}{dx^2}-\frac{C_0}{K_0}u=\frac{d^2u}{dx^2}-\alpha^2u=0 \tag{4-61}$$

其解为

$$u=Ae^{\alpha x}+Be^{-\alpha x} \tag{4-62}$$

其中，$\alpha=\sqrt{\dfrac{C_0}{K_0}}$，$\alpha l=\sqrt{\dfrac{C}{K}}$，$A$、$B$ 由初始条件决定。

(1)绕组末端接地。

在绕组首端($x=0$)处，$u=U_0$；在绕组末端($x=l$)处，$u=0$，于是有

$$\begin{cases} A + B = U_0 \\ Ae^{\alpha l} + Be^{-\alpha l} = 0 \end{cases} \tag{4-63}$$

解之可得

$$A = -\frac{U_0 e^{-\alpha l}}{e^{\alpha l} - e^{-\alpha l}}, \quad B = \frac{U_0 e^{\alpha l}}{e^{\alpha l} - e^{-\alpha l}} \tag{4-64}$$

将 A、B 代入式(4-62)便得到

$$u = \frac{U_0}{e^{\alpha l} - e^{-\alpha l}}\left[e^{\alpha(l-x)} - e^{-\alpha(l-x)}\right] \tag{4-65}$$

或者

$$u = U_0 \frac{\mathrm{sh}\alpha(l - x)}{\mathrm{sh}\alpha l} \tag{4-66}$$

式(4-66)表示出无穷长直角波到达绕组的瞬间绕组上各点对地电位分布，称为起始电位分布。图 4-29(a)表示绕组末端接地情况下，不同的 αl 值时绕组起始电压的分布曲线。

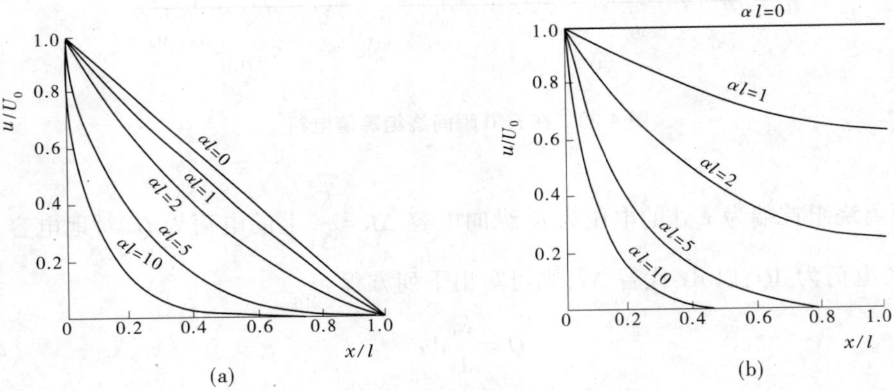

图 4-29 电压沿绕组的起始分布

(2)绕组末端开路。

在绕组首端($x = 0$)处，$u = U_0$；在绕组末端($x = l$)处，$\Delta K = \frac{K_0}{\Delta x}$上的电荷为零，即 $K_0 \left.\frac{du}{dx}\right|_{x=l} = 0$，于是有

$$\begin{cases} A + B = U_0 \\ Ae^{\alpha l} - Be^{-\alpha l} = 0 \end{cases}$$

解上式可得

$$A = \frac{U_0 e^{-\alpha l}}{e^{\alpha l} + e^{-\alpha l}}, \quad B = \frac{U_0 e^{\alpha l}}{e^{\alpha l} + e^{-\alpha l}}$$

将 A、B 代入式(4-62)便得到

$$u = \frac{U_0}{e^{\alpha l} + e^{-\alpha l}}\left[e^{\alpha(l-x)} + e^{-\alpha(l-x)} \right] \tag{4-67}$$

或者

$$u = U_0 \frac{\text{ch}\alpha(l-x)}{\text{ch}\alpha l} \tag{4-68}$$

图 4-29(b)表示了绕组末端开路情况下，不同的 αl 值时绕组起始电压的分布曲线。

从式(4-66) 和式(4-68) 及图 4-29(a)、(b)可以看出，绕组的起始电压分布和绕组的 αl 值有关。一般的变压器 αl 之值为 5~10，当 $\alpha l=10$ 时，$e^{-\alpha l}$ 与 $e^{\alpha l}$ 相比是很小的，将其略去，这样 $\text{sh}\alpha l \approx \text{ch}\alpha l \approx \frac{1}{2}e^{\alpha l}$。于是，绕组末端无论是否接地，都可表示为

$$u = U_0 e^{-\alpha x} = U_0 e^{-\alpha l \frac{x}{l}} \tag{4-69}$$

由式(4-69)可知，绕组中的起始电压分布是很不均匀的，其不均匀程度与 αl 有关。把 αl 改写成 $\alpha l=\sqrt{\frac{C_0 l}{K_0/l}}$，可见，绕组中的起始电压分布取决于全部对地电容 $C_0 l$ 与全部纵向电容 K_0/l 的相对比值。同时看到，大部分电压降落在绕组首端附近，并且在 $x=0$ 处电位梯度最大。由式(4-69)可求得首端梯度的绝对值为

$$\left.\frac{\text{d}u}{\text{d}x}\right|_{x=0} = U_0\alpha = \frac{U_0}{l}\alpha l \tag{4-70}$$

式中　$\frac{U_0}{l}$——绕组的平均电位梯度。

式(4-70)表明，$t=0$ 瞬间，绕组首端的电位梯度将比平均值大 αl 倍。因此，对绕组首端的绝缘需要采取保护措施，例如通过补偿对地电容 $C_0\text{d}x$ 的影响或增大纵向电容$K_0/\text{d}x$，以改善起始电位分布。

试验表明，变压器绕组中的电磁振荡过程在 10 μs 以内尚未发展起来，在这期间，变压器绕组电感中电流很小，可以忽略不计，这样绕组电位分布仍与起始分布相近。因此，在雷电冲击波作用下分析变电所防雷保护时，变压器对于变电所中波过程的影响可用一集中电容 C_T 来代替，C_T 称为变压器的入口电容。由式(4-70)可得

$$C_T = \frac{Q|_{x=0}}{U_0} = \frac{1}{U_0}K_0\left.\left(\frac{\text{d}u}{\text{d}x}\right)\right|_{x=0} = \frac{1}{U_0}K_0U_0\alpha = K_0\alpha = \sqrt{C_0 l \frac{K_0}{l}} = \sqrt{C_0K_0} \tag{4-71}$$

可见，变压器入口电容是绕组全部对地电容与全部匝间电容的几何平均值。它与变压器额定电压与容量有关，各种电压等级的变压器入口电容可参考表 4-2。

表 4-2　变压器入口电容

变压器额定电压(kV)	35	110	220	330	500
入口电容(pF)	500~1 000	1 000~2 000	1 500~3 000	2 000~5 000	4 000~6 000

二、单相绕组中的稳态电压分布

(一)绕组末端接地

当 $t \to \infty$ 时,在电压 U_0 的作用下,绕组的稳态电压将按绕组电阻分配,由于绕组电阻是均匀的,所以其稳态电压分布也是均匀的,如图 4-30(a)中的曲线 2,其电压分布可用下式表示

$$u = U_0\left(1 - \frac{x}{l}\right) \tag{4-72}$$

(二)绕组末端开路

当 $t \to \infty$ 时,绕组各点的电位均为 U_0,即

$$u = U_0 \tag{4-73}$$

如图 4-30(b)中的曲线 2 所示。

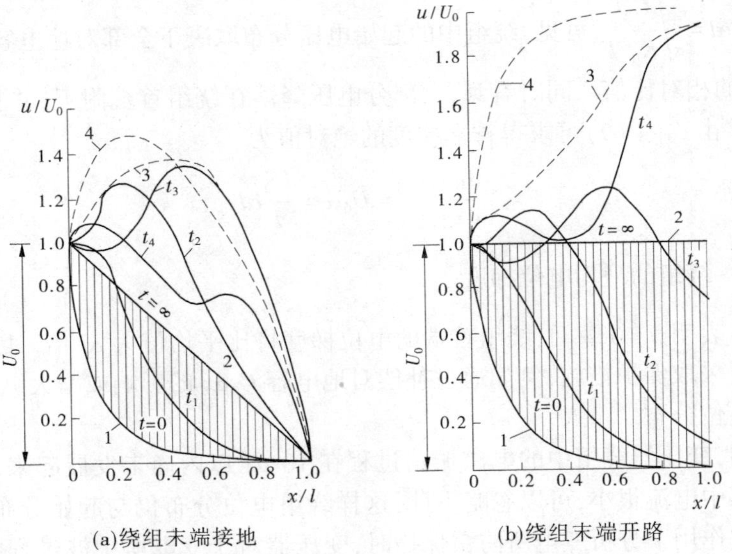

图 4-30 振荡过程中绕组的电压分布

三、绕组中的振荡过程

由于变压器绕组中的初始电压分布和稳态分布不相同,因此从初始分布到稳态分布必然有一过程,此过程因电感、电容间的能量转换而具有振荡性质,振荡的激烈程度和起始分布与稳态分布的差值直接相关。将振荡过程中绕组各点出现的最大电位记录下来并连起来成为最大电位包络线。作为定性分析,通常将稳态分布与初始分布的差值分布叠加在稳态分布上,如图 4-30(a)、(b)中的曲线 3,用以近似地描述绕组中各点最大电位包络线,即

$$u_{max} = (u_\infty - u_0) + u_\infty = 2u_\infty - u_0 \tag{4-74}$$

式中,u_∞,u_0 分别表示稳定电压与起始电压。

显然,用式(4-74)来定性分析绕组中各点最大电位是比较方便的。从图 4-30 可知,末端接地的绕组中,最大电位将出现在绕组首端附近,其值将达 $1.4U_0$ 左右;末端开路的绕组中最大电位将出现在绕组末端附近,其值将达 $2U_0$ 左右。实际上,由于绕组内的损耗,最大值将低于上述数值。

四、侵入波波形对振荡过程的影响

变压器绕组在侵入波的影响下,其振荡过程与侵入波电压的陡度有关。当侵入波波头较长时,陡度较小,上升速度也较慢,则绕组的初始电压分布受电感和电阻的影响,更接近于稳态分布,振荡就会缓和一些,绕组各点对地电位和电位梯度的最大值也将会降低;反之,当侵入波波头较短时,陡度较大,上升速度快,绕组内的振荡过程将很激烈。此外,在运行中变压器绕组可能受到截断波的作用,例如,雷电波侵入变电所后,若由于排气式避雷器动作或其他电气设备的绝缘闪络而使侵入波突然截断,此时变压器的入口电容与离变压器有一段距离的一段线路的电感将会形成振荡回路。此截断波的陡度很大,会在绕组中产生很大的电位梯度,危及绕组纵绝缘。实测表明,截波作用下绕组内的最大电位梯度将比全波作用时大。

实际上,变压器绕组内的波过程除与电压波的幅值有关外,还与它的波形有关。过电压波的波前时间越长,则振荡过程的发展就比较和缓,绕组各点的最大对地电压和纵向电位梯度都将较小;反之则很大。所以,设法降低入侵过电压波的幅值和陡度,对于变压器绕组的主绝缘和纵绝缘都有很大的好处,这是变压器外部保护所应承担的任务,通常通过变电所进线段保护来实现。

实践中对变压器绕组绝缘最严重的威胁是直角短波。这就是为什么变压器类电力设备在高压试验中要进行截波试验的原因,冲击截波就是实际运行中可能出现的最接近于直角短波的严重波形。

五、三相绕组中的波过程

前面分析了变压器单相绕组中的波过程,三相绕组的波过程的基本规律与单相绕组相同。依据三相绕组的不同接线方式,以下分别做简要介绍。

(一)中性点接地的星形接线

当变压器高压绕组是中性点接地的星形接线时,可以看成是三个独立的绕组。不论单相、两相或三相进波都可看作与单相绕组的波过程相同。

(二)中性点不接地的星形接线

中性点不接地的星形接线三相变压器,当冲击电压波单相入侵时(假设 A 相入侵,如图 4-31(a)所示),因为绕组对冲击波的阻抗远大于线路波阻抗,故可认为在冲击波作用下 B、C 两相绕组的端点是接地的,绕组电压的起始分布与稳态分布如图 4-31(b)中的曲线 1、2 所示。因稳态时绕组电压按电阻分布,故中性点 O 的稳态电压为 $\frac{1}{3}U_0$(U_0 为 A 相绕组首端进波电压),因而在振荡过程中中性点 O 的最大对地电位将不超过 $\frac{2}{3}U_0$。当冲击电压波沿两相入侵时，可用叠加法来计算绕组中各点的对地电位。A、B两相各自单独进波时，中性点电位可达$\frac{2}{3}U_0$，因此A、B两相同时进波时，中性点最大电位可达$\frac{4}{3}U_0$，超过了首端的进波电压。当三相同时进波时，与末端不接地的单相绕组的波过程相同，中性点最大电位可达首端进波电压的2倍。

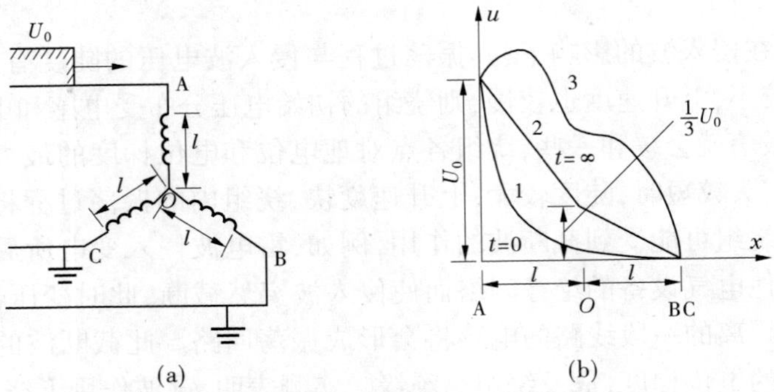

1—初始分布；2—稳态分布；3—最大电压包络线

图4-31　星形接线单相进波时的电压分布

(三)三角形接线

三角形接线的三相变压器，当冲击电压波沿单相入侵时（假定从A点入侵，如图4-32(a)所示），同样因为绕组对冲击波的阻抗远大于线路波阻抗，故B、C两端点相当于接地。因此，在AB、AC绕组中的波过程分别与末端接地的单相绕组相同。

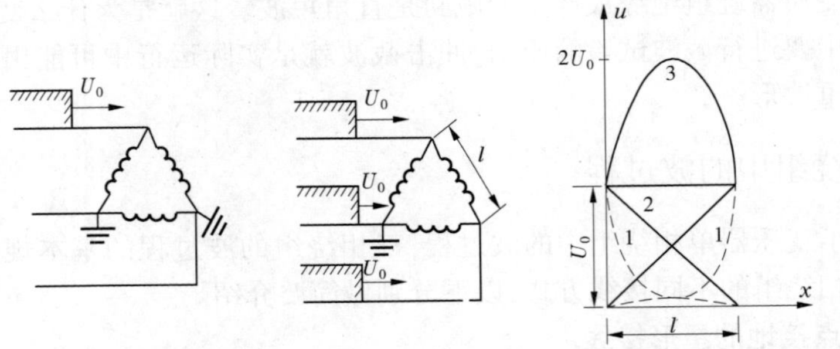

1—初始分布；2—稳态分布；3—最大电压包络线

图4-32　三角形接线单相和三相进波

两相和三相进波时可用叠加法进行分析。图4-32(c)中曲线1、曲线2表示三相进波时绕组中的初始电压分布与稳态电压分布，图中曲线3为绕组各点对地最大电压包络线，绕组中部对地电位最高，可达$2U_0$。

六、冲击电压在绕组间的传递

当冲击电压波入侵于变压器的高压绕组时，会在低压绕组中产生过电压。波由高压绕组向低压绕组传播的途径有两个：一个是通过静电感应的途径，另一个是通过电磁感应的途径，分别简述如下。

（一）绕组间的静电感应（电容传递）

当外界冲击电压施加到一次绕组时，因电感中的电流不能突变，一、二次绕组的等值电路与图 4-28 相似，都是电容链，且绕组间又存在电容耦合，在一、二次绕组上都立刻形成各自的起始电压分布。当二次绕组开路时，传递到它上面的最大电压发生在一次绕组首端相对应的端点上，其数值可由简化公式估算。若绕组 Ⅰ 首端所加的电压波幅值是 U_0（见图 4-33），则绕组 Ⅱ 上对应端的静电分量 u_{2q} 为

$$u_{2q}=\frac{C_{12}}{C_{12}+C_2}U_0 \tag{4-75}$$

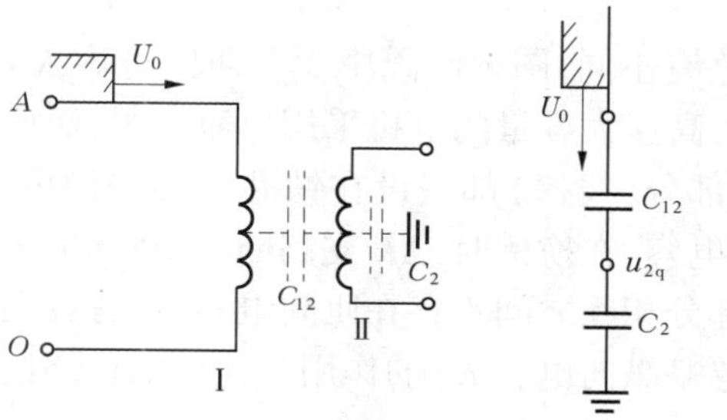

图 4-33　变压器绕组间的静电耦合

式中　C_{12}——绕组 Ⅰ、Ⅱ 间的电容；

C_2——绕组 Ⅱ 的对地电容。

一般说来，低压绕组通常和很多线路或电缆连接，故 C_2 远大于 C_{12}，所以静电分量较小，一般没有危险。但是，对于三绕组变压器，如果高压侧和中压侧均处于运行状态而低压侧开路，则电容 C_2 较小，当由高压侧或中压侧进波时，静电耦合分量有可能危及低压绕组的绝缘，需要采取保护措施。

（二）绕组间的电磁感应（电磁传递）

一次绕组在冲击电压作用下，绕组电感中会逐渐通过电流，所产生的磁通将在二次绕组中感应出电压，这就是电磁耦合分量。电磁耦合分量按绕组间的变比传递，它的大小与一、二次绕组的接线方式，以及一次绕组是单相、两相或三相进波等情况有关。由于低压绕组的相对冲击强度（冲击试验电压与额定相电压之比）较高压绕组大得多，因此凡高压绕组可以耐受的电压（加避雷器保护）按变比传递至低压侧时，对低压绕组亦无危害。

第八节　旋转电机绕组中的波过程

本节所研究的旋转电机是指那些与电网直接相连的或与变压器构成单元接线的发电机、同步调相机和大型电动机等旋转设备。它们的绕组在运行中也有可能受到过电压波的作用。

当过电压波侵入到电机绕组上时,也可以像变压器一样,用单位长度绕组的自感 L_0、对地电容 C_0 和匝间电容 K_0 组成链式等值电路,如图 4-34 所示。

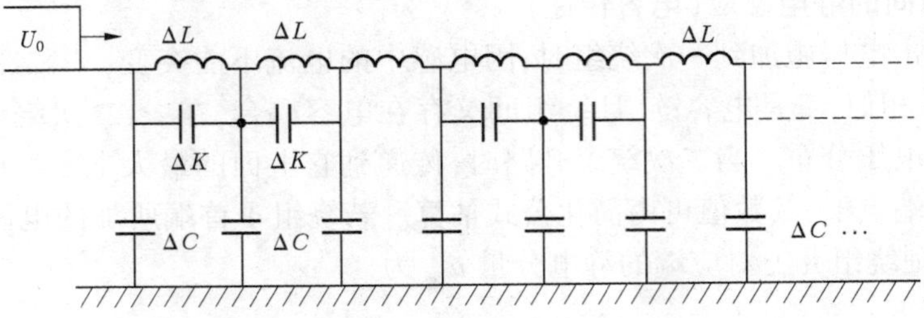

图 4-34 旋转电机绕组波过程简化等值电路(一)

图 4-34 与图 4-27 略有不同,图中间隔中少了匝间电容 K_0。这是因为电机绕组一般分为单匝和多匝两大类,高速大容量的电机采用单匝绕组,而低速小容量的电机采用多匝绕组。由于绕组的直线部分(线棒)都嵌设在铁芯中的线槽内,在多匝绕组时,只有在同槽的各匝之间存在匝间电容,在换槽时,ΔK 支路断缺,故形成图 4-34 所示的等值电路;在单匝绕组时,槽内线棒部分相互之间不存在匝间电容,只有露在槽外的端接部分有不大的电容耦合,因而更可以忽略纵向电容 K_0 的作用。这样电机绕组波过程简化等值电路将如图 4-35 所示。

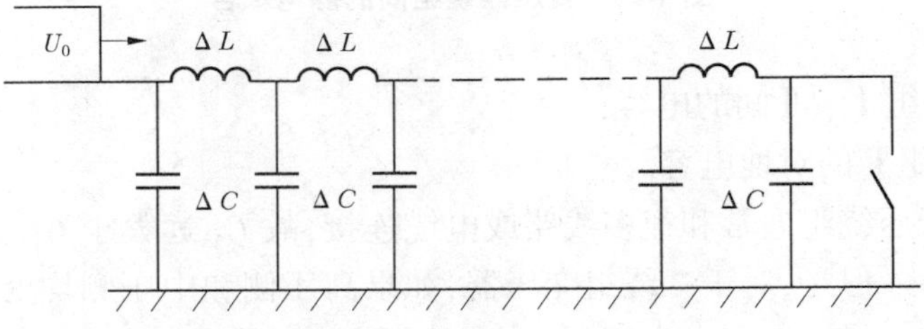

图 4-35 旋转电机绕组波过程简化等值电路(二)

图 4-35 中每匝的长度为 Δx,即可得出图 4-27 所示的单相绕组波过程简化等值电路。对于多匝绕组,尽管同槽各匝之间存在 ΔK,但因为电机大都有限制进波陡度的保护措施,因此抵达电机绕组首端的过电压波的波前陡度都不大,流过 ΔK 的电流很小,因而忽略 ΔK 的作用而引起的误差可以接受。如此就可以认为旋转电机绕组中的波过程与输电线路类似,而与变压器绕组中的波过程差别较大,所以采用类似于输电线路那样的波过程分析方法,引入波阻抗、波速等概念来分析旋转电机绕组中的波过程。

电机绕组中的波过程因大量折射、反射而变得极其复杂,可采取平均的方法作宏观的处理,即不必区分槽内、槽外,而用一个平均波阻抗和平均波速来表示。这样一来,电机绕组中的波过程将因大量折射、反射而变得极其复杂。不过在一般工程分析中,不需要了解波过程的细节,因而可用取平均的方法做宏观的处理,即不必区分槽内、槽外,而用一个平均波阻抗和平均波速来表示。

当过电压波投射到电机绕组上时，电机绕组也可以像变压器绕组那样，用 L_0、C_0 和 K_0 组成的链式等值电路来表示。

实用电机绕组的槽内部分和端部的 L_0、C_0 是不同的，因此绕组的波阻抗和波速也随着绕组进槽和出槽而有规则地重复变化，如图 4-36 所示。

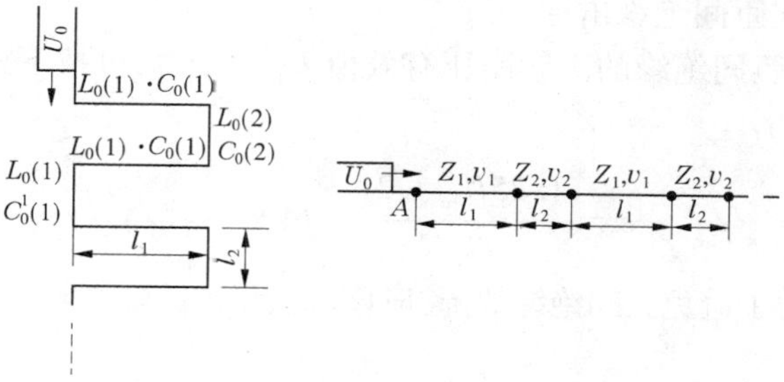

1—槽内；2—端部

图 4-36　因槽内、外不同条件所得出的电机绕组波过程等值电路

电机绕组的波阻抗 $Z=\sqrt{\dfrac{L_0}{C_0}}$ 与该电机的容量、额定电压和转速有关，一般随着容量的增大而减小（C_0 变大）、随额定电压的增大而增大（绝缘厚度的增加导致 C_0 的减小）。电机绕组中的波速 v 也随容量的增大而减小。

波在电机绕组中传播时，与在输电线路中的传播过程有所不同的是，在频率极高的冲击波作用下，电机铁芯中的损耗是相当可观的，再加上导体的电阻损耗（铜损）和绝缘的介质损耗，因此波在电机绕组中传播时，衰减和变形都很显著。其衰减程度可按下式估计

$$U_x = U_0 e^{-\beta x} \tag{4-76}$$

式中　U_0——绕组首端电压，kV；

U_x——距首端 x 处的电压，kV；

x——波在绕组中传播的距离，m；

β——衰减系数，中小容量和单绕组大容量电机的 $\beta=0.005\ \text{m}^{-1}$，大容量双绕组电机的 $\beta=0.001\,5\ \text{m}^{-1}$。

当波沿着电机绕组传播时，最大的纵向电位梯度也将出现在绕组的首端，如图 4-37 所示。

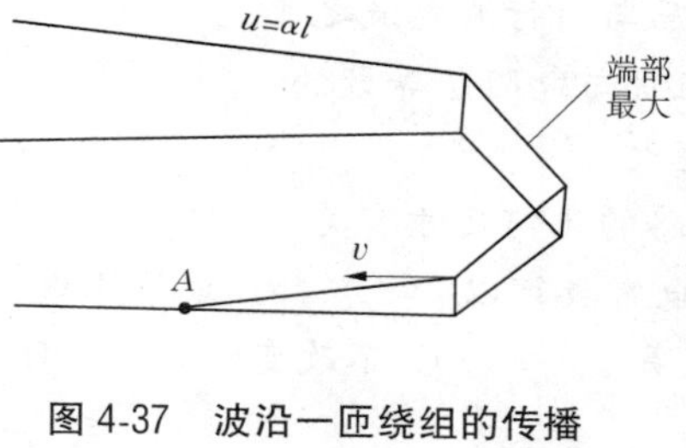

图 4-37　波沿一匝绕组的传播

设绕组一匝的长度为 l_ω(m)，平均波速为 v(m/s)，进波的波前陡度为 α(kV/μs)，则

作用在匝间绝缘上的电压为

$$u_{\omega}=\alpha\frac{l_{\omega}}{v} \tag{4-77}$$

由式(4-77)可知,匝间电压与进波的陡度成正比。当匝间电压超过了匝间绝缘的冲击耐压值,就可能引起匝间绝缘击穿事故。

若已知电机绕组匝间绝缘的工频耐压有效值 $U_{1\min}$(kV),可按下式求得容许的进波陡度为

$$\alpha=\frac{1.25U_{1\min}\sqrt{2}v}{l_{\omega}}\quad(\mathrm{kV/\mu s}) \tag{4-78}$$

试验结果表明,为了避免匝间绝缘故障,应该设法将进波陡度限制到 4~6 kV/μs 以下。

习　题

一、填空题

1. 电磁波沿架空线路的传播速度为__________。
2. 传输线路的波阻抗与__________和__________有关,与线路长度无关。
3. 在末端开路的情况下,波发生反射后,导线上的电压会__________。
4. 波传输时,发生衰减的主要原因是__________、__________、__________。
5. Z_1、Z_2 两不同波阻抗的长线相连于 A 点,行波在 A 点将发生折射与反射,反射系数 β 的取值范围为__________。

二、选择题

1. 波在线路上传播,当末端短路时,以下关于反射描述正确的是__________。

A. 电流为 0,电压增大一倍

B. 电压为 0,电流增大一倍

C. 电流不变,电压增大一倍

D. 电压不变,电流增大一倍

2. 下列表述中,对波阻抗描述不正确的是__________。

A. 波阻抗是前行波电压与前行波电流之比

B. 对于电源来说,波阻抗与电阻是等效的

C. 线路越长,波阻抗越大

D. 波阻抗的大小与线路的几何尺寸有关

3. 减小绝缘介质的介电常数可以__________电缆中电磁波的传播速度。

A. 降低　　B. 提高　　C. 不改变　　D. 不一定

三、计算问答题

1. 简述波传播过程的反射和折射。

2. 波阻抗与集中参数电阻本质上有什么不同？

3. 简述彼德逊法则的内容、应用和需注意的地方。

4. 在何种情况下应使用串联电感来降低入侵波的陡度？在何种情况下应使用并联电容？试举例。

5. 试述冲击电晕对防雷保护的有利方面和不利方面。

6. 当冲击电压作用于变压器绕组时，在变压器绕组内将出现振荡过程，试分析出现振荡的根本原因，并由此分析冲击电压波形对振荡的影响。

7. 为什么说冲击截波比全波对变压器绕组的影响更为严重？

8. 试分析在冲击电压作用下，发电机绕组内部波过程和变压器绕组内部波过程的不同点。

第五章　雷电及防雷设备

雷电是自然界中宏伟壮观的现象，也是频繁发生的现象，它会对人的生命造成伤害，引发森林、建筑物火灾，干扰导航与通信，尤其是对电力系统中大面积存在的输电线路、变电所、电厂等中运行的设备绝缘造成损毁，因此对雷电的研究和防护意义重大。

雷电放电实质上是一种超长气隙的火花放电，它所产生的雷电流高达数十甚至数百千安，从而会引起巨大的电磁效应、机械效应和热效应。

从电力系统的角度来看，值得我们注意的两个方面：一是雷电放电在电力系统中引起很高的雷电过电压，它是造成电力系统绝缘损坏故障和停电事故的主要原因之一；二是产生巨大电流，使被击物体炸毁、燃烧，使导体熔断或通过电动力引起机械损坏。本章主要研究与第一方面相关的问题，即雷电放电的基本过程及主要的防雷设备。

第一节　雷电放电和雷电过电压

一、雷云的形成及其放电过程

雷云是在一定的大气和大地条件下，由强大的潮湿的热气流不断上升进入稀薄的大气层冷凝的结果。强烈的上升气流穿过云层，水滴被撞分裂带电。轻微的水沫带负电，被风吹得较高，形成大块带负电的雷云；大滴水珠带正电，凝聚成雨下降，或悬浮在云中，形成一些局部带正电的区域，如图 5-1 所示。实测表明，在 5~10 km 的高度主要是正电荷的云层，在 1~5 km 的高度主要是负电荷的云层，但在云层的底部也有一块不大区域的正电荷聚集。雷云中的电荷分布很不均匀，往往形成多个电荷密集中心。每个电荷中心的电荷为 0.1~10 C，而一大块雷云同极性的总电荷则可达数百库仑。这样，在带有大量不同极性或不同数量电荷的雷云之间，或雷云和大地之间就形成了强大的电场。随着雷云的发展和运动，一旦空间电场强度超过大气游离放电的临界电场强度（大气中的电场强度约为 30 kV/cm，有水滴存在时约为 10 kV/cm），就会发生云间或对地的火花放电，放出几十乃至几百千安的电流，产生强烈的光和热（放电通道温度高达 15 000~20 000 ℃），使空气急剧膨胀震动，发生霹雳轰鸣。这就是闪电伴随雷鸣叫作雷电的缘故。雷云的生命史可以分为形成阶段、成熟阶段、消散阶段三个阶段。

雷云起电的机制目前主要有四种理论：一是水滴分裂效应：云中水滴在高速气流中做激烈运动，分裂成一些带负电的较大颗粒和带正电的较小颗粒，后者同时被上升气流携带到高空，前者落在低空，这样正负两种电荷便在云层中被分离，这也就是造成 90%的云层下部带负电的原因。二是吸电荷效应：由于宇宙射线或其他电离作用，大气中存在正负离子，又因为空间存在电场，在电场力的作用下正负离子在云的上下层分别积累，从而使雷云带电，又称感应起电。三是水滴冻冰效应：水滴在结冰过程中会产生电荷，冰晶带正电

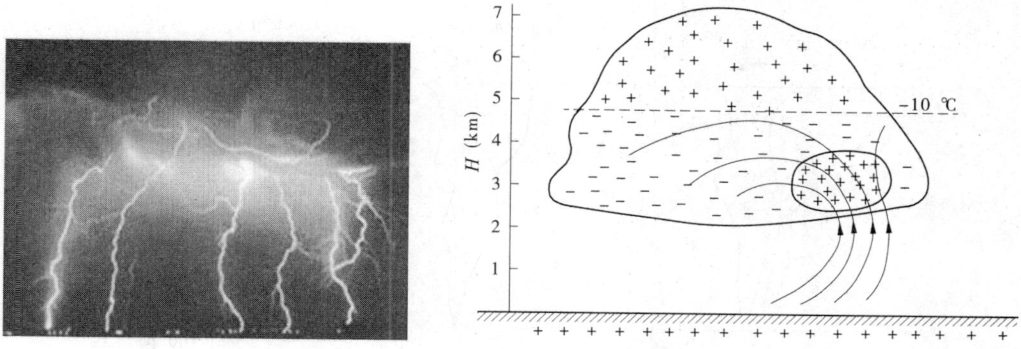

图 5-1　雷云中的电荷分布

荷，水带负电荷，当上升气流把冰晶上的水分带走时，就会导致电荷的分离，而使雷云带电。四是温差起电效应：试验证明，在冰块中存在着正离子（H^+）和负离子（OH^-），在温度发生变化时，离子发生扩散运动并相互分离。积雨云中的冰晶和雹粒在对流的碰撞与摩擦运动中会造成温度差异，并因温差起电，带电的离子又因重力和气候作用而分离扩散，最后达到一定的动态平衡。

综上所述，雷云起电可能是某一机制也可能是多种机制的综合效应而产生的，尽管目前获得比较广泛认同的是水滴分裂起电理论。但无论是何种机制产生的，总是质量较轻、带正电的堆积在云层上方；较重、带负电的聚集在云层底部。至于地面则受云层底部大量负电的感应而带正电。当正负两种电荷的差异极大时，就会以闪电的形式把能量释放出来。

雷电观测表明，雷云电荷的中和过程并不是一次完成的，往往出现多次重复雷击的情况，究其原因是在雷云起电的过程中，在云中可形成许多个密度较大的电荷中心，第一次先导主放电所造成的第一次冲击主要是中和第一个电荷中心的电荷。在第一次冲击完成之后，主放电通道暂时还保持高于周围大气的电导率，其他的电荷中心将对第一个电荷中心放电，利用已有的主放电通道对地放电，从而形成第二次冲击、第三次冲击……造成多重雷击，两次冲击之间平均相隔约 30 ms。通常第一次冲击放电的电流最大，以后各次的电流较小。第二次冲击及以后各次冲击的先导放电不再是分级的，而是自上而下连续发展不间歇，称为箭状先导。如图 5-2 所示为高速摄影的雷电放电发展过程。

二、雷电参数

（一）雷暴日及雷暴小时

雷暴日及雷暴小时反映出雷电活动的频度。电力系统的防雷设计显然应当从雷电活动的频繁程度出发，有效而又经济地设计出电气绝缘结构，对强雷区应加强防雷保护，对弱雷区可相应降低保护要求。

为了可靠地掌握雷电活动规律，以便作为防雷问题考虑的依据，应该从该地区雷电活动的具体情况出发，进行长期的实测和统计工作。评价某个地区雷电活动的多少，通常以该地区多年统计得到的平均出现雷暴的天数或小时数作为指标。

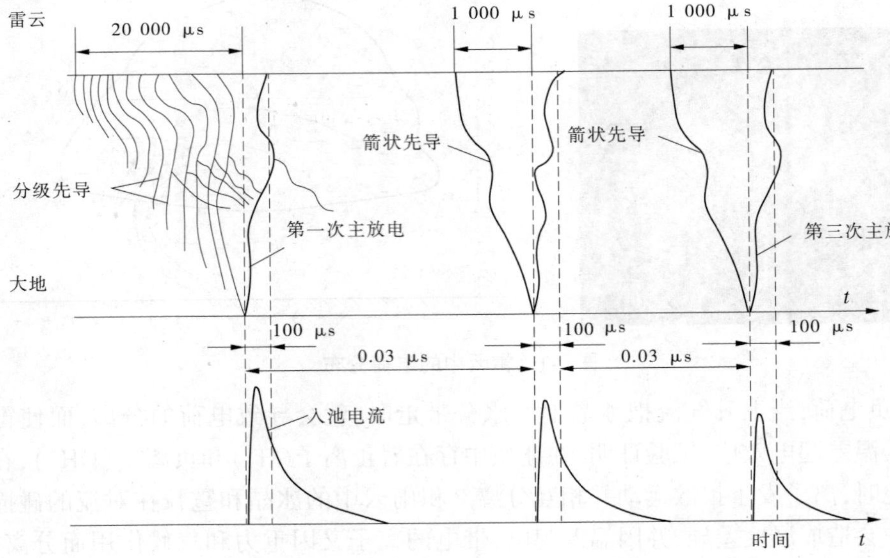

图 5-2　雷电放电发展过程

雷暴日 T_d 是一年中发生雷电的天数,以听到雷声为准,在一天内只要听到过雷声,无论次数多少,均记为一个雷暴日。

雷暴小时 T_h 是一年中发生雷电放电的小时数,在一个小时内只要有一次雷电,即记为一个雷暴小时。统计表明,一个雷暴日约可折合三个雷暴小时。

各个地区的雷暴日数多少与该地区所在纬度有关,同时还取决于当地气象条件、地形地貌等因素,因而世界各地差异较大。为了对不同地区的电力系统耐雷性能(如输电线路雷击跳闸率)做比较,必须将它们换算到同样的雷电频度条件下,通常取 40 个雷暴日作为基准。

通常界定雷暴日数等于或少于 15 的地区为少雷区,超过 40 的地区为多雷区,超过 90 的地区及运行经验表明雷害特别严重的地区为强雷区。根据长期统计的结果,在我国规程中也绘制了全国平均雷暴日分布图,可作为防雷设计的依据。如全年平均雷暴日数约为 40 的长江流域和华北的某些地区,年平均雷暴日数不超过 15 的西北地区,以及超过 40 的华南某些地区。在防雷设计中应根据雷暴日数的多少因地制宜。

(二)地面落雷密度(γ)

雷暴日或雷暴小时仅仅表示某一地区雷电活动的频度,它并没有区分是雷云之间的放电还是雷云对大地的放电。但是,从防雷观点来看,应是雷云对大地的放电次数,所以需要引入地面落雷密度 γ 这个参数,它表示每平方千米地面在一个雷暴日受到的平均雷击次数。世界各地的 γ 取值不尽相同,年雷暴日数不同的地区,γ 值也各不相同,一般 T_d 较大的地区 γ 值也较大。我国标准对 $T_d=40$ 的地区,取 $\gamma=0.07$。实际运行经验显示,某些地区的落雷密度远大于上述平均值。它们或者是一块土壤电阻率 ρ 较周围土地小得多的场地,或者在山谷间的小河近旁,或者是迎风的山坡等。这些地块被称为易击区,所以在为发电厂、变电所、输电线路选址时,应该避开这些雷击选择性特别强的易击区。

(三)雷道波阻抗(Z_0)

前述雷电的主放电过程沿着先导通道由下而上地推进时,使原来的先导通道变成了雷电通道(也称主放电通道)。雷电通道长度数千米,而半径仅为数厘米,因而类似于一条细长的分布参数线路,具有某一等值波阻抗,称为雷道波阻抗。

这样,主放电过程就可看作是一个电流波沿着波阻抗为 Z_0 的雷道投射到雷击点的波过程。依据理论计算和实测结果,我国规程《交流电气装置的过电压保护和绝缘配合》(DL/T 620—1997)建议雷电通道的波阻抗取为 $Z_0 \approx 300 \sim 400\ \Omega$。

(四)雷电的极性

依据实测结果,负极性雷击占 75%~90%,而且负极性过电压波沿线路传播时衰减既慢又小,因而对设备绝缘危害较大。所以,在防雷计算中雷电一般均按负极性考虑。

(五)雷电流幅值(I)

雷电的强度常用雷电流幅值 I 来表示。雷电流的大小除与雷云中的电荷数量有关外,还与被击中物体的波阻抗或接地电阻的量值有关,通常定义雷电流为雷击于低阻接地电阻($\leqslant 30\ \Omega$)的物体时流过雷击点的电流。它近似等于电流入射波 I_0 的 2 倍,即 $I \approx 2I_0$。

雷电流为非周期冲击波,其幅值与气象、自然条件等有关,只有通过大量实测才能正确估计其概率分布规律,图 5-3 为我国目前使用的雷电流幅值的概率分布曲线。一般地区,雷电流幅值超过 I 的概率可用式(5-1)计算

$$\lg P = -\frac{I}{88} \tag{5-1}$$

式中 I——雷电流的幅值,kA;

P——幅值超过 I 的雷电流的概率(%)。

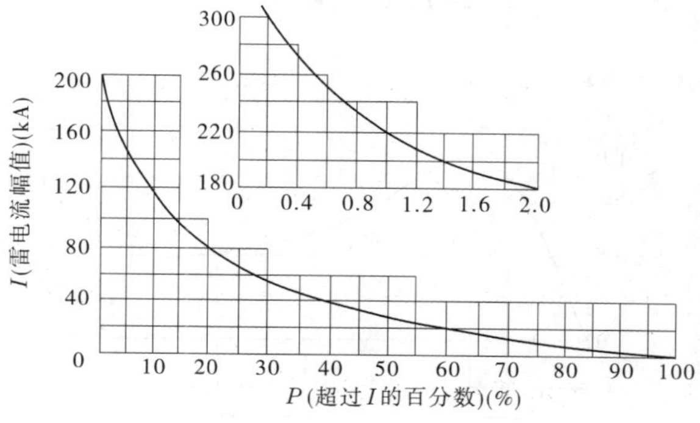

图 5-3 我国雷电流幅值的概率分布

例如,大于 88 kA 的雷电流幅值出现的概率约为 10%。

对我国陕南以外的西北地区、内蒙古自治区的部分地区(此类地区的年平均雷暴日在 20 以下),雷电流幅值较小,可由给定的概率按图 5-3 查出的雷电流幅值后减半确定。

也可按式(5-2)求

$$\lg P = -\frac{I}{44} \tag{5-2}$$

(六)雷电流的波前时间、陡度及波长

依据实测分析,雷电流的波前时间 T_1 为 1~4 μs,平均为 2.6 μs。电流的波长(半峰值时间)T_2 为 20~100 μs,多数为 40 μs 左右。根据实测的统计结果,规程《交流电气装置的过电压保护和绝缘配合》(DL/T 620—1997)建议我国防雷设计采用 2.6/40 μs 的波形;在绝缘的冲击高压试验中,把标准雷电冲击电压的波形定为 1.2/50 μs。

雷电流的幅值和波前时间决定了它的波前陡度 α,它也是防雷计算和决定防雷保护措施时的一个重要参数。实测表明,雷电流的波前陡度 α 与其幅值 I 是密切相关的,我国规定波前时间 $T_1=2.6$ μs。所以,雷电流波前的平均陡度

$$\alpha = \frac{I}{2.6} \quad (\text{kA}/\mu\text{s}) \tag{5-3}$$

波前陡度的最大极限值一般可取 50 kA/μs 左右。

(七)雷电流的计算波形

雷电流的波头和波尾皆为随机变量,其平均波尾为 40 μs 左右;波长对防雷计算结果几乎无影响,为简化计算,一般可视波长为无限长;对于中等强度以上的雷电流,波头大致为 1~4 μs。实测表明,雷电流幅值与陡度的线性相关系数约为 2.6。

雷电流的波头形状对防雷设计是有影响的,因此在防雷设计中需对波头形状做出规定。规程建议在一般线路防雷设计中波头形状可取斜角波;而在设计特殊高塔时,可取半余弦波头。于是,在防雷计算中,按不同要求采用不同的计算波形。

1. 双指数波

如图 5-4 所示,该双指数波形可用解析式表示为

$$i = I_0(e^{-\alpha t} - e^{-\beta t}) \tag{5-4}$$

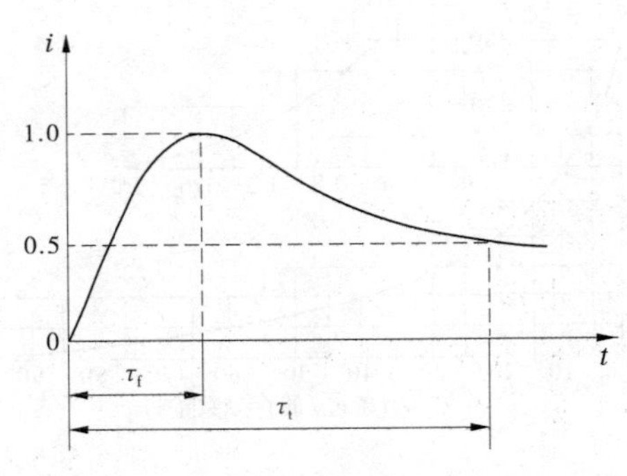

图 5-4 双指数波

式(5-4)中,I_0 为某一大于雷电流幅值 I 的电流值;图 5-4 中波前 $\tau_f=1.2$ μs,$\tau_t=50$ μs。

双指数波是与实际雷电流波形最为接近的等值计算波形,但非常复杂。

2. 斜角波

如图 5-5 所示，该斜角波形可用解析式表示为

$$i = \alpha t \tag{5-5}$$

式中　α——波前陡度，kA/μs。

斜角波的数学表达式最简单，用来分析与雷电流波前有关的波过程比较方便。

3. 斜角平顶波

如图 5-6 所示，该斜角平顶波形可用解析式表示为

$$\left.\begin{aligned} i &= \alpha t \quad (t \leqslant T_1) \\ i &= \alpha T_1 = I \quad (t > T_1) \end{aligned}\right\} \tag{5-6}$$

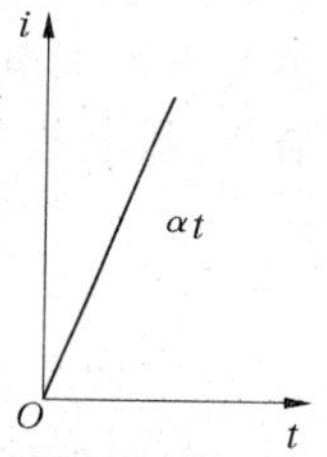

图 5-5　斜角波

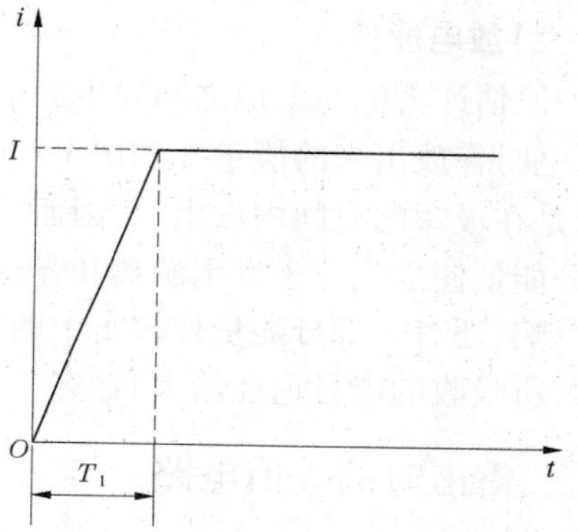

图 5-6　斜角平顶波

此波形用于分析发生在 10 μs 以内的各种波过程，有很好的等值性。

4. 半余弦波

如图 5-7 所示，该半余弦波形可用解析式表示为

$$i = \frac{I}{2}(1 - \cos\omega t) \tag{5-7}$$

式中　ω——等值半余弦波的角频率，$\omega = \frac{\pi}{T_1}$。

这种波形更接近实际雷电波波前形状，仅在特殊场合（如特高杆塔的防雷计算）才采用，使计算更加接近于实际且偏于严格。

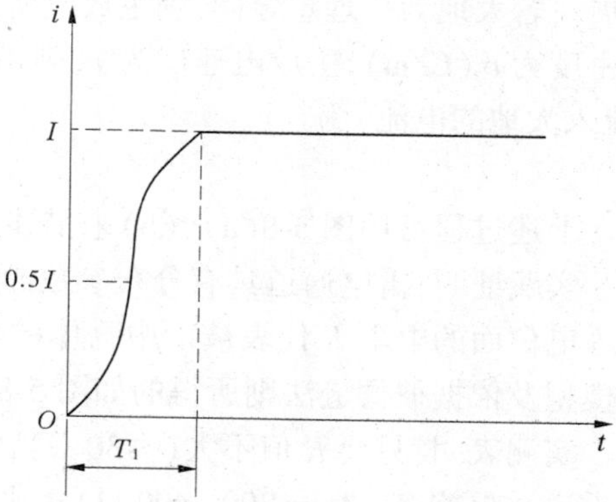

图 5-7　半余弦波形

半余弦波的最大陡度出现在 $t = \frac{T_1}{2}$ 处，其值为

$$\alpha_{max} = \left.\frac{di}{dt}\right|_{max} = \frac{I\omega}{2} \tag{5-8}$$

平均陡度

$$\alpha = \frac{I}{T_1} = \frac{I\omega}{\pi} \tag{5-9}$$

将式(5-8)与式(5-9)相比可得$\frac{\alpha_{max}}{\alpha} = \frac{\pi}{2}$,可见采用半余弦波时的最大波前陡度为采用斜角波时的波前陡度的$\frac{\pi}{2}$倍,因而相比斜角波偏于严格。

(八)雷电的多重放电次数及总延续时间

前述已知,一次雷击往往包含多次重复冲击放电。实测数据的统计表明,有55%的对地雷击包含两次以上的重复冲击,3~5次冲击者有25%,10次以上者有4%。平均重复冲击次数取3次。一次雷电总延续时间,有50%小于0.2 s,大于0.62 s的只占5%。

(九)放电能量

一般估计雷电与大地之间发生放电时的电压约为1×10^7 V,总的放电量Q为20 C,那么,放电时释放出来的能量$A = 10^7\ \text{V}\times 20\ \text{C} = 20\times10^7\ \text{W}\cdot\text{s}$,约为55 kW·h。放电能量不大,但是在极短的时间内放出的,因而功率很大。这些能量主要消耗在这样几个方面:一小部分能量使空气分子发生游离和光辐射;大部分能量消耗在雷道周围空气的突然膨胀,产生巨响;还有一部分能量使被击中的接地物体发热。归根结底,雷电放电就把原先产生雷云时所吸收的能量返还给大自然。

三、雷击时的等值电路

如前所述,雷电先导通道带有与雷云极性相同的电荷自雷云向大地发展,由于雷云及先导的电场的作用,大地感应出与雷云极性相反的电荷,当先导通道发展到离大地一定距离时,先导头部与大地之间的空气间隙被击穿,主放电开始,主放电自雷击点沿通道向上发展。若大地为一理想导体,则主放电所到之处的电位降为零电位,设先导通道中的电荷线密度为σ(C/m),主放电速度为v,则雷击土壤电阻率为零的大地时,流经通道的电流(流入大地的电流)为

$$i = \sigma v \tag{5-10}$$

上述过程可用图5-8(a)、(b)来描述。

实践证明,雷电通道具有分布参数的特征,其波阻抗为Z_0。这样,当用雷击点A与地中零电位面的电阻R代表被击中物体的接地电阻R_i时,可以画出如图5-8(c)所示的计算模型及依据彼德逊法则所得的如图5-8(d)所示的等值电路。

实测表明,只要R值不大($\leqslant 30\ \Omega$),雷电流的幅值几乎与R无关;但当R值达到可以与雷道波阻抗Z_0($Z_0 \approx 300\sim400\ \Omega$)相比较时,雷电流幅值将显著变小。流经被击物体的波阻抗为零($R=0$)时的电流称为雷电流。

四、直击雷过电压

(一)雷直击于地面上接地良好的物体

雷直击于地面上接地良好的物体的示意图如图5-9所示。接地良好的物体一般是指接地电阻小于30 Ω的物体。

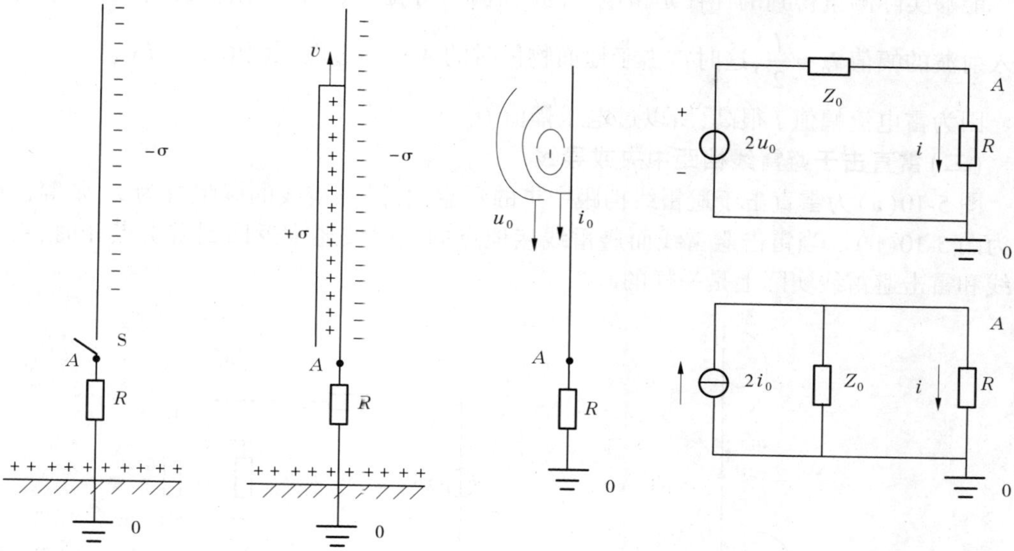

(a)先导放电　　(b)主放电　　(c)计算模型　　(d)电压源、电流源等值电路

图 5-8　雷电放电计算模型及等值电路

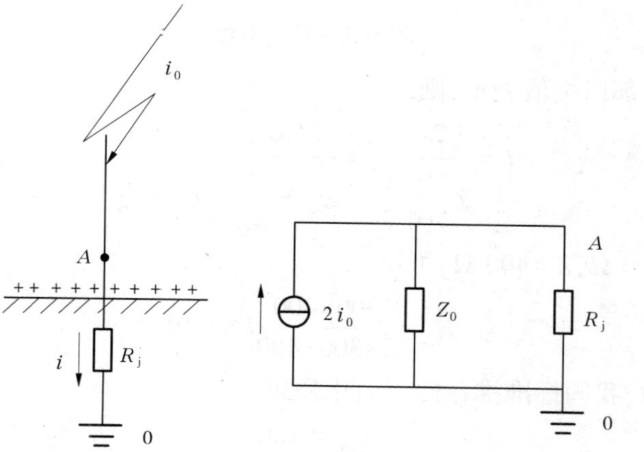

(a)雷击示意图　　(b)等值电路

图 5-9　雷击接地物体

根据雷电流的定义，这时流过雷击点 A 的电流即为雷电流 i，如采用电流源等值电路，则雷电流

$$i=\frac{Z_0}{Z_0+R_j}2i_0 \tag{5-11}$$

取 $Z_0=300\ \Omega$，如 $R_j=15\ \Omega$，则

$$i=\frac{2\times300}{300+15}i_0=1.9i_0\approx2i_0$$

能够实际测量得到的往往是雷电流的幅值 I。可见，从雷道波阻抗 Z_0 投射下来的电流入射波的幅值 $I_0 \approx \frac{I}{2}$，这时雷击于地面物体时的 A 点的过电压幅值 $U_A = IR_j$。

因为雷电流幅值 I 很高，所以过电压幅值 U_A 也很高。

(二)雷直击于避雷线档距中央或导线

图 5-10(a)为雷直击于避雷线档距中央的示意图，设避雷线的波阻抗为 Z，则等值电路为图 5-10(b)。当雷击避雷线而避雷线接地点的反射波还未返回到雷击点 A 时，雷击导线和雷击避雷线实际上是一样的。

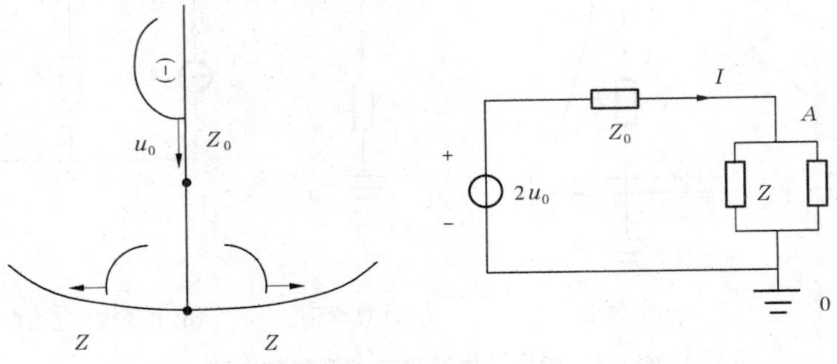

(a)雷击示意图　　(b)等值电路

图 5-10　雷击导线

如果电流电压都以幅值表示，则

$$I = \frac{2U_0}{Z_0 + \frac{Z}{2}} = \frac{2I_0 Z_0}{Z_0 + \frac{Z}{2}} = \frac{IZ_0}{Z_0 + \frac{Z}{2}}$$

如果令 $Z_0 = 300\ \Omega$，$Z = 400\ \Omega$，可得

$$U_A = \frac{300 \times 400}{2 \times 300 + 400} I = 120I$$

在粗略估算时，我国标准推荐使用简化公式

$$U_A = 100I \tag{5-12}$$

五、感应雷击过电压

上面介绍的直接雷击产生的过电压幅值很高是需要格外防护的，但直击雷不是产生过电压的唯一来源。在电力系统中还会出现雷电过电压即感应雷击过电压，它的形成机制与直击雷过电压不同。

在雷电放电的先导阶段，线路处于雷云、先导通道和地面构成的电场中，如图 5-11 所示。在导线表面电场强度 E 的切线分量的驱动下，与雷云异号的正电荷被吸引到靠近先导通道的一段导线上，排列成束缚电荷；而导线中的负电荷则被排斥到导线两侧远方，或停留或经线路的泄漏电导、变压器绕组的接地中性点、电磁式电压互感器的绕组等通路泄入地下。因为先导通道发展速度不大，所以导线上的电荷的运动也很缓慢，由此而引起的导线中的电流很小，相应的电压波亦可忽略不计。此时，如果不考虑线路本身的工作电压，整条导线的电位仍为零。可见，在先导放电阶段，虽然导线上有了束缚电荷，但它们不均匀分布在导线各点，造成的电场抵消了先导通道中负电荷所产生的电场，使导线仍保持着零电位。

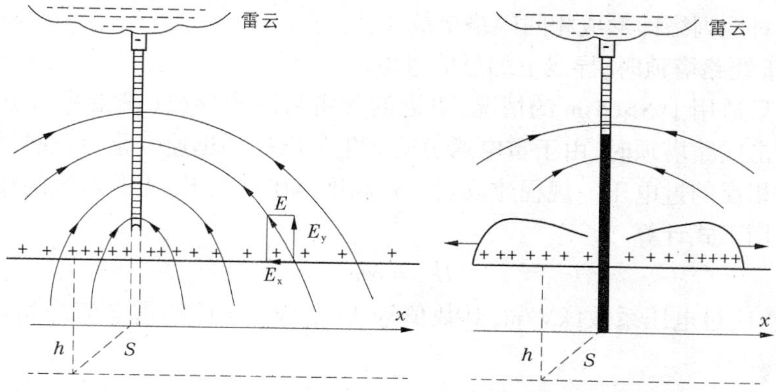

(a)先导放电阶段　　(b)主放电阶段

图 5-11　感应雷击过电压形成示意图

当雷击于线路附近的建筑物或地面或紧靠导线的接地杆塔或避雷线而转入主放电阶段时，先导通道中的负电荷被迅速中和，先导通道所产生的电场迅速降低，使导线上的束缚正电荷得到释放，在它们自己所造成的电场切线分量的驱动下沿导线向两侧运动，而它们造成的电场法线分量使导线对地形成一定的感应雷击过电压。这种由于先导通道中电荷所产生的静电场突然消失而引起的感应电压称为感应过电压的静电分量。同时，雷电通道中的雷电流在通道周围空间建立了强大的磁场，此磁场的变化也将使导线交链感应出过电压，这种由于先导通道中雷电流所产生的磁场变化而引起的感应过电压称为感应过电压的电磁分量。不过，由于主放电通道与导线基本上是相互垂直的，所以电磁分量不会太大，通常只考虑其静电分量即可。

根据理论分析和实测结果，导线上的感应雷击过电压的最大值可按下列情况分别求出。

(1)雷击点与电力线路之间的距离大于 65 m 的情况。

$$U_{gy} = 25\frac{Ih}{S} \tag{5-13}$$

式中　h——导线平均高度；

S——雷击点与导线间的距离，m；

I——雷电流幅值，kV。

从上可知，感应过电压的极性与雷电流的极性相反。

从式(5-13)可知，感应过电压与雷电流的幅值成正比，与导线悬挂平均高度成正比，h 越高，导线对地电容越小，感应电荷产生的电压就越高；感应过电压与雷击点到线路的距离成反比，S 越大，感应过电压越小。

由于雷击地面时雷击点的自然接地电阻较大,雷电流幅值一般不超过 100 kA。实测证明,感应过电压一般不超过 500 kV,对 35 kV 及以下水泥杆线路会引起一定的闪络事故,在 110 kV 或运行电压更高的输电线上,由于绝缘水平较高,所以静电感应导致闪络事故是不大可能的。

感应过电压同时存在于三相导线,相间不存在电位差,故只能引起对地闪络,如果两相或三相同时对地闪络即形成相间闪络事故。

(2)雷击于线路塔顶时,导线上的感应过电压。

式(5-13)只适用于 $S>65$ m 的情况,更近的落雷将因为导线(避雷线)的引雷作用而击于线路。雷击线路塔顶时,由于雷电通道所产生的电磁场迅速变化,将在导线上感应出与雷电流极性相反的过电压。规程建议对一般高度(40 m 以下)无避雷线的线路,感应过电压最大值可用下式计算

$$U_{gy} = \alpha h \tag{5-14}$$

式中 α——感应过电压系数,kV/m,其数值等于以 kV/μs 计的雷电流平均陡度,即 $\alpha = \dfrac{I}{2.6}$。

【例 5-1】 根据上面所述过电压计算式分别校验雷击塔顶时引起的感应过电压对 35 kV 和 110 kV 线路绝缘的危险性。

解:(1)对于 35 kV 线路:如果取 $h=10$ m,$I=100$ kA,那么,由式(5-14)可算得感应过电压为

$$U_{gy} = \alpha h = \frac{100}{2.6} \times 10 = 385 \text{ kV} > 350 \text{ kV}$$

其中,350 kV 为 35 kV 线路绝缘子串在正极性冲击时的雷电冲击耐压水平($U_{50\%}$)。可见,感应雷击过电压有可能引起 35 kV 线路的绝缘闪络,对其有威胁。

(2)对于 110 kV 线路:假设没有避雷线,并取 $h=13$ m,$I=100$ kA,由式(5-14)可算得感应过电压为

$$U_{gy} = \alpha h = \frac{100}{2.6} \times 13 = 500 \text{ kV} < 600 \text{ kV}$$

其中,600 kV 为 110 kV 线路绝缘子串在正极性冲击时的雷电冲击耐压水平($U_{50\%}$)。可见,感应雷击过电压对 110 kV 及以上线路的绝缘不会有威胁。

如果导线上方挂有避雷线,则由于避雷线的屏蔽效应,导线上的感应电荷就会减少,导线上的感应过电压就会降低。设导线和避雷线的对地平均高度分别为 h_d、h_b,若避雷线不接地,则根据式(5-13)可求得避雷线和导线上的感应过电压分别为:

(1)当 $S>65$ m 时:

避雷线上的感应过电压 $U_{bg} = 25\dfrac{Ih_b}{S}$

导线上的感应过电压 $U_{dg} = 25\dfrac{Ih_d}{S}$

两式相比可得

$$U_{bg}=U_{dg}\frac{h_b}{h_d} \tag{5-15}$$

但是，避雷线实际上是通过杆塔接地的，因此可以设想在避雷线上尚有$-U_{bg}$电压，以此来保证避雷线为零电位。又由于避雷线与导线间的耦合作用，此设想的$-U_{bg}$将在导线上产生耦合电压$k(-U_{bg})$，k为避雷线和导线的耦合系数。这样，导线上的电位将为U'_{dg}

$$U'_{dg}=U_{dg}-kU_{bg}=(1-k\frac{h_b}{h_d})U_{dg} \tag{5-16}$$

或者写成

$$U'_{dg}=25\frac{Ih_d}{S}(1-k\frac{h_b}{h_d}) \tag{5-17}$$

式(5-17)表明，接地避雷线的存在，可使导线上的感应过电压由U_{dg}下降到$(1-k\frac{h_b}{h_d})U_{cg}$。耦合系数$k$越大，导线上的感应过电压越低。

(2)雷击塔顶时：

导线上的电位将为

$$U'_{dg}=\alpha h_d(1-k\frac{h_b}{h_d}) \tag{5-18}$$

第二节　防雷保护装置

雷电放电表现为强大的自然力爆发，目前人们难以扼制，主要是设法躲避、导引和限制它的破坏性，其基本措施就是装设避雷针、避雷线、保护间隙、避雷器、接地装置等。电力系统中需要安装直接雷击防护装置，广泛采用的为避雷针和避雷线(又称架空地线)。避雷针适宜用于变电所、发电厂这样相对集中的保护对象；避雷线适宜用于类似于架空线路那样伸展很广的保护对象。现代电力系统中实际采用的防雷保护装置主要有避雷针、避雷线、保护间隙、各种避雷器、防雷接地装置、电抗线圈、电容器组、消弧线圈、自动重合闸等。

在防雷装置中，只对避雷针和避雷线确定其空间保护范围，而对于建筑物上采用的避雷网和避雷带，因为是直接设在建筑物表面上的，已构成了确定的平面保护范围，不需要再计算确定。

避雷针、避雷线的保护范围与布局形式和高度有关。避雷针、避雷线的布局形式取决于被保护物的结构尺寸(高度和面积)，通常有单支、双支、三支等高，双支不等高避雷针和单根、两根平行等高，两根平行不等高避雷线等布局形式。

避雷针和避雷线的保护范围确定方法有两种：一种是折线圆锥体法，另一种是滚球法。对于同一结构的避雷针和避雷线，滚球法比折线圆锥体法核算的保护范围要小些，即滚球法比折线圆锥体法对避雷针和避雷线的保护作用要求更严格一些。下面只介绍折线圆锥体法，而滚球法由读者另找资料阅读。

一、避雷针和避雷线的保护范围

保护原理：避雷针(线)一般均高于被保护对象，能使雷云电场发生畸变，它们的迎面先导最早开始，发展得最快，最先影响了雷电下行先导的发展方向，使之击向避雷针(线)，使雷电流顺利通过与之连接的接地装置泄入地下，使处于它们周围的较低物体受到屏蔽保护、免遭雷击。

保护范围：显示出避雷装置的保护效能。因为雷电的路径受很多偶然因素的影响，要保证被保护物绝对不受直接雷击是不现实的，因而保护范围是相对的。我国有关规程所推荐的保护范围是指具有 0.1%左右雷击概率的空间范围。实践证明，此概率是可以被接受的。

(一)单支避雷针的保护范围

单支避雷针的保护范围是一个以避雷针为轴的近似圆锥体的空间，形似帐篷。它的侧面近似地用折线代替，如图 5-12 所示为单支避雷针的由折线圆锥体法确定的保护范围，其作图方法是：作避雷针的水平底线，在底线中点作长度为避雷针高度 h 的垂线；从针的顶点向下，按避雷针保护物防雷要求角度(一般为 45°)，作斜线至$\frac{h}{2}$处，即构成圆锥体的上半部分；在底线上取距避雷针 1.5h 的点，向上作斜线与前一斜线在$\frac{h}{2}$处相交，即构成了折线圆锥体。在被保护物高度 h_x(指最高点的高度，被保护物必须完全处在折线锥体之内才能确保安全)水平面上的保护范围的半径 r_x 可按下式计算：

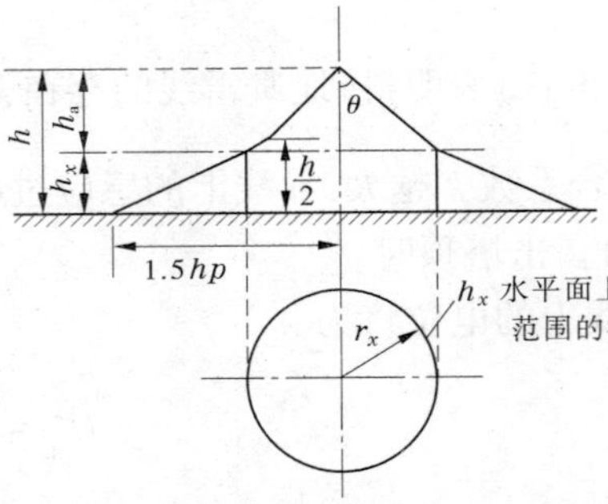

图 5-12 单支避雷针的保护范围

当 $h_x \geq \frac{h}{2}$时 $$r_x=(h-h_x)p \tag{5-19}$$

当 $h_x < \frac{h}{2}$时 $$r_x=(1.5h-2h_x)p \tag{5-20}$$

式中 h——避雷针高度，m；

h_x——被保护物的高度，m；

p——高度修正系数，当 $h \leq 30$ m 时，$p=1$，30 m$<h\leq$120 m 时，$p=\frac{5.5}{\sqrt{h}}$。

从式(5-20)可以看出，避雷针的最大保护范围半径即为在地面上的保护半径 $r_x=1.5hp$，当 $h\leq 30$ m 时，$\theta=45°$。

通过上述可以看出，高度一定的单支避雷针随着保护平面的升高，避雷针的保护范围减小，要想增大其保护范围，就必须增加避雷针的高度。另外，为使单支避雷针的保护空间得到充分利用，单支避雷针应安装在被保护物的纵向中央。

(二)双支等高避雷针的保护范围

依据上述单支避雷针的保护范围来看，当要求保护范围较大时，如果采用单支避雷针保护，势必要求避雷针较高。而从 h 越高，高度修正系数 p 越小可知，为了增大保护范围而一味地提高避雷针的高度并非可行，这在经济上不划算，技术上也难实现，因此合理的解决办法是采用多支避雷针联合保护。

图 5-13 所示为双支等高避雷针的折线圆锥体法确定的保护范围，方法为：

（1）作避雷针水平底线，在水平底线上确定两针距离 D，作出高度为 h 的两针垂线及两针距离中点处高度为 h_0 的垂线 OO'，通过两针顶点作 AOB 弧线。其 O 点为两针间保护边缘的最低点，h_0 是两针间保护范围边缘最低点的高度。

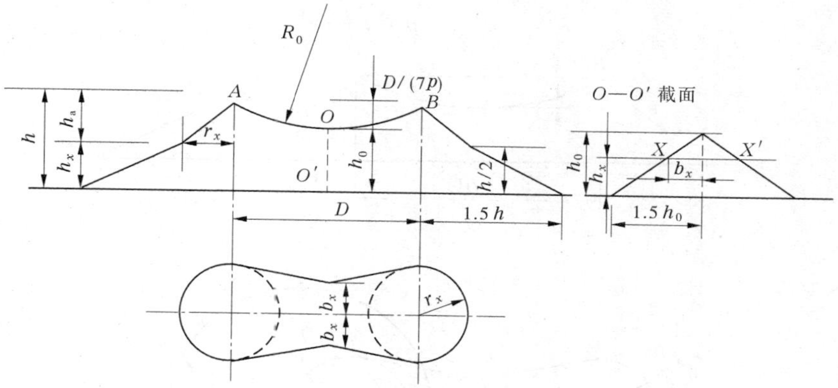

图 5-13　两支等高避雷针的联合保护范围

$$h_0 = h - \frac{D}{7p} \tag{5-21}$$

式中，p 值同单支避雷针。

（2）在图 5-13 的右边，以 h_0 为高度、$1.5h_0$ 为地面保护半径，作假想避雷针保护范围的 $O—O'$ 截面圆锥图。

（3）在图上，作高度为 h_x 的 XX' 水平面，得出 h_x 高度的 XX' 平面上的保护半径 r_x 和两针中线每侧的最小保护宽度 b_x。

（4）作以两针为圆心、r_x 为半径的圆与两侧宽度为 b_x 的两针中心线端点相切，即为双支等高避雷针在高度为 b_x 的 XX' 平面上的保护范围。

$$b_x = 1.5(h_0 - h_x) \tag{5-22}$$

式中　h_x——避雷针的高度，m；

h_0——两针间联合保护范围上部边缘的最低点的高度，m。

需要强调的是，在被保护物高度为 h_x 的水平面上，要使 $b_x>0$，且整个被保护物均处于保护屏蔽之下，即达到保护要求。否则，应重新确定 D 及 h_a，直至验算合理为止。所以，设计时必须注意：b_x 不得大于 r_x；要使两针间能形成扩大保护范围的联合保护，两针间的距离不能选得太大，当 $D=7p(h-h_x)$ 时，$b_x=0$。一般两针间距离不宜大于 $5h$。

（三）双支不等高避雷针折线圆锥体法保护范围的确定

双支不等高避雷针的两针外侧的保护范围按单支避雷针确定，两针间的保护范围，应先按单支避雷针规定的方法做出较高避雷针的保护范围（如图 5-14 所示），然后经过较低

避雷针的顶点 B 作水平线相交于较高避雷针保护范围的 A'点，取 A'点作为一支等效避雷针的顶点，BA'之间的保护范围按双支等高避雷针的方法确定。其最低点高度为

$$h_0 = h_b - \frac{D'}{7p} \tag{5-23}$$

式中 h_b——较低避雷针的高度；

D'——较低避雷针与等效避雷针之间的距离。

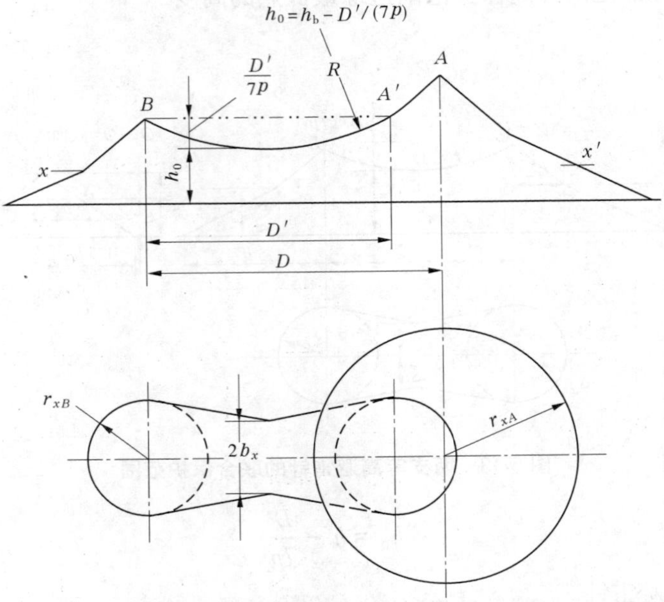

图 5-14　双支不等高避雷针折线圆锥法的保护范围

(四) 多支避雷针保护范围

(1) 多支避雷针成直角布置时，应区别等高或不等高两种情况，分别按双支等高或不等高避雷针的方法，两两组合确定其保护范围。

(2) 三支避雷针形成三角形布置时，应区别等高或不等高两种情况，其三角形内侧保护范围，按相邻两支等高或不等高避雷针的方法确定；如各相邻两支避雷针的最小保护宽度 $b_x \geqslant 0$，则全部面积均受到保护，见图 5-15。

(3) 四支及四支以上避雷针形成四角形或多角形布置时，可先将其分成两个或几个三角形，然后按三支避雷针成三角形布置的情况，确定其保护范围；如各边的最小保护宽度 $b_x \geqslant 0$，则全部面积均受到保护，见图 5-16。

【例 5-2】　某仓库有一栋地面库房见图 5-17，原已在库房后墙中央距墙 5 m 处安装了一支高为 20 m 的独立避雷针，试校核该库房是否在避雷针的保护范围内。若未被保护可采取什么措施？

解：(1) 校核避雷针的保护范围。

根据避雷针尺寸和库房尺寸，作仓库避雷针保护范围图，见图 5-18。

由图可知，在 $h_x = 9$ m(屋脊高度) 的水平面上的屋角和 $h_x = 5$ m(屋檐高度) 的水平面

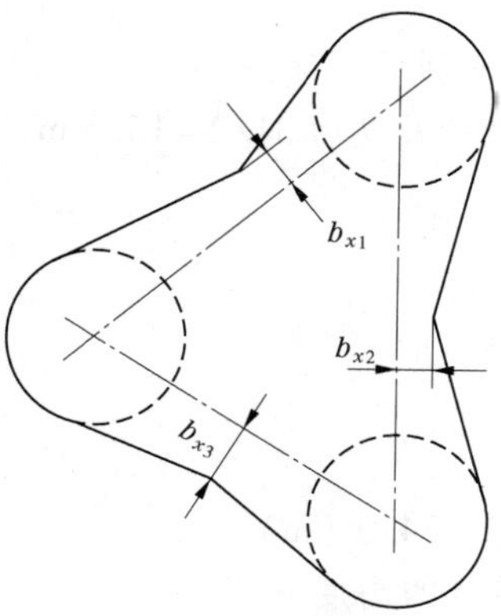

图 5-15 三支避雷针保护范围

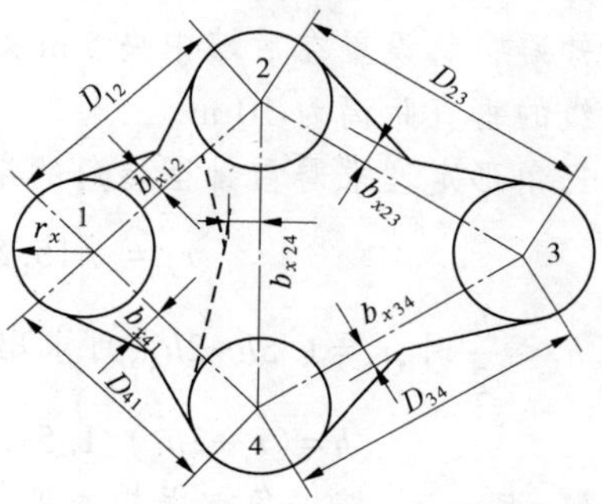

图 5-16 四支避雷针保护范围

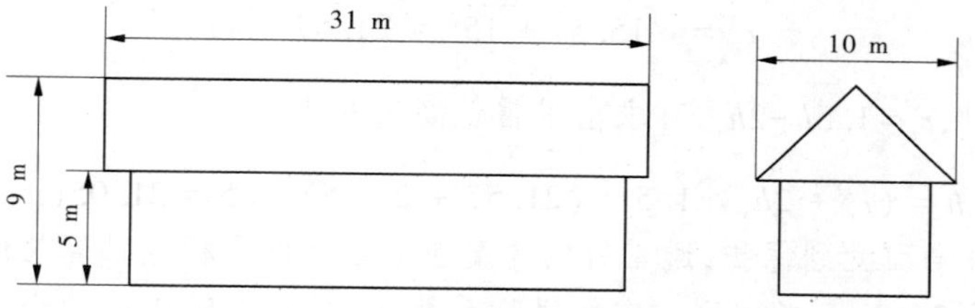

图 5-17 地面仓库的形状及尺寸

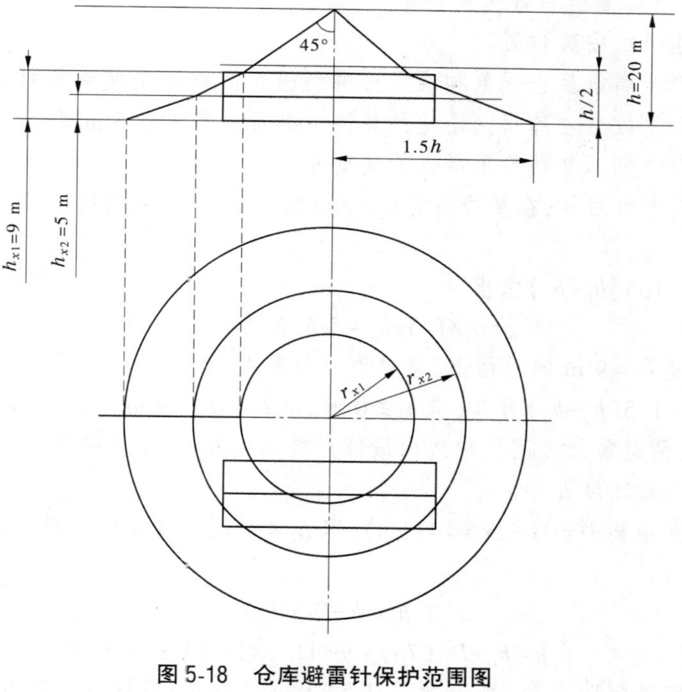

图 5-18 仓库避雷针保护范围图

上的檐角,均未在该避雷针的保护范围内,即该库房不能全部受到避雷针的保护。

(2)采取加高单支避雷针的措施保护仓库。

①$h_x=9$ m 时,按屋角被保护的半径确定单支避雷针的高度。

已知避雷针设置在后墙中央5 m处,避雷针每侧的库房长度为31/2=15.5 m,避雷针至屋脊线的垂直距离为10 m。

由三角形定理求避雷针至屋角的半径为

$$r_x=\sqrt{15.5^2+10^2}=18.45\ (\mathrm{m})$$

由 $h_x\leqslant\frac{h}{2}$ 时,$r_x=1.5h-2h_x$,可求出避雷针高度 h 为

$$h=(r_x+2h_x)/1.5=(18.45+2\times9)/1.5=24.3\ (\mathrm{m})$$

②$h_x=5$ m 时,按檐角被保护的半径 r_x 确定单支避雷针的高度。

已知避雷针每侧的仓库长度为31/2=15.5 m,避雷针至前屋檐线的垂直距离为15 m。由三角形定理求避雷针至前檐角的半径 r_x 为

$$r_x=\sqrt{15.5^2+15^2}=21.57\ (\mathrm{m})$$

由 $h_x\leqslant\frac{h}{2}$ 时,$r_x=1.5h-2h_x$,可求出避雷针高度 h 为

$$h=(r_x+2h_x)/1.5=(21.57+2\times5)/1.5=21.05(\mathrm{m})$$

若要使库房全面受到保护,避雷针的高度应取上述两个极点计算值的较高者,即单支避雷针的高度为24.3 m,考虑到一定的保险系数,可再加0.5~1 m的余量,该避雷针的高度应按25 m设置。

(3)改用双支等高避雷针保护仓库。

①确定避雷针的安装位置。

为了避免产生雷电反击现象和在库房得到保护的前提下使避雷针的高度最低,双支等高避雷针应分别安装在库房两山墙的外侧中央且离开库房5 m处。

②确定两针之间保护边缘最低点的高度 h_0。

由题设库房尺寸可知,在屋檐高度 $h_x=5$ m 的平面上,每侧的最小保护宽度 $b_x=10/2=5$ (m)。

由公式 $b_x=1.5(h_0-h_x)$ 求出

$$h_0=b_x/1.5+h_x=5/1.5+5=8.3(\mathrm{m})$$

在屋脊高度 $h_x=9$ m 的平面上,屋脊为一条直线,其最小保护宽度应满足 $b_x\geqslant0$。

由公式 $b_x=1.5(h_0-h_x)$ 可知,当 $b_x\geqslant0$ 时,则 $h_0\geqslant h_x=9$ m。

依据上述,两避雷针之间保护边缘最低点的高度 h_0 应取其中较高者,即 $h_0\geqslant9$ m。

③确定避雷针高度 h。

已知两针间距离 $D=31+2\times5=41$(m),取 $h_0=9$ m,高度影响系数 $p=1$,由下式计算避雷针高度

$$h_0=h-D/(7p)$$

所以

$$h=h_0+D/(7p)=9+41/7\times1=14.9(\mathrm{m})$$

考虑到一定的保险系数,可再加高0.5~1 m的余量,取该双支等高避雷针的高度为15.5 m为宜。

(五)单根避雷线的保护范围

单根避雷线折线圆锥体法保护范围的确定如图 5-19 所示。

(1)保护发电厂、变电所用的单根避雷线的保护范围如图 5-19(a)所示。

在 h_x 水平面上避雷线每侧保护范围的宽度按下式确定:

当 $h_x \geqslant h/2$ 时　　$r_x = 0.47(h-h_x)p$　　(5-24)

当 $h_x < h/2$ 时　　$r_x = (h-1.53h_x)p$　　(5-25)

在 h_x 水平面上避雷线端部的保护半径也应按以上两式确定。

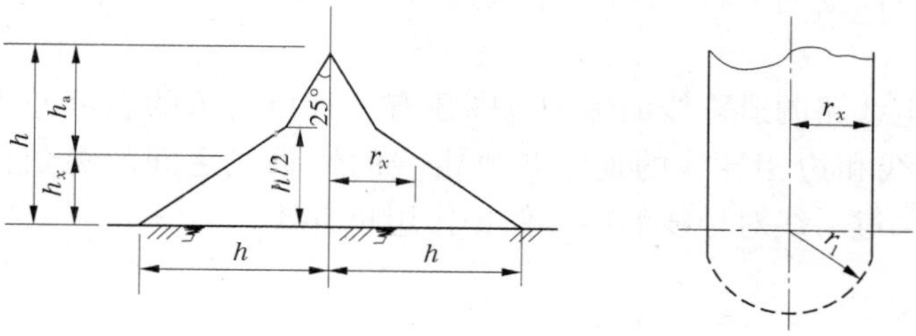

(a)保护发电厂、变电所用的

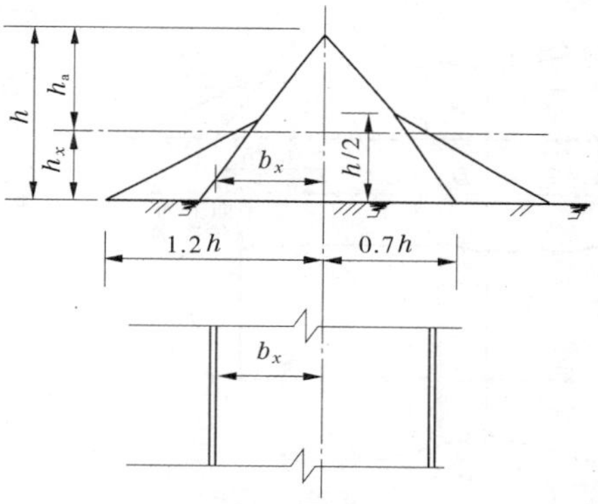

(b)保护建筑物用的

图 5-19　单根避雷线折线圆锥体法的保护范围

(2)保护建筑物(发电厂、变电所除外)用的单根避雷线的保护范围如图 5-19(b)所示。

在 h_x 水平面上避雷线每侧保护范围的宽度按下式确定:

当 $h_x \geqslant h/2$ 时　　$b_x = 0.7(h-h_x)p$　　(5-26)

当 $h_x < h/2$ 时　　$b_x = (1.2h-1.7h_x)p$　　(5-27)

式中　b_x——避雷线在地面上投影线每侧的最小保护宽度,m;

h——避雷线最大弧垂点的高度,m。

该避雷线两端部的保护范围按单支避雷针的方法确定。

(六)两根平行等高避雷线的保护范围

在使用折线圆锥体法确定两根平行等高避雷线的保护范围时,两根平行等高避雷线的外侧保护范围按单根避雷线确定。两线间的保护范围如图 5-20 所示,应通过两线最大弧垂点 A、B 和中心 O 的圆弧确定,O 点是两线间保护范围边缘的最低点,其高度 h_0 应按

下式计算

$$h_0 = h - \frac{D}{4p} \tag{5-28}$$

式中 h_0——两避雷线间的保护范围边缘最低点的高度，m；

D——两避雷线间的距离，m；

h——避雷线的高度，m。

两避雷线端部的保护范围，可按两支等高避雷针的计算法确定，等效避雷针的高度可近似取避雷线悬点高度的80%。因此，单根避雷线的保护半径要比单根避雷针的保护半径小得多。

保护架空输电线路的避雷线的保护范围还有一种更简单的表示方法，即采用它的保护角α，它是避雷线和边相导线的连线与避雷线的铅垂线之间的夹角，如图5-21所示。显然，保护角越小，避雷线对导线的屏蔽保护作用越有效。

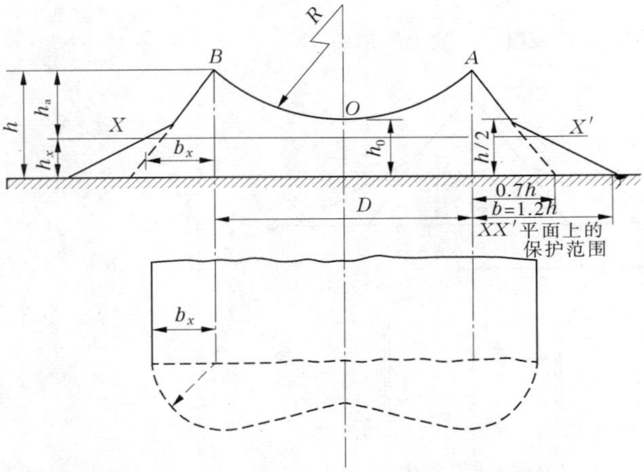

图5-20 两根平行等高避雷线折线圆锥体法保护范围

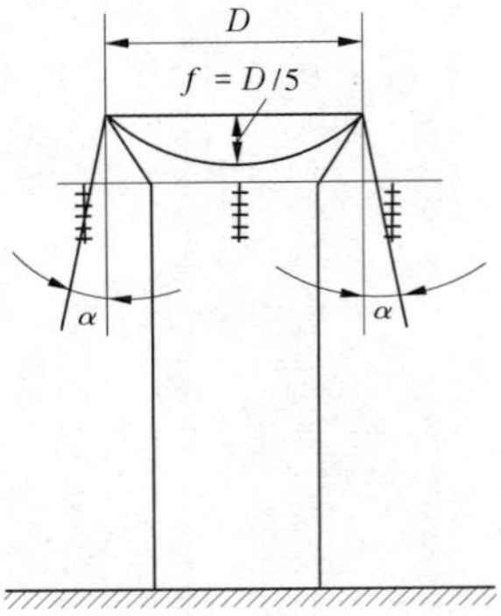

图5-21 避雷线的保护角

二、保护间隙和避雷器

在电力系统中，尽管可以采用上述避雷针和避雷线对直击雷进行防护，但是仍然不能排除电力设备绝缘上出现危险过电压的可能性。这是因为上述避雷装置并不能保证100%的屏蔽效果，仍有一定的绕击率。另外，从输电线路上可能也有危及设备绝缘的过电压波侵入发电厂和变电所。所以，还需要有另一类与被保护绝缘并联的能限制过电压波幅值的保护装置，称为避雷器。这一名称虽然与避雷针、避雷线十分相似，但实际上它们的作用原理完全不同。或许将避雷器定名为自恢复限压器更贴切。按其发展历史和保护性能的改进过程，这一类保护装置可分为保护间隙、管式避雷器、普通阀式避雷器、磁吹避雷器和金属氧化物避雷器等类型。下面分而述之。

(一)保护间隙

1. 基本结构

保护间隙是最原始、最简单的限压器。其主要是由两个金属电极构成的一种简单的防雷保护装置。其中一个电极固定在绝缘子上,与带电导线相接,另一个电极通过辅助间隙与接地装置相接,两个电极之间保持规定的间隙距离。保护间隙构造简单,维护方便,但其自行灭弧能力较差。其间隙的结构分为棒型、球型和角型三种。棒型间隙的伏秒特性较陡,不易与设备的绝缘特性配合;球型间隙虽然伏秒特性最平坦,保护性能也很好,但它与棒型间隙一样,都存在着间隙端头易烧伤的缺点,烧伤后间隙距离增大,不能保证动作的准确性;角型间隙如图 5-22(b)所示,在放电时,电弧会沿羊角迅速向上移动而被拉长,因而容易自行灭弧,间隙不会严重烧伤,所以近年来角型间隙被广泛用于配电线路和配电设备的防雷保护。由于保护间隙的间隙距离较小(8~25 mm),易因昆虫、鸟类或其他外物偶然碰触而引起短路,因此常在接地引下线上串接一个小角型辅助间隙。在正常情况下,保护间隙对地是绝缘的,并且绝缘强度低于所保护线路的绝缘水平,因此当线路遭到雷击时,保护间隙首先因过电压而被击穿,将大量雷电流泄入大地,使过电压大幅度下降,从而起到保护线路和电气设备的作用。

2. 基本原理

如图 5-22(a)所示, 保护间隙与被保护绝缘并联,它的击穿电压比后者低,使过电压波被限制到保护间隙 F 的击穿电压 U_b。

当雷电侵入波要危及它所保护的电气设备的绝缘时,间隙首先击穿,工作母线接地,避免了被保护设备上的电压升高,从而保护了设备。过电压消失后,由于工频电压的作用,间隙中仍有工频续流,通过间隙而形成工频电弧。然后根据间隙的熄弧能力决定在电流过零时,或自行熄弧,恢复正常运行;或不能自行熄弧,引起断路器跳闸。

保护间隙应满足在绝缘配合条件下,选用最大容许值,以防不必要的误动作。一般保护间隙除主间隙外,在接地引下线上还串联了一个辅助间隙,这样即使主间隙由于意外原因短路,也不会引起导线接地。

3. 优缺点

保护间隙的优点是显见的,它结构简单,制造方便。然而,由于一般保护间隙的电场属于极不均匀电场,因此它的伏秒特性曲线比较陡,与被保护设备的绝缘配合不理想,并且动作后会形成截波。保护间隙还有一个缺点是没有专门的灭弧装置,也就是熄弧能力低。在中性点有效接地系统中一相间隙动作或在中性点非有效接地系统中两相间隙动作后,流过的工频续流就是电网的短路电流。对于这种续流电弧,保护间隙一般是不能自行熄灭的。因此,保护间隙多用于低压配电系统中,并且往往与自动重合闸装置配合使用。

(二)管式避雷器(亦称排气式避雷器)

由于保护间隙熄弧能力差,以致目前使用不多。为了提高熄弧能力,产生了管式避雷器,亦称排气式避雷器,它实质上是一只具有较强灭弧能力的保护间隙。

1. 基本结构

如图 5-23 所示,管式避雷器有两个间隙相互串联,一个在大气中称外间隙,其作用是隔离工作电压,以避免产气管被工频电流烧坏;另一个间隙装在管内,称为内间隙或灭弧

1—角型保护间隙的电极;2—主间隙;3—支柱绝缘子;
4—辅助间隙;F—保护间隙;T—被保护设备;f—电弧的运动方向

图 5-22 保护间隙

间隙,其电极一端为棒形,另一端为环形。管由纤维、塑料或橡胶等产气材料制成。

2. 作用原理

当管式避雷器受到雷电波入侵时,内外间隙同时击穿,雷电流经间隙流入大地,过电压消失后,内外间隙的击穿状态将由导线的工作电压所维持,此时流经间隙的工频续流就是管式避雷器安装处的短路电流,工频续流电弧的高温使管内产气材料分解出大量气体,管内压力升高,气体在高压力作用下由环形电极的开口孔喷出,形成强烈的纵吹作用,从而使工频续流在第一次经过零值时就熄灭。管式避雷器的熄弧能力与工频续流大小有关,续流太大产气过多,管内气压太高将造成管子炸裂;续流太小产气过少,管内气压太低不足以熄弧。故管式避雷器熄灭工频续流有上、下限的规定,通常在型号中表明。使用时必须核算安装处在各种运行情况下短路电流的最大值与最小值,排气式避雷器的上、下限熄弧电流应分别大于和小于短路电流的最大值和最小值。

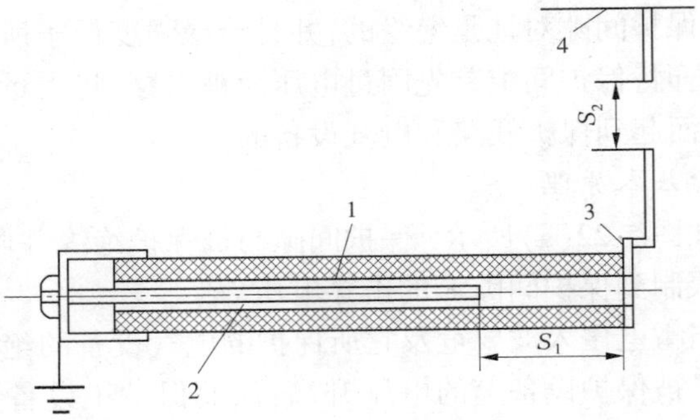

1—产气管;2—棒形电极;3—环形电极;
4—导线;S_1—内间隙;S_2—外间隙

图 5-23 管式避雷器

排气式避雷器的熄弧能力还与管子材料、内径和内间隙大小有关。管的内径愈小,电弧和管壁就愈容易接触,便于产生气体。所以,缩小管的内径可以使管式避雷器的下限电流降低,但此时上限电流也随之降低。

3. 优缺点

正如前述,排气式避雷器的熄弧能力比保护间隙要强,但它具有一些和保护间隙同样的缺点,那就是伏秒特性较陡且放电分散性较大,不易与被保护电气设备实现合理的绝缘配合。同时,排气式避雷器动作后工作导线直接接地形成截波,对变压器纵绝缘不利。此外,其放电特性受大气条件影响较大,因此排气式避雷器不宜大量安装,仅安装在输电线路上绝缘比较薄弱的地方和用于变电所、发电厂的进线段保护中。

(三)普通阀式避雷器

变电所的防雷保护的重点对象是变压器,而前述保护间隙和管式避雷器显然都不能承担保护变压器的重任(它们的伏秒特性难以配合,动作后产生大幅值截波)。于是,在变电所和发电厂需要使用阀式避雷器,它相对于排气式避雷器来说,在保护性能上有重大改进,是电力系统中采用的主要防雷保护设备,它在电力系统过电压保护和绝缘配合中都起着重要的作用,它的保护特性是选择高电压电力设备绝缘水平的基础。阀式避雷器在电力系统中的连接方式如图 5-24 所示,主要由火花间隙 F 及与之串联的工作电阻 R 两大部分组成。

1. 结构与元件作用原理

阀式避雷器由火花间隙和非线性电阻这两个基本部件组成。

1) 火花间隙

普通阀式避雷器的火花间隙由许多如图 5-25 所示的单个间隙串联而成,单个间隙的

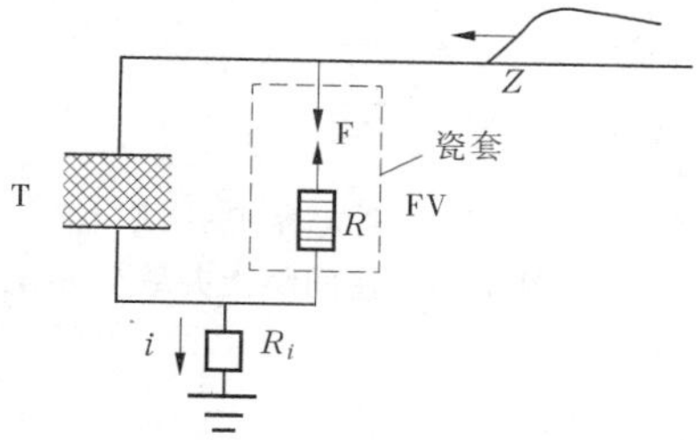

F——火花间隙；R——工作电阻(阀片);
Z——连线波阻抗；T——被保护绝缘；
R_i——接地装置的冲击接地电阻

图 5-24　阀式避雷器运行示意图

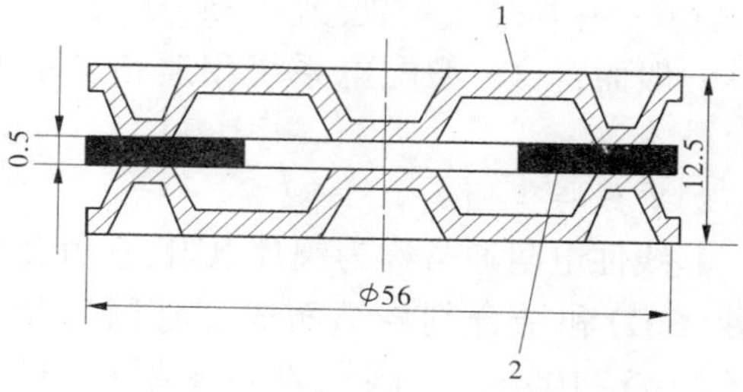

1—黄铜电极；2—云母垫圈

图 5-25　单个火花间隙图　(单位:mm)

电极由黄铜冲压而成,电极间以云母垫圈隔开形成间隙,间隙距离为 0.5~1.0 mm。由于电极之间的电场近似均匀电场,而且在过电压的作用下,云母垫圈与电极之间的空气缝隙中还会发生局部放电,对间隙提供了光辐射,使间隙的放电时间缩短。因此,火花间隙的伏秒特性比较平缓,放电分散性也较小,有利于实现绝缘配合。单个间隙的工频放电电压为 2.7~3.0 kV(有效值)。

一般由若干个火花间隙构成一个标准组合件,然后再把几个标准组合件串联在一起,就构成了阀式避雷器的全部火花间隙。这种结构方式的火花间隙除伏秒特性较平缓外,还有另一方面的好处,就是易于切断工频续流。在避雷器动作后,工频续流被许多单个间隙分割成许多短弧,利用短间隙的自然熄弧能力使电弧熄灭。短弧还具有工频电流过零后不易重燃的特性,所以可提高避雷器间隙绝缘强度的恢复能力。因为阀式避雷器的间隙是由许多单个间隙串联而成的,所以间隙串联后将形成一等值电容链,由于间隙各电极对地和对高压端有寄生电容存在,故电压在间隙上的分布是不均匀的,这会使每个火花间隙的作用得不到充分发挥,减弱了避雷器的熄弧能力,它的工频放电电压也会降低。为了解决这个问题,可在每组间隙上并联一个分路电阻,如图 5-26 所示。

在工频电压和恢复电压作用下,间隙电容的阻抗很大,而分路电阻阻值较小,故间隙上的电压分布将主要由分路电阻决定,因分路电阻阻值相等,故间隙上的电压分布均匀,

从而提高了熄弧电压和工频放电电压。在冲击电压作用下,由于冲击电压的等值频率很高,电容的阻抗小于分路电阻,间隙上电压分布主要取决于电容分布。由于间隙对地和瓷套寄生电容的存在,电压分布很不均匀,因此其冲击放电电压较低,避雷器的冲击放电电压低于单个间隙放电电压的总和,冲击系数一般为 1 左右,甚至小于 1,从而改善了避雷器的保护性能。

采用分路电阻均压后,在系统工作电压作用下,分路电阻中长期有电流流过,因此分路电阻必须有足够的热容量,通常采用非线性电阻,其伏安特性用公式表示为

$$u = C'i^{-\beta} \tag{5-29}$$

式中 C'——取决于材料的常数;

β——非线性系数,为 0.35~0.45。

一般而言,FS 型配电系统用避雷器的间隙无并联电阻。

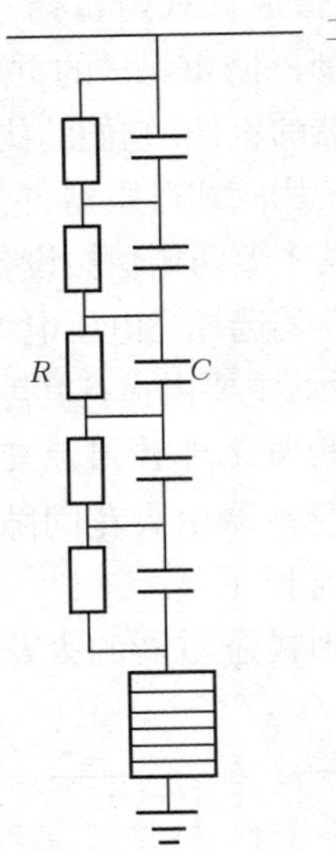

C—间隙电容;R—并联电阻

图 5-26 在间隙上并联分路电阻

2) 非线性电阻

非线性电阻通常称为阀片电阻,它由金刚砂(SiC)和结合剂烧结而成,圆盘状,其直径为 55~105 mm。阀片的电阻值随流过电流的大小而变化,其伏安特性见图 5-27。其伏安特性解析式可表示为

$$u = Ci^{\alpha} \tag{5-30}$$

式中 C——常数,其值等于阀片上流过 1 A 电流时的压降,取决于阀片的材料和尺寸;

α——非线性系数,$0 \leqslant \alpha \leqslant 1$,与阀片的材料及工艺过程有关,普通型阀片的 α 一般在 0.2 左右,α 愈小,说明阀片的非线性程度愈高,性能愈好。

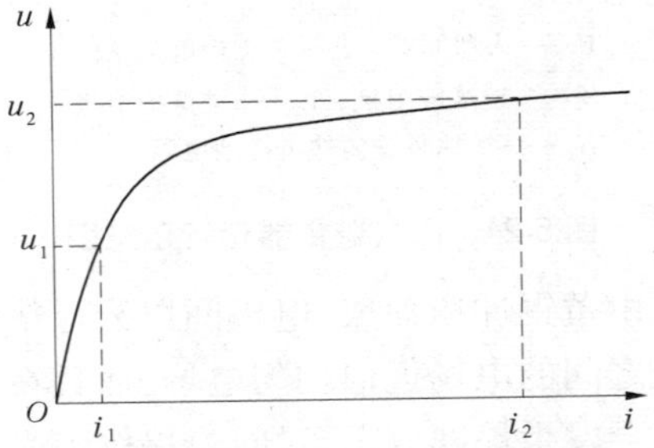

i_1—工频续流;u_1—工频电压;i_2—雷电流;u_2—残压

图 5-27 阀片的伏安特性

阀片电阻的作用主要是利用它的阀性来限制雷电流下的残压。前述可知,如果避雷器只有火花间隙,当截断冲击电压波以后,将会出现对绝缘不利的截波,而且工频续流就是直接形成接地的短路电流,数值很高,难以自行熄灭。在火花间隙中串入电阻以后可限制工频续流以利熄弧。但如果电阻过大,当雷电流通过时,其端部残压会甚高,数值过高的残压作用在被保护的电气设备上,同样会破坏绝缘。采用非线性阀片电阻有助于解决这一矛盾。在雷电流的作用下,由于电流甚大,阀片工作在低阻值区域,因而使残压降低;当工频续流流过时,由于电压相对较低,阀片工作在阻值高的区域,因而限制了电流。由此可见,阀片电阻具有使雷电流顺利地流过而又阻止工频续流,犹如阀门般的特性,起自动截流的作用。阀式避雷器的名称由此而来。

阀片电阻的另一个重要参数是通流容量,它表示阀片通过电流的能力。我国规定普

通型阀片的通流容量为波形 20/40 μs、幅值 5 kA 的冲击电流和幅值 100 A 的工频半波各 20 次。这是因为根据实测统计，在有关规程建议的防雷接线的 35～220 kV 变电所中，流经阀式避雷器的雷电流超过 5 kA 的概率是非常小的，因此我国对 35～220 kV 的阀式避雷器以 5 kA 作为设计依据。此类电网的电气设备的绝缘水平也以避雷器 5 kA 下的残压作为绝缘配合的依据；对 330 kV 及更高的电网，由于线路绝缘水平较高，雷电侵入波的幅值也高，故流过避雷器的雷电流较大，但一般不超过 10 kA，我国规程取 10 kA 作为计算标准。由于普通阀式避雷器阀片的通流容量与直击雷雷电流相差甚远，因此不宜用做线路防雷保护，一般只用于发电厂和变电所中。

2. 工作原理

在系统正常工作时，间隙将电阻阀片与工作母线隔离，以免由工作电压在阀片电阻中产生电流使阀片烧坏。由于采用电场比较均匀的间隙，因此其伏秒特性曲线较平，放电分散性较小，能与变压器绝缘的冲击放电特性很好地配合。当系统中出现过电压且其幅值超过间隙放电电压时，间隙击穿，冲击电流通过阀片流入大地，从而使设备得到保护。由于阀片的非线性特性，其电阻在流过大的冲击电流时变得很小，故在阀片上产生的残压将得到限制，使其低于被保护设备的冲击耐压，设备就得到了保护；当过电压消失后，间隙中由工作电压产生的工频续流仍将继续流过避雷器，此续流是在工频恢复电压作用下产生的，其值远较冲击电流为小，使间隙能在工频续流第一次经过零值时就将电弧切断。以后，间隙的绝缘强度能够耐受电网恢复电压的作用而不会发生重燃。这样，避雷器从间隙击穿到工频续流的切断不超过半个周期，而且工频续流数值也不大，继电保护来不及动作系统就已恢复正常。

3. 电气参数

阀式避雷器的主要电气参数如下：

(1)额定电压。它指允许施加于避雷器端子间的最大工频电压有效值。该电压是避雷器的一个重要参数，一般等于避雷器的工频参考电压，但高于所在系统的标称电压。按照此电压所设计的避雷器能在所规定的动作负载试验确定的暂态过电压下正确地工作。对无间隙金属氧化物避雷器，其阀片应在该试验中保证热稳定。

(2)灭弧电压。它指在保证避雷器在工频续流第一次过零值时灭弧的条件下，允许加在避雷器上的最高工频电压。灭弧电压应大于避雷器工作母线上可能出现的最高工频电压，否则避雷器可能因不能灭弧而爆炸。

工作母线上可能出现的最高工频电压，与系统的运行方式有关。根据实际运行经验，并从安全的角度考虑，系统中可能出现已经存在单相接地故障而非故障相避雷器又动作的情况。因此，单相接地故障时非故障相电压升高，就成为可能出现的最高工频电压。避雷器的灭弧电压应当高于这个数值。

计算表明，发生单相接地故障时非故障相的电压，在中性点直接接地系统中可达线电压的 80%；在中性点不接地（包括经消弧线圈接地）的系统中分别可达到线电压的 100%～110%。所以选避雷器时，对 35 kV 及以下的中性点不接地系统，灭弧电压取为系统最大工作线电压的 100%～110%；对 110 kV 及以上的中性点直接接地系统，灭弧电压取为系统最大工作线电压的 80%。

(3)工频放电电压。它指在工频电压作用下,避雷器将发生放电的电压值。由于间隙击穿的分散性,它都是给出一个下限范围以供选择使用。指明避雷器工频放电电压的上限(不大于)值,使用户知道如工频电压超过这一数值避雷器将会击穿放电;指明下限值,使用户了解在低于它的工频电压作用下,避雷器不会击穿放电。

避雷器的工频放电电压不能太高,因为避雷器间隙的冲击系数是一定的。工频放电电压太高意味着冲击放电电压也高,将使避雷器的保护性能变坏;工频放电电压也不能太低,这是因为工频放电电压太低就意味着灭弧电压太低,将不能可靠地切断工频续流。普通阀式避雷器不允许在内过电压下动作,工频放电电压太低还意味着有可能在内过电压下动作,导致避雷器爆炸。在 35 kV 以下中性点不直接接地电网和 110 kV 及以上中性点直接接地电网中,内过电压通常分别不超过 3.5 倍和 3.0 倍最大工作相电压。因此,为防止避雷器在内过电压下动作,35 kV 及以下和 110 kV 及以上的避雷器的工频放电电压应分别大于系统最大工作相电压的 3.5 倍和 3.0 倍。

(4)冲击放电电压。它指预放电时间为 1.5~20 μs 的冲击放电电压。它低于被保护设备绝缘的冲击击穿电压才能起到保护作用。我国生产的避雷器,其冲击放电电压与 5 kA(对 330 kV 为 10 kA)下的残压基本相同。

(5)残压。它指雷电流通过避雷器时在阀片电阻上产生的压降。在防雷计算中,以 5 kA 下的残压作为避雷器的最大残压。残压对于出现在被保护设备上的过电压有着直接影响。根据阀式避雷器的工作原理可知,避雷器放电以后就相当于以残压突然作用到被保护设备上,因此避雷器残压愈低,保护性能就愈好。为了降低被保护设备的冲击绝缘水平,必须同时降低避雷器的冲击放电电压和残压。

(6)保护比。它指避雷器残压与灭弧电压(幅值)之比。保护比愈小,说明残压愈低或灭弧电压愈高,这样的避雷器保护性能就愈好。普通阀式避雷器的保护比为 2.3~2.5,磁吹型阀式避雷器为 1.7~1.8。

(7)直流电压下电导电流。它指避雷器在直流电压作用下测得的电导电流,它可以判断间隙分路电阻的性能。电导电流太小,意味着分路电阻值太大,均压效果减弱;电导电流太大,意味着分路电阻太小,在工作电压作用下流经分路电阻的电流增大,发热较多,易烧毁,故电导电流也必须在一定范围之内。

根据结构性能和用途的不同,阀式避雷器主要有以下几种型号:

(1)FS 型避雷器。这是一种普通阀式避雷器,结构较为简单,保护性能一般,价格低廉,一般用来保护 10 kV 及以下的配电设备,如配电变压器、柱上断路器、隔离开关、电缆头等。

(2)FZ 型避雷器。这种避雷器在火花间隙旁并联有分路电阻,保护性能好,主要用于 3~220 kV 电气设备的保护。

(四)磁吹避雷器(磁吹型阀式避雷器)

为了改善阀式避雷器的保护特性,在普通型基础上发展了磁吹型阀式避雷器。与普通型相比较,它具有更高的熄弧能力和较低的残压,因此它适用于电压等级较高的变电所电气设备的保护以及绝缘水平较弱的旋转电机的保护。

磁吹避雷器的原理和基本结构与普通型避雷器大致相同,主要区别在于采用了磁吹式火花间隙。它也是由许多单个间隙串联而成的，但它是利用磁场对电弧的电动力，迫使间隙中的电弧加快运动并延伸，使间隙的去游离作用增强，从而提高灭弧能力的。单个火花间隙的基本结构和电弧运动如图 5-28 所示。

火花间隙是一对羊角状电阻，在磁场的作用下会产生电动力 F，使电弧拉长，电弧最终进入灭弧栅中，可达起始长度的数十倍。灭弧栅由陶瓷或玻璃制成，电弧在其中受到强烈去游离而熄灭，使间隙绝缘强度迅速恢复。单个间隙的工频放电电压约 3 kV，可以切断 450 A 左右的工频电流。由于电弧被拉长，电弧电阻明显增大，因此还可以起到限制工频续流的作用。因而这种火花间隙又称为限流间隙。计入电弧电阻的限流作用就可以适当减少阀片电阻的数目，这样又能降低避雷器的残压。间隙中电弧受到的外加磁场是依靠工频续流自身产生的。产生的办法就是在间隙串联回路中增加磁吹线圈，在工频电流作用下可产生磁场，其原理如图 5-29 所示。增加磁吹线圈以后，在冲击电流作用下，线圈上会产生压降，此压降增大了避雷器残压。为了避免这种情况，又将磁吹线圈并联一个辅助间隙（如图 5-29 中间隙 2），当冲击电流流过时，由于频率高，线圈两端的电压降会使辅助间隙击穿，使磁吹线圈短路，放电电流经过辅助间隙、主间隙和阀片电阻而进入大地，从而使避雷器仍保持有较低的残压；对于工频续流，磁吹线圈的压降不足以维持辅助间隙放电，电流仍自线圈中流过并发挥磁吹作用。磁吹避雷器的阀片电阻是用碳化硅（SiC）原料烧结而成的，与普通阀片电阻相比较，它是在高温下焙烧的，通流容量大，但非线性系数较高，α 约等于 0.24。

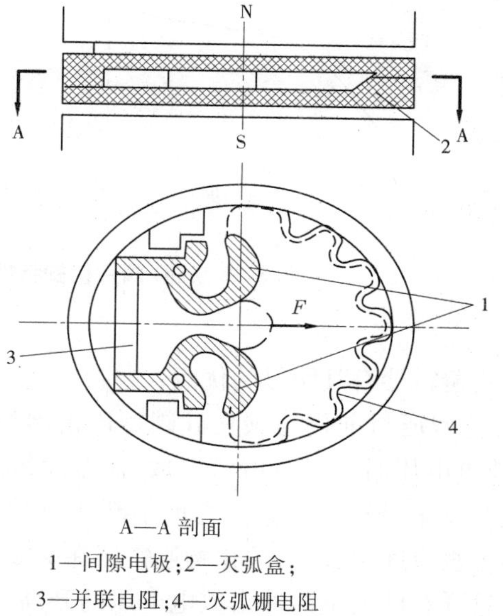

1—间隙电极；2—灭弧盒；
3—并联电阻；4—灭弧栅电阻

图 5-28　磁吹式火花间隙

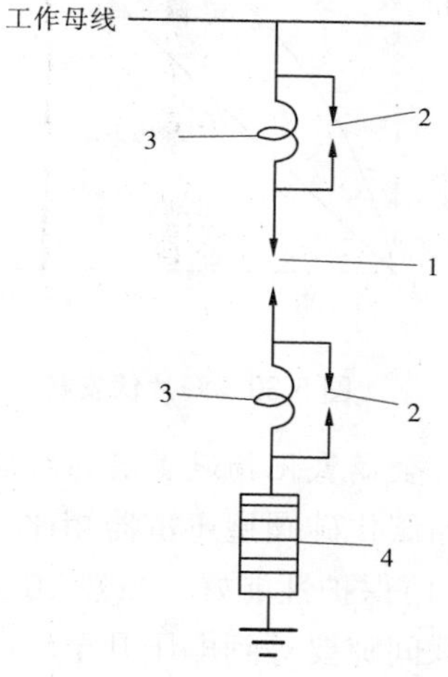

1—主间隙；2—辅助间隙；
3—磁吹线圈；4—分路电阻

图 5-29　磁吹避雷器结构

（五）金属氧化物避雷器（MOA）

金属氧化物避雷器（MOA）也称为氧化锌避雷器，是 20 世纪 70 年代开始出现的新一代避雷器，它的非线性电阻阀片主要成分是氧化锌（ZnO），另外还有氧化铋及一些其他的金属氧化物，经过混料、造粒、成型、表面处理等工艺过程而制成。它的整体结构非常简单,仅由相应数量的氧化锌阀片密封在瓷套内组成。

1. 氧化锌阀片的伏安特性

氧化锌阀片较碳化硅阀片而言有非常优异的伏安特性,两者特性比较如图 5-30 所示。

从图 5-30 中对比可见,当在 10 kA 下残压相同时,在相同工作电压下 SiC 阀片中的电流约有 100 A,而 ZnO 阀片中的电流却只有几十微安。也就是说,在工作电压下 ZnO 阀片实际上相当于一绝缘体,所以金属氧化物避雷器可以不用串联间隙隔离阀片电阻。

ZnO 阀片的伏安特性如图 5-31 所示,可分为三个典型区域。区域Ⅰ是小电流区,电流在 1 mA 以下,非线性系数 α 较高,约为 0.2,故曲线较陡峭。在正常运行电压下,ZnO 阀片工作在此小电流区。区域Ⅱ为工作电流区,电流在 $10^{-3}\sim10^{3}$ A,非线性系数 α 大大降低,为 0.02~0.04。此区域内曲线较平坦,呈现出理想的非线性关系,所以此区域也称为非线性区。区域Ⅲ为饱和电流区,随电压的增加电流增长不快,α 约为 0.1,非线性减弱。

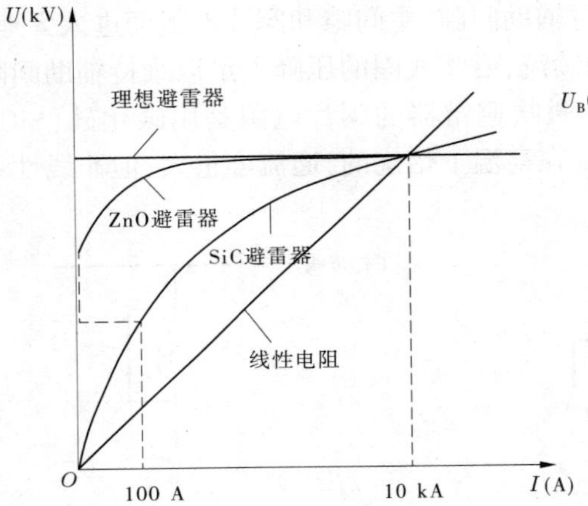

图 5-30 阀片伏安特性比较

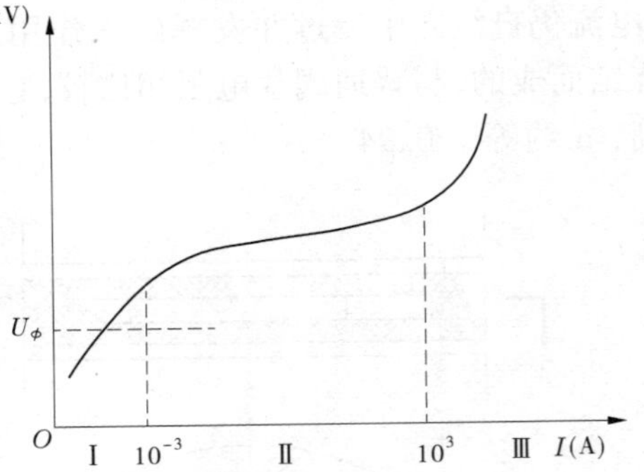

图 5-31 ZnO 阀片伏安特性

2. 金属氧化物避雷器的特点

与碳化硅阀型避雷器相比,金属氧化物避雷器有其明显的优点:

(1)保护性能好。虽然 10 kA 雷电流下残压目前仍与碳化硅阀型避雷器相同,但后者串联间隙要等到电压升至较高的冲击放电电压时才可将电流泄放,而金属氧化物避雷器在整个过电压过程中都有电流流过,电压还未升至很高数值之前不断泄放过电压的能量,这对抑制过电压的发展是有利的。由于没有间隙,金属氧化物避雷器在陡波下的伏秒特性上翘要比碳化硅阀型避雷器小得多,这样在陡波下的冲击放电电压的升高也小得多。金属氧化物避雷器的这种优越的陡波响应特性(伏秒特性),对于具有平坦伏秒特性的 SF_6 气体绝缘变电所的过电压保护尤为合适,易于绝缘配合,增加安全裕度。

(2)无续流和通流容量大。金属氧化物避雷器在过电压作用之后,流过的工频续流为微安级,可视为无续流,它只吸收过电压能量,不吸收工频续流能量,这不仅减轻了其本身的负载,而且对系统的影响甚微。再加上阀片通流能力要比碳化硅阀片大 4~4.5 倍,又没有工频续流引起串联间隙烧伤的制约，金属氧化物避雷器的通流能力很大，所以金属氧化物避雷器具有耐受重复雷和重复动作的操作过电压或一定持续时间短时过电压的能力，并且进一步可通过并联阀片或整只避雷器并联的方法来提高避雷器的通流能力，制成特殊用途的重载避雷器，用于长电缆系统或大电容器组的过电压保护。

(3)无间隙。无间隙可以大大改善陡度响应，提高吸收过电压的能力，以及可采用阀片并联，以进一步提高通流容量；可以大大缩减避雷器尺寸和质量；可以使运行维护简化；可以使避雷器有较好的耐污秽和带电水冲洗的性能。有间隙的阀式避雷器瓷套在严重污秽，或在带电水冲洗时，由于瓷套表面电位分布的不均匀或发生局部闪络，通过电容耦合，使瓷套内部间隙放电电压降低，甚至在工作电压下动作，不能熄弧而爆炸。

无间隙还可以使避雷器易于制成直流避雷器。因为直流续流不像工频续流那样会自然过零，而金属氧化物避雷器当电压恢复到正常时，其电流非常小，所以只要改进阀片电阻的配方，以使其能长期承受直流电压作用，就可以制成直流避雷器。由于金属氧化物避雷器具有这些碳化硅阀型避雷器所没有的优点，因此在电力系统中得到了越来越广泛的应用，特别是超高压电力设备的过电压保护和绝缘配合已完全取决于金属氧化物避雷器的性能。

三、防雷接地装置

前述各种防雷保护装置都必须配备合适的接地装置才能有效地发挥其保护作用，所以防雷接地装置是整个防雷保护体系中不可或缺的重要组成部分。

(一)接地和接地电阻

大地是导电体，当其中没有电流流通时是等电位的，通常认为大地具有零电位。电气工程中所谓的“地”是指地中不受入地电流的影响而保持着零电位的大地。电气设备的导电部分和非导电部分(如电缆外皮)与大地的人为连接称为接地。接地起着维持设备正常运行、保护、防雷、防干扰等作用。

实际上，大地并不是理想导体，它具有一定的电阻率，如果有电流流过，则大地就不再保持零电位。其电流以电流场的形式向四周扩散，如图5-32所示。设土壤的电阻率为ρ，大地内的电流密度为δ，则大地中呈现出相应的电场分布，其电场强度$E=\rho\delta$。离电流注入点越远，地中电流密度越小，因此认为离注入点无穷远处电流密度为零，此处的电位是零电位。由此可见，当接地点有电流流入大地时，该点相对于远处的零电位来说，将具有确定

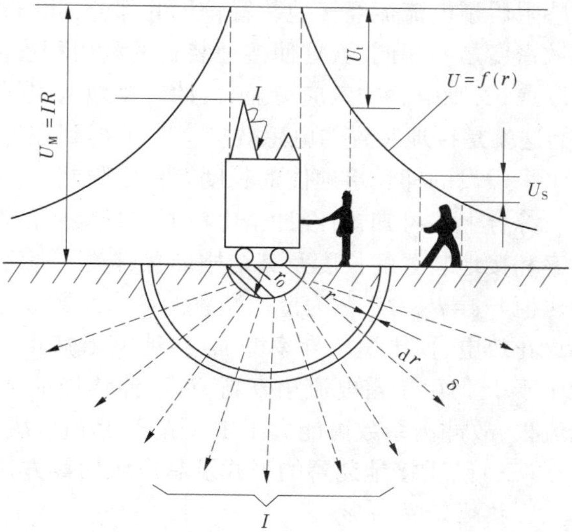

U_M—接地点电位；I—接地电流；U_t—接触电压；U_S—跨步电压；

$U=f(r)$—大地表面的电位分布曲线；δ—地中电流密度

图5-32　接地原理示意图

的电位升高。图5-32中画出了地表面的电位分布曲线。我们把接地点处的电位 U_M 与接地电流 I 的比值定义为该点的接地电阻 R，$R=U_M/I$。当接地电流为定值时，接地电阻愈小，则电位愈低；反之，则愈高。此时，地面上的接地体也具有了电位，因而不利于电气设备的绝缘以及人身安全，这就是要求降低接地电阻的原因。

电力系统的接地分为三类：

（1）工作接地，电力系统正常运行的需要而设置的接地。如三相交流系统的中性点接地或双极直流输电系统的中性点接地等。它们所要求的接地电阻值为0.5~10 Ω。

（2）保护接地，是为防止电气装置的金属外壳、配电装置的构架和线路杆塔等带电危及人身和设备安全而进行的接地。所谓保护接地就是将正常情况下不带电，而在绝缘材料损坏后或其他情况下可能带电的电器金属部分（与带电部分相绝缘的金属结构部分）用导线与接地体可靠连接起来的一种保护接线方式。其接地电阻值要求为1~10 Ω。

（3）防雷接地，用来将雷电流顺利泄入地下，以减小它所引起的过电压。它是防雷保护装置的重要组成部分，其工作类似于工作接地；但它又是保障人身安全的有力措施，而且只有在故障条件下才发挥作用，这又类似于保护接地。它的电阻值一般为1~30 Ω。

（二）接地装置及其形式

接地装置是指埋设在地下的接地极与由该接地电极到设备之间的连接导线（接地线）的总称。接地线是指电气装置、设施的接地端子与接地极连接用的金属导电部分；接地极则是埋入地中并直接与大地接触的金属导体，分为人工接地极和自然接地极。兼作接地极用的直接与大地接触的各种金属构件、金属井管、钢筋混凝土建（构）筑物的基础、金属管道和设备等称为自然接地极。

当工频电流流经接地装置时，由于电流频率不高，接地装置的利用程度最高。当冲击电流流经接地装置时，由于电流变化很快，接地装置本身电感的作用不能再忽略。其分布电感阻碍了电流流经接地装置较远的部分，此时冲击电流在接地装置全部长度上的电流扩散密度是不相同的，这使接地装置的利用程度降低，使冲击接地电阻增加，接地装置的长度愈长，则电感的效应愈显著，冲击接地电阻增加愈多，因此对于水平敷设的伸长接地体，这就是接地装置的电感效应。为了得到在冲击电流作用下较好的接地效果，要求单根水平敷设的伸长接地体的长度有一定限制。

综合上述可知，流经冲击电流时接地装置的冲击接地电阻 R_{ch} 与雷电流幅值、土壤电阻率和接地装置的长度及其结构形状有关。通常将冲击接地电阻 R_{ch} 与工频接地电阻 R_g 的比值 $\alpha_{ch}=R_{ch}/R_g$ 称为接地装置的冲击系数。考虑到雷电流幅值大，土壤中便会发生局部火花放电，使土壤电导率增加，接地电阻减小，即接地装置的电感效应，所以其比值一般小于1；但由于雷电流频率高，对于伸长接地装置因有电感效应，阻碍电流向接地体远端流去，故冲击系数可能大于1。显然，其值取决于两个效应的偏移程度。

（三）防雷接地装置的形式及其电阻估算方法

1. 接地装置的形式

上面已说接地装置一般可分为人工接地装置和自然接地装置。人工接地装置有水平接地、垂直接地以及既有水平接地又有垂直接地的复合接地装置。水平接地一般作为变电所和输电线路防雷接地的主要方式；垂直接地一般作为集中接地方式，如避雷针、避雷线的集中接地;在变电所和输电线路防雷接地中有时还采用复合接地装置。钢筋混凝土杆、铁塔基础、发电厂、变电所的构架基础等称为自然接地装置。

2. 接地电阻估算

1)单个垂直接地体的工频接地电阻

在 $l \gg d$ 时

$$R_{cg} = \frac{\rho}{2\pi l}\ln\frac{4l}{d} \tag{5-31}$$

式中　ρ——土壤电阻率,$\Omega \cdot m$;

l——接地体的长度,m;

d——接地体的直径,m,当采用扁钢时 $d = \frac{b}{2}$,b 是扁钢的宽度,当采用角钢时 $d = 0.84b$,b 是角钢每边宽度。

2)水平接地体的工频接地电阻

水平接地体的工频接地电阻可用公式表示

$$R_{spg} = \frac{\rho}{2\pi l}\left(\ln\frac{l^2}{dh} + K_f\right) \tag{5-32}$$

式中　h——水平接地体埋设深度,m;

K_f——形状系数,表 5-1 列出了不同形状水平接地体的形状系数,它反映了因受屏蔽影响而使接地电阻变化的系数。

表 5-1　水平接地体形状系数

形状		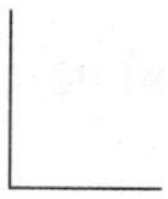	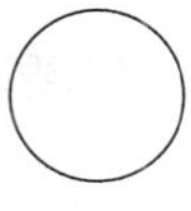			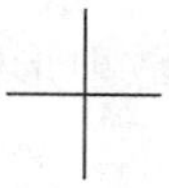	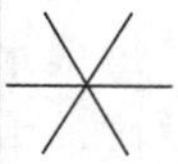	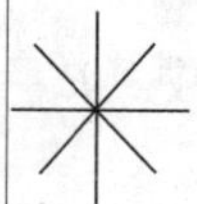
K_f	0	0.378	0.48	0.867	1.68	2.14	5.27	8.81

3)单个接地体冲击接地电阻

由上面冲击系数的定义可得

$$R_{ch} = \alpha_{ch} R_g \tag{5-33}$$

式中　R_g——工频接地电阻;

α_{ch}——接地装置的冲击系数。

4)钢筋混凝土杆的自然接地电阻

高压输电线路在每一杆塔下一般都设有接地装置,并通过引线与避雷线相连,其目的是使击中避雷线的雷电流通过较低的接地电阻进入大地。高压线路杆塔的钢筋混凝土基础的电阻计算同式(5-31),然后再乘系数 k,一般 k 取 1.4,即

$$R = 1.4R_{cg} \tag{5-34}$$

式中　R_{cg}——垂直接地体的工频接地电阻。

大多数情况下,单纯依靠自然接地电阻是不能满足要求的,需要装设人工接地装置。我国有关标准规定的线路杆塔接地电阻值如表 5-2 所示。

5)复式接地体的电阻

复式接地装置由于各个接地体之间的相互屏蔽作用,会使接地装置的利用情况变差,图 5-33 表示由三根垂直接地体组成的接地装置的电流分布示意图。

表 5-2 装有避雷线的杆塔工频接地电阻值(上限)

土壤电阻率(Ω·m)	100 及以下	100~500	500~1 000	1 000~2 000	2 000 以上
工频接地电阻(Ω)	10	15	20	25	30(注)

注:如土壤电阻率超过 2 000 Ω·m,接地电阻很难降到 30 Ω 时,可采用 6~8 根总长不超过 500 m 的放射形接地体或连续伸长接地体,其接地电阻不限制,也可采用物理型降阻剂措施,有效降低接地电阻。

由图 5-33 可知,相互的屏蔽作用妨碍了每个接地体向土壤中的扩散电流,因此复式接地装置的总冲击电阻并不等于各个接地体冲击电阻之和,而要小一些,其影响可用冲击利用系数 η_{ch} 来表示。

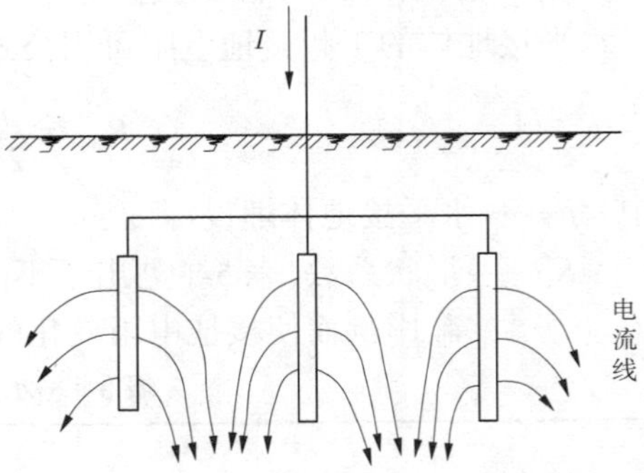

图 5-33 三根垂直接地体组成的复式接地装置

由 n 根等长水平放射形接地体组成的接地装置,其冲击接地电阻 R_{ch} 可按下式计算

$$R_{ch}=\frac{R'_{ch}}{n}\times\frac{1}{\eta_{ch}} \tag{5-35}$$

式中 R'_{ch}——每根水平放射形接地体的冲击接地电阻;

η_{ch}——冲击利用系数,一般 η_{ch} 小于 1,为 0.65~0.8。

由水平接地体连接的 n 根垂直接地体组成的接地网装置,其冲击接地电阻可按下式计算

$$R_{ch}=\frac{R_{pch}\times R_{cch}/n}{R_{pch}+R_{cch}/n}\times\frac{1}{\eta_{ch}} \tag{5-36}$$

式中 R_{cch}——每根垂直接地体的冲击接地电阻;

R_{pch}——水平接地体的冲击接地电阻;

η_{ch}——冲击利用系数,一般 η_{ch} 小于 1,为 0.65~0.8。

(四)发电厂和变电所的防雷接地

发电厂和变电所内需要有良好的接地装置,以满足运行、安全和防雷保护的接地要求。一般做法是:根据安全和工作接地要求敷设一个统一的接地网,然后再在避雷针和避雷器下面增加接地体,以满足防雷接地的要求。

接地网由扁钢水平连接,埋入地下 0.6~0.8 m 处,其面积 S 约与发电厂和变电所的面积相同,如图 5-34 所示。

这种接地网的总接地电阻可按下式估算

$$R = \frac{0.44\rho}{\sqrt{S}} + \frac{\rho}{L} \tag{5-37}$$

式中　L——接地体总长度，包括水平的和垂直的，m；

S——接地网的总面积，m^2。

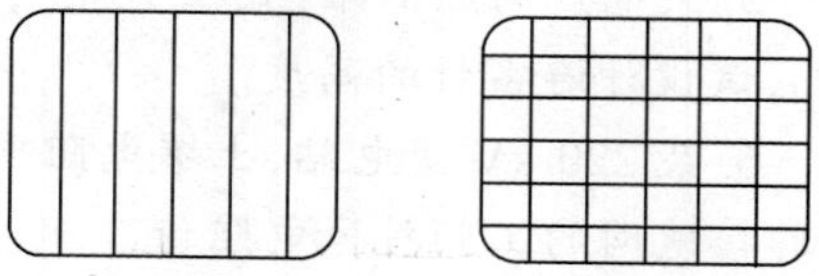

图 5-34　接地网示意图

接地网构成网孔形的目的主要在于均压；接地网中两水平接地带之间的距离一般可取为 3~10 m，然后校核接触电位和跨步电位后再予以调整。

习　题

一、填空题

1. 落雷密度是指________。

2. 雷电波的波头范围一般在________到________，在我国防雷设计中，通常建议采用________长度的雷电流波头长度。

3. 埋入地中的金属接地体称为接地装置，其作用是______________。

4. 中等雷电活动地区是指该地区一年中听到雷闪放电的天数 T_d 范围为________。

5. 对于 500 kV 的高压输电线路，避雷线的保护角 α 一般不大于________。

6. 输电线路防雷性能的优劣，工程上主要用________和________两个指标来衡量。

7. 降低杆塔接地电阻是提高线路耐雷水平，防止________的有效措施。

8. 避雷针加设在配电装置构架上时，避雷针与主接地网的地下连接点到变压器接地线与主接地网的地下连接点的距离不得小于________ m。

9. 我国 35~220 kV 电网的电气设备绝缘水平是以避雷器________ kA 下的残压作为绝缘配合的设计依据的。

二、选择题

1. 根据我国有关标准，220 kV 线路的绕击耐雷水平是________。

A. 12 kA　　B. 16 kA　　C. 80 kA　　D. 120 kA

2. 接地装置按工作特点可分为工作接地、保护接地和防雷接地。保护接地的电阻值对高压设备为________。

A. 0.5~5 Ω　　B. 1~10 Ω　　C. 10~100 Ω　　D 小于 1 Ω

三、计算问答题

1. 简述避雷针的保护原理和单根保护范围的计算。

2. 试论雷电流幅值的定义。

3. 试分析管式避雷器与保护间隙的相同和不同点。

4. 试全面比较阀式避雷器与氧化锌避雷器的性能。

5. 某电厂的原油罐，直径 10 m，高出地面 10 m，用独立避雷针保护，针距罐壁至少 5 m，试设计避雷针的高度。

6. 某 220 kV 变电站，土壤电阻率为 $3\times10^2\ \Omega\cdot m$，变电站面积为 100 m×100 m，试估计其接地网的工频接地电阻值。

第六章 电力系统防雷保护

对于整个电力系统而言,尽管有部分设备是建在户内的,但大部分暴露于大气中,这样整个电力系统就不可避免地要遭受雷击而受到伤害,甚至造成大面积停电。雷害事故在世界各国电力系统事故中占有很大的比重,各国都对电力系统的防雷保护给予极大的关注。

电力系统中的雷电过电压虽然多起源于架空输电线路,但过电压会沿着线路传播到发电厂和变电所(站)内,而且发电厂和变电所(站)本身也有遭受直接雷击的可能性,因此电力系统防雷保护包括了线路、变电所(站)、发电厂等各个环节。

电力系统的防雷,是指通过组成拦截、疏导、泄放入地的一体化系统方式,防止由直击雷或雷电电磁脉冲对电力系统本身或其内部设备造成损害的防护技术。本章将主要介绍架空输电线路、变电所(站)以及发电厂的防雷保护。

第一节 架空输电线路的防雷保护

架空输电线路是电力网及电力系统的重要组成部分,是电力系统的大动脉,担负着输送发电厂产生的和变电所(站)变压后的电能到各地区用电中心的重任。由于它暴露在自然之中,穿山越岭、纵横延伸,故极易受到外界的影响和损害,其中最主要的就是雷击。架空输电线路越长,遭遇雷击的概率越大。架空输电线路防雷的主要目的就是尽可能地减少雷害事故的次数和损失。

一、架空输电线路耐雷性能的几个指标

研究分析架空输电线路耐雷性能,首先要估算其在一年中究竟会遭受多少次雷击。前面章节已经提到,地面落雷密度为γ[次/(雷暴日·km^2)],由于线路高出地面很多,因而它的等效受雷面积要比其长度L和宽度B的乘积更大一些,线路越高,等效受雷面积越大。我国标准推荐的等效受雷宽度为

$$B' = b + 4h \tag{6-1}$$

式中 b——两根避雷线间的距离,m;

h——避雷线的平均对地高度,m。

这样,每一条长100 km的架空输电线路的年落雷次数N可按式(6-2)求得,即

$$N = \gamma \times 100 \times \frac{B'}{1\,000} \times T_d = \gamma \times \frac{b + 4h}{10} \times T_d \qquad [次/(100\ km \cdot a)] \tag{6-2}$$

式中 T_d——雷暴日数。

如果取$T_d = 40$,$\gamma = 0.07$,则

$$N = 0.07 \times \frac{b + 4h}{10} \times 40 = 0.28(b + 4h) \tag{6-3}$$

式(6-3)中的 h 通常可利用式(6-4)求得,即

$$h = h_{xg} - \frac{2}{3}f \tag{6-4}$$

式中 h_{xg}——避雷线在杆塔上的悬点高度,m;

f——避雷线的弧垂,m。

为了表示一条线路的耐雷性能和所采用的防雷措施,通常采用的指标有以下几个。

(一)耐雷水平(I)

耐雷水平是指雷击线路时,其绝缘尚不至于发生闪络的最大雷电流幅值或能引起绝缘闪络的最小雷电流幅值,单位为 kA。我国标准规定的各级电压线路应有的耐雷水平值(指雷击杆塔)见表 6-1 。

表 6-1 各级电压线路应有的耐雷水平值

额定电压(kV)	35	66	110	220	330	500
耐雷水平 I(kA)	20~30	30~60	40~75	75~110	100~150	125~175
雷电流超过 I 的概率(%)	59~46	46~21	35~14	14~6	7~2	3.8~1

(二)雷击跳闸率(n)

雷击跳闸率是指在雷暴日数 $T_d=40$ 的情况下,100 km 的线路每年因雷击而引起的跳闸次数,其单位为次/(100 km · 40 雷暴日)。实际线路长度 L 不会恰好是 100 km,所在地区的雷暴日数也不会恰好是 40,但为了评估处于不同地区、长度各异的输电线路的防雷效果,就必须将它们换算到某一相同的条件(100 km,40 雷暴日)下,才能进行比较。

实际中,雷电流超过了线路耐雷水平,只会引起冲击闪络,只有在冲击闪络之后还建立了工频电弧,才会引起线路跳闸。由冲击闪络转变成稳定工频电弧的概率称为建弧率(η),它与沿绝缘子串或空气间隙的平均运行电压梯度有关。可由下式求得

$$\eta = (4.5E^{0.75} - 14) \times 10^{-2}$$

式中 E——绝缘子串的平均工作电压梯度(有效值),kV/m,与系统中性点接地方式有关。

对于中性点有效接地系统,则

$$E = \frac{U_N}{\sqrt{3}l_1} \tag{6-5}$$

对于中性点非有效接地系统,则

$$E = \frac{U_N}{2l_1 + l_2} \tag{6-6}$$

式中 U_N——线路额定电压有效值,kV;

l_1——绝缘子串长度,m;

l_2——木横担线路的线间距离,m,若为铁横担,$l_2=0$。

如果 $E \leqslant 6$ kV/m(有效值),得出的建弧率很小,可取 $\eta=0$。

二、架空输电线路雷害事故防护措施

架空输电线路雷害事故的形成通常要经历以下四个阶段：输电线路受到雷电过电压的作用；输电线路发生闪络；输电线路从发生冲击闪络转变为建立稳定的工频电弧；线路跳闸，供电中断。针对雷害事故形成的四个阶段，现代输电线路在采取防雷保护措施时，要做到"四道防线"，即：

(1)防直击，就是使输电线路不受直击雷。

(2)防闪络，就是使输电线路受雷后绝缘不发生闪络。

(3)防建弧，就是使输电线路发生闪络后不建立稳定的工频电弧。

(4)防停电，就是使输电线路建立工频电弧后不中断电力供应。

可以用图 6-1 直观表述雷害事故的形成过程及其防护措施，只要能设法制止其发展过程中任一环节的实现，就可避免雷击引起的长时间停电事故。

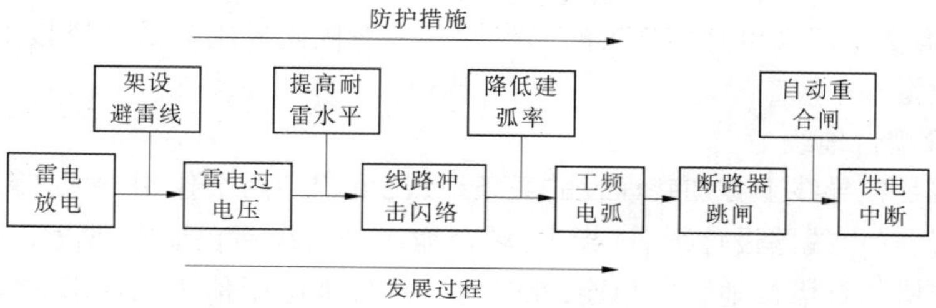

图 6-1　雷害事故的形成过程及其防护措施

现对生产运行部门常用的架空输电线路防雷改进措施简述如下。

(一)架设避雷线(架空地线)

我国电力系统中 110 kV 及其以上架空输电线路防雷措施是沿全线架设避雷线，35 kV 及其以下的线路主要依靠架设消弧线圈和自动重合闸来进行防雷保护。

架设避雷线是输电线路防雷保护的最基本、最有效的措施。避雷线的主要作用是防止雷直击导线，同时还具有以下作用：

(1)分流作用，以减小流经杆塔的雷电流，从而降低塔顶电位。

(2)对导线的耦合作用，可以减小线路绝缘子上的电压。

(3)对导线的屏蔽作用，可以降低导线上的感应过电压。

通常来说，线路电压愈高，采用避雷线的效果愈好，而且避雷线在线路造价中所占的比重也愈低。因此，110 kV 及其以上电压等级的输电线路都应全线架设避雷线。同时，为了提高避雷线对导线的屏蔽效果，减小绕击率，避雷线对边导线的保护角应做得小一些，一般采用 20°~30°。220 kV 及 330 kV 双避雷线线路应做到保护角在 20°左右，500 kV 及其以上的超高压、特高压线路都架设双避雷线，保护角在 15°左右。

(二)降低杆塔接地电阻

降低杆塔接地电阻是提高线路耐雷水平和减小反击概率的主要措施。杆塔的工频接地电阻一般为 10~30 Ω，实际使用时可按表 6-2 选取。

表 6-2 杆塔的工频接地电阻

土壤的电阻率(Ω·m)	<100	100~500	500~1 000	1 000~2 000	>2 000
接地电阻(Ω)	≤10	≤15	≤20	≤25	≤30

在土壤的电阻率$\rho \leqslant 1\ 000\ \Omega \cdot m$的地区,杆塔的混凝土基础也能在某种程度上起到接地体的作用,但在大多数情况下难以满足表 6-2 中的要求,故需另加人工接地装置。必要时,还可采用多根放射形水平接地体或连续伸长接地体,或采用长效土壤降阻剂等措施。

(三)加强线路绝缘

由于输电线路个别地段需采用大跨越高杆塔(如跨河杆塔),这就增加了杆塔落雷的机会。高杆塔落雷时,塔顶电位高,感应过电压大,而且受绕击的概率也较大。为降低线路跳闸率,可在高杆塔上增加绝缘子串片数,加大大跨越档导线与地线之间的距离,以加强线路绝缘。对 35 kV 及其以下的线路,可采用瓷横担等冲击闪络电压较高的绝缘子来降低雷击跳闸率。尽管增加绝缘子串的片数、改用大爬距悬式绝缘子、增大塔头空气间距等措施可行,但实施起来也有相当大的局限性。一般优先采用降低杆塔接地电阻的办法来提高线路耐雷水平。

(四)埋设耦合地线

耦合地线是在导线下方加装埋设的一条地线,可起到两个作用:一是降低接地电阻。《电力工程高压送电线路设计手册》指出,耦合地线是沿线路在地中埋设 1~2 根接地线,并可与下一基塔的杆塔接地装置相连,此时对工频接地电阻值不做要求。国内外的运行经验证明,埋设耦合地线是降低高土壤电阻率地区杆塔接地电阻的有效措施之一。二是起到一定的架空地线的作用,既有避雷线的分流作用,又有避雷线的耦合作用。据运行经验,在一个 20 基杆塔的易击段埋设耦合地线后,10 年中只发生一次雷击故障,可降低跳闸率 40%,显著提高线路的耐雷水平和降低雷击跳闸率。

(五)装设消弧线圈

在中性点不接地系统中,消弧线圈能使雷电过电压所引起的一相对地冲击闪络不转变成稳定的工频电弧,即大大减小建弧率和减少断路器的跳闸次数。

(六)采用避雷器

避雷器仅用作线路上雷电过电压特别大或绝缘薄弱点的防雷保护。它能免除线路绝缘的冲击闪络,并使建弧率降为零。

(七)采用不平衡绝缘

在高压及超高压线路上,同杆架设的双回路线路日益增多,对此类线路在采用通常的防雷措施尚不能满足要求时,可考虑采用不平衡绝缘方式来降低双回路雷击同时跳闸率,以保障线路的连续供电。不平衡绝缘的原则是使双回路的绝缘子串片数有差异,这样,雷击时绝缘子串片数少的回路先闪络,闪络后的导线相当于地线,增加了对另一回路导线的耦合作用,提高了线路的耐雷水平,使之不发生闪络,保障了另一回路的连续供电。

(八)装设自动重合闸

由于线路绝缘具有自恢复功能,大多数雷击造成的冲击闪络和工频电弧在线路跳闸后能迅速去游离,线路绝缘不会发生永久性的损坏或劣化,因此装设自动重合闸的效果极好。我国 110 kV 及其以上高压线路的自动重合闸成功率高达 75%~95%，可见，装设自动重合闸是减少线路雷击停电事故的有效措施。

（九）采用差绝缘方式

此措施适宜于中性点不接地或经消弧线圈接地的系统，并且导线为三角形排列的情况。所谓差绝缘，是指同一基杆塔上三相绝缘有差异，下面两相较最上面一相各增加一片绝缘子，当雷击杆塔或上导线时，由于上导线绝缘相对较“弱”而先击穿，雷电流经杆塔入地，避免了两相闪络。据实际运行经验计算，采用差绝缘后，线路的耐雷水平可提高 24%。

（十）装设消雷器

消雷器是一种新型的直击雷防护装置，在国内已有十余年的应用历史，目前架空输电线路上装设的消雷器已有上千套，运行情况良好。虽然对消雷器的机制和理论还存在怀疑和争论，但它确实能消除或减少雷击的事实已被越来越多的人承认与接受。消雷器对接地电阻的要求不严，其保护范围也远比避雷针大。在实际装设时，应认真解决好各个环节中的相关问题。

总之，影响架空输电线路雷击跳闸率的因素很多，有一定的复杂性，解决线路的雷害问题，要从实际出发，因地制宜，综合治理。在采取防雷改进措施之前，要认真调查分析，充分了解地理、气象及线路运行等各方面的情况，核算线路的耐雷水平，研究采用措施的可行性、工作量、难度、经济效益及效果等，最后决定准备采用的某一种或几种防雷改进措施。

三、架空输电线路耐雷性能的分析计算

设架空输电线路的年落雷总次数为 N，那么在这 N 次雷击中，又可以按照雷击位置不同分为以下三种情况，如图 6-2 所示。

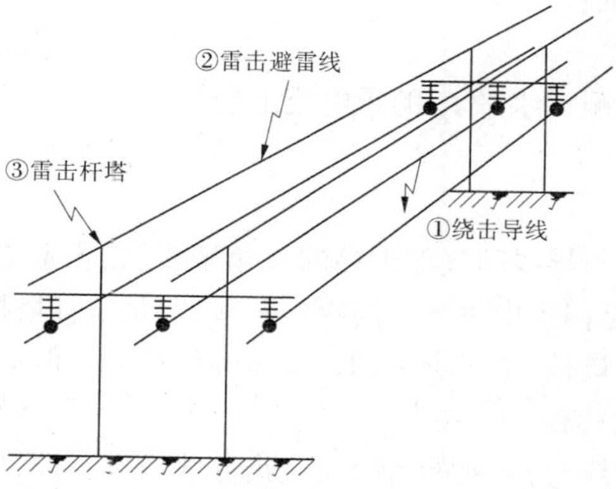

图 6-2　雷击有避雷线线路的三种情况

（一）绕击导线

尽管线路全线都装有 1~2 根避雷线，并使三相输电导线处于其保护范围之内，但仍然存在雷闪绕过避雷线而直接击中导线的可能性。发生这种绕击的概率称为绕击率 P_α。实测与运行经验证明：P_α 的数值大小与避雷线对边导线的保护角、杆塔高度 h_{gt} 及线路通

过地区的地形地貌等因素有关,可分别利用式(6-7)、式(6-8)求得。

对于平原线路,则

$$\lg P_{\alpha} = \frac{\alpha\sqrt{h_{gt}}}{86} - 3.9 \tag{6-7}$$

对于山区线路,则

$$\lg P_{\alpha} = \frac{\alpha\sqrt{h_{gt}}}{86} - 3.35 \tag{6-8}$$

式中 α——保护角(°);

h_{gt}——杆塔高度,m。

山区线路因地面附近的空间电场受到山坡地形的影响,其绕击率约为平原线路的 3 倍或相当于保护角增大 8°。

绕击率虽然很小,绕击导线的可能性也不大,但一旦发生绕击,所产生的雷电过电压很高,即使是绝缘水平很高的超高压线路也往往难免闪络。由前述可知,绕击导线时的雷电过电压为

$$U_A = 100I \quad (\text{kV}) \tag{6-9}$$

若令 U_A 等于线路绝缘子串的 50%冲击放电电压 $U_{50\%}$,则式(6-9)中的 I 即为绕击时的耐雷水平 I_A,于是

$$I_A = \frac{U_{50\%}}{100} \quad (\text{kA}) \tag{6-10}$$

显然,绕击跳闸次数为

$$n_{\alpha} = NP_{\alpha}P_{A}\eta \qquad (次/a) \tag{6-11}$$

式中 N——年落雷总数;

P_{α}——绕击率;

P_A——超过绕击耐雷水平 I_A 的雷电流出现概率;

η——建弧率。

(二)雷击避雷线

从雷击引起避雷线与导线间气隙击穿的视角来看,雷击避雷线最严重的情况是雷击点处于档距中央时:一是档距中央气隙间距短一些;二是从杆塔接地点反射回来的异号电压波抵达雷击点的时间最长,雷击点上的过电压幅值最大。但运行经验表明,真正击中档距中央避雷线的概率也只有 10%左右。

雷击档距中央避雷线时,起初的情况与绕击导线没有不同,但当自两侧杆塔接地点反射回来的异号电压波到达雷击点时,情况就改变了。下面以平顶斜角波作为雷电流的计算波形进行分析。如图 6-3 所示,设雷电波 i 的波前表达式为 $i=\alpha t$,通过雷道波阻抗投射下来的电流入射波依照雷电流的定义应为$\frac{i}{2}$,由于雷道波阻抗 Z_0 与两侧避雷线波阻抗 Z_g 的并联值$\frac{Z_g}{2}$近似相等,所以可以认为雷击波在雷击点 A 处没有折射、反射现象,于是,

两侧避雷线上的电流波将为$\frac{i}{4}$。

可见，依据电流波与电压波的关系，从雷击避雷线瞬间开始，就有两个与$\frac{i}{4}$相对应的电压波$\frac{i}{4}Z_g$从雷击点 A 向两侧杆塔及其接地装置传播。由于杆塔的接地电阻 R_i 要比避雷线和杆塔的波阻抗小得多，为简化计算，可令 $R_i=0$。这样就将在接地点发生电压波的负全反射（反射系数 $\beta=-1$），即接地点的电压反射波与电压入射波$\frac{i}{4}Z_g$大小相等、极性相反。

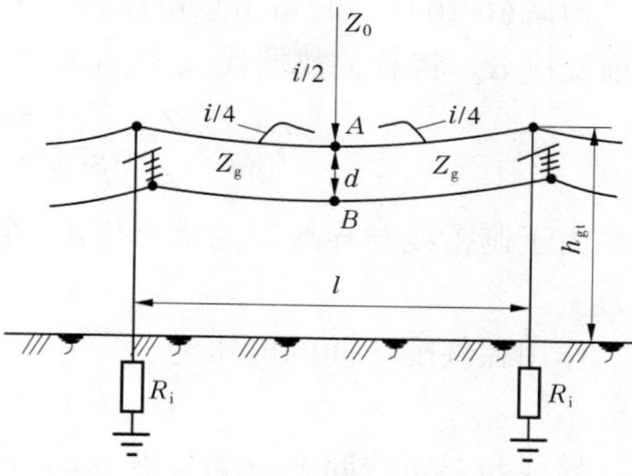

图 6-3　雷击档距中央避雷线示意图

从雷击点 A 开始（$t=0$），到这个异号电压波抵达 A 点的瞬间为止，所经过的时间为

$$t_1=\frac{2\left(\frac{l}{2}+h_{gt}\right)}{v} \tag{6-12}$$

式中　l——档距长度，m；

h_{gt}——杆塔高度，m；

v——避雷线上的波速，m/μs，考虑到雷击避雷线上的强烈电晕，通常取 $v\approx0.75c$（c 为光速）。

因式(6-12)中的 h_{gt} 一般要比$\frac{l}{2}$小得多，式(6-12)就可变为

$$t_1\approx\frac{l}{v} \tag{6-13}$$

由此，我们就可以得出雷击点电压 u_A 的数学表达式：

当 $t<t_1$ 时，则

$$u_A(t_1^-)=\frac{Z_g}{4}i=\frac{Z_g}{4}\alpha t \tag{6-14}$$

当 $t\geqslant t_1$ 时，则

$$u_A(t_1^+)=\frac{Z_g}{4}\left[\alpha t-\alpha\left(t-\frac{l}{v}\right)\right]=\frac{Z_g l}{4v}\alpha \tag{6-15}$$

由此可知，在 $t=t_1$ 时，雷击点电压 u_A 就达到了最大值 U_{Am}，即

$$U_{Am}=\frac{Z_g l}{4v}\alpha \tag{6-16}$$

式中　Z_g——避雷线波阻抗，Ω，考虑冲击电晕影响，可取 $Z_g\approx350\ \Omega$；

v——避雷线上的波速，$v\approx0.75c=225$ m/μs；

α——雷电流波前陡度，$\alpha=30$ kA/μs。

由式(6-16)可知,雷击点电压幅值 U_{Am} 与雷电流幅值的大小无关,而仅仅取决于它的波前陡度 α。将有关数据代入式(6-16)可得

$$U_{Am}=\frac{Z_g l}{4v}\alpha=\frac{350l}{4\times 225}\times 30=11.7l \quad (kV)$$

由于避雷线与导线间的耦合作用,在导线上 B 点将感应出电压 $U_B=kU_{Am}$(k 为耦合系数)。

作用在气隙 d 间的电压为

$$U_{AB}=U_{Am}-U_B=(1-k)U_{Am}$$

导线与避雷线间的电场是极不均匀的,其伏秒特性较陡,当击穿时间在 2.6 μs 左右时,气隙的平均击穿场强 E_{av} 只有 750 kV/m 左右。因此,导线与避雷线间的气隙发生击穿的临界条件为

$$(1-k)U_{Am}=E_{av}d=750d$$

考虑冲击电晕的影响时,$k\approx 0.25$,此时

$$d=\frac{(1-k)U_{Am}}{750}=\frac{(1-0.25)\times 11.7}{750}l=0.0117l \quad (m)$$

我国标准依据上式,并结合多年的运行经验进行修正,规定按式(6-17)确定应有的气隙 d 的数值,即

$$d=0.012l+1 \quad (m) \tag{6-17}$$

(三)雷击杆塔

从雷击架空输电线路接地部分(避雷线、杆塔)而引起绝缘子串闪络(通常称为反击或逆闪络)的视角来看,最为严重的情况就是雷击某一基杆塔的塔顶,因为这时大部分雷电流将从该杆塔入地,产生的雷电过电压最高。

雷击塔顶时雷电流的分流状况如图 6-4(a)所示,而如图 6-4(b)所示则是等值电路。由于杆塔一般不高并且其接地电阻较小,从接地点反射回来的电流波立即到达塔顶,使入射电流加倍,因而注入线路的总电流即为雷电流 i,而不是沿雷道波阻抗传播的入射电流 $\frac{i}{2}$。

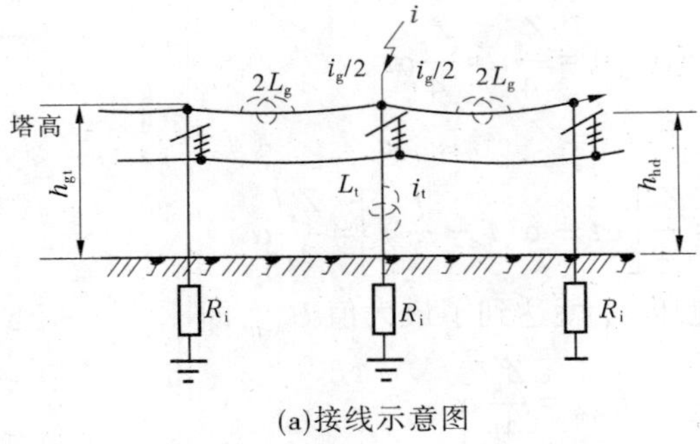

(a)接线示意图

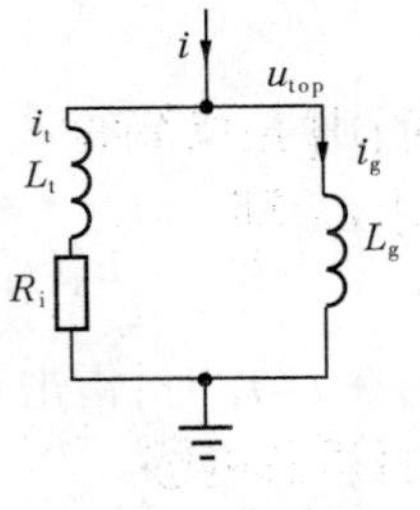

(b)等值电路

图 6-4 雷击塔顶时的雷电流分布

由于避雷线的分流作用,流经杆塔的电流 i_t 将小于雷电流 i,它们的比值定义为杆塔

分流系数β,可表示为

$$\beta = \frac{i_t}{i} \tag{6-18}$$

总的雷电流为

$$i = i_t + i_g \tag{6-19}$$

杆塔分流系数β值为0.86~0.92,可见雷电流的绝大部分是经雷杆塔泄入地下的。各种不同情况下的杆塔分流系数β值可由表6-3查得。

表6-3　各种不同情况下的杆塔分流系数β值

线路额定电压(kV)	避雷线根数	β值
110	1	0.90
	2	0.86
220	1	0.92
	2	0.88
330	2	0.88
500	2	0.88

线路绝缘子串上所受到的雷电过电压包括四个分量:

(1)杆塔电流i_t在横担以下的塔身电感L_{hd}和杆塔冲击接地电阻R_i上造成压降,使横担具有一定的对地电位u_{hd},即

$$u_{hd} = R_i i_t + L_{hd}\frac{\mathrm{d}i_t}{\mathrm{d}t} = \beta\left(R_i i_t + L_{hd}\frac{\mathrm{d}i_t}{\mathrm{d}t}\right) \tag{6-20}$$

式中　$\frac{\mathrm{d}i_t}{\mathrm{d}t}$——雷电流波前陡度,取平均值$\frac{\mathrm{d}i_t}{\mathrm{d}t}=\frac{I}{T_1}=\frac{I}{2.6}$(kA/μs),其中$I$为雷电流幅值。

将$\frac{\mathrm{d}i_t}{\mathrm{d}t}=\frac{I}{2.6}$代入式(6-20)中可得到横担对地电位的幅值,即

$$U_{hd} = \beta I\left(R_i + \frac{L_{hd}}{2.6}\right) \tag{6-21}$$

式(6-21)中横担以下的塔身电感L_{hd}值可由表6-4查得的单位高度塔身电感L_{t0}乘以横担高度h_{hd}求得,即

$$L_{hd} = L_{t0}h_{hd} = L_t\frac{h_{hd}}{h_{gt}} \tag{6-22}$$

式中　L_t——杆塔总电感。

将式(6-22)代入式(6-21)可得

$$U_{hd} = \beta I\left(R_i + \frac{L_t}{2.6}\times\frac{h_{hd}}{h_{gt}}\right) \tag{6-23}$$

(2)塔顶电压u_{top}沿着避雷线传播而在导线上感应出来的电压u_{xg}。与式(6-20)的分

量 u_{hd} 相似，杆塔电流 i_t 造成的塔顶电位为

$$u_{top} = R_i i_t + L_t \frac{di_t}{dt} = \beta\left(R_i i + L_t \frac{di}{dt}\right) \tag{6-24}$$

塔顶电位幅值为

$$U_{top} = \beta I\left(R_i + \frac{L_t}{2.6}\right) \tag{6-25}$$

需要考虑的是，如果杆塔很高（40 m 以上）就不宜再用一总电感 L_t 来表示，而应该采用分布参数杆塔波阻抗 Z_t 来进行计算，表 6-4 中列出了 Z_t 的参考值。

表 6-4 杆塔的电感和波阻抗参考值

杆塔型式	杆塔单位高度电感 L_{t0}（μH/m）	杆塔波阻抗 Z_t（Ω）
无拉线钢筋混凝土单杆	0.84	250
有拉线钢筋混凝土单杆	0.42	125
无拉线钢筋混凝土双杆	0.42	125
铁塔	0.50	150
门型铁塔	0.42	125

雷击塔顶所产生的塔顶电压波 u_{top} 沿避雷线传播时一定会在导线上产生感应过电压，其分量为

$$u_{xg} = k u_{top} \tag{6-26}$$

式中　k——考虑冲击电晕影响的耦合系数，可按式（4-56）求得。

（3）雷击塔顶而在导线上产生的感应过电压 u_{dg}。

$$u_{dg} = \left(1 - k_0 \frac{h_b}{h_d}\right) u'_{dg} \tag{6-27}$$

式中　u'_{dg}——无避雷线时的感应雷击过电压；

k_0——导线、避雷线间的几何耦合系数；

h_d——导线对地平均高度；

h_b——避雷线对地平均高度。

（4）线路本身的工频电压 μ_e。

在上述四个分量中，u_{xg} 与 u_{hd} 同极性，u_{dg} 与 u_{hd} 异极性，而 u_e 为工频交流电压，在发生雷击瞬间，它可能与 u_{hd} 同极性，也可能异极性，按照安全从严要求考虑计算，取异极性的情况。这就可以得出作用在绝缘子串上的合成电压 u_Σ 为

$$u_\Sigma = u_{hd} - u_{xg} + u_{dg} + u_e \tag{6-28}$$

在一般计算中，通常可以不计极性不定的工频电压，式（6-28）可简化为

$$u_\Sigma = u_{hd} - u_{xg} + u_{dg} \tag{6-29}$$

假定各分量的幅值是在同一时刻出现的，那么，在代入各分量幅值的表达式后，可最

终得到绝缘子串上的合成电压 u_{Σ} 的幅值为

$$U_{\Sigma}=I\left[(1-k)\beta R_{i}+\left(\frac{h_{hd}}{h_{gt}}-k\right)\beta\frac{L_{t}}{2.6}+\left(1-k_{0}\frac{h_{b}}{h_{d}}\right)\frac{h_{d}}{2.6}\right] \tag{6-30}$$

当作用在绝缘子串上的电压 U_{Σ} 等于或大于线路绝缘子串的50%冲击闪络电压 $U_{50\%}$ 时，绝缘子串将发生闪络。与这一临界条件相对应的雷电流幅值 I 就是这条线路雷击杆塔时的耐雷水平 I'，可见

$$I'=\frac{U_{50\%}}{(1-k)\beta R_{i}+\left(\frac{h_{hd}}{h_{gt}}-k\right)\beta\frac{L_{t}}{2.6}+\left(1-k_{0}\frac{h_{b}}{h_{d}}\right)\frac{h_{d}}{2.6}} \tag{6-31}$$

只要依据式(6-31)求出的线路耐雷水平不低于表6-1中的规定值，就不会发生闪络。需要指出的是，在三相输电系统中，距离避雷线较远的那一相导线与避雷线间的耦合系数较小，较易发生闪络，所以在设计上应该以此作为计算前提。

从式(6-31)可以看出，加强线路绝缘、降低杆塔接地电阻、增大耦合系数都是提高线路耐雷水平的有效措施。

工程实际中常把这种雷电击中接地物体(杆塔)，使雷击点对地电位大大增高而引起对导线的逆向闪络的情况叫作反击。在求得反击耐雷水平 I' 后，就可得出大于 I' 的雷电流出现概率 P_1，于是可按式(6-32)计算反击跳闸次数 n_1，即

$$n_1=N(1-P_{\alpha})gP_1\eta \quad (次/a) \tag{6-32}$$

式中　N——年落雷次数；

P_{α}——绕击率；

η——建弧率；

g——击杆率，它表示为雷击杆塔次数与落雷总数的比值，与避雷线根数及地形地貌有关，规程推荐的 g 值如表6-5所示。

表6-5　击杆率参考值

地形	避雷线根数		
	0	1	2
平原	1/2	1/4	1/6
山区	—	1/3	1/4

因为 $P_{\alpha}\ll 1$，所以，式(6-32)可改写为

$$n_1=NgP_1\eta \quad (次/a) \tag{6-33}$$

综合以上分析，结合式(6-11)，最后可得出该线路的年雷击跳闸总次数

$$n_{\Sigma}=n_{\alpha}+n_1=N\eta(gP_1+P_{\alpha}P_A)\quad(次/a) \tag{6-34}$$

如果式(6-34)中的 N 是表示每100 km线路在40个雷暴日的条件下的落雷次数，即可将式(6-3)代入式(6-34)，就可得出线路的雷击跳闸率 n，即

$$n=0.28(b+4h)(gP_1+P_{\alpha}P_A)\eta \quad [次/(100\ \mathrm{km}\cdot 40\ 雷暴日)] \tag{6-35}$$

【例6-1】　平原地区200 kV双避雷线，如图6-5所示绝缘子串的正极性冲击放电电压 $U_{50\%}$ 为1 560 kV，杆塔冲击接地电阻 R_i 为7 Ω，避雷线与输电线路的平均高度 h_g、h_c 分别为24.5 m和15.4 m，耦合系数 k 为0.286，杆塔的等值电感为0.5 μH/m，分流系数 β

为 0.88，击杆率 g 为 1/6，绕击率 P_α 为 0.144%，建弧率 η 为 0.8。要求计算线路的耐雷水平及跳闸率。

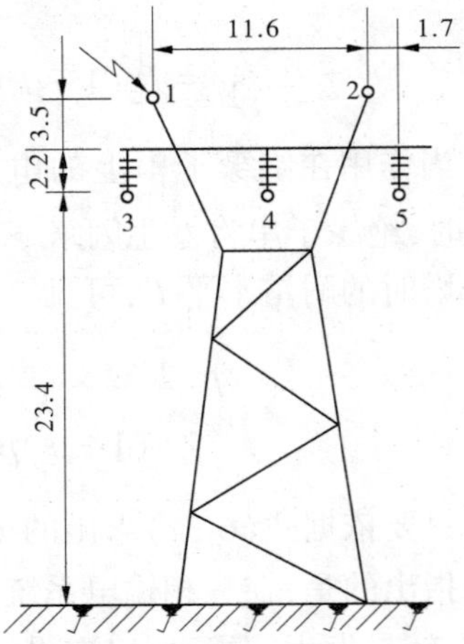

1、2—避雷线；3、4、5—三相导线

图 6-5　例 6-1 图　（单位：m）

解：(1) 计算反击耐雷水平。

杆塔高度为 $h_{gt}=3.5+2.2+23.4=29.1\ (\text{m})$

杆塔电感 $L_t=0.5\times 29.1=14.55\ (\mu\text{H})$

$$I_1=\frac{U_{50\%}}{\left(\beta R_i+\beta\dfrac{L_t}{2.6}+\dfrac{h_c}{2.6}\right)(1-k)}$$

$$=\frac{1\,560}{\left(0.88\times 7+0.88\times\dfrac{14.55}{2.6}+\dfrac{15.4}{2.6}\right)(1-0.286)}=128(\text{kA})$$

由我国雷电流概率曲线查得 $P_1=8.4\%$。

(2) 计算绕击耐雷水平。

$$I_2=\frac{U_{50\%}}{100}=\frac{1\,560}{100}=15.6(\text{A})$$

由我国雷电流概率曲线查得 $P_2=71.7\%$。

(3) 线路的雷击跳闸率为

$$\begin{aligned}n&=2.8h_g(gP_1+P_\alpha P_2)\eta\\&=2.8\times 24.5\times(1/6\times 8.4\%+0.144\%\times 71.7\%)\times 0.8\\&=0.77[\text{次}/(100\ \text{km}\cdot 40\ \text{雷暴日})]\end{aligned}$$

第二节　发电厂和变电所(站)的防雷保护

变电所(站)是电力系统的重要组成部分，如果在变电所(站)发生雷击事故，将对变电所(站)的主设备造成较大的危害，甚至可能会使变压器及其他主设备受损，造成大面积的停电，给社会及供电企业造成比较严重的影响，因此要求变电所(站)的防雷措施必须十分可靠。

变电所(站)遭受的雷击主要来自两个方面：一是雷直击在变电所(站)的电气设备上；二是架空线路的感应雷过电压和直击雷过电压形成的雷电波沿线路侵入变电所(站)。因此，防止这两个方面的雷击对变电所(站)设备造成破坏十分重要。

一、发电厂、变电所(站)的直击雷防护

大气雷电如果直接击中发电厂、变电所(站)设施的导电部分如母线，则会出现很高的雷电过电压，一般都会引起设备的击穿或闪络，所以必须装设避雷针或避雷线对直击雷进行防护，使发电厂、变电所(站)中要保护的设备和设施均处于其保护范围之内。

按安装方式的不同，避雷针分为独立避雷针和构架避雷针两类。从经济性的角度来看，采用构架避雷针，既可以节省支座的钢材，又可以省去专用接地装置。但对绝缘水平

不高的 35 kV 及其以下的配电装置来说，雷击构架避雷针时很容易导致绝缘逆闪络即反击而造成设备或设施毁坏，反而会引起更大的经济损失。因此，应该装设独立避雷针，即装设具有专用的支座和接地装置的避雷针。其接地电阻一般不超过 10 Ω。我国规程规定：

(1)110 kV 及以上的配电装置，一般将避雷针装在构架上。但在土壤电阻率 $\rho>$ 1 000 Ω · m 的地区，仍宜装设独立避雷针，以免发生反击。

(2)35 kV 及其以下的配电装置应装设独立避雷针。

(3)60 kV 的配电装置在 $\rho>500$ Ω · m 的地区宜装设独立避雷针，在 $\rho<500$ Ω · m 的地区容许采用构架避雷针。

发电厂、变电所(站)的直击雷防护设计内容主要是选择避雷针的支数、高度、装设位置，验算避雷针的保护范围、应有的接地电阻，防雷接地装置设计等。对于独立避雷针，则还有一个验算它对相邻配电装置构架及其接地装置的空气间距、地下距离的问题。如果不保持一定间距，则雷击于独立避雷针上，继而反击到配电装置构架或至地下造成土壤击穿殃及配电装置的接地装置，从而有违选用独立避雷针的初衷。

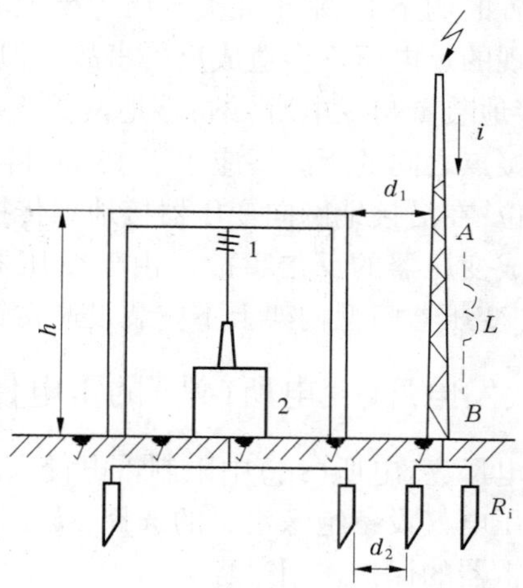

1—母线；2—变压器

图 6-6 独立避雷针的空气距离和地下距离校验图

如图 6-6 所示，当独立避雷针遭受雷击时，雷电流 i 将在避雷针电感 L 和接地电阻 R_i 上造成压降。

避雷针支座上高度为 h 处的 A 点对地电压为

$$u_A = R_i i + L_0 h \frac{di}{dt} \tag{6-36}$$

式中 R_i——独立避雷针的冲击接地电阻，Ω；

L_0——避雷针单位高度的等值电感，μH/m。

接地装置上的对地电压为

$$u_B = R_i i \tag{6-37}$$

如果空气间隙的平均击穿场强为 E_{av1}(kV/m)，为了防止避雷针对配电构架发生反击，其空气间距 d_1 应满足式(6-38)的要求，即

$$d_1 \geqslant \frac{U_A}{E_{av1}} \tag{6-38}$$

依此类推，如果土壤的平均击穿场强为 E_{av2}(kV/m)，为了防止避雷针接地装置与变电所(站)接地网之间因土壤击穿而连在一起，地下距离 d_2 应满足式(6-39)的要求，即

$$d_2 \geqslant \frac{U_B}{E_{av2}} \tag{6-39}$$

我国标准取雷电流 i 的幅值 $I=100$ kA；$L_0 \approx 1.55$ μH/m；$E_{av1} \approx 500$ kV/m；$E_{av2} \approx 300$

kV/m；$(\frac{di}{dt})_{av}\approx\frac{100}{2.6}=38.5(kA/\mu s)$。将这些数据代入式(6-36)~式(6-39)中，并按实际运行经验进行校验后，我国标准最后推荐用下面两个公式校验独立避雷针的空气间距 d_1 和地下距离 d_2，即

$$d_1 \geqslant 0.2R_i + 0.1h \tag{6-40}$$

$$d_2 \geqslant 0.3R_i \tag{6-41}$$

一般情况下，d_1 不应小于 5 m，d_2 不应小于 3 m。

这里需要指出的是，对于 110 kV 及其以上的变电所(站)，虽然可以将避雷针安装在配电装置的构架上，基于此类电压等级配电装置的绝缘水平较高，雷击避雷针时在配电构架上出现的过电压不会造成反击事故。但装设避雷针的配电构架还应该装设辅助接地装置，此接地装置与变电所(站)接地网的连接点离主变压器的接地装置与变电所(站)接地网的连接点之间的距离不应小于 15 m，目的是使雷击避雷针时在避雷针接地装置上产生的高电位，在沿接地网向变压器接地点传播的过程中逐渐衰减，以便到达变压器接地点时不会造成变压器的反击事故。由于变压器的绝缘较弱，又是变电所(站)中最重要的设备，故在变压器门型构架上不应装设避雷针。

二、发电厂、变电所(站)的雷电侵入波保护

发电厂、变电所(站)中限制雷电侵入波过电压的主要措施是安装避雷器。变压器及其他高压电气设备绝缘水平的选择，就是以阀式避雷器的特性作为依据的。下面来分析阀式避雷器的保护作用过程。

装设阀式避雷器是变电所(站)对入侵雷电过电压波进行防护的主要措施，它的保护作用主要是限制过电压波的幅值。但是，为了使阀式避雷器不至于担负过大的冲击电流和有效地发挥其保护功能，还需要有“进线段保护”与之配合。这就是现代变电所防雷接线的基本思路。

阀式避雷器的保护作用基于以下三个前提：

(1)它的伏秒特性与被保护绝缘的伏秒特性有良好的配合，在一切电压波形下，前者均处于后者之下；

(2)它的伏安特性应保证其残压低于被保护绝缘的冲击电气强度；

(3)被保护绝缘必须处于该避雷器的保护范围之内。

来自于输电线路的入侵变电所(站)的雷电过电压波的幅值首先受到线路绝缘水平的限制(超过线路绝缘水平会闪络而限幅)，而波前陡度与雷击点距离变电所的远近有关。为严格起见，可取抵达变电所的侵入波为一斜角平顶波，其幅值等于线路绝缘的 50%冲击放电电压 $U_{50\%}$，波前陡度 $\alpha=\frac{U_{50\%}}{T_1}$，设波前时间 $T_1=2.6\ \mu s$，则侵入波在 T_1 时间内传播的距离约为 780 m。一般来说，变电所(站)的范围不会太大，所以各种波过程大多在波前时间内出现，这样就可以将计算波形进一步简化为斜角波 $u=\alpha t$。

如图 6-7 所示，如果把被保护绝缘用等值电容 C 代表，当它与避雷器 FV 直接连在一起时(图中虚线所示)，则绝缘上的电压与避雷器上的电压完全相同，只要避雷器的特性

能够满足上面所说的(1)、(2)两个条件,绝缘就能得到有效保护。但在实际变电所(站)中,接在母线上的避雷器应该保护好所有电气设备的绝缘,它们距离避雷器有近有远,这样在被保护绝缘与避雷器之间就会出现一个电压差 ΔU,可以利用图 6-7 的接线图来确定 ΔU。

设终端变电所(站)只有一路进线,就是图 6-7 中的 $Z_2=\infty$,C 即为电力变压器的入口电容。由于电力设备的等值电容 C 一般都不大,可以忽略进波刚到达电容使电压上升速度减慢的影响,而分析电容充电后相当于开路的情况。

设定过电压波到达避雷器 FV 的端子 1 的瞬间作为时间的起点($t=0$),避雷器上的电压即按 $u_1=\alpha t$ 的规律上升。当 $t=T=\dfrac{l}{v}$ 时,电压波到达设备端子 2 上,如取 $C=0$,电压波在此将发生全反射,因而设备绝缘上的电压表达式应为

$$u_2 = 2\alpha(t - T) \tag{6-42}$$

当 $t=2T$ 时,点 2 的反射波到达 1 点,使避雷器上的电压上升陡度加大,如图 6-8 中的线段 mb 所示。由图 6-8 可知,如果没有从设备回来的反射波,避雷器将在 $t=t_b'$ 时动作,而有了反射波的影响,避雷器将提前在 $t=t_b$ 时动作,其击穿电压为 U_b,其值为

$$U_b = 2\alpha t + 2\alpha(t_b - 2T) = 2\alpha(t_b - T) \tag{6-43}$$

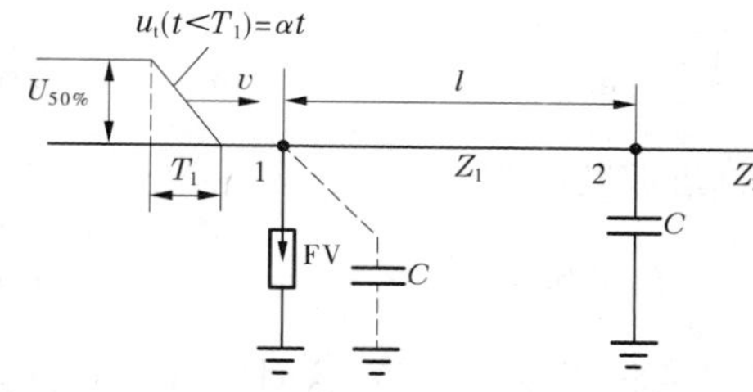

图 6-7　求电压差的计算接线示意图

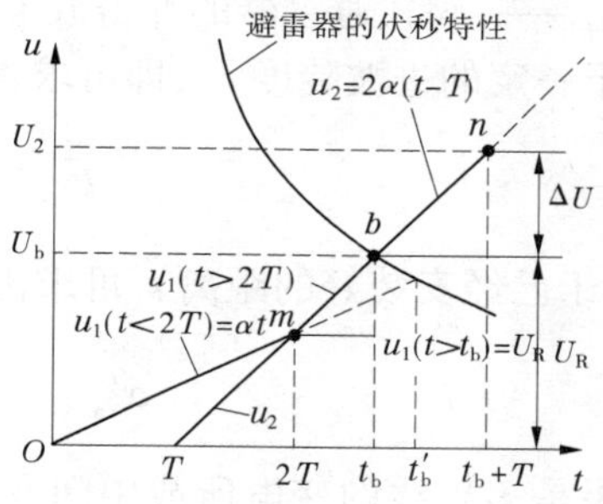

图 6-8　避雷器和绝缘上的电压波形

由于一切通过 1 点的电压波都将到达 2 点,但在时间上要后延 T,所以避雷器放电后所产生的限压效果要到 $t=t_b+T$ 时才能对设备绝缘上的电压产生影响。这时,u_2 已经达到式(6-44)所表示的数值,即

$$U_2 = 2\alpha[(t_b + T) - T] = 2\alpha t_b \tag{6-44}$$

于是,电压差为

$$\Delta U = U_2 - U_b = 2\alpha t_b - 2\alpha(t_b - T) = 2\alpha T = 2\alpha\frac{l}{v} \tag{6-45}$$

如果用进波的空间陡度 α' 来代替式(6-45)中的时间陡度 α,则式(6-45)可改写为

$$\Delta U = 2\alpha' l \tag{6-46}$$

可见,被保护绝缘与避雷器间的电气距离 l 越大,进波陡度 α、α' 越大,电压差值也就越大。

我们已经知道,阀式避雷器动作以后有一个不大的电压降,然后大致保持残压水平,如果被保护设备直接靠近避雷器,它所受到的电压波形与此相同;但由于被保护设备与避

雷器间有距离 l,绝缘上实际受到的波形就不一样了,这是因为母线、连接线等都有一些杂散电容与电感,它们与绝缘的电容 C 将构成某种振荡回路,致使电压波产生振荡,以致接近冲击截波,如图 6-9 所示。因此,对于变压器类电力设备来说,往往采用 2 μs 截波冲击耐压值作为它们的绝缘冲击耐压水平。

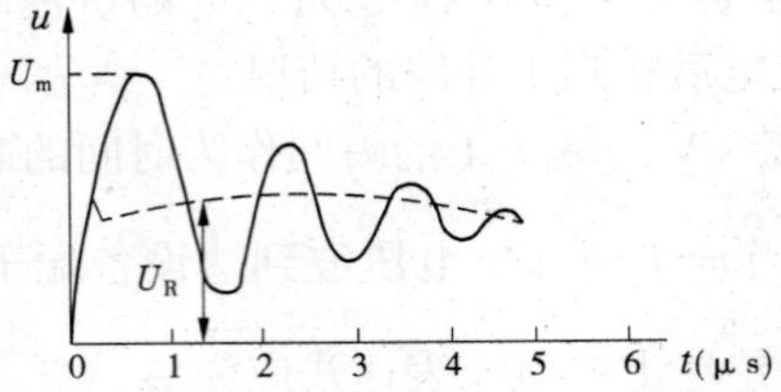

图 6-9 避雷器动作后绝缘上的实际过电压波形

为了使设备绝缘不被击穿,设备绝缘的冲击耐压水平应该满足:

$$U_{BIL} \geqslant U_{PI} + \Delta U \tag{6-47}$$

式中 U_{BIL}——绝缘的雷电冲击耐压值;

U_{PI}——阀式避雷器的冲击放电电压。

对于一定的进波陡度 α',即可求得被保护绝缘与避雷器之间的最大容许距离为

$$l_{max} = \frac{U_{BIL} - U_{PI}}{2\alpha'} \quad (\text{m}) \tag{6-48}$$

或者,对于已经安装好的距离 l,可求出最大容许进波陡度为

$$\alpha'_{max} = \frac{U_{BIL} - U_{PI}}{2l} \quad (\text{kV/m}) \tag{6-49}$$

如果是多出线的变电所或中间变电所,出线数将不少于 2 条,这时图 6-7 中的 Z_2 将等于或小于 Z_1,最大容许距离要比终端变电所时大得多,可用式(6-50)计算,即

$$l_{max} = K\frac{U_{BIL} - U_{PI}}{2\alpha'} \tag{6-50}$$

式中 K——变电所出线修正系数。

根据上述方法计算出来的结果,我国标准《交流电气装置的过电压保护和绝缘配合》(DL/T 620—1997)所推荐的避雷器到主变压器的最大电气距离如表 6-6 和表 6-7 所示。

式(6-50)中的 l_{max} 就是阀式避雷器的保护距离。一般的方法是先求出电力变压器的 $l_{max(b)}$,而其他电气设备不像变压器那样重要,但它们的冲击耐压水平却反而比变压器高,因而不一定要利用式(6-50)一一验算,而可近似地取它们的最大容许距离比变压器大 35%即可,则

$$l_{max} = 1.35 l_{max(b)} \tag{6-51}$$

表 6-6 普通阀式避雷器至主变压器间的最大电气距离 (单位:m)

系统标称电压(kV)	进线长度(km)	进线路数			
		1	2	3	≥4
35	1	25	40	50	55
	1.5	40	55	65	75
	2	50	75	90	105
66	1	45	65	80	90
	1.5	60	85	105	115
	2	80	105	130	145
110	1	45	70	80	90
	1.5	70	95	115	130
	2	100	135	160	180
220	2	105	165	195	220

注:1. 全线有避雷线的进线长度取 2 km,进线长度在 1~2 km 时的距离按补插法确定。

2. 35 kV 也适用于有串联间隙金属氧化物避雷器的情况。

表 6-7 金属氧化物避雷器至主变压器间的最大电气距离 (单位:m)

系统标称电压(kV)	进线长度(km)	进线路数			
		1	2	3	≥4
110	1	55	85	105	115
	1.5	90	120	145	165
	2	12.5	170	205	230
220	2	125 (90)	195 (140)	235 (170)	265 (190)

注:1. 本表也适用于电站碳化硅磁吹避雷器(FM)的情况。

2. 表中括号内距离 90 m、140 m 对应的雷电冲击全波耐受电压为 850 kV。

通过以上分析可知,为了得到避雷器的有效保护,各种变电设备最好都能安装得离避雷器近一些,但实际安装工程显然办不到。所以,在确定避雷器在母线上的具体安装点时,应该遵循“确保重点、兼顾一般”的选择原则。在诸多的变电设备中,需要确保的重点无疑是主变压器,所以在兼顾到其他电气设备保护要求的情况下,应尽可能把阀式避雷器装得离主变压器近一些。在超高压大型枢纽变电所(站)中,可能会出现一组避雷器不能同时保护好所有设备的情况,往往要加装一组或多组避雷器,以满足要求。

不难理解,采用保护特性比普通阀式避雷器更好的氧化锌避雷器就能增大保护距离或绝缘裕度,可提高保护的可靠性或减少所需的避雷器组数。

三、变电所(站)的进线段保护

由前述可知,为了使变电所(站)内避雷器有效地发挥保护作用,就必须采取两方面措施:一是设法限制雷电进波陡度;二是设法限制流经避雷器的雷电电流幅值,使之不会造成过高的残压。这两个措施可以依靠变电所(站)进线段保护来完成。

如果在靠近变电所(站)1~2 km 的一段线路上发生绕击(直击)或者反击,进入变电所(站)的雷电过电压的波前陡度和流过避雷器的冲击电流幅值(如超过5 kA)都很大,为此,必须保证在靠近变电所(站)的一段不长(一般为1~2 km)的线路上不出现绕击或反击。于是,进线段保护就是指对于那些未沿全线架设避雷线的35 kV 及其以下的线路来说,首先在靠近变电所(站)(1~2 km)的线段上加装避雷线,使之成为进线段;对于全线有避雷线的110 kV 及其以上的线路来说,将靠近变电所(站)的一段长2 km 的线路划为进线段。在一切进线段上都应该加强防雷措施,如降低杆塔的接地电阻、选用较小的保护角等,提高耐雷水平,减少该段线路内由于绕击和反击所形成侵入波的概率。

进线段的作用体现在以下两方面:

(1)雷电过电压波在流过进线段时因冲击电晕而发生衰减和变形,降低了波前陡度和幅值;

(2)限制流过避雷器的冲击电流幅值。

为此要进行以下计算。

(一)从限制进波陡度的要求来确定应有的进线段长度

根据式(4-58),行波流过距离 l 后的波前时间 T_1 可由式(6-52)求得

$$T_1 = T_0 + \left(0.5 + \frac{0.008U}{h_d}\right)l \tag{6-52}$$

式中 U——行波的初始幅值,kV,通常可使之等于进线段始端线路绝缘的50%冲击闪络电压 $U_{50\%}$;

h_d——进线段导线的平均对地高度,m。

最严格的计算条件应该是进线段始端出现具有直角波前的过电压波,即取 $T_0=0$。这时进波流过的距离 l 即为所需的进线段长度 l_{jx},代入式(6-52)就可求得抵达变电所(站)的进波波前时间为

$$T_{jx} = \left(0.5 + \frac{0.008U}{h_d}\right)l_{jx} \tag{6-53}$$

相应的波前陡度为

$$\alpha_{jx} = \frac{U}{T_{jx}} = \frac{U}{\left(0.5 + \frac{0.008U}{h_d}\right)l_{jx}} \tag{6-54}$$

令 α_{jx} 为进波陡度的容许值,则所需的进线段长度 l_{jx} 为

$$l_{jx} = \frac{U}{\alpha_{jx}\left(0.5 + \frac{0.008U}{h_d}\right)} \tag{6-55}$$

依照实际条件而计算的结果表明,l_{jx} 均不大于2 km。

如果反过来已选定进线段长度 l_{jx},亦可由式(6-54)计算出不同电压等级变电所(站)的进波陡度 α_{jx},然后进一步求出进波空间陡度 α'_{jx} 为

$$\alpha'_{jx} = \frac{\alpha_{jx}}{v} = \frac{\alpha_{jx}}{300} \quad (kV/m) \tag{6-56}$$

表 6-8 中列出了我国标准所推荐的变电所(站)计算用进波陡度 α'_{jx} 值。

表 6-8　变电所(站)计算用进波陡度 α'_{jx} 值

额定电压(kV)	计算用进波陡度(kV/m)	
	进线段 1 km	进线段 2 km
35	1. 0	0. 5
110	1. 5	0. 75
220	—	1. 5
330	—	2. 2
500	—	2. 5

(二)计算流过避雷器的冲击电流幅值

最不利的情况也是雷击于进线段首端,过电压幅值可取进线段始端线路绝缘的 50% 冲击闪络电压 $U_{50\%}$,波前时间取平均值 2. 6 μs。因为当进线段长度为 1~2 km 时,行波在进线段上往返一次所需时间为 6. 7~13. 3 μs,这已远超过行波的波前时间,所以避雷器动作后所产生的负电压波传到雷击点后所产生的反射波再回到避雷器增大其电流时,原先流过避雷器的冲击电流早已超过了幅值,因而不必按多次折、反射情况来考虑流过避雷器的电流增大现象。依照彼德逊法则,按如图 6-10 所示的等值电路来计算流过避雷器的电流:

$$I_{FV} = \frac{2U_{50\%} - U_R}{Z} \tag{6-57}$$

式中　U_R——阀式避雷器的残压,kV;

Z——进线的波阻抗,Ω。

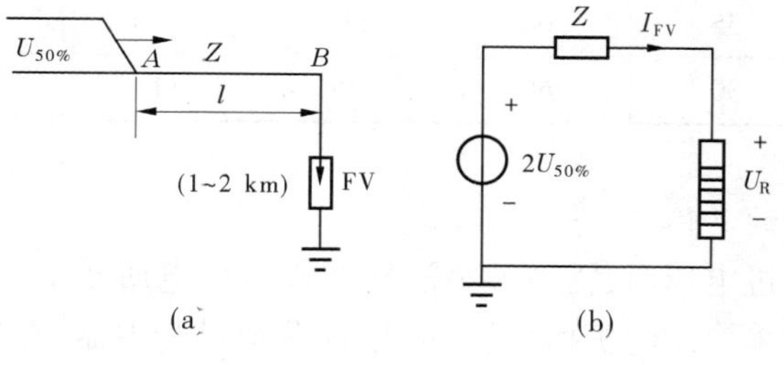

图 6-10　计算避雷器电流的等值电路

依据式(6-57)可算出流过不同电压等级的阀式避雷器的冲击电流的幅值如表 6-9 所示。

表 6-9　流过避雷器的冲击电流的幅值

额定电压(kV)	线路绝缘的 $U_{50\%}$(kV)	I_{FV}(kA)
35	350	1.41
110	700	2.67
220	1 200~1 400	4.35~5.38
330	1 645	7.06
500	2 060~2 310	8.63~10

由表 6-9 可知,对于给定的 1~2 km 的进线段长度,已足以保证流过各种电压等级避雷器的冲击电流均不会超出各自的容许值。35~220 kV 避雷器通常不超过 5 kA;330~500 kV 避雷器不超过 10 kA。这正好满足按避雷器伏安特性做绝缘配合时所规定的配合电流值。

四、变电所(站)防雷的几个具体问题

(一)变电所(站)防雷接线

1. 变电所(站)防雷接线的具体措施与做法

前述进线段的保护作用已足以满足防雷要求,但还需要采用合理的接线方式才能提高进线段的耐雷性能,具体做法是:

(1)在进线保护段内,避雷线的保护角不宜超过 20°,最大不应超过 30°。

(2)采取诸如降低杆塔接地电阻等措施,以保证进线段的耐雷水平不低于如表 6-10 所示的要求。

表 6-10　进线段耐雷水平

额定电压(kV)	35	66	110	220	330	500
耐雷水平(kA)	30	60	75	110	150	175

2. 雷电侵入波防护的具体接线

当线路上出现雷电过电压时,雷电波将沿导线侵入变电所(站),从而导致设备的绝缘损坏。对雷电侵入波采取的防护措施,一般是装设阀式避雷器,在确定保护接线时,应充分考虑到变电所(站)供电的重要性、变压器容量大小及绝缘情况和当地的雷电活动规律。

(1)35~110 kV 线路未沿全线架设避雷线的变电所(站)进线段的标准保护接线如图 6-11 所示。

在木杆或钢筋混凝土杆木横担线路进线保护段首端应装设一组管式避雷器 FA_3,其工频接地电阻一般不大于 10 Ω;铁塔和钢筋混凝土杆铁横担线路以及全线以避雷线保护的线路,其进线保护段首端不需装设管式避雷器 FA_3。

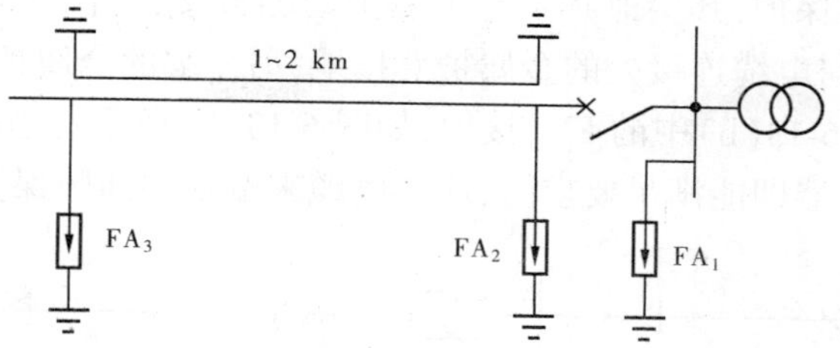

图 6-11 35 ~ 110 kV 线路未沿全线架设避雷线的变电所（站）进线段的标准保护接线

35~110 kV 变电所（站）过出线的隔离开关或断路器在雷、雨季中可能经常断开，其线路侧带有电压时，必须在变电所(站)进口处装设一组管式避雷器 FA_2，并应尽量靠近被保护设备。FA_2 外间隙的整定应保证既能在开关断开时可靠工作，以保护高压电气设备，又能在开关闭合时不误动作。阀式避雷器 FA_1 起保护作用，以免变压器的开口电容与线路电感经放电后的 FA_2 形成振荡回路，危及变压器的绝缘。当 FA_2 整定有困难或缺乏适当参数的管式避雷器时，可用阀式避雷器或保护间隙代替。一般在经常闭路运行的场合，不要求在入口处装设 FA_2，对雷、雨季中不经常开断的断路器用保护间隙在经济上较合适。

(2)对于容量较小的工厂变电所（站），可以根据其重要性和雷暴日数采取简化的进线保护。如对于容量为 3 150~5 000 kVA 的变电所（站），进线保护段的长度可减少到 500 ~600 m，但进线段首端的管式避雷器或间隙的接地电阻应不超过 5 Ω，其保护接线如图 6-12(a)所示。对于负荷不很重要、容量在 1 000~3 150 kVA 的变电所(站)，可采用如图 6-12(b)所示的保护方式；对于 1 000 kVA 以下的分支变电所（站），还可按图 6-12(c)所示进行简化。应当注意的是，不论怎样简化，阀式避雷器 FA_1 距变压器和电压互感器的最大电气距离不宜大于 10 m。

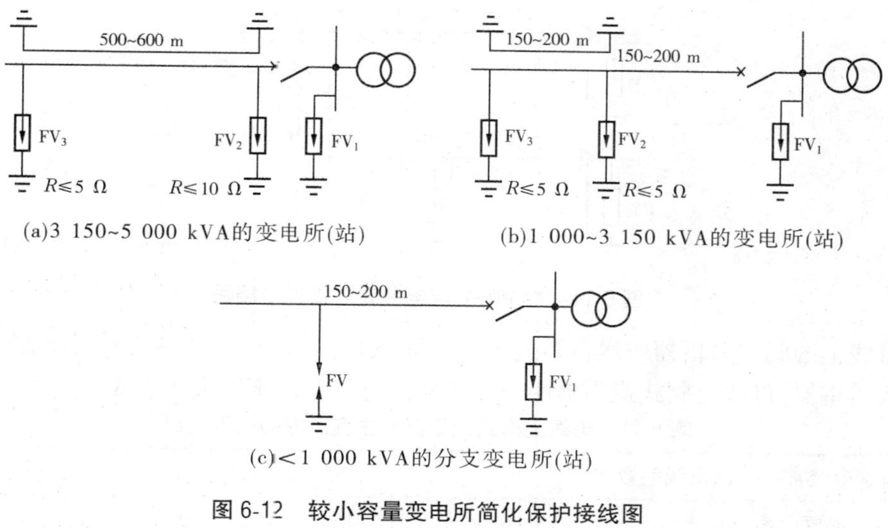

(a)3 150~5 000 kVA的变电所(站)

(b)1 000~3 150 kVA的变电所(站)

(c)<1 000 kVA的分支变电所(站)

图 6-12 较小容量变电所简化保护接线图

(3)35 kV 变电所（站）电缆进线防雷保护接线如图 6-13 所示，在电缆和架空线的连接处装设阀式避雷器保护，其接地必须与金属护套相连接，如图 6-13(a)所示；若为单芯电缆，一般将架空线与电缆连接处的金属护套接地，另一端的金属护套需经金属氧化物电缆护层保护间隙[图 6-13(b)中的 FV]接地，如图 6-13(b)所示。当电缆长度不超过 50 m 或经验算装一组避雷器即能满足要求时，应在电缆末端加装间隙保护。

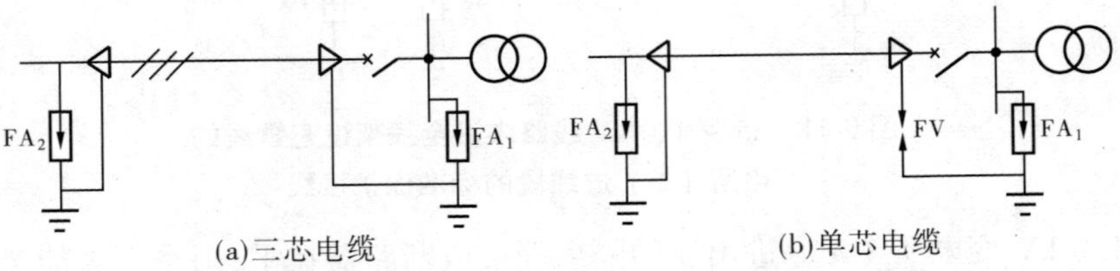

图 6-13　35 kV 变电所（站）电缆进线防雷保护接线

(4)变电所（站）的 3～10 kV 配电装置，包括电力变压器，要防止侵入雷电波，应在每一路进(出) 线及每段母线上安装阀式避雷器，如图 6-14 所示。具体要求是：具有电缆进（出）线段的架空线路，应在架空线路与电缆终端盒连接处装设阀式避雷器并做集中接地装置，避雷器的接地线还应和电缆头(电缆) 金属护套相连，电缆另一端的端盒与变电所（站）的接地网相连。这种连接方法的目的是，一旦线路落雷，避雷器放电，雷电流经集中接地体流入大地的同时，有一部分雷电流沿电缆金属护套流入变电所(站)内接地网，这样在电缆护套内产生磁场，相当于增大电缆的电感，使波阻抗增大，因此经电缆芯线侵入变电所(站)的雷电波很快衰减，使波幅和陡度都有所减小，有利于保护变压器的安全。

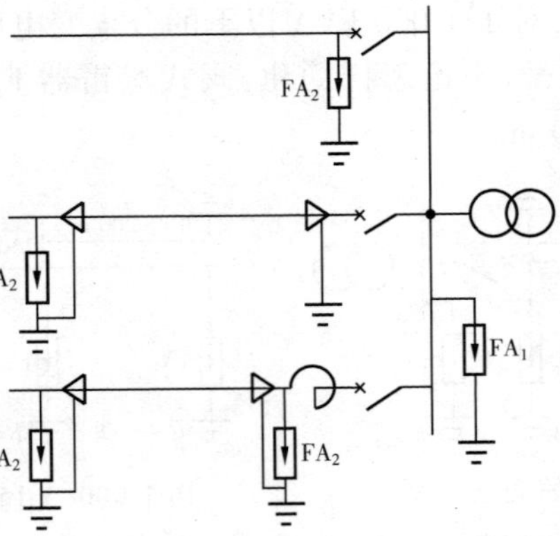

图 6-14　3～10 kV 配电装置防雷保护接线

母线上的阀式避雷器应尽量靠近主变压器，如离得较远，应考虑在变压器附近加装一组阀式避雷器，母线上阀式避雷器距主变压器的电气距离不宜大于表 6-11 中的数值。

表 6-11　母线上阀式避雷器距主变压器的电气距离

雷、雨季中经常运行的出线路数	1	2	3	≥4
电气距离(m)	10	15	18	20

由于电缆进（出）线端与架空线路相连接处波阻抗变化较大，从架空线路侵入电缆的雷电波由于从高阻抗到低阻抗的变换，发生折射，有可能使电缆终端盒处的避雷器不动作，结果使较大幅值的雷电波直接侵入变电所（站），导致母线上避雷器流过的冲击电流过大，可能引起爆炸，因此在木杆线路的情况下，应考虑在距电缆终端盒 200 m 处，装设一组冲击放电电压为 200～300 kV 的放电间隙或管式避雷器。对于在出线上装有限流电抗器的线路，又是与电缆段相连接，考虑到电抗器的波阻抗大，为防止雷电波在电抗器处发生反射而引起电压升高，以致损坏设备，因此在电抗器和电缆之间还应加装一组阀式避雷器。

（二）三相绕组变压器的防雷保护

当三相绕组变压器的高压侧有雷电过电压波时，通过绕组间的静电耦合和电磁耦合，其低压侧绕组上会出现一定过电压，由于低压绕组对地电容小，最不利的情况是低压绕组处于开路状态，这时静电感应分量可能很大而危及绝缘。考虑到这一分量将使低压绕组的三相导线电位同时升高，所以只要在任一相低压绕组出线端加装阀式避雷器就能保护好三相低压绕组；中压绕组虽也有开路运行的可能，但因其绝缘水平较高，一般不需加装避雷器来保护。

（三）自耦变压器的防雷保护

自耦变压器中除高、中压自耦绕组外，还有非自耦绕组的三角形接线的低压绕组，以减小零序电抗和改善电压波形。在运行中可能出现高、低压绕组运行而中压绕组开路和中、低压绕组运行而高压绕组开路的情况。由于高、中压自耦绕组的中性点均直接接地，因而在高压侧进波（幅值 U_0）时，自耦绕组各点的电压初始分布、稳态分布和各点最大电压包络线均与中性点接地的单绕组相同，如图 6-15（a）所示，在开路的中压侧端子上可能出现的最大电压为高压侧电压的 $\frac{2}{k}$ 倍（k 为高、中压绕组变比），这可能引起开路状态的中压侧套管的闪络。为此，应在中压断路器 QF_2 的内侧装设一组阀式避雷器［图 6-15（c）中的 FV_2］进行保护。

当中压侧进波（幅值 U_0'）时，自耦绕组各点的电压分布如图 6-15（b）所示，中压端到开路的高压端之间的电压稳态分布是由中压端到中性点之间的电压稳态分布的电磁感应所产生的，高压端的稳态电压为 kU_0'。在振荡过程中，A 点的最大电压可高达 $2kU_0'$，因而将危及高压侧绝缘。为此，在高压断路器 QF_1 的内侧也应装设一组避雷器［图 6-15（c）中的 FV_1］进行保护。

当中压侧接有出线时，如高压侧有过电压波侵入，A' 点的电位接近于零，过电压将作用在 AA' 一段绕组上，这显然是危险的；同样，当高压侧接有出线时，中压侧进波也会造成同样的后果。显然，AA' 绕组越短，危险性越大。一般在 $k<1.25$ 时，还应在 AA' 之间再跨接一组避雷器［图 6-15（c）中的 FV_3］。

（四）变压器中性点的保护

我国电力系统中，对于 110 kV 及其以上的中性点有效接地系统，为了减小单相接地时的短路电流，有一部分变压器的中性点采用不接地的方式运行，因而也需要注意中性点绝缘的保护问题。

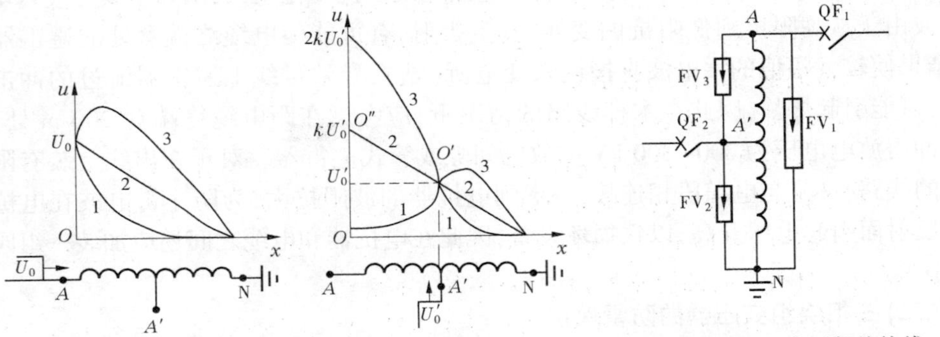

(a)高压侧进波　　(b)中压侧进波　　(c)自耦变压器的典型保护接线

1—电压初始分布；2—电压稳态分布；3—最大电压包络线

图 6-15　自耦变压器绕组中电压分布

用于这种系统的变压器的中性点绝缘水平有以下两种情况。

1. 中性点全绝缘

中性点全绝缘就是指中性点的绝缘水平与绕组首端的绝缘水平相同。中性点为全绝缘时，一般不需采用专门的保护。但在变电所只有一台变压器且为单路进线的情况下，仍需在中性点加装一台与绕组首端同样电压等级的避雷器。因为在三相同时进波的情况下，中性点的最大电压可达绕组始端电压的 2 倍，这种情况虽说罕见，但变电所中变压器只有一台，万一绝缘被击穿，后果十分严重。35 kV 及其以下中性点非有效接地系统的变压器的中性点都采用全绝缘，一般不设保护装置。

2. 分级绝缘

分级绝缘就是指中性点的绝缘水平低于绕组首端的绝缘水平。在 220 kV 及更高电压等级的变压器中，采用分级绝缘的经济效益是显著的。当中性点为分级绝缘时，则必须选用与中性点绝缘等级相当的避雷器加以保护，同时注意校核避雷器的灭弧电压，使之始终大于中性点上可能出现的最高工频电压。

(五)配电变压器的保护

配电变压器的保护接线方式比较简单，3～10 kV 侧采用避雷器保护，其接地端直接与变压器外壳连接后再一起接地，这样，当高压侧落雷或遭受感应雷时，其主绝缘上的电压就不包括接地电阻 R(4～10 Ω)上的压降 IR。但具有高电位的铁壳可能对低压绕组反击，为避免变压器受到损坏，必须将低压侧的中性点也与铁壳相连，使中性点与铁壳等电位，而低压绕组是经不大的导线波阻抗接地的，因此 IR 主要作用在低压绕组上，所产生的电流在高压侧感应出电压。由于高压绕组出线端的电位被避雷器固定，所以此感应电压将沿高压绕组分布，中性点的电位最高，可能将中性点附近的绝缘击穿，也会危及绕组的纵绝缘。当高压侧遭雷击，避雷器动作，在低压过程称为反变换。低压侧线路落雷或遭受感应雷，作用在低压侧的冲击电压将按变比感应到高压侧，由于高压侧绝缘裕度比低压侧小，因而有可能损坏高压绕组的绝缘，这个过程称为正变换。为限制正、反变换出现的过电压，可在低压侧装设避雷器以限制低压绕组上的过电压以及经过变换在高压侧出现的过电压。基于同样的理由，低压侧避雷器的接地端也应直接与变压器铁壳连接后再共同接地。避雷器应尽量靠近变压器安装,并尽量减小连接线长度,因为雷电流在连接线电感上的压降和避雷器的残压是一起作用在绕组对地绝缘上的。

(六)气体绝缘变电所防雷保护

1. 气体绝缘变电所防雷保护的特点

由于电力系统负荷日益增长,电能质量要求高,供电半径需相应缩短,电源需深入到城市中心才能满足要求。但传统的开放式变电站无法满足这一要求,因而需采用占地面积少、绝缘性能好的全封闭 SF_6 气体绝缘变电所(GIS)。全封闭 SF_6 气体绝缘变电所除与常规的变电所具有共同的原则外,还有一些自己的优点:

(1)GIS 绝缘的伏秒特性很平坦,冲击系数接近于 1,其绝缘水平主要取决于雷电冲击水平。因而对所用避雷器的伏秒特性、放电稳定性等技术指标提出了特别高的要求,应选用氧化锌避雷器来满足要求。

(2)GIS 结构紧凑,被保护设备与避雷器相距较近,比常规变电所有利。

(3)GIS 的同轴母线筒的波阻抗小,约为架空线的 1/5,即 60~100 Ω。从架空线入侵的过电压波经过折射,过电压幅值和陡度都显著变小,对变电所的进波防护有利。

(4)GIS 内的绝缘电场结构不均匀,一旦出现电晕就易击穿,而且不能恢复原有的电气强度,甚至导致整个 GIS 系统毁坏,因其价格高昂,从而造成巨大损失,因此要求防雷保护措施更加可靠,在绝缘配合中留有足够的裕度。

2. 几种具体接线

1)66 kV 及其以上进线无电缆的 GIS 变电所

进线无电缆的 GIS 变电所的防雷保护接线如图 6-16 所示。在 GIS 变电所保护接线管道与架空线路的连接处,应装设金属氧化物避雷器 FMO_1,其接地端应与管道金属外壳相连。如变压器或一次回路的任何电气部分至 FMO_1 的最大电气距离在 60 kV 时不大于 50 m,在 110~220 kV 时不大于 130 m,则图 6-16 中可不装设 FMO_2。与 GIS 管道相连的架空线段长度应不小于 2 000 m,且应符合进线段保护要求。

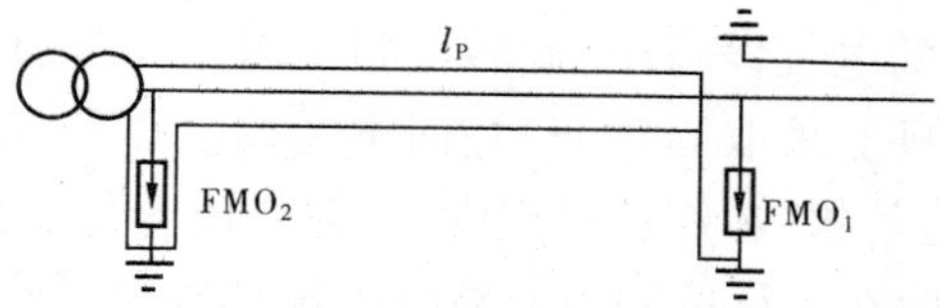

图 6-16　进线无电缆的 GIS 变电所的防雷保护接线

2)66 kV 及其以上进线有电缆的 GIS 变电所

进线有电缆的 GIS 变电所的防雷保护接线如图 6-17 所示。在电缆段与架空线路的连接处应装设金属氧化物避雷器 FMO_1,其接地端应与电缆的金属外皮连接。对三芯电缆,末端的金属外皮应与 GIS 管道金属外壳连接接地,如图 6-17(a)所示;对单芯电缆,应经金属氧化物电缆护层保护器 FC 接地,如图 6-17(b)所示。电缆末端至变压器或 GIS 一次回路的任何电气部分的最大电气距离不超过前述值时,可不装设 FMO_2。与电缆相连的架空线进线段长度不小于 2 000 m,且应符合进线段保护要求。

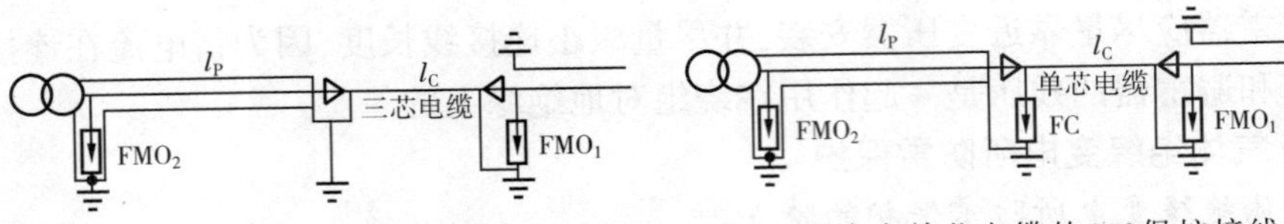

图 6-17　进线有电缆的 GIS 变电所的防雷保护接线

第三节　旋转电机的防雷保护

旋转电机包括发电机、同步调相机、变频机和大型电动机等具有高速机械旋转部件的电机,它们是电力系统的重要设备,如大型发电机或大型轧钢机的电动机等,一旦被雷击损坏,损失极大,因此要求具有十分可靠的防雷保护。但运行经验表明,旋转电机的防雷比变压器的防雷困难得多,我国直配电机每 100 台每年平均雷击损坏为 1. 25 次,而相同电压等级的配电变压器每 100 台每年的平均雷击损坏一般都在 0. 2 次以下。

旋转电机与输电线路的连接有两种形式:一种是经过变压器与架空线相连;另一种是直接与架空线相连(包括经过电缆、电抗器等元件与架空线相连)。对于直配电机,因线路上的雷电波可以直接入侵电机,故直配电机的防雷保护显得特别突出。我国规程规定,单机容量为 60 MW 以上的电机不允许采用直配方式。

一、旋转电机防雷保护的特点

旋转电机的防雷保护比变压器的困难得多,其雷害事故率也往往大于变压器,这是由于旋转电机在绝缘结构、性能、运行条件以及绝缘配合等方面与变压器相比具有不同的特点,因此旋转电机的防雷保护需要采取不同的措施。电机防雷的特点主要体现在以下几个方面:

(1)在同一电压等级的电气设备中,旋转电机的冲击绝缘强度最低。这是因为电机具有高速旋转的转子,故只能采取固体介质,而不能像变压器那样可以采用固体—液体(变压器油)介质构成组合绝缘;在制造过程中,固体介质容易受到损伤,绝缘内易出现空洞或缝隙等制造缺陷,因此在运行过程中容易发生局部放电,导致绝缘劣化;电机绝缘的运行条件最为严酷,受到热、机械振动、空气中的潮气、污秽、电气应力等因素的联合作用,老化较快;电机绝缘的结构比较复杂,在导线出槽处,电位分布很不均匀,电场强度很高,亦易导致端部绝缘劣化;电机绝缘的冲击系数接近于 1(变压器的冲击系数为 2~3)。综上原因,电机的额定电压、绝缘水平都不可能太高。

(2)电机绝缘的冲击耐压水平与保护它的避雷器的保护水平相差不多、裕度很小,即使采用氧化锌避雷器,使情况有所改善,但仍需要与电容器组、电抗器、电缆段等配合使用,以提高保护效果。

(3)发电机绕组间的匝间电容较小和不连续,迫使过电压波进入电机绕组后只能沿着绕组导体传播,而每匝绕组的长度又远大于变压器绕组长度,作用在相邻两匝间的过电压与进波的陡度成正比。为了保护好电机的匝间绝缘，必须严格限制进波陡度。

二、旋转电机防雷保护措施及接线

非直配电机所受到的过电压均须经过变压器绕组之间的静电和电磁传递。只要把变压器保护好了，就不必对发电机再采取专门的保护措施。对于在多雷区的经升压变压器送电的大型发电机，仍宜装设一组氧化锌或磁吹避雷器加以保护。直配电机的防雷保护则是电力系统防雷中的一大难题。因为这时过电压波直接从线路入侵，幅值大、陡度大，可以采取以下措施：

（1）在电机母线上装设 FCD 型阀式避雷器或氧化锌避雷器，以限制雷电侵入波的幅值。

（2）在电机母线上，对地并联电容器每相 0.25~0.5 μF（若有电缆段，则电缆对地电容包括在内）。电容器的作用是降低雷电侵入波的陡度，以保护电机纵绝缘，同时还起到降低架空线上的感应雷过电压（此过电压也降低到电机上）的作用。

（3）在直配电机进线处加装电缆段、排气式避雷器（或阀式避雷器）、电抗器，联合保护，以限制避雷器动作电流小于规定值（3 kA）。

（4）发电机中性点有引出线且未直接接地（发电机常这样）时，应在中性点上加装避雷器，以保护中性点的绝缘，或者加大母线并联电容，以进一步限制雷电侵入波陡度。

上述电缆段的作用不在于电缆具有较小波阻抗和较大的对地电容，而在于在等值频率很高的雷电流作用下电缆外皮的分流及耦合作用。当雷电侵入波使电缆首段排气式避雷器动作时，电缆芯线与外皮短接，相当于把电缆芯线和外皮连在一起并具有同样的对地电压。在此电压作用下，电流沿电缆芯线和电缆外皮分两路流向电机。由于流过电缆外皮绝缘所产生的磁通全部与电缆芯线交链（由于电缆芯线被电缆外皮所包围），在芯线上感应出接近等量的反电动势阻止芯线中电流流向电机，使绝大部分电流如同高频趋肤效应那样从电缆外皮流走，从而减小了流过避雷器（与芯线相连）的电流，也即限制了避雷器的动作电流。电缆芯线中的反电动势是建立在电缆外皮与电缆芯线的耦合作用基础上的，为了加强这种耦合作用（以加强反电动势），常采取另设接地引线平行架设在导线下方，并与电缆首端的金属外皮在装设杆塔处连接在一起后接地等措施，工频接地电阻不应大于 5 Ω。

三、高压直配电机防雷保护具体接线

高压直配电机的防雷保护方式应根据电机容量、当地雷电活动强弱和供电可靠性的要求确定，常用以下几种方式：

（1）单机容量为 6 000~12 000 kW 的直配电机可采用如图 6-18 所示的进线保护段装有电抗线圈或如图 6-19 所示的带有避雷线进线保护段的保护接线。

图 6-19 中在进线保护段上所装设的阀式避雷器 FA_2 的接地端应与电缆的金属护套及避雷线连接后共同接地，接地电阻不大于 5 Ω，避雷线的保护角不大于 30°。为充分利用电缆金属护套的分流作用，应尽量将电缆段金属护套的全长或一段直埋在土中；若受条

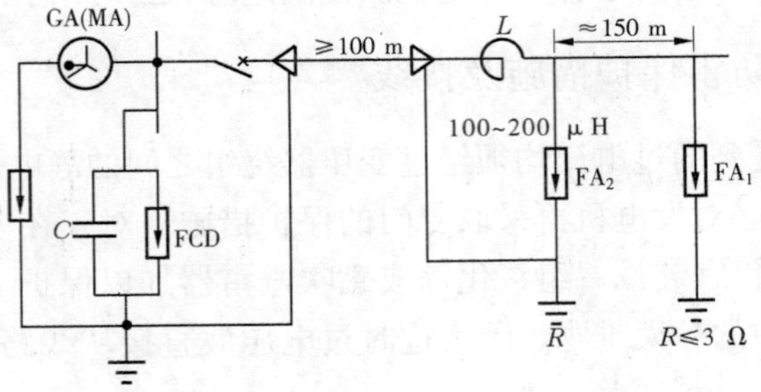

图 6-18　6 000~12 000 kW 直配电机进线保护段装有电抗线圈的保护接线

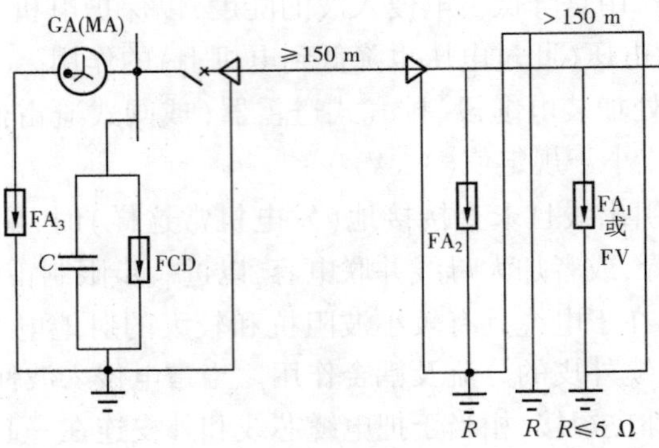

图 6-19　6 000~12 000 kW 直配电机带有避雷线进线保护段的保护接线

件限制不能直埋，可将电缆金属护套多点接地，即除两端接地外，再在两端之间保证 3~5 处接地。

（2）单机容量为 1 500~6 000 kW（不包括 6 000 kW）或少雷区的直配电机可采用如图 6-20 所示的进线保护段装有管式避雷器或如图 6-21 所示的进线保护段装有阀式避雷器的保护接线。

图 6-20 中管式避雷器 FA_1 和 FA_2 的冲击击穿电压，在释放电时间为 2 μs 时，对于额定电压为 3 kV、6 kV 及 10 kV 者，应分别不超过 40 kV、50 kV 和 60 kV；FA_1 和 FA_2 的接地端应用导线连接，将连接导线悬挂在杆塔导线的下面，距导线不小于 2 m，但不大于 3 m，并与电缆首端的金属护套在装有 FA_2 的杆塔处共同接地，工频接地电阻 R 不大于 5 Ω。

若电缆首端的短路电流较大，如采用如图 6-20 所示的保护接线缺少适当的管式避雷器，可采用如图 6-21 所示进线保护段装有阀式避雷器的保护接线。

单机容量为 1 500~6 000 kW 的直配电机，也可采用如图 6-22 所示的进线装有电抗线圈的保护接线。

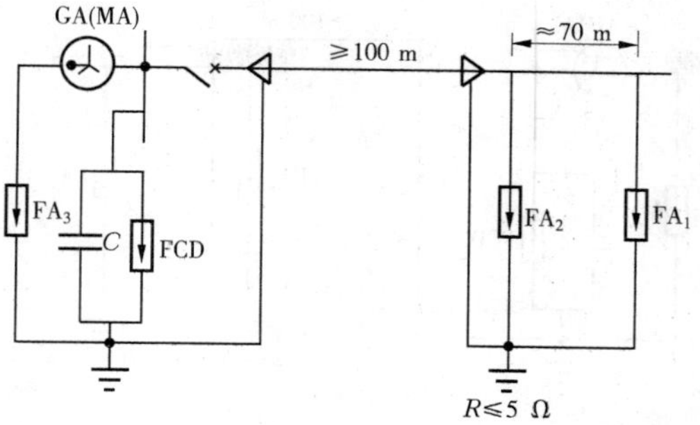

图 6-20　1 500~6 000 kW 直配电机进线保护段装有管式避雷器的保护接线

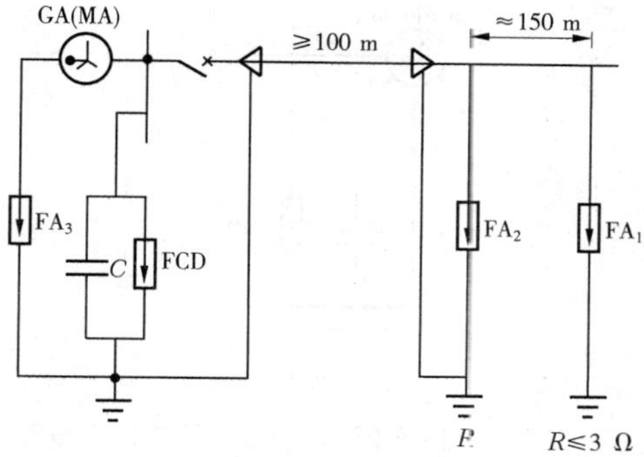

图 6-21　1 500~6 000 kW 直配电机进线保护段装有阀式避雷器的保护接线

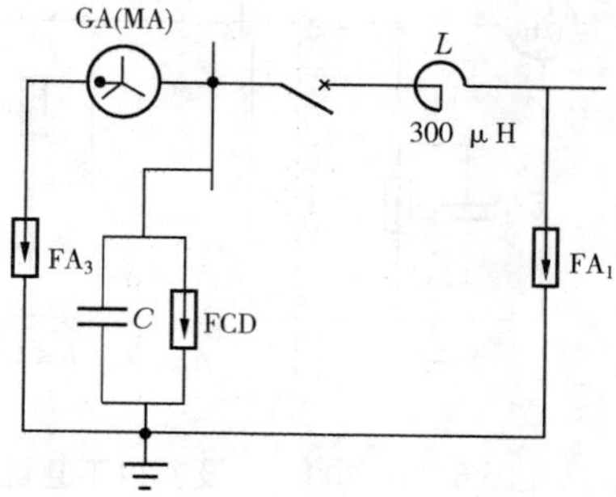

图 6-22　1 500~6 000 kW 直配电机进线装有电抗线圈的保护接线

(3)单机容量为 300~1 500 kW 的直配电机可采用如图 6-23 所示的进线有电缆段或如图 6-24 所示的采用避雷线保护的保护接线。

(4)单机容量为 300 kW 及其以下的直配电机一般可采用如图 6-25 所示的带电缆进线段或如图 6-26 所示的进线保护接线。图 6-25 中的高压保护间隙(FV)最小值见表 6-12,图 6-26 中所示的 FV 可装于终端杆上或经终端杆绝缘子铁脚接地。

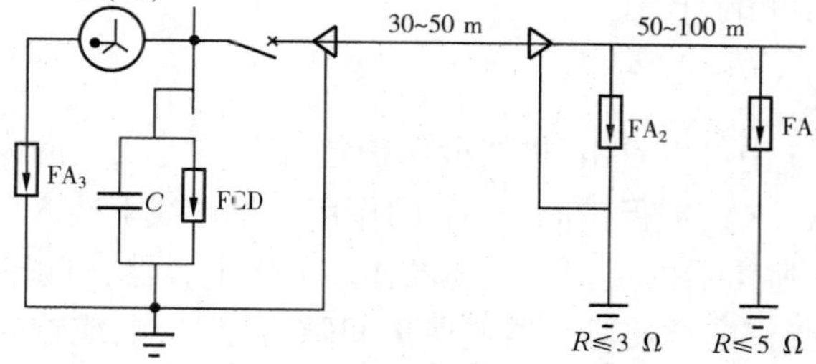

图 6-23　300~1 500 kW 直配电机进线有电缆段的保护接线

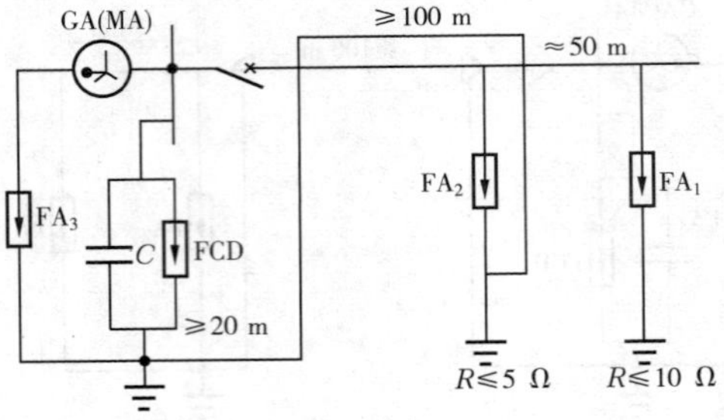

图 6-24　300~1 500 kW 直配电机进线采用避雷线保护的保护接线

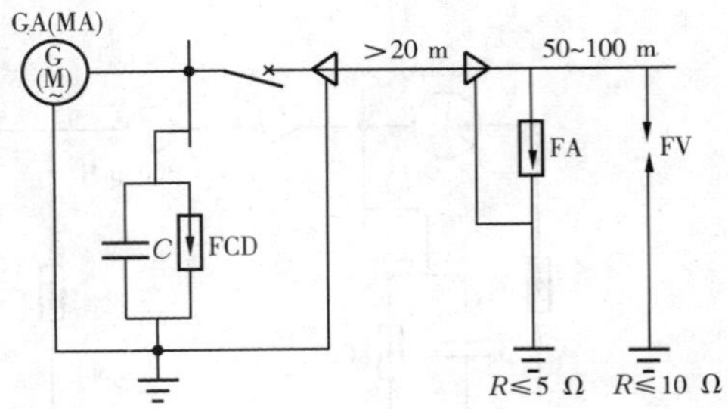

图 6-25　300 kW 及其以下直配电机带电缆进线段的保护接线

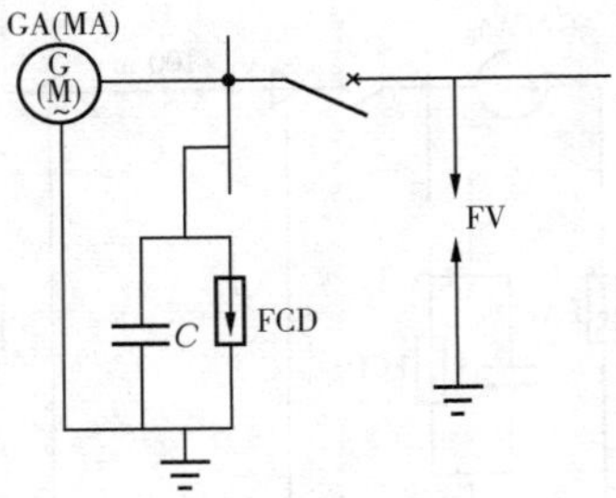

图 6-26　300 kW 及其以下直配电机进线保护接线

表 6-12　保护间隙的主间隙最小值　（单位:mm）

项目	额定电压(kV)							
	3	6	10	20	35	60	110	
							中性点直接接地	中性点非直接接地
间隙数值	8	15	25	100	210	400	700	750

四、各种防雷元件的作用

(一)进线段保护

从图 6-17~图 6-25 中可以看出,进线段保护包括架空进线上的避雷器或保护间隙和首端电缆。避雷器 FA_1、FA_2 或保护间隙 FV 的作用是将进线上侵入的雷电波的大部分引入大地,减轻配电所内避雷器的负担。电缆的作用如同电容器,可以降低从架空线上侵入的过电压波的陡度。当雷电波使避雷器或保护间隙击穿时,电缆首端的金属护套就通过它们与芯线发生短路,由于雷电流的等值频率很高,强烈的趋肤效应使大部分雷电流沿电缆金属护套分流并流入大地,而流过电缆芯线的雷电流较小。同时,在电缆芯线上还感应出反电动势,阻止高电位的侵入。这样,室内母线上的过电压就比较低了。另外,接地引线应尽可能短些，以限制设备主绝缘承受的过电压幅值尽可能接近避雷器的残压。

（二）FCD 系列保护旋转电机磁吹阀式避雷器

由于采用磁吹灭弧间隙增强了灭弧能力，其火花间隙旁并联分路电阻，改善了冲击系数，降低了避雷器的冲击放电电压，使其有较好的保护特性，与 FS 系列普通阀式避雷器相比，可以使电机的绝缘水平降低一些。FCD 系列保护旋转电机磁吹阀式避雷器应尽量靠近电机安装，在一般情况下，可装在电机出线处；若一组母线上的电机不超过两台，也可装于母线上。

（三）防雷电容器

该电容器两端的电压不能突变，且有如下作用：

（1）在雷电波起始瞬间，电容两端等于短路，然后逐步充电，这就限制了电压上升的速度，即降低雷电波的陡度，有利于保护直配电机的匝间绝缘。

（2）使安装点的电位变化比较平缓，改善磁吹避雷器的冲击放电特性，降低侵入波的幅值。

（3）在无电容器的情况下，电机中性点可能出现两倍于来波幅值的电压，而有了电容器后，则可降低直配电机中性点的电压，从而保护该处的绝缘。防雷电容器按三相星形联结接线，其中性点接地，应选择与电机同一额定电压的电容器。防雷电容器的数值一般每相取 0.5 ~1 μF，电容器应有短路保护。

（四）保护旋转电机中性点的避雷器 FA_3

若直配电机的中性点可以引出，且未直接接地时，应在中性点上装设一只阀式避雷器，可用 Y 系列中性点保护用金属氧化物避雷器，其额定电压不应低于电机最大运行相电压。

习　题

1. 防雷的基本措施有哪些？请简要说明。

2. 电容器在直配电机防雷保护中的主要作用是什么？

3. 试从物理概念上解释避雷线对降低导线上感应过电压的作用。

4. 试全面分析雷击杆塔时影响耐雷水平的各种因素的作用。工程实际中往往采用哪些措施来提高耐雷水平？试述其理由。

5. 为什么绕击时的耐雷水平远低于雷击杆塔时的耐雷水平？

6. 试述建弧率的含义及其在线路防雷中的作用。

7. 为什么额定电压低于 35 kV 的线路一般不装设避雷线？

8. 某 35 kV 水泥杆铁横担线路结构如图 6-27 所示。导线弧垂为 3 m，导线型号为 LJ-50，绝缘子串由 3×X-4.5 组成，其长度为 0.6 m，50%冲击放电电压为 350 kV，水泥杆无人工接地，自然接地电阻为 20 Ω。试计算其耐雷水平和雷击跳闸率。

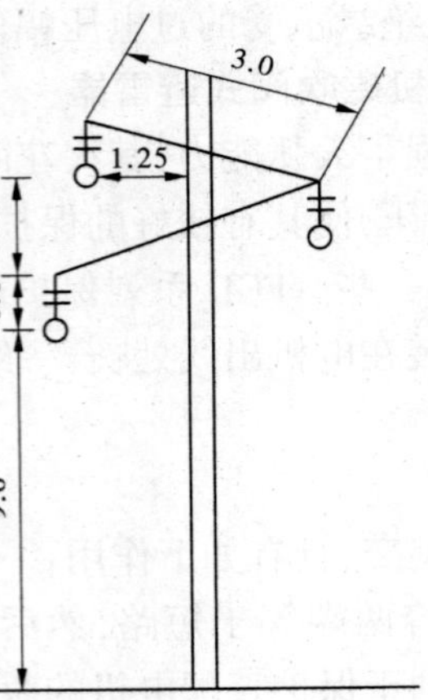

图 6-27 （单位：m）

第七章　电力系统内部过电压

通常把作用于电力设备而幅值超过其最高工作电压的电压统称为过电压。过电压按产生来源分为两类：一类是电力系统外部过电压，又叫大气过电压或雷电过电压。外部过电压又分为直击雷过电压和感应雷过电压。这一类过电压的产生及其防护在前面已经做过介绍；另一类是电力系统内部过电压。按其产生原因，又分为操作过电压和暂时过电压，而后者又包括工频过电压和谐振过电压。下面列出了若干出现频繁、对绝缘水平影响大、产生机制比较典型的内部过电压：

- 内部过电压
  - 操作过电压
    - 空载线路分闸过电压
    - 空载线路合闸过电压
    - 切断空载变压器过电压
    - 断续电弧接地过电压
  - 暂时过电压
    - 工频过电压
      - 空载长线的电容效应引起的工频过电压
      - 不对称短路引起的工频电压升高
      - 甩负荷引起的工频电压升高
    - 谐振过电压
      - 线性谐振过电压
      - 铁磁谐振过电压
      - 参数谐振过电压

前述雷电过电压是由外部能量（雷电）所产生的，其幅值的大小与电网的工作电压并无直接关系，所以通常以绝对值（kV）来表示；而内部过电压顾名思义是在电力系统内部产生的，是由于操作（合闸、分闸）、事故（接地短路、断线等）或其他原因引起系统的状态发生了突然变化，出现从一种稳定状态转变为另一种稳定状态的过渡过程，在这个过程中可能产生对系统有危险的过电压。这些过电压是由系统内电磁能的振荡、积聚、转换或传递引起的，所以叫内部过电压。因为其过电压的能量来自电网本身，所以它的幅值大小与电网的工作电压有一定的比例关系，因而用工作电压（标幺值 $p.u.$）的倍数来表示，其基准值通常取电网的最大工作相电压的幅值 $U_{\varphi m}$，即

$$U_{\varphi m}=\frac{\sqrt{2}}{\sqrt{3}}U_N \tag{7-1}$$

式中　U_N——系统额定电压（线电压）有效值，kV。

那么，内部过电压就可表示为 $U_m=kp.u.$。例如，某空载线路合闸过电压倍数为 1.9 倍，这就表明合闸过电压的幅值为 $U_m=1.9p.u.$。k 值与系统电网结构、系统运行方式、操作方式、系统容量的大小、系统参数、中性点运行方式、断路器性能、故障性质等诸多因素有关，并具有明显的统计性。我国电力系统绝缘配合要求内部过电压倍数不大于表 7-1 所示的数值。

表 7-1　内部过电压倍数限制值

系统电压等级(kV)	60 及以下	110~220	330	500
内部过电压倍数 k	4.0	3.0	2.75	2.4

过电压对电力系统的危害极大,当电力系统出现过电压时,可能造成发电机、变压器、断路器等电气设备损坏,使电力系统长时间停电。过电压关系到电力系统中各种电气设备绝缘水平的选择,直接影响到造价和投资。为了保证电力系统安全、可靠地运行,对各种过电压都必须采取相应的限制措施。

随着我国远距离超高压输电系统的迅速发展,规模宏大、500 kV 以上系统广泛投入运行,因而对内部过电压的理论、实测与模拟计算等方面的研究,对限制过电压的措施的研究以及数理统计方法应用处理等的研究都是需要展开的课题。在本章中我们分操作过电压和暂时过电压两部分来分析内部过电压的发展过程,可以采用分布参数等值电路及行波理论,也可采用集中参数等值电路暂态计算等方法来处理。

第一节　操作过电压

操作过电压是在电力系统中由于操作所引起的一类过电压。这里所称的操作,包括正常的操作,如空载线路的合闸与分闸等;还包括非正常的故障,如线路间歇性电弧接地等。

系统中产生操作过电压的原因是:在电力系统中存在储能元件如电感与电容,当正常操作或发生故障时,电网状态发生了改变,由此引起了振荡的过渡过程,这样就有可能在系统中出现超过正常工作电压的过电压,这就是操作过电压。在振荡的过渡过程中,电感的磁场能量与电容的电场能量互相转换。在某一瞬间储存于电感中的磁场能量会转变为电容中的电场能量,由此在系统中就出现数倍于系统电压的操作过电压。电力系统中常见的操作过电压有:

(1)空载线路分闸过电压;

(2)空载线路合闸过电压;

(3)切断空载变压器过电压;

(4)断续电弧接地过电压。

操作过电压有如下特点:

(1)持续时间比较短。操作过电压的持续时间虽比雷电过电压长,但比工频过电压短得多,一般在几毫秒至几十毫秒。操作过电压存在于暂态过渡过程之中,当同时又存在工频电压升高时,操作过电压表现为在工频过电压基础上叠加暂态的振荡过程,可使操作过电压的幅值达到更高的数值。

(2)操作过电压幅值与系统相电压幅值具有倍数关系。由于操作时电感中磁场能量与电容中电场能量都来源于系统本身,因而操作过电压与系统相电压具有相关性,其幅值依据系统不同的电压等级表现为不同的倍数关系。目前,我国有关规程中规定,选择绝缘时的计算用操作过电压的大小如表 7-2 所示。

表 7-2　操作过电压的大小

系统电压等级(kV)	过电压(相对地)
35~60(中性点不接地或经消弧线圈接地)	4.0*p. u.*
110~154(中性点经消弧线圈接地)	3.5*p. u.*
110~220(中性点直接接地)	3.0*p. u.*
330(中性点直接接地)	2.75*p. u.*
500(中性点直接接地)	2.0*p. u.*

(3)操作过电压的幅值与系统的各种因素有关,且具有强烈的统计性。在影响操作过电压的各种因素中,系统的接线与断路器的特性起着很重要的作用。另外,许多影响操作过电压的因素,如影响合闸过电压的合闸相位等因素有很大的随机性,因此操作过电压的具体幅值也具有很大的随机性,但是不同幅值的操作过电压出现的概率服从一定的规律分布,这就是操作过电压的统计特性。一般认为,操作过电压的幅值近似于正态分布规律。

(4)操作过电压依据系统的电压等级不同,显示侧重点不同。对于电压等级较低的中性点绝缘的系统,单相间歇电弧接地过电压是侧重点;对于电压等级较高的系统,中性点是直接接地的,不会发生单相间歇电弧,使得切断空载变压器与空载线路分闸过电压就较为突出;而在超高压系统中,空载线路合闸过电压已成为重要的操作过电压。

(5)操作过电压是决定电力系统绝缘水平的依据之一。一方面,系统电压等级越高,操作过电压的幅值随之也越高;另一方面,由于避雷器性能在高电压等级系统中的不断改善、大气过电压保护的不断完善,操作过电压对电力系统绝缘水平的决定作用越来越大。在超高压系统中,操作过电压对某些设备的绝缘选择将逐渐起着决定性的作用。由于系统运行方式、故障类型、操作过程的复杂多样,以及其他各种随机因素的影响,所以对操作过电压的定量分析,大都依靠系统中的实测记录、模拟研究以及计算机计算。下面就几种常见操作过电压的形成机制、过电压幅值、影响过电压幅值的因素以及常采用的过电压限制措施进行一些定性的分析。

一、空载线路分闸过电压

(一)过电压产生的原因

空载线路的分闸(切断空载线路)是电网中最常见的操作之一。对于单端电源的线路,正常或事故情况下,在将线路切断时,一般总是先切断负荷,后断开电源,那么后者的操作即为切断空载线路;而对于两端电源的线路,由于线路两端的断路器分闸时间总是存在一定的差异(一般为 0.01~0.05 s),所以无论哪一端先断开,后断开的操作即为空载线路的分闸。运行经验表明,在 35~220 kV 电网中,都曾因为切断空载线路时出现过电压而引起多次绝缘闪络和击穿。据系统实际数据,切断空载线路时出现的过电压即空载线路分闸过电压不仅幅值高,而且持续时间长,可达 0.5~1 个工频周期以上。所以,在确定

220 kV 及其以下电网绝缘水平时,空载线路分闸过电压是最需要考虑的操作过电压。空载线路分闸过电压是空载线路分闸操作时在空载线路上出现的过电压。初看起来,线路既然从电源断开,已无电源又哪来过电压？问题是断路器分闸后,断路器触头间仍然施加有系统中电压,还是可能会出现电弧的重燃,电弧重燃又会引起电磁暂态的过渡过程,从而产生这种切断空载线路过电压。所以,产生这种过电压的根本原因是断路器开断空载线路时断路器触头间出现电弧重燃。切断空载线路时,流过断路器的电流为线路的电容电流,其比起短路电流要小得多。但是能够切断巨大短路电流的断路器却不一定能够不重燃地切断空载线路,这是因为断路器分闸初期,触头间恢复电压值较高,断路器触头间抗电强度耐受不了高幅值恢复电压而引起电弧重燃。

(二)过电压产生的物理过程

空载线路是容性负载,定性分析时可用 T 型集中参数电路来等值,如图 7-1(a)所示。

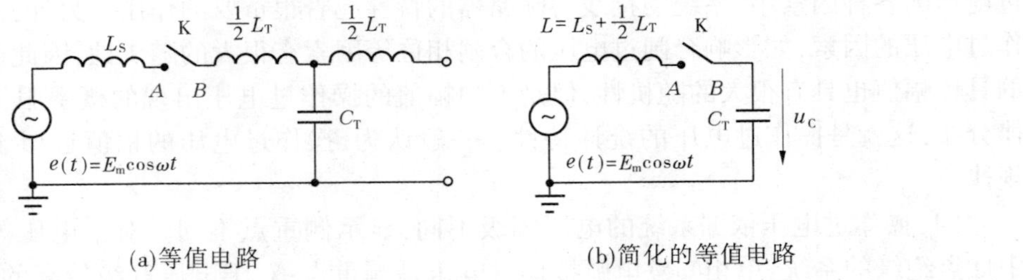

图 7-1　切断空载线路时等值电路

图中 L_S 为电源系统等值电感(发电机、变压器漏感之和), L_T 为线路电感, C_T 为线路对地电容, $e(t)$为电源电势。忽略损耗和母线侧对地电容等,如图 7-1(a)所示的电路可以进一步简化成如图 7-1(b)所示的等值电路。下面就以如图 7-1(b)所示的等值电路($L=L_S+\frac{1}{2}L_T$)来分析空载线路分闸过电压的形成与发展过程。

设电源电势 $e(t)=E_m\cos\omega t$,则电流为

$$i(t)=\frac{E_m}{X_C-X_L}\cos(\omega t+90°) \tag{7-2}$$

电流 $i(t)$超前电源电势 $e(t)$90°。

在空载线路分闸过程中,由于各种影响因素的作用,电弧的熄灭和重燃具有很大的随机性,我们以产生过电压最严重的情况分析。

1. 在 $t=t_1$ 时,发生第一次熄弧

如图 7-2 所示,$t=t_1$ 时,$e(t)=e(t_1)=-E_m$,由于电流超前电压 90°,所以,此时流过断路器的工频电流恰好为零。此时断路器分闸,断路器断口 A、B 间(见图 7-1)第一次熄弧。若断路器不在 t_1 时刻分闸,而在前半周内某个时刻分闸,只要不发生电流的突然截断现象,断路器断口间电弧总是要等到电流过零时,即在 $t=t_1$ 时刻才会熄灭。

断路器分闸后,线路电容 C_T 上的电荷无处泄放(忽略电导等泄漏),使得线路上保持这个残余电压$-E_m$,即图 7-1 中断路器断口 B 侧对地电压保持$-E_m$。然而,断路器断口 A

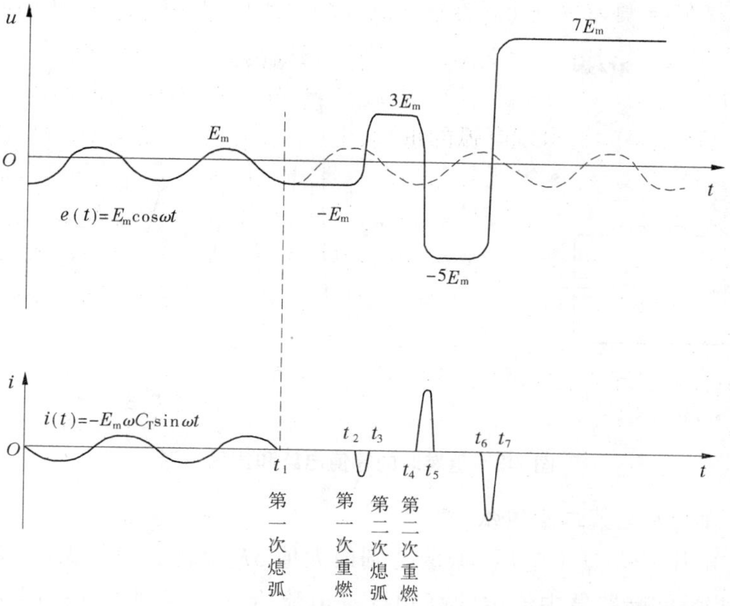

图 7-2 空载线路分闸过电压的产生过程

侧的对地电压在 t_1 之后仍要同电源电势做余弦规律的变化(见图 7-2 中的虚线),断路器触头间(断口间)的恢复电压 u_{AB} 为

$$u_{AB}=e(t)-(-E_m)=E_m(1+\cos\omega t) \tag{7-3}$$

在 $t=t_1$ 时,$u_{AB}=0$,随后恢复电压越来越高,在 $t=t_2$ 时,即经过半个周期时达到最大值 $2E_m$。

在 t_1 之后,若断路器触头间去游离能力很强,触头间抗电强度的恢复程度超过恢复电压的升高,则断口间电弧就此熄灭,线路被切断,这样无论在母线侧(断口 A 侧)或线路侧(即断口 B 侧)都不会产生过电压。但若断路器断口间抗电强度的恢复赶不上断口间恢复电压的升高,断路器触头之间就可能发生电弧重燃。

2. 在 $t=t_2$ 时,发生第一次重燃

断口间电弧重燃的时刻具有统计性,从而使过电压的数值大小也具有统计性。当考虑过电压最严重的情况时,假定在恢复电压 u_{AB} 达到最大时发生电弧重燃,即在图 7-2 中 $t=t_2$,$u_{AB}=E_m-(-E_m)=2E_m$ 时,发生第一次电弧重燃,此刻电源电压 $e(t)$ 通过重燃的电弧突然加在 L 和具有初始值 $-E_m$ 的线路电容 C_T 上,而此回路是一振荡回路,所以电弧重燃后将产生暂态的振荡过程,而在振荡过程中就会产生过电压。振荡回路的固有频率为 $f_0=\dfrac{1}{2\pi\sqrt{LC_T}}$,这个频率要远大于工频 50 Hz,因而振荡周期 $T_0=\dfrac{1}{f_0}$要比工频周期 0.02 s 小得多。这样可以认为在暂态高频振荡期间电源电压 $e(t)$ 保持 t_2 时的值 E_m 不变,同时高频振荡过程可用图 7-3(a)所示的等值电路进行分析。振荡过程中线路上电压波形(C_T 上的电压波形)如图 7-3(b)所示。若不计及回路损耗所引起的电压衰减,线路上的过电压幅值为

过电压幅值 = 稳态值 + (稳态值 - 初始值) = $E_m + [E_m - (-E_m)] = 3E_m$

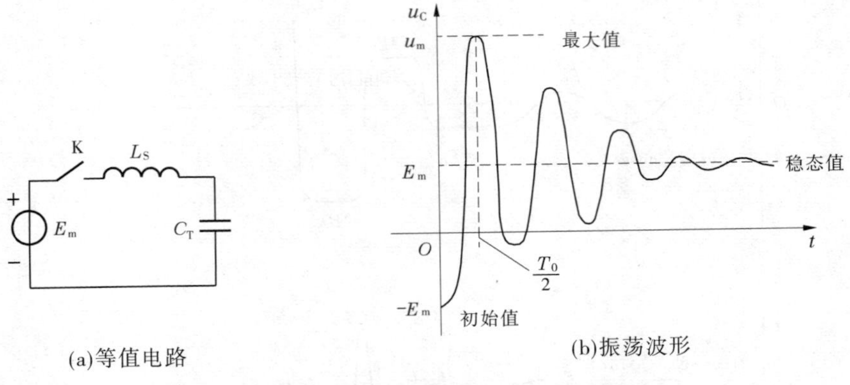

图 7-3　重燃时的等值电路和振荡波形

3. 在 $t=t_3$ 时,发生第二次熄弧

当线路上电压(即 C_T 上电压)振荡达到最大值 $3E_m$ 瞬间,由于振荡回路中流过的是电容电流,故此瞬间断路器中流过的高频振荡电流恰好为零,此时(t_3 时刻)电弧第二次熄灭(断路器试验表明,电弧几乎全部在高频振荡电流第一次过零瞬间熄灭)。电弧第二次熄灭后,线路对地电压保持 $3E_m$,而断路器断口 A 侧的对地电压在 t_3 之后要同电源电势做余弦规律的变化(图 7-2 中的虚线),断路器触头间恢复电压 u_{AB} 越来越高,再经半个工频周期后将达最大值 $4E_m$。

4. 在 $t=t_4$ 时,发生第二次重燃

还是假设过电压最严重的情况,即恢复电压 u_{AB} 达到最大值 $4E_m$ 时发生电弧第二次重燃。电弧重燃后又要发生类似于第一次重燃时的暂态振荡过程,在此振荡过程中,C_T 上电压的初始值为 $3E_m$,振荡过程结束后的稳态值为$-E_m$,所以产生的过电压幅值计算如下:

过电压幅值 = 稳态值 + (稳态值 - 初始值) = $-E_m + (-E_m - 3E_m) = -5E_m$

依此类推,假若继续每隔半个工频周期电弧重燃一次,则过电压将按 $3E_m$,$-5E_m$,$7E_m$,…的规律变化,愈来愈高,直到触头间有足够的绝缘强度,使电弧不再重燃为止。同样,在母线上也将相应地出现过电压。

(三)影响过电压的因素

以上分析过程是在考虑最严重的条件下进行的。在实际上,电弧的重燃不一定要等到电源电压到达异极性半波的幅值时才发生,重燃的电弧也不一定在高频电流首次过零时就立即熄灭,而且电源电压在此期间也有下降,线路的电晕放电、泄漏电导等也会使过电压的最大值有所下降。除这些因素外,还有以下因素会影响到过电压的最大值。

1. 断路器的性能

由于空载线路分闸过电压是由电弧重燃引起的,所以过电压与断路器的灭弧性能有很大关系。采用灭弧性能优异的断路器如 SF_6 断路器,可以防止或减少电弧重燃的次数,使这种过电压最大值降低。

2. 母线出线数

当母线上接有多回出线时,其中一回线路分闸,工频电流过零熄弧,分闸的空载线路

保持$-E_m$，但未分闸的其他线路将随电源电压变化，半个周期后断路器触头间出现幅值为$2E_m$的恢复电压，电弧可能重燃，在重燃的一瞬间，未断开线路（电压为E_m）上的电荷将迅速与断开线路（电压为$-E_m$）上的残余电荷重合，使断开线路的残余电荷降为零（或为正），使得电弧重燃之后暂态过程中稳态值与初始值的差别减小，从而使过电压减小。

3. 线路负载及电磁式电压互感器

当线路末端有负载（如末端接有一组空载变压器）或线路侧装有电磁式电压互感器时，断路器分闸后，线路上残余电荷经由它们泄放，将降低线路上的残余电压，从而降低这种过电压。

4. 中性点接地方式

在中性点直接接地的系统中，各相都有自己的独立回路，相间电容影响不大，空载线路分闸过电压的产生过程如上所述。当中性点不接地或经消弧线圈接地时，由于三相断路器分闸的不同期性，会形成瞬间的不对称电路，使中性点电位偏移。三相间的互相影响，使分闸时断路器中电弧的重燃和熄灭过程变得更复杂。在不利的条件下，重燃会使过电压显著增高。一般比中性点直接接地时的过电压要高出20%左右。

（四）限制过电压措施

空载线路分闸过电压由于其出现比较频繁，持续时间较长（可达1～2个工频半波），且作用于全线路，所以它是选择线路绝缘水平和确定电气设备试验电压的重要依据。因此，限制这种过电压，对于保证电力系统安全运行和进一步降低电网绝缘水平具有十分重要的经济意义。目前，降低这种过电压的措施主要有以下几种。

1. 采用灭弧性能好的断路器

因为空载线路分闸过电压的主要成因是断路器开断后触头间电弧的重燃，那么限制这种过电压的最有效措施就是改善断路器的结构、提高触头间介质的恢复强度和灭弧能力，以减少或避免电弧重燃。现在我国生产的真空断路器以及SF_6断路器都极大地改善了灭弧性能，以致在开断空载线路时极少产生电弧重燃。

2. 在断路器中加装并联电阻

通过断路器的并联电阻降低断路器触头间的恢复电压，避免电弧重燃，这也是限制这种过电压的一种有效措施。

如图7-4所示，为并联分闸电阻的两种接法。在断路器主触头QF_1上并接分闸电阻R（1 000～3 000 Ω）与QF_2辅助触头一起，以实现线路的逐级开断。线路分闸时，主触头QF_1先断开，此时QF_2仍闭合，由于R串接在回路中，线路上的剩余电荷通过R释放，而这时触头两端间的恢复电压只是电阻R上的压降，选择合适的电阻值R，其数值就较低，主触头间电弧不易重燃。经1.5～2个工频周期，辅助触头QF_2断开，由于串入电阻后，线

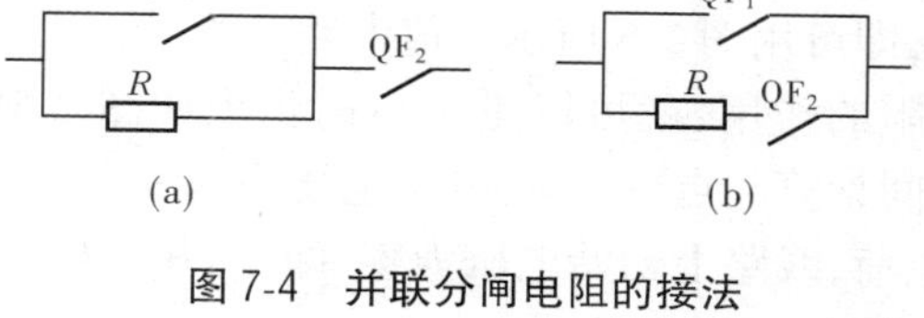

图7-4　并联分闸电阻的接法

路上的稳态电压降低，线路上残余电压较低，故触头 QF_2 上的恢复电压也不高，QF_2 中的电弧也就不易重燃。即使 QF_2 触头间发生电弧重燃，由于电阻 R 的阻尼作用及对线路残余电荷的泄放作用，过电压也会显著下降。实践表明，即使在最不利情况下发生重燃，过电压实际也只有 2.28 倍。

近年来，我国在 110 kV 线路上进行了一些实测，结果表明，使用重燃次数较多的断路器时，出现 3 倍过电压的概率为 0.86%；使用重燃次数较少的空气断路器时，出现 2.6 倍过电压的概率为 0.73%；使用油断路器时，测得的最大过电压为 2.8 倍；当使用有中值和低值并联电阻断路器时，过电压被限制到 2.2 倍以下。即使在中性点不接地和经消弧线圈接地的电网中，这种过电压一般也不超过 3.5 倍。在 110~220 kV 系统中，这种过电压低于线路绝缘水平，所以我国生产的 110~220 kV 系统的各种断路器一般不加并联电阻。在超高压电网中，断路器都带有并联电阻，从而基本上消除了电弧的重燃，也就基本上消除了这种过电压，如在 330 kV 线路上测到这种过电压最大值仅为 1.19 倍。

3. 利用避雷器来保护

安装在线路首端和末端的氧化锌（ZnO）或磁吹避雷器能有效地限制这种过电压的幅值。

二、空载线路合闸过电压

将空载线路合闸到电源（或母线）上去，也是电力系统中一种常见的操作。空载线路的合闸分为两种情况，即正常合闸和自动重合闸。这时出现的操作过电压称为合闸空载线路过电压或简称合闸过电压，重合闸过电压是合闸过电压中最严重的一种。与其他的操作过电压相比，合闸过电压的倍数并不算大，但在超高压系统中，由于采用了种种措施将其他幅值更高的操作过电压都加以限制或降低，而这种过电压却很难找到限制保护措施，因而，合闸过电压在超高压系统的绝缘配合中反而上升为主要矛盾，成为选择超高压系统绝缘水平的决定性因素。

（一）过电压产生的原因

因为空载线路的合闸有两种情况，即计划性合闸（正常合闸）和自动重合闸（故障跳闸后的合闸）。由于合闸初始条件的不同，过电压大小是不同的。空载线路无论是计划性合闸还是自动重合闸，合闸之后都要发生电路状态的改变，又由于系统中 L、C 元件的存在，这种状态改变，即从一种稳态到另一种稳态的暂态过程表现为振荡性的过渡过程，而过电压就产生于这种振荡过渡过程。

（二）过电压产生的物理过程

1. 计划性合闸

类似于切断空载线路过电压分析，在正常合闸时，若三相断路器完全同步动作，则可以按单相电路进行分析，即可用图 7-5 所示等值电路分析。

忽略电源和线路电阻的作用，就可以进一步简化为如图 7-5（b）所示的简单振荡电路。若取合闸瞬间为时间计算起点（$t=0$），电源电压为 $e(t)=E_m\cos\omega t$。设在计划性合闸时，线路上不存在残余电荷，线路上初始电压为零，即 $u_C(0)=0$，也不存在接地故障。

图 7-5（b）的回路方程为

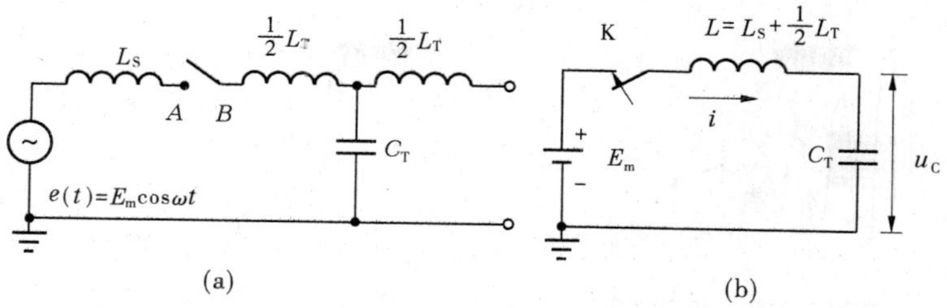

图 7-5　合闸空载线路过电压时的等值电路

$$L\frac{\mathrm{d}i}{\mathrm{d}t}+u_C=e(t)$$

由于 $i=C_T\frac{\mathrm{d}u_C}{\mathrm{d}t}$,代入上式得

$$LC_T\frac{\mathrm{d}^2u_C}{\mathrm{d}t^2}+u_C=e(t) \tag{7-4}$$

考虑到最不利的情况,即在电源电压正好经过幅值 E_m 时合闸,由于回路的自振频率要比 50 Hz 的电源频率高得多,所以可认为在振荡的初期,电源电压基本维持不变,即可近似地看成振荡回路合闸到直流电源 E_m 的情况,于是式(7-4)可转变成

$$LC_T\frac{\mathrm{d}^2u_C}{\mathrm{d}t^2}+u_C=E_m \tag{7-5}$$

式(7-5)的解为

$$u_C=E_m+A\sin\omega_0t+B\cos\omega_0t \tag{7-6}$$

式中　ω_0——振荡回路的自振角频率,$\omega_0=\frac{1}{\sqrt{LC_T}}$;

A、B——积分常数。

按 $t=0$ 时的初始条件 $u_C(0)=0$,$i(0)=C_T\frac{\mathrm{d}u_C}{\mathrm{d}t}=0$,可求得 $A=0$,$B=-E_m$。代入式(7-6)可得

$$u_C=E_m(1-\cos\omega_0t) \tag{7-7}$$

当 $t=\frac{\pi}{\omega_0}$时,$\cos\omega_0t=-1$,u_C 达到最大值,即

$$u_C=2E_m \tag{7-8}$$

实际上回路中存在能量损耗,振荡将是衰减的,其振荡波形如图 7-6(a)所示。再者,电源电压并非直流,而是工频交流,其波形应该如图 7-6(b)所示。

如果按分布参数等值电路中的波过程来处理,设合闸也发生在电源电压等于幅值 E_m 的瞬间,且忽略电阻与能量损耗,则沿线传播到末端的电压波 E_m 将在开路末端发生全反射,使电压增大为 $2E_m$,这与按集中参数等值电路计算的结果是一致的。

2. 自动重合闸

以上分析的是正常合闸的情况,空载线路上没有残余电荷,初始电压 $u_C(0)=0$。如

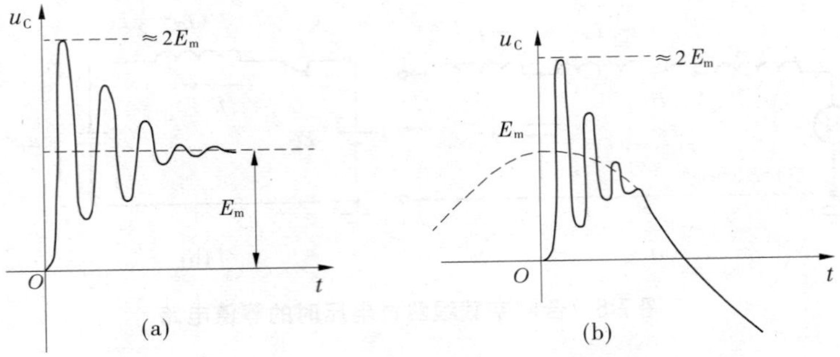

图 7-6　合闸空载线路过电压振荡波形

果是自动重合闸的情况,那么条件将更为不利,主要原因在于这时线路上有一定残余电荷和初始电压,重合闸时振荡将更加激烈。

自动重合闸是线路发生故障跳闸后,由自动装置控制而进行的合闸操作,这是中性点直接接地系统中经常遇到的一种操作。如图 7-7 所示,当 A 相接地后,断路器 QF_2 先跳闸,然后断路器 QF_1 跳闸。在断路器 QF_2 跳开后,流过断路器 QF_1 中健全相的电流是线路电容电流,故当电流为零,电压达最大值(两者相差 90°)时,断路器 QF_1 熄弧。但由于系统内存在单相接地(设为金属性接地),健全相的电压(绝对值)将上升为 E_m。因此,断路器 QF_1 跳闸熄弧后,线路上残余电压也将为此值。在最不利的情况下,B、C 两相中有一相的电源电压在重合闸瞬间($t=0$)正好经过幅值,而且极性与该相导线上的残余电压相反,那么重合闸后出现的振荡将使该相导线上出现最大过电压,其值可按下式求得

$$过电压幅值=稳态值+(稳态值-初始值) = 2E_m-(-E_m)= 3E_m$$

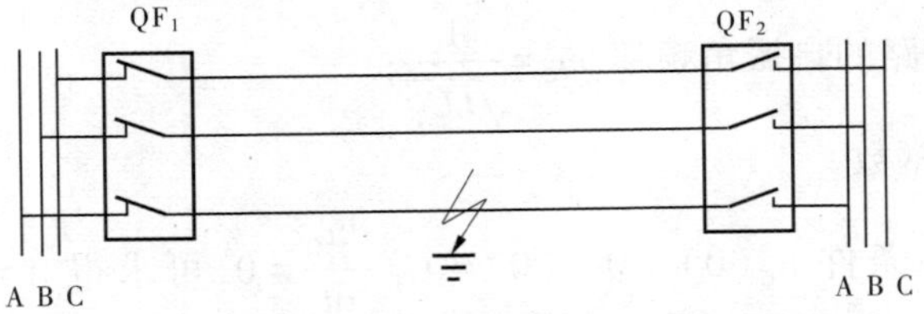

图 7-7　接地故障自动重合闸示意图

如果计入电阻及能量损耗,振荡分量也将逐步衰减,过电压振荡波形将如图 7-8 所示。

如果采用的是单相重合闸,只切除故障相,而健全相不与电源电压相脱离,那么故障相重合闸时,因该相导线上不存在残余电荷,就不会出现上述高幅值重合闸过电压,即与计划性合闸过电压相同。

由上可知,在合闸过电压中,以三相重合闸的情况最严重,其过电压幅值可达 $3E_m$。

(三)影响过电压的因素

1. 合闸相位

由于断路器在合闸时有预击穿现象,即在机械上断路器触头未闭合前,触头间的电位差已足够击穿介质,使触头在电气上先行接通。因而,较常见的合闸操作是在接近最大电

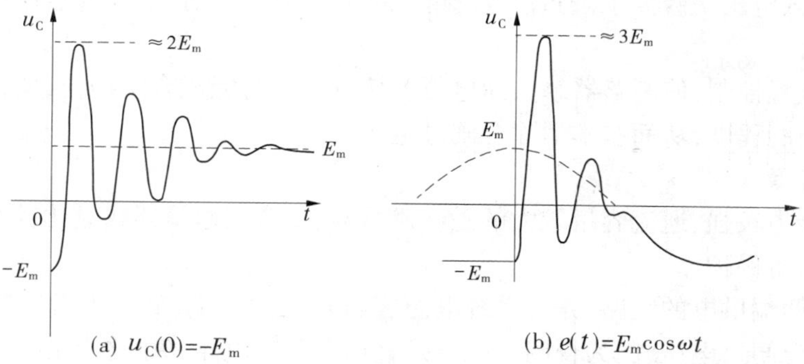

图 7-8　自动重合闸线路过电压振荡波形示意图

压时完成的。统计表明，合闸相位多半处在最大值附近的±30°范围之内。但对于快速的 SF_6 断路器，预击穿对合闸相位影响较小，合闸相位的统计分布较均匀，既有 0°时合闸，也有 90°合闸。显然，如果合闸不是在电源电压接近幅值时发生，出现的合闸过电压自然就较低了。

2. 线路残余电压的大小与极性

这对在重合闸时的过电压影响甚大。残余电压大小取决于故障引起分闸后健全相上残余电荷的泄漏速度，这与线路绝缘子的污秽状况、大气湿度、雨雪等情况有关，在 0.3~0.5 s 重合闸时间内，残余电压一般可下降 10%~30%，有助于降低合闸过电压幅值。

3. 线路损耗

线路上的能量损耗主要来源于线路及电源的电阻，还有过电压超过导线的电晕起始电压后，导线上的电晕损耗等，这些损耗能减弱振荡，从而降低过电压。

总之，空载线路合闸过电压还与系统参数、电网结构、断路器合闸时相的同期性、母线的出线数、导线的电晕等因素有关。

（四）限制过电压措施

1. 采用带并联电阻的断路器

这是目前限制合闸过电压特别是重合闸过电压的主要措施。与图 7-4 相同，在断路器主触头上并联一合闸电阻（数百欧）与辅助触头，以实现线路的逐级合闸，线路合闸时，主、辅触头动作次序与分闸时相反。合闸时，辅助触头先闭合，电阻 R 的串入对回路中的振荡过程起阻尼作用，使过渡过程中过电压降低，电阻越大，阻尼作用越强，过电压也就越低。经 1.5~2.0 个工频周期左右，主触头闭合，将合闸电阻 R 短接，完成合闸操作。由于 QF_1 闭合前主触头两端的电位差即为 R 上的压降，而 R 上压降由于之前的振荡被阻尼而较低，所以 QF_1 闭合之后的过电压也就较低。很明显，此时 R 越小，QF_1 闭合后过电压越低。从以上分析可见，辅助触头 QF_2 闭合时要求合闸电阻 R 大，而主触头 QF_1 闭合时要求合闸电阻小，两者同时考虑时，可以找到某一电阻值，在此电阻值下，可将合闸过电压限制到最低。

2. 消除和削弱线路残余电压

采用单相自动重合闸后完全消除了线路残余电压，重合闸时就不会出现高值过电压。而线路侧装有电磁式电压互感器时，通过泄放线路上的残余电荷，有助于降低重合闸过电压。

3. 同步合闸

使用专门装置控制，使断路器触头间电位差接近于零时完成合闸操作，使合闸暂态过程降低到最微弱的程度，从而基本消除合闸过电压。

4. 安装避雷器

采用熄弧能力较强、通流容量较大的磁吹避雷器、复合型避雷器或氧化锌避雷器作为这种过电压的后备保护。

此外，对于两端供电的线路，先合系统电源容量较大的一端，后合电源容量较小的一端，有利于降低合闸过电压，因为合闸过电压是叠加在工频电压基础之上的。

三、切除空载变压器过电压

电力系统中切除空载变压器也是一种常见的操作。空载变压器在正常运行时表现为一个激磁电感，切除空载变压器相当于开断一个小容量电感负荷，会在变压器和断路器上出现很高的过电压。同样，在开断并联电抗器、消弧线圈等电感元件时，也会引起类似的过电压。

（一）过电压产生的物理过程

在系统中，切除空载变压器等电感设备之所以产生过电压，是因为流过电感的电流在到达自然零值之前就被断路器强行切断，从而迫使储存在电感中的磁场能量转化为电场能量而导致电压的升高。试验研究表明，断路器在切断 100 A 以上的交流电流时，断路器触头间的电弧通常都是在工频电流自然过零时熄灭的；但当被切断的电流较小时（空载变压器的激磁电流很小，一般只是额定电流的 0.5%~5%，数安到数十安不等），电弧往往提前熄灭，亦即电流会在过零之前就被强行切断而产生截流现象。

可用如图 7-9 所示的简化等值电路来说明这种过电压的发展过程。图中 L_T 为变压器的激磁电感，C_T 为变压器绕组及连接线的对地电容。在工频电压作用下，$i_C \ll i_L$，因而断路器所要切断的电流 $i=i_C+i_L \approx i_L$。

假如电流 i_L 是在其自然过零时被切断的，电容 C_T 和电感 L_T 上的电压正好等于电源电压 $e(t)$ 的幅值 E_m。这时 $i_L=0$、$\frac{1}{2}L_T i_L^2=0$，因此 i_L 被切断后，电容 C_T 上的电荷（$q=C_T E_m$）通过电感 L_T 做振荡性放电，并逐渐衰减至零（因为存在铁芯损耗和电阻损耗），可见这样的操作不会引起大于 E_m 的过电压。

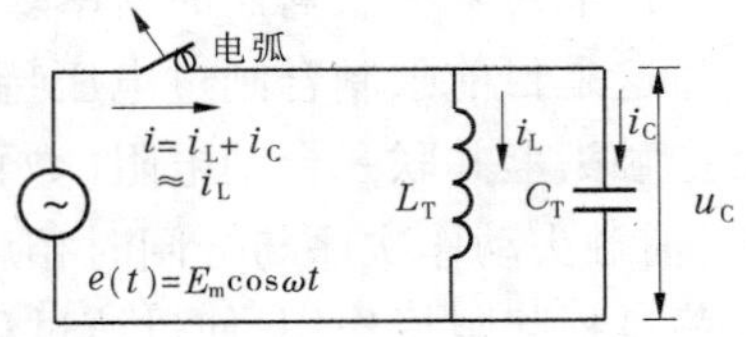

图 7-9 切除空载变压器等值电路图

如果电流 i_L 在自然过零之前就被提前切断，设此时 i_L 的瞬时值为 I_0，u_C 的瞬时值为 U_0，则切断瞬间在电感和电容中所储存的能量分别为

$$\begin{cases} W_L = \frac{1}{2}L_T I_0^2 \\ W_C = \frac{1}{2}C_T U_0^2 \end{cases} \tag{7-9}$$

此后，即在 L_T、C_T 构成的振荡回路中发生电磁振荡，在某一瞬间，全部电磁能量均变为电场能量，这时电容 C_T 上出现最大电压 U_{cm}，因而

$$\frac{1}{2}C_T U_{cm}^2 = \frac{1}{2}L_T I_0^2 + \frac{1}{2}C_T U_0^2 \tag{7-10}$$

解得

$$U_{cm} = \sqrt{\frac{L_T}{C_T}I_0^2 + U_0^2} \tag{7-11}$$

若略去截流瞬间电容上所储存的能量$\frac{1}{2}C_T U_0^2$，则

$$U_{cm} \approx \sqrt{\frac{L_T}{C_T}I_0^2} = Z_T I_0 \tag{7-12}$$

式中　Z_T——变压器的特性阻抗，$Z_T = \sqrt{\frac{L_T}{C_T}}$。

在一般变压器中，Z_T 值很大，因而$\frac{L_T}{C_T}I_0^2 \gg U_0^2$，在近似计算中，完全可以忽略$\frac{1}{2}C_T U_0^2$。

截流现象通常发生在电流曲线的下降部分，设 I_0 为正值，则相应的 U_0 必为负值。当断路器中突然灭弧时，L_T 中的电流 i_L 不能突变，将继续向 C_T 充电，使电容上的电压从 $-U_0$ 向更大的负值方向增大，如图 7-10 所示，此后在 L_T-C_T 回路中出现衰减性振荡，其频率为 $f=\frac{1}{2\pi\sqrt{L_T C_T}}$。

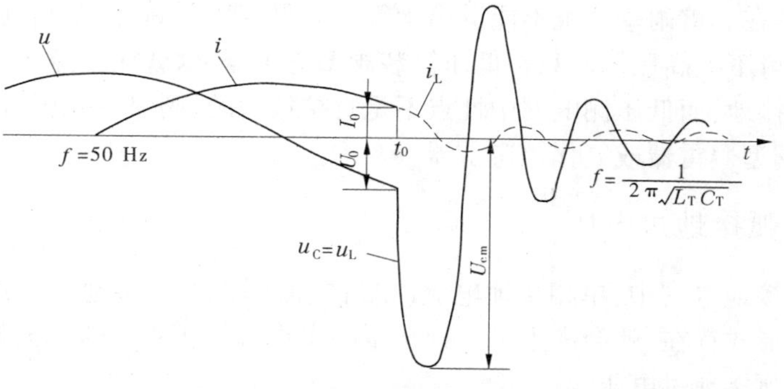

图 7-10　切除空载变压器过电压波形

以上介绍的是理想化的切除空载变压器过电压的发展过程，实际过程往往要复杂得多，断路器触头间会发生多次电弧重燃，不过，与切除空载线路时相反，这时电弧重燃将使电感中的储能越来越小，从而使过电压幅值变小。

（二）影响过电压的因素及限压措施

1. 影响因素

从上述分析可看出，切除空载变压器过电压的大小与空载电流截断值和变压器的自振频率有关。空载电流的截断值与断路器的灭弧性能有关，切除小电流电弧时性能差的

断路器(尤其是多油断路器),由于截流能力不强,切除空载变压器时过电压较低;而切除小电流电弧时性能好的断路器(如 SF_6 断路器),由于截流能力强,切除空载变压器时过电压较高。可见,灭弧能力越强的断路器,其对应的切除空载变压器的过电压最大值越大。另外,当断路器去游离作用不强(由于灭弧能力差)时,截流后在断路器触头间可引起电弧重燃,而这种电弧的重燃使变压器侧的电容电场能量向电源释放,从而降低这种过电压。

使用相同断路器,即在相同截流下,当变压器引线电容较大(如空载变压器带有一段电缆或架空线)时,等值电容 C_T 加大,从而降低这种过电压。

另外,变压器的特性也是影响因素之一。首先是变压器的空载激磁电流或电感的大小,对过电压有一定影响,一般是激磁电流越大,过电压越高。空载激磁电流的大小又与变压器的容量和导磁材料有关。现今,随着优质导磁材料的应用日益广泛,变压器的激磁电流减小很多 。此外,变压器绕组改用纠结式绕法以及增加静电屏蔽等措施而使对地电容有所增大,使过电压有所降低。

我国对切除 110~220 kV 空载变压器做过试验,实测结果表明,在中性点直接接地的电网中,这种过电压一般不超过 3 倍相电压;在中性点不接地电网中,一般不超过 4 倍相电压。

2. 限压措施

目前,限制切除空载变压器过电压的主要措施是采用阀型避雷器。切除空载变压器过电压虽然幅值较高,但由于其持续时间短、能量小(要比阀型避雷器允许通过的能量小一个数量级),故可用阀型避雷器加以限制。用来限制切除空载变压器过电压的避雷器应接在断路器的变压器侧,否则,在切除空载变压器时,将使变压器失去避雷器的保护。另外,这组避雷器在非雷雨季节也不能退出运行。如果变压器高、低压侧电网中性点接地方式一致,那么,可不在高压侧而只在低压侧装阀型避雷器,这就比较经济、方便。如果高压侧中性点直接接地,而低压侧电网中性点不是直接接地的,则只在变压器低压侧装避雷器时,应装磁吹阀型避雷器或氧化锌避雷器。

四、断续电弧接地过电压

在中性点不接地电网中,单相接地电流(电容电流)较大时,接地点电弧将不能自熄,而以断续电弧的形式存在,就会产生另一种严重的操作过电压——断续电弧接地过电压,亦可称为间歇电弧接地过电压。

(一)断续电弧接地过电压产生的原因

断续电弧接地过电压发生于中性点不接地(也称中性点绝缘)的系统。电力系统采用中性点不接地方式主要是为了提高系统的供电可靠性,而单相接地故障是系统运行时的主要故障形式。在中性点不接地系统中发生单相接地,如图 7-11(a)所示 A 相接地时,由于中性点对地绝缘,所以 A 相与 B 相、A 相与 C 相通过对地电容 C_2 和 C_3 构成回路,无短路电流流过接地点。

此时流过接地点的电流为电容电流 $\dot{I}_d=\dot{I}_2+\dot{I}_3$,与此同时,系统三相电源电压仍维持对称不变,所以这种系统在一相接地情况下,不必立即切除线路,中断对用户的供电,运行

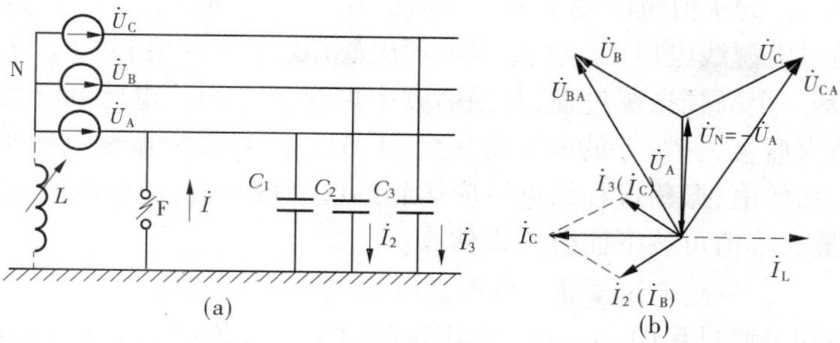

图 7-11　单相接地电路及相量图

人员可借助接地指示装置来发现并设法找出故障所在地而及时处理，这样就大大提高了供电可靠性。然而，从另一方面看，中性点不接地系统会带来两个不利影响作用：①非故障相的对地相电压升至线电压；②引起间歇电弧接地过电压。第一个影响作用不会构成对绝缘的威胁，因为这些系统的绝缘水平要比线电压高得多。至于第二个影响作用，由于间歇电弧接地过电压幅值高（可能超过绝缘水平）、持续时间长（允许接地运行 2 h），出现的概率又相当大，所以对这种过电压应该充分重视。

尽管中性点绝缘系统中单相接地故障时不会都产生接地电弧，但随着电力系统的发展，尤其是广泛使用电缆使容性电流大增，以致大多数接地故障伴有电弧发生。当这种接地电容电流在 6~10 kV 线路中超过 30 A、在 20~60 kV 线路中超过 10 A（对应线路较长）时，接地电弧既不会自行熄灭，又不会形成稳定持续电弧（因为这种电容电流并不足够大），而是表现为接地电流过零时电弧暂时熄灭，随后在恢复电压作用下又重新出现电弧即电弧重燃，而后又过零暂时熄灭，再重燃，如此反复出现电弧时熄灭、时重燃的不稳定状态，这种电弧称为间歇性电弧。每次电弧熄灭和重燃的同时，将引起电磁暂态振荡过程，在过渡过程中会出现过电压，这就是间歇电弧接地过电压。所以，在中性点不接地系统中出现间歇电弧接地过电压的根本原因是接地电弧的间歇性熄灭与重燃。而出现这种间歇性电弧的条件有两个：一是电弧性接地；二是接地电流超过某数值。

（二）过电压产生的物理过程

下面通过分析伴随间歇性电弧熄灭、重燃而发生的过渡过程来说明间歇电弧接地过电压的形成与发展。

1. 等值电路

中性点不接地系统的等值电路如图 7-11（a）所示。C_1、C_2、C_3 为各相对地电容，为方便分析，设各相对地电容相等，即 $C_1=C_2=C_3=C$，设 A 相对地发生电弧接地，以 F 表示故障点发弧间隙。u_A、u_B、u_C 为三相电源电压，u_1、u_2、u_3 为三相线路对地电压，即 C_1、C_2、C_3 上的电压。U_{xm} 为电源相电压幅值。

2. $t=t_1$ 时，A 相电弧接地

假定在 A 相电压达到最大值时 A 相电弧接地，这是过电压最严重的情况。则 A 相电弧接地发弧前瞬间 $t=t_1^-$ 时，$u_1=U_{xm}$，$u_2=-0.5U_{xm}$，$u_3=-0.5U_{xm}$。

在 t_1 瞬间，A 相电弧接地，即图 7-11（a）中间隙 F 发弧导通，A 相电容 C_1 上电荷通过间隙电弧泄放入地，其电压 u_1 突降为零，即电压幅值改变了 $-U_{xm}$。相应地，B、C 相电容

C_2、C_3 上电压 u_2、u_3 的幅值也改变了 $-U_{xm}$，即从 $-0.5U_{xm}$ 变成 $-1.5U_{xm}$。而 u_2、u_3 电压的这种改变是要通过电源线电压 U_{BA}、U_{CA} 经电源电感(图中未画出)对 C_2、C_3 的充电来完成的，这个过程是一个高频振荡过程，其振荡频率取决于电源的电感和导线的对地电容。高频振荡过程结束后，C_2、C_3 上的电压将达到 $-1.5U_{xm}$。对高频振荡过程来讲，振荡过程发生前瞬时值为初始值，振荡过程结束后应达到的值为稳态值，而过电压就出现在振荡过程中，过电压的最大幅值可按下面公式来估算：

过电压幅值 = 稳态值 +(稳态值 − 初始值)

这样在振荡的过渡过程中，C_2、C_3 上出现的过电压幅值如表 7-3 所示。

表 7-3 间歇过电压幅值

振荡状态	C_2	C_3
初始值	$-0.5U_{xm}$	$-0.5U_{xm}$
稳态值	$-1.5U_{xm}$	$-1.5U_{xm}$
过电压幅值	$-2.5U_{xm}$	$-2.5U_{xm}$

3. $t=t_2$ 时，A 相接地电弧第一次熄灭

故障点的电弧电流中包含有工频分量 $\dot{I}_B+\dot{I}_C$ 和逐渐衰减的高频分量。假定高频分量过零时电弧不熄灭，而后高频分量衰减至零，电弧电流就是工频电流 $\dot{I}_B+\dot{I}_C$，其相位与 $\dot{U}_A$ 差 90°[见图 7-11(b)]，那么经过半个工频周期，在 $t=t_2$ 时，$u_A=-U_{xm}$，$u_B=0.5U_{xm}$，$u_C=0.5U_{xm}$。由于 $\dot{U}_A$ 到达负幅值，所以工频电弧电流过零，电弧第一次熄灭。

在熄弧瞬间 $t=t_2^-$ 时，$u_1=0$，$u_2=1.5U_{xm}$，$u_3=1.5U_{xm}$。熄弧后 B、C 相线路上存储有电荷 $q=2C\times1.5U_{xm}=3CU_{xm}$，这些电荷无处泄放，于是在三相对地电容间平均分配，其结果使三相线路对地有电压偏移 $\frac{q}{3C}=U_{xm}$。这样，接地电弧第一次熄灭后，作用在三相导线对地电容上的电压为三相电源电压叠加此偏移电压，即在熄弧后瞬间 $t=t_2^+$ 时，有

$$\begin{cases} u_1=-U_{xm}+U_{xm}=0 \\ u_2=0.5U_{xm}+U_{xm}=1.5U_{xm} \\ u_3=0.5U_{xm}+U_{xm}=1.5U_{xm} \end{cases}$$

这样在第一次熄弧瞬间，$t=t_2^-$ 时的电压值与 $t=t_2^+$ 时的电压值相同，熄弧后不会引起过渡过程。

4. $t=t_3$ 时，电弧重燃

熄弧后，A 相对地电压逐渐恢复，再经过半个工频周期，在 $t=t_3$ 时，A 相对地电压幅值达 $2U_{xm}$(见图 7-12)。

如果此时再次发生电弧重燃，u_1 再次降为零，u_2、u_3 的电压将再次出现振荡。振荡过程中的过电压幅值如表 7-4 所示。

以后发生的隔半个工频周期的熄弧与再隔半个周期的电弧重燃，过渡过程与上面完

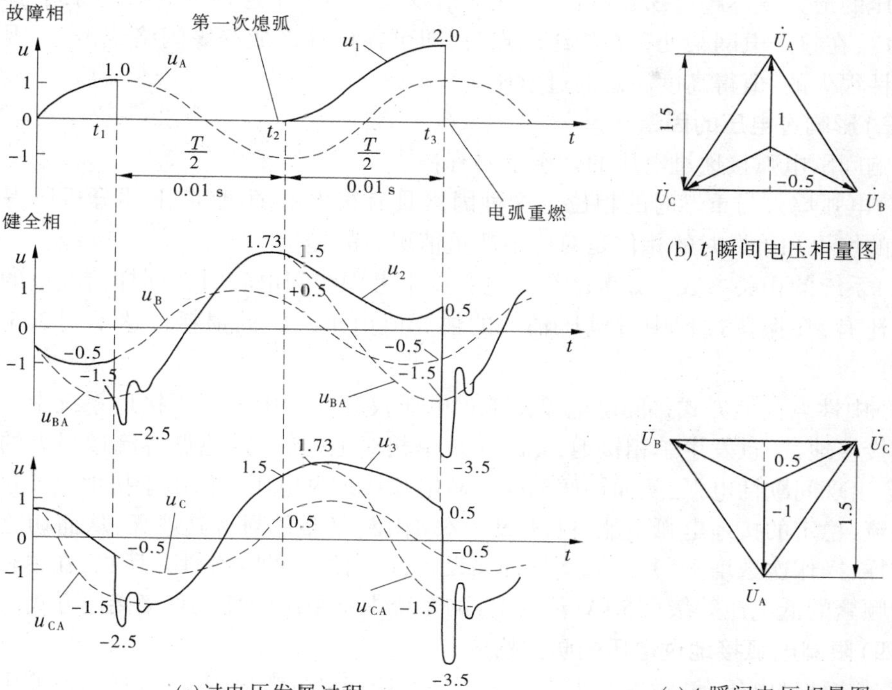

(a)过电压发展过程　(b) t_1瞬间电压相量图　(c) t_2瞬间电压相量图

图 7-12　接地电弧过电压发展过程

全重复,且过电压的幅值也与之相同。从以上分析可看到,中性点不接地系统发生间歇性电弧接地时,非故障相上最大过电压为 3.5 倍,而故障相上的最大过电压为 2.0 倍。

表 7-4　过电压幅值

振荡状态	C_2	C_3
初始值	$0.5U_{xm}$	$0.5U_{xm}$
稳态值	$-1.5U_{xm}$	$-1.5U_{xm}$
过电压幅值	$-3.5U_{xm}$	$-3.5U_{xm}$

对电力系统单相接地故障的试验和研究表明,故障点电弧在工频过零熄弧与振荡高频过零熄弧都是可能的。一般来说,发生在大气中的可发散性电弧往往要到工频电流过零时才能熄灭;而在强烈去游离的条件下(如绝缘油中的封闭性电弧或劲风时的开放电弧),电弧往往在高频电流过零时就能熄灭,此时所发生的过电压倍数要比上述结果更大。

再者,故障相的电弧重燃不一定是在最大恢复电压值时发生的,其会受到发弧部位和大气条件的影响,具有很强的随机性。因而,它所引起的过电压也具有统计性。同时,在相间电容和能量损耗，以及过电压下电晕引起的衰减等因素综合影响下，实测间歇电弧接地过电压的最大值不超过3.5倍，一般在3倍以下。但由于这种过电压的持续时间长，涉及范围广，在整个电网某处存在绝缘弱点时，即可在该处造成绝缘闪络或击穿，因而是一种危险性很大的、值得高度注意的过电压。

(三)影响过电压的因素

影响间歇电弧接地过电压的因素主要有：

(1)电弧熄灭与重燃时的相位。这种因素具有很大的随机性，上述分析所得3.5倍过电压的熄灭和重燃时的相位是对应最严重情况时的相位。

(2)系统的相关参数。如考虑线间电容比不考虑线间电容时在同样情况下的过电压要低。还有，在振荡过程中过电压辐值的估算值由于线路的损耗也达不到3.5倍相电压值。

(3)中性点接地方式。间歇电弧接地过电压仅存在于中性点不接地系统中。若将中性点直接接地，一旦发生单相接地，此时就是单相对地短路，接地点将流过很大的短路电流，不会出现间歇性电弧，从而彻底消除间歇电弧接地过电压。但由于接地点流过很大的短路电流，稳定的接地电弧不能自行熄灭，必须由断路器跳闸将其熄灭，从而切除短路电流。这样，操作次数增多，并由此增加许多设备，影响供电的连续性。所以，在单相接地故障较为频繁的低电压等级(35 kV及以下)的系统中不采用中性点直接接地方式。

(四)限制电弧接地过电压的防护措施

针对这种过电压，最根本的防护办法就是不让断续电弧出现，可以通过改变中性点接地方式来实现。

1. 采用中性点有效接地方式

这时单相接地将造成很大的单相短路电流，断路器将立即跳闸，切断故障，经过一段短时间歇让故障点电弧熄灭后再自动重合。如能成功，可立即恢复送电；如不能成功，断路器将再次跳闸，不会出现断续电弧现象。我国110 kV以上系统均采用这种中性点接地方式，除避免出现这种过电压外，还能降低所需的绝缘水平，缩减建设成本。

2. 采用中性点经消弧线圈接地方式

采用中性点有效接地方式虽然能解决断续电弧问题，但每次发生单相接地故障都会引起断路器跳闸，大大降低了供电可靠性。对于60 kV及其以下系统的线路，降低绝缘水平的经济效益不明显，所以大多采用中性点非有效接地方式，以提高供电可靠性。当单相接地流过故障点的电容电流不大时，不能维持断续电弧长期存在，因而可采用中性点不接地的方式；当电网的电容电流达到一定数值时，单相接地点的电弧将难以自熄，需要装设消弧线圈来加以补偿，才能避免断续电弧的出现。

关于消弧线圈的应用场合，我国标准有如下规定：

(1)对于35 kV和66 kV系统，如单相接地电容电流不超过10 A，中性点可采用不接地方式；如电容电流超过上述容许值(10 A)，应采用经消弧线圈接地方式。

(2)对于不直接与发电机连接的3~10 kV系统，电容电流的容许值如下：

①由钢筋混凝土或金属杆塔的架空线路构成者：10 A。

②由非钢筋混凝土或非金属杆塔的架空线路构成者：3 kV、6 kV系统为30 A；10 kV

系统为 20 A。

③由电缆线路构成者:30 A。

(3)对于与发电机直接连接的 3~20 kV 系统,如电容电流不超过如表 7-5 所示的容许值,其中性点可采用不接地方式;如超过容许值,应采用经消弧线圈接地方式。

表 7-5　发动机系统电容电流容许值

发动机额定电压(kV)	发动机额定容量(MW)	电容电流容许值(A)
6. 3	≤50	4
10. 5	50~100	3
13. 8~17. 5	125~200	2(非氢冷),2. 5(氢冷)
18~20	≥300	1

消弧线圈是一只具有分段铁芯、电感可调的电抗器,接在电网中性点与大地之间,如图 7-11(a)中虚线连接的 L。在系统正常运行时,中性点 N 对地电位很低,流过消弧线圈的电流很小,电能损耗也很少。但当系统发生单相接地(如 A 相接地)故障时,中性点 N 对地电位立即上升为$-\dot{U}_A$,流过消弧线圈的电感电流 $\dot{I}_L$ 正好与接地电容电流 $\dot{I}_C$ 反相[见图 7-11(b)]。流过故障点的电容电流为

$$|\dot{I}_C| = 3\omega C U_{xm} \tag{7-13}$$

接上消弧线圈后,流过故障点的电感电流为

$$|\dot{I}_L| = \frac{U_{xm}}{\omega L} \tag{7-14}$$

如果调节消弧线圈 L 的数值,使得 $|\dot{I}_L| = |\dot{I}_C|$,则两者将相互抵消,这种情形称为全补偿。依此可求出全补偿时的电感值为

$$L = \frac{1}{3\omega^2 C} \tag{7-15}$$

从系统消弧的视角出发,采用全补偿无疑是最佳方案,但在实际系统中,由于其他方面的原因,特别是为了避免中性点漂移电位过高,实践中并不采用全补偿时的 L 值,而是取值比它小一些或大一些。如果 $|\dot{I}_L| > |\dot{I}_C|$,即是 $L < \frac{1}{3\omega^2 C}$,称为过补偿;如果 $|\dot{I}_L| < |\dot{I}_C|$,即是 $L > \frac{1}{3\omega^2 C}$,称为欠补偿。

为了有效地界定补偿程度,实际中常采用补偿度或脱谐度表示。我们定义电感电流补偿电容电流的百分数为补偿度(调谐度),用字母 K_r 代表:

$$K_r = \frac{I_L}{I_C} = \frac{\dfrac{U_{xm}}{\omega L}}{3\omega C U_{xm}} = \frac{1}{3\omega^2 LC} = \frac{\omega_0^2}{\omega^2} \tag{7-16}$$

式中，$\omega_0=\frac{1}{\sqrt{3LC}}$。

那么，脱谐度 γ_r 则为

$$\gamma_r=1-K_r=1-\frac{\omega_0^2}{\omega^2} \tag{7-17}$$

显然，$K_r<1,\gamma_r>0$ 时，为欠补偿；$K_r>1,\gamma_r<0$ 时，为过补偿；$K_r=1,\gamma_r=0$ 时，为全补偿。

欠补偿方式很少采用，原因是在检修、事故切除部分线路或系统频率降低等情况下，可能使系统接近或达到全补偿，以致出现串联谐振过电压。过补偿可避免谐振过电压的产生，因此得到了广泛应用。过补偿接地处的电感电流也不能超过规定值，否则电弧也不能可靠地熄灭。

消弧线圈的运行主要就是调谐值的整定。在选择消弧线圈的调谐值（L 值）时，应满足下述两方面的基本要求：

（1）单相接地时流过故障点的残流应符合能可靠地自动消弧的要求。

（2）在电网正常运行和发生故障时，中性点位移电压都不可升高到危及绝缘的程度。

实际上，这两个要求是相互矛盾的，因而只能采取折中的方案来同时满足这两方面要求。

到现在为止，通过对前面四种常见的典型操作过电压及其限制措施的分析与介绍，我们可得到下面一些有关操作过电压的总的概念与结论：

（1）电力系统中各种操作过电压的产生原因和发展过程各异、影响因素很多，但其根源均为电力系统内部储存的电磁能量发生交换而振荡。其幅值和波形与电网结构参数、中性点接地方式、断路器性能、运行接线及操作方式、限压保护装置的性能等多种因素有关。

（2）操作过电压具有多异的波形和持续时间（从数百微秒到若干工频周波不等），较长的持续时间对应于线路较长的情况。将这些波形经过归纳整理可分为两种典型的波形：一是在工频电压分量上叠加一高频衰减性振荡波，如图 7-13（a）所示；二是在工频电压分量上叠加一非周期性冲击波，其波前时间为 0.1~0.5 ms，半峰值时间为 3~4 ms，如图 7-13（b）所示。在此基础上，我国和 IEC 标准推荐的 250/2 500 μs 冲击长波和雷电截波作为试验用的标准操作冲击电压波形就应该是合乎规律的。

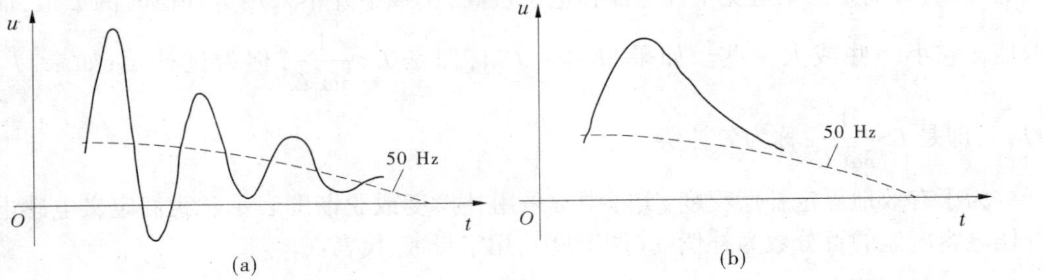

图 7-13　典型的操作过电压波形

（3）在断路器内安装并联电阻是降低多种操作过电压的有效措施，但不同操作过电

压对并联电阻的阻值又提出了不同的要求。于是，在220 kV及其以下电网中，通常更多地倾向于采用以限制切除空载线路过电压为主的中值电阻；而在500 kV电网中，倾向于以限制合闸空载线路过电压为主的低值电阻。而切除空载变压器过电压要采用高值电阻，好在切除空载变压器过电压持续时间短、能量小，可以采用任何一种避雷器加以限制和保护而不予考虑并联电阻。由于氧化锌避雷器优越的非线性保护特性，在系统中广泛使用的情况下，是否尚需装用并联电阻，只需通过验算决定即可。

（4）操作过电压的幅值受到许多因素的影响，具有显著的统计性。

（5）对保护操作过电压用的避雷器尽管有一些特殊的要求，但现代氧化锌避雷器具有无间隙、动作电压低、残压低等一系列优点，可同时满足限制雷电过电压和操作过电压的要求，是目前最理想的保护装置。因此，使用氧化锌避雷器即可。

第二节　暂时过电压

暂时过电压是由于断路器操作或发生故障，使电力系统经历过渡过程后重新达到某种暂时稳定的情况下所出现的超过额定值的电压。它包括工频过电压和谐振过电压，其中，工频过电压是指电力系统在正常或故障运行时可能出现的幅值超过最大工作电压、频率为工频或接近于工频的电压升高。常见的有：

（1）空载长线电容效应（费兰梯效应）。在工频电源作用下，由于远距离空载线路电容效应的积累，使沿线电压分布不等，末端电压最高。

（2）不对称短路接地。三相输电线路某相短路接地故障时，健全相上的电压会升高。

（3）甩负荷过电压。输电线路因发生故障而被迫突然甩掉负荷时，由于电源电动势尚未及时自动调节而引起的过电压。

而谐振过电压是指电力系统中电感、电容等储能元件在某些接线方式下与电源频率发生谐振所造成的过电压。按起因可分为线性谐振过电压、铁磁谐振过电压、参数谐振过电压。

一、工频过电压

工频过电压（亦称工频电压升高）作为暂时过电压中的一种，工频电压升高的倍数虽然不大，一般不会对电力系统的绝缘直接造成伤害，但是它在绝缘裕度较小的超高压输电系统中受到重视，其主要原因是：

（1）由于工频电压升高大都在空载或轻载条件下发生，与多种操作过电压的发生条件相同或相似，它们有可能同时出现、相互叠加。所以，在设计高压电网的绝缘结构时，应计及它们的联合作用。

（2）工频电压升高是决定某些过电压保护装置工作条件的重要依据，如避雷器的灭弧电压就是按照电网单相接地时健全相上的工频电压升高来确定的，所以它直接影响避雷器的保护特性和电力设备的绝缘水平。

（3）由于工频电压升高是不衰减或弱衰减现象，持续的时间很长，对设备绝缘及其运行条件也有很大的影响，如有可能导致绝缘子污闪、导线电晕、绝缘局部放电等。

(一)空载长线电容效应引起的工频过电压

输电线路在长度不很长时,可用集中参数的电阻、电感和电容来等效代替,图 7-14(a)给出了空载线路的 R、L、C 串联等值电路。

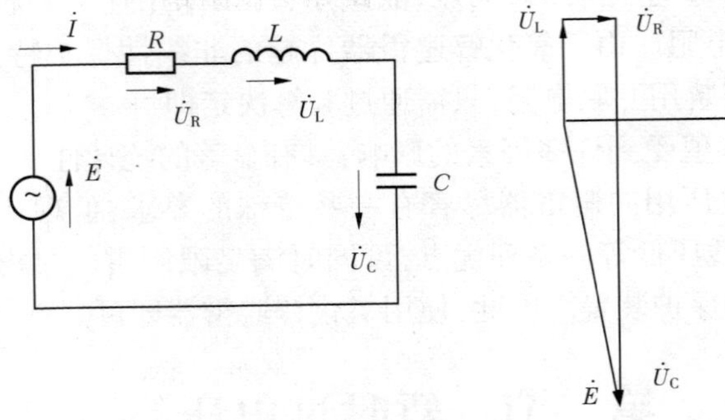

图 7-14　空载长线的电容效应

输电线路上的电阻 R 要比 X_L 和 X_C 小得多,而空载线路的工频容抗 X_C 大于工频感抗 X_L,因此在工频电势 $\dot{E}$ 的作用下,线路上流过的容性电流在感抗上产生的压降 $\dot{U}_L$ 将使容抗上的电压 $\dot{U}_C$ 高于电源电势。由 KVL 可得其关系式为

$$\dot{E} = \dot{U}_R + \dot{U}_L + \dot{U}_C = R\dot{I} + jX_L\dot{I} - jX_C\dot{I} \tag{7-18}$$

忽略 R 的作用,则有

$$\dot{E} = \dot{U}_L + \dot{U}_C = j\dot{I}(X_L - jX_C) \tag{7-19}$$

由于电感与电容上的压降反相,且 $\dot{U}_L > \dot{U}_C$,可见,电容上的压降大于电源电势,如图 7-14(b)所示。

实际上大功率远距离输送电能迫使输电电压提高,如从三峡到上海采用 500 kV 输电线路长距离输送电能。因此,在分析空载长线的电容效应时,需要采用分布参数等值电路,尽管分析过程复杂,但基本结论与前面所述相似。为了限制这种工频电压升高现象,大多采用并联电抗器来补偿线路的电容电流,以削弱电容效应,效果十分显著。

(二)不对称短路引起的工频电压升高

不对称短路是电力系统中最常见的故障形式,当发生单相或两相对地短路时,健全相上的电压都会升高,其中单相接地引起的电压升高更大一些。此外,避雷器的灭弧电压通常也是根据单相接地时的工频电压升高来选定的,所以下面只讨论单相接地的情况。

单相接地时,故障点各相的电压、电流是不对称的,为了计算健全相上的电压升高,在电力系统分析中,通常采用对称分量法和复合序网进行分析,不仅计算方便,且可计及长线的分布特性。

设当 A 相接地时,其复合序网如图 7-15 所示。图中所示各参数为各序对称分量参数。

于是,可求得 B、C 两健全相上的电压为

$$\dot{U}_B = \frac{(\alpha^2-1)Z_0 + (\alpha^2-\alpha)Z_2}{Z_0+Z_1+Z_2}\dot{E}_{a1\Sigma} \tag{7-20}$$

$$\dot{U}_{\mathrm{C}}=\frac{(\alpha-1)Z_0+(\alpha^2-\alpha)Z_2}{Z_0+Z_1+Z_2}\dot{E}_{\mathrm{a1}\Sigma} \tag{7-21}$$

式中　$\dot{E}_{\mathrm{a1}\Sigma}$——A 相正序电压；

Z_1、Z_2、Z_0——从故障点看进去的正序、负序和零序阻抗；

α——旋转因子，$\alpha=\mathrm{e}^{\mathrm{j}\frac{2\pi}{3}}$。

对于电源较大的系统，$Z_1\approx Z_2$，再忽略各分量电阻，则

$$\dot{U}_{\mathrm{B}}=\left[-\frac{1.5\frac{X_0}{X_1}}{2+\frac{X_0}{X_1}}-\mathrm{j}\frac{\sqrt{3}}{2}\right]\dot{E}_{\mathrm{a1}\Sigma} \tag{7-22}$$

$$\dot{U}_{\mathrm{C}}=\left[-\frac{1.5\frac{X_0}{X_1}}{2+\frac{X_0}{X_1}}+\mathrm{j}\frac{\sqrt{3}}{2}\right]\dot{E}_{\mathrm{a1}\Sigma} \tag{7-23}$$

$\dot{U}_{\mathrm{B}}$、$\dot{U}_{\mathrm{C}}$ 的模值为

$$U_{\mathrm{B}}=U_{\mathrm{C}}=\sqrt{3}\frac{\sqrt{\left(\frac{X_0}{X_1}\right)^2+\frac{X_0}{X_1}+1}}{\frac{X_0}{X_1}+2}E_{\mathrm{a1}\Sigma}=KE_{\mathrm{a1}\Sigma} \tag{7-24}$$

$$K=\sqrt{3}\frac{\sqrt{\left(\frac{X_0}{X_1}\right)^2+\frac{X_0}{X_1}+1}}{\frac{X_0}{X_1}+2} \tag{7-25}$$

系数 K 为接地系数。它表示单相接地故障时健全相的最高对地工频电压有效值与

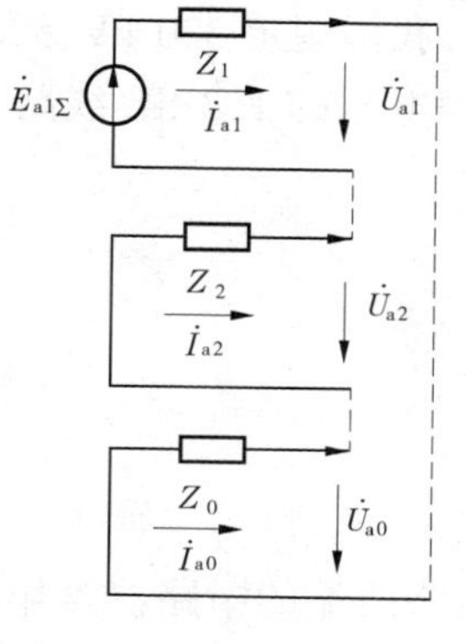

图 7-15　单相接地复合序网

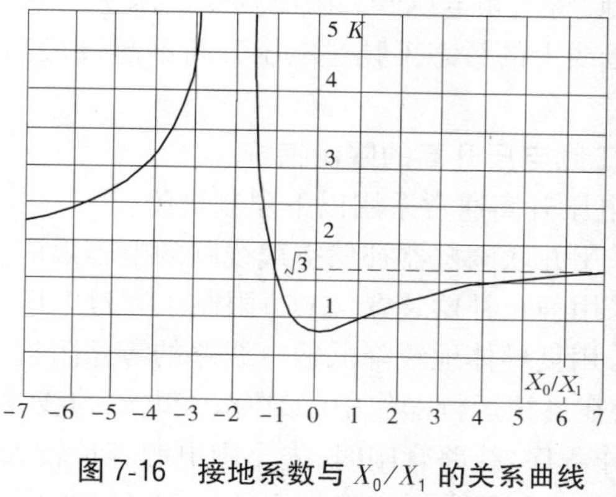

图 7-16　接地系数与 X_0/X_1 的关系曲线

无故障时对地电压有效值之比。依据式(7-25)可画出接地系数与$\frac{X_0}{X_1}$的关系曲线,如图7-16所示。

按电网中性点接地方式不同分析健全相电压升高的程度,可得如下结论:

(1)对中性点不接地的电网,X_0取决于线路的容抗,其值为负。单相接地时,健全相上的工频电压升高约为额定线电压U_e的1.1倍,避雷器的灭弧电压按$110\%U_e$选择,故称为"110%避雷器"。

(2)对中性点经消弧线圈接地的35~60 kV电网,在过补偿状态下运行时,X_0为很大的正值,单相接地时健全相上的工频电压升高接近等于额定线电压U_e,故采用"100%避雷器"。

(3)对中性点有效接地的110~220 kV电网,X_0为不大的正值,$\frac{X_0}{X_1}\leqslant 3$。单相接地时,健全相上的工频电压升高接近等于$0.8U_e$,故采用"80%避雷器"。

(三)甩负荷引起的工频电压升高

当输电线路传输较大容量,断路器因过负荷而突然跳闸甩掉负荷时,会在原动机与发电机内引起一系列机电暂态过程,它是造成工频电压升高的又一原因。

在发电机突然失去部分或全部负荷时,通过激磁绕组的磁通由于磁链守恒而不会突变,与其对应的电源电势维持原来的数值。原先负载的电感电流对发电机主磁通的去磁效应突然消失,而空载线路的电容电流对主磁通起助磁作用,使电源电势反而增大,需要自动电压调节器发挥作用时才逐步下降。从机械过程来看,发电机突然甩掉部分负荷后,因原动机的调速器有一定惯性,在短时间内输入原动机的功率来不及减小,将使发动机转速增大、电源频率上升,不但发电机的电势随转速增大而升高,而且还会加剧线路的电容效应,从而引起较大的电压升高。

在考虑线路的工频电压升高时,如果同时计及空载线路的电容效应、单相接地及突然甩负荷等三种情况,那么工频电压升高可达到相当大的数值。实际运行经验表明:在一般情况下,220 kV及其以下的电网中不需要采取特殊措施来限制工频电压升高 ,但在330 kV、500 kV、750 kV系统中,工频电压升高对确定设备的绝缘水平起着重要作用,应采用适当的措施,将工频电压升高限制到一定水平之内。目前,我国规定330 kV、500 kV、750 kV系统,母线上的暂态工频过电压升高不超过最高工作相电压的1.3倍,线路上的不超过1.4倍。

(四)工频电压升高的限制措施

工频电压升高通常采用以下限制措施:

(1)采用并联电抗器补偿空载线路的电容效应;

(2)采用静止补偿装置(SVC)限制工频过电压;

(3)采用良导体地线降低输电线路的零序阻抗。

此外,在系统运行操作中,如在双端电源的线路中,线路两端的断路器操作必须遵循一定的操作程序:线路合闸时,先合闸电源容量较大的一侧,后合闸电源容量较小的一侧;线路切除时,先切除电源容量较小的一侧,后切除电源容量较大的一侧。这样的操作能减弱电容效应引起的工频过电压。

二、谐振过电压

电力系统中有许多能够存储能量的电感、电容元件，例如电力变压器、互感器、发电机、电抗器等的电感以及杂散电感等，线路导线的对地与相间电容、补偿用的串联和并联电容器组、各种高压设备的等值电容以及杂散电容等。它们的组合可以构成一系列不同自振频率的振荡回路。当系统进行操作或发生故障时，某些振荡回路就有可能与外加电源发生谐振现象，导致系统中某些部分（或设备）上出现过电压，这就是谐振过电压。

谐振是一种周期性或准周期性的运行状态，其特征是某一个或某几个谐波的幅值急剧升高。复杂的电感、电容电路可以有一系列的自振频率，而电源中也往往含有一系列的谐波，因此只要某部分电路的自振频率与电源的谐波频率之一相等（或接近），这部分电路就会出现谐振现象。谐振频率，也即谐振过电压的频率可以是工频 50 Hz，也可以是高于工频的高次频率，也可以是低于工频的分次频率。

在不同电压等级以及不同结构的电力系统中可以产生不同类型的谐振，按其性质可分为以下几类：

（1）线性谐振。线性谐振是电力系统中最简单的谐振形式。线性谐振电路中的参数是常数，不随电压或电流变化，这些电路元件主要是不带铁芯的电感元件（如线路电感和变压器漏感）或励磁特性接近线性的有铁芯电感（如带气隙的消弧线圈），以及系统中的电容元件，如线路对地与相间电容、设备等值电容、补偿电容等。在正弦交流电源作用下，当系统自振频率与电源频率相等或接近时，就发生线性谐振。

在电力系统运行中，可能出现的线性谐振有：空载长线路电容效应引起的谐振，中性点非有效接地系统中不对称接地故障的谐振（系统零序电抗与正序电抗在特定配合下），消弧线圈补偿时（如欠补偿的消弧线圈在遇某些情况时会形成全补偿）的谐振，以及某些传递过电压的谐振。

（2）铁磁谐振（非线性谐振）。铁磁谐振回路是由带铁芯的电感元件（如变压器、电压互感器）和系统的电容元件组成的。因铁芯电感元件的饱和现象，回路的电感参数是非线性的，这种含有非线性电感元件的回路，在满足一定谐振条件时，会产铁磁谐振，而且它具有与线性谐振完全不同的特点和性能，可在电力系统中引发某些严重事故。

（3）参数谐振。电力系统中某些元件的电感会发生周期性的变化，如水轮发电机在正常的同步运行时，直轴同步电抗与交轴同步电抗周期性地变动，或同步发电机在异步运行时，其电抗也会周期性地变动。如果与发电机外电路的容抗满足谐振条件，就有可能在电感参数周期性变化的振荡回路中，激发起谐振现象，称为参数谐振。

谐振是一种稳态现象，因此谐振过电压不仅会在操作或故障时的过渡过程中产生，而且还可能在过渡过程结束以后，较长时间内稳定存在，直到发生新的操作或故障，谐振条件受到破坏为止。所以，一旦出现这种不仅幅值较高而且持续时间又较长的谐振过电压，往往会造成严重后果。运行经验表明，谐振过电压可在各种电压等级的电网中产生，尤其是在 35 kV 及其以下的电网中，由谐振过电压造成的事故较多，已成为一个特别引人关注的问题。因此,必须在设计和操作时事先进行必要的计算与安排,避免形成不利的谐振回路,或者采取一定的附加措施(如装设阻尼电阻等),以防止谐振的产生或降低谐振过电压的幅值及缩短其持续时间。

以下简要介绍电力系统中几种常见的谐振过电压。

(一)铁磁谐振过电压

铁磁谐振仅发生在含有铁芯电感的电路中。铁芯电感的电感值随电压、电流的大小而变化,不是一个常数,所以铁磁谐振又称为非线性谐振。

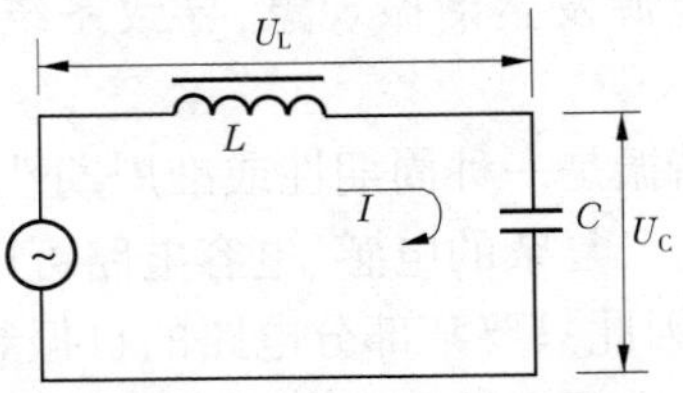

图 7-17　串联铁磁谐振回路

图 7-17 为最简单的 $L—C$ 串联谐振电路。假设在正常运行条件下,其初始状态是感抗大于容抗,即 $\omega L>\dfrac{1}{\omega C}$,此时不具备线性谐振条件。但当铁芯电感两端电压升高时,或电感线圈中出现涌流时,就有可能使铁芯饱和,其感抗随之减小。当降至 $\omega L=\dfrac{1}{\omega C}$,即 $\omega=\omega_0=\dfrac{1}{\sqrt{LC}}$时,满足串联谐振条件而发生谐振,且在电感和电容两端形成过电压,这种现象称为铁磁谐振现象。

因为谐振回路中电感不是常数,故回路没有固定的自振频率(ω_0 为非定值)。当谐振频率 f_0 为工频(50 Hz)时,回路的谐振称为基波谐振;当谐振频率为工频的整数倍(如 3 倍、5 倍等)时,回路的谐振称为高次谐波谐振。同样,回路中也可能出现谐振频率为分次(如$\dfrac{1}{3}$次、$\dfrac{1}{5}$次等)的谐振,称为分次谐波谐振。因此,具有各种谐波谐振的可能性是铁磁谐振的重要特点,此特点是线性谐振所没有的。

为了探讨这种铁磁谐振过电压产生的基本物理过程,我们以基波谐振为例进行分析。

图 7-18 画出了铁芯电感和电容上的电压随电流变化的曲线 U_L、U_C,电压和电流都用有效值表示。显然 $U_C(=\dfrac{I}{\omega C})$线应是一条直线。对于铁芯电感,在铁芯尚未饱和前,基本上也是一直线(见图中 U_L 的起始部分),它具有未饱和的电感值 L_0。当铁芯饱和以后,电

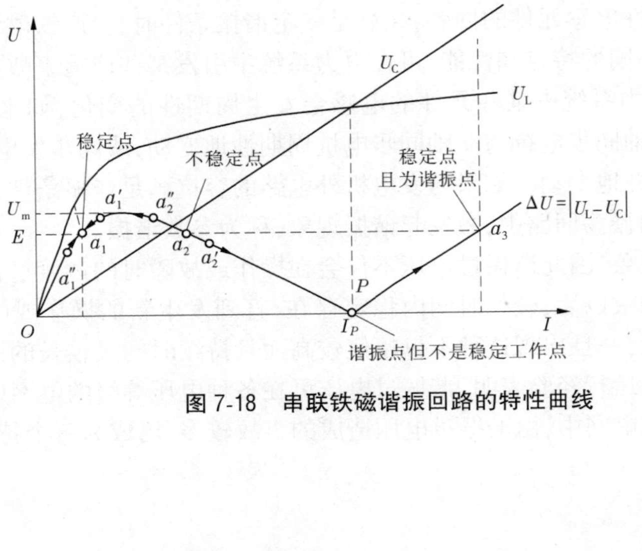

图 7-18　串联铁磁谐振回路的特性曲线

感值减小，U_L 线不再是直线。前面已介绍过，在正常运行条件下，铁芯电感的感抗要大于容抗，才有可能在铁芯饱和之后，由于电感值的下降而出现感抗等于容抗的谐振条件，即未饱和时电感值 L_0 应满足 $\omega L_0>\frac{1}{\omega C}$，这是产生铁磁谐振的必要条件但不是充分条件。只有满足上述条件，特性曲线才有可能相交。从物理意义上可理解为：当满足以上条件，电感未饱和时，电路的自振频率低于电源频率。而随着铁芯的饱和，铁芯线圈中电流增加，电感值下降，使得在某一电流值（或电压）下，回路的自振频率正好等于或接近电源频率（见曲线 U_L、U_C 的交点）。

若忽略回路中电阻，则回路中 L 和 C 上的压降之和应与电源电势相平衡，即

$$\dot{E}=\dot{U}_L+\dot{U}_C$$

由于 U_L 与 U_C 的相位相反，故此平衡方程变为 $E=\Delta U=|U_L-U_C|$。在图 7-18 中也画出了 ΔU 曲线。从图 7-18 中看到 ΔU 曲线与 E 线（虚线）在三处相交，这三点（a_1,a_2,a_3）都满足电压平衡条件 $E=\Delta U$，称为平衡点。通常平衡点满足电压的平衡条件，但不一定满足稳定条件，而不满足稳定条件的点就不能成为实际的正常工作点。通常可用小扰动法来考察某平衡点是否稳定。即假定有个小扰动使回路状态离开平衡点，然后分析回路状态能否回到原来的平衡点状态，若能回到平衡点，则说明该平衡点是稳定的，能成为回路的实际工作点。否则，若小扰动以后，回路状态越来越偏离平衡点，则该平衡点是不稳定的，不能成为回路的实际工作点。根据这个原则，我们可判断平衡点哪个是稳定的，哪个是不稳定的。

对 a_1 点来说，若回路中的电流由于某种扰动而有微小的增加，ΔU 沿曲线偏离 a_1 点到 a'_1，此时 $E<\Delta U$，即外加电势小于总压降，使电流减小，从而从 a'_1 又回到 a_1；相反，若扰动使电流有微小的下降，ΔU 沿曲线偏离 a_1 点到 a''_1 点，此时 $E>\Delta U$，即外加电势大于总压降，使得电流增大，从而从 a''_1 又回到 a_1 点。根据以上判断，可见 a_1 点是稳定的。用同样的方法可以判断 a_3 点也是稳定的。对于 a_2 点来说，若回路中的电流由于某种扰动而有微小的增加，从 a_2 点偏离至 a'_2 点，此时外加电势 $E>\Delta U$，这使得回路电流继续增加，直至达到新的平衡点 a_3；反之，若扰动使电流稍有减小，ΔU 沿曲线从 a_2 点偏离至 a''_2 点，此时外加电势 E 不能维持总压降 ΔU，这使回路电流继续减小，直至达到稳定的平衡点 a_1。可见，平衡点 a_2 不能经受任何微小的扰动，是不稳定的。

由此可见，在一定外加电势 E 的作用下，铁磁谐振回路稳定时可能有两个稳定工作状态，即 a_1 点与 a_3 点。在 a_1 点处于非谐振工作状态时，$U_L>U_C$，整个回路呈电感性，回路中电流很小，电感上与电容上的电压都不太高，不会产生过电压，回路处于非谐振工作状态。在 a_3 点处于谐振工作状态时，$U_L<U_C$，整个回路呈电容性，此时，不仅回路电流较大，而且在电感、电容上都会产生较大的过电压（图中 U_L、U_C 都大大超过 E）。串联铁磁谐振现象，也可从电源电势 E 增加时回路工作点的变化中看出，如图 7-19 所示。

当电势由零逐渐增加时，回路的工作点将由 O 点逐渐上升到 m 点，然后跃变到 n 点，同时回路电流将由感性突然变成容性，这种回路电流相位发生突然变化的现象，称为相位反倾现象。在跃变过程中，回路电流激增，电感和电容上的电压也大幅度地提高，这就是铁磁谐振的基本现象。从图 7-18 可以看到，当电势 E 较小时，回路可能存在两个工作点 a_1、a_3，而当 E 超过一定值以后，只可能存在一个工作点（图 7-18 中 a_3 点右移）。当存在

两个工作点时，若电源电势没有扰动，则只能处在非谐振 a_1 点上。为了建立起稳定的谐振（工作于 a_3 点），回路必须经过强烈的过渡过程，如电源的突然合闸等。这时到底工作在非谐振工作点还是谐振工作点取决于过渡过程的激烈程度。这种需要经过过渡过程来建立谐振的现象，称为铁磁谐振的激发。但是谐振一旦激发（经过渡过程之后工作于 a_3），则谐振状态可能自保持（因为 a_3 点属于稳定工作点），维持很长时间而不衰减。

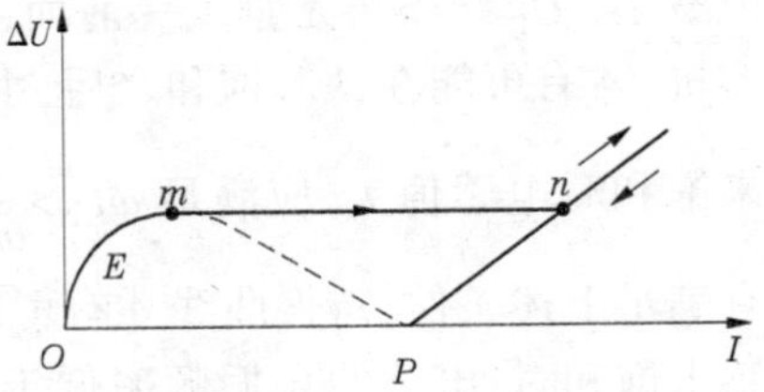

图 7-19 铁磁谐振中的跃变现象

我们再分析图 7-18 中的 P 点，在该点 $U_L=U_C$，这时回路发生串联谐振（回路的自振角频率等于电源角频率），但 P 点不是平衡点，故不能成为工作点。由于铁芯的饱和，随着振荡的发展，在外界电势作用下，回路将偏离 P 点，最终稳定于 a_3 或 a_1 点。而在 a_3 工作点时出现铁磁谐振过电压，正因如此，我们将 a_3 点而不是 P 点称为谐振点。

综上所述，可以归纳铁磁谐振的几个主要特点：

（1）发生铁磁谐振的必要条件是谐振回路中 $\omega L_0>\frac{1}{\omega C}$，$L_0$ 为正常运行条件下，即非饱和状态下回路中铁芯电感的电感值。这样，对于一定的 L_0 值，在很大的 C 值范围内（$C>\frac{1}{\omega^2 L_0}$）都可能产生铁磁谐振。

（2）对于满足必要条件的铁磁谐振回路，在相同的电源电势作用下，回路可能有不只一种稳定工作状态（如就基波而言，就有非谐振状态和谐振状态两种稳定工作状态）。回路究竟是处于谐振工作状态还是处于非谐振工作状态，要看外界激发引起过渡过程的情况。在这种激发过程中，伴随电路由感性突变成容性的相位反倾现象，且一旦处于谐振状态下，将产生过电流与过电压，谐振也能继续保持。

（3）铁磁谐振是由电路中铁磁元件铁芯饱和引起的。但铁芯的饱和现象也限制了过电压的幅值。此外，回路损耗（如有功负荷或电阻损耗）也使谐振过电压受到阻尼和抑制。当回路电阻大到一定数值时，就不会产生强烈的铁磁谐振过电压。这就说明了电力系统中的铁磁谐振过电压往往发生在变压器处于空载或轻载的原因。

以上就基波铁磁谐振过程进行了分析。实际运行和试验分析表明，在铁芯电感的振荡回路中，如满足一定的条件，还可能出现持续性的高次谐波铁磁谐振与分次谐波铁磁谐振，在某些特殊情况下，还会同时出现两个以上频率的铁磁谐振。

电力系统中的铁磁谐振过电压常发生在系统非全相运行状态中，其中电感可以是空载变压器或轻载变压器的激磁电感、消弧线圈的电感、电磁式电压互感器的电感等；电容则是导线的对地电容、相间电容，以及电感线圈对地的杂散电容等。为了使电网安全可靠供电，必须采取有效措施防止铁磁谐振的发生。为了防止铁磁谐振的产生，应从改变供电系统电气参数着手，破坏回路中发生铁磁谐振的参数匹配。这样既可防止电压互感器发生磁饱和，又可预防电压互感器铁磁谐振过电压的产生。主要办法是：

（1）装设继电保护设备。当电网发生单相接地故障时，为改变电压互感器的谐振参数，可通过装设一套继电保护设备来实现。该装置利用单相接地时所产生的较大谐振电流，启动电流继电器投入，将电压互感器二次侧开口三角处绕组短接，当故障排除后，保护装置恢复原状，电压互感器恢复正常运行。

（2）选用不易饱和的三相五柱式电压互感器或减少电压互感器台数。

（3）在电压互感器开口三角形侧并联阻尼电阻。当电网运行正常时，电压互感器二次侧开口三角处绕组两端没有电压，或仅有极小的不对称电压。当电网发生单相接地故障时，由于此电阻阻值较小，故绕组两端近似于短接，起到了改变电压互感器参数的作用。这一措施不仅能防止电压互感器发生磁饱和，而且能有效地消耗谐振能量，防止产生谐振过电压。

（4）在电压互感器一次侧中性点与地之间串接消谐电阻 R_0。此电阻可用以削弱或消除引起系统谐振的高次谐波。

（5）装设消谐装置。可在电压互感器的开口三角绕组处直接装设消谐装置，当发生谐振，电压在整定的周波下达到动作值时，装置的鉴频系统自动投入"消谐电阻"吸收谐振能量，消除铁磁谐振。消谐装置动作较可靠，还可以记录故障时的电压、振荡频率等参数，利于事故分析，现采用此方法较多。

（6）每相对地加装电容器。此法可使网络等值电容变小，网络等值电抗不能与之匹配，从而消除谐振。

（7）在特殊情况下，可以将系统中性点临时经电阻接地或直接接地或投入消弧线圈，也可以按事先规定投入某些备用线路或设备而改变电路参数，消除谐振过电压。

（二）传递过电压

传递过电压发生在中性点绝缘或经消弧线圈接地的电网中。在正常运行条件下，此类电网的中性点位移电压很小（当三相平衡运行时，中性点位移电压为零）。但是，当电网中发生不对称接地故障、断路器非全相或不同期操作时，中性点位移电压将显著增大，通过静电耦合和电磁耦合，在变压器的不同绕组之间或者相邻的输电线路之间会发生电压的传递现象，若此时在不利的参数配合下使耦合回路处于线性串联谐振或铁磁谐振状态，那就会出现线性谐振过电压或铁磁谐振过电压，这就是传递过电压。

下面就发电机-升压变压器组接线分析这种传递过电压的产生过程，如图 7-20 所示。

图 7-20（a）为发电机-升压变压器组的接线图。变压器高压侧相电压为 U_x，中性点经消弧线圈接地（或中性点绝缘），C_{12} 为变压器高、低压绕组间的耦合电容，C_0 为低压侧每相对地电容，L 为低压侧对地等值电感（包括消弧线圈电感与电压互感器励磁电感）。当发生前面所述不对称接地等故障时，将出现较高的高压侧中性点位移电压 $\dot{U}_0$，$\dot{U}_0$ 即零序电压（单相接地时 $\dot{U}_0$ 达相电压 U_x）。电压 $\dot{U}_0$ 将通过静电与电磁的耦合传递至低压侧。考虑主要通过耦合电容 C_{12} 的静电耦合时，等值电路如图 7-20（b）所示，传递至低压侧的电压为 $\dot{U}'_0$。通常低压侧消弧线圈采取过补偿运行，所以 L 与 $3C_0$ 并联后呈感性，即并联后阻抗 $\dfrac{1}{\dfrac{1}{\omega L}-3\omega C_0}$ 为感性阻抗。在特定情况下，当 $\dfrac{1}{\dfrac{1}{\omega L}-3\omega C_0}=\dfrac{1}{\omega C_{12}}$ 时，将发生串联谐振，U'_0 达到很高的数值，出现了传递过电压。当出现这种传递过电压时，伴随消弧线圈、

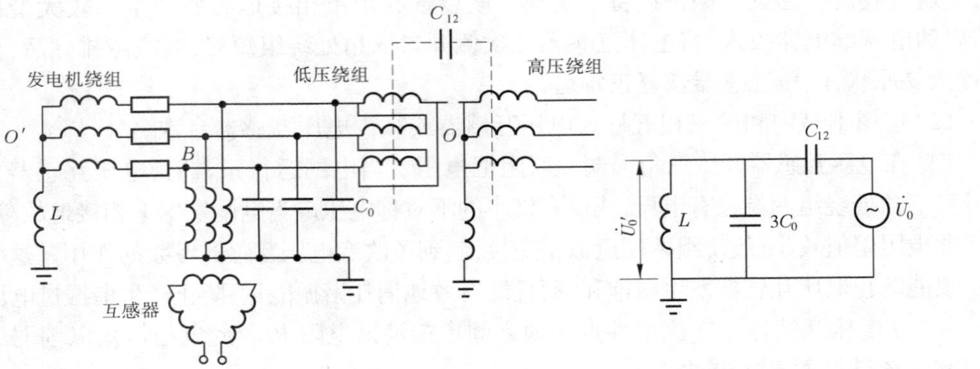

(a)接线图　　(b)等值电路

图 7-20　发电机-升压变压器组的接线图与等值电路

电压互感器等的铁芯饱和,可表现为铁磁谐振,否则为线性谐振。

防止传递过电压的办法:首先是尽量避免出现中性点位移电压,如尽量使断路器三相同期动作,不出现非全相操作等措施;其次是适当选择低压侧消弧线圈的脱谐度,避开串联谐振条件。

(三)断线引起的谐振过电压

电力系统中发生基波铁磁谐振比较典型的另一类情况是断线过电压。所谓断线过电压,泛指由于线路故障断线、断路器的不同期切合和熔断器的不同期熔断引起的铁磁谐振过电压。只要电源侧和受电侧中任意一侧中性点不接地,在断线时都可能出现谐振过电压,导致避雷器爆炸,负载变压器相序反倾和电气设备绝缘闪络等现象。对于断线过电压,常是在三相对称电源供给不对称三相负载的情况下产生的。下面以中性点不接地系统线路末端接有空载(或轻载)变压器,变压器中性点不接地,其中一相(如 A 相)导线断线为例,分析断线过电压的产生过程。

如图 7-21 所示,忽略电源内阻抗及线路阻抗(相比于线路容抗来讲,其数值很小),L_T 为空载(或轻载)变压器每相励磁电感,C_0 为每相导线对地电容,C_{12} 为导线相间电容,l 为线路长度,变压器接在线路末端。若在离电源 xl(比例系数 $x<1$)处发生一相导线(如 A 相)断线,断线处两侧 A 相导线的对地电容分别为 $C_0'=xC_0$ 和 $C_0''=(1-x)C_0$。断线处变压器侧 A 相导线的相间电容为 $C_{12}''=(1-x)C_{12}$。设线路的正序电容与零序电容的比值为

$$\delta=\frac{C_0+3C_{12}}{C_0}$$

一般 $\delta=1.5\sim2.0$,由上式得

$$C_{12}=\frac{1}{3}(\delta-1)C_0$$

由于电源三相对称,A 相断线而 B、C 相在电路上也对称,图 7-21(a)可进一步简化为如图 7-21(b)所示的单相电路。对此等值电路还可依据戴维南定理再进一步简化为如图 7-21(c)所示的串联谐振电路。在此电路中,等值电势 $\dot{E}$ 就是图 7-21(b)中 m、n 两点间的开路电压,等值电容 C 为图 7-21(b)中 m、n 两点间的入口电容。

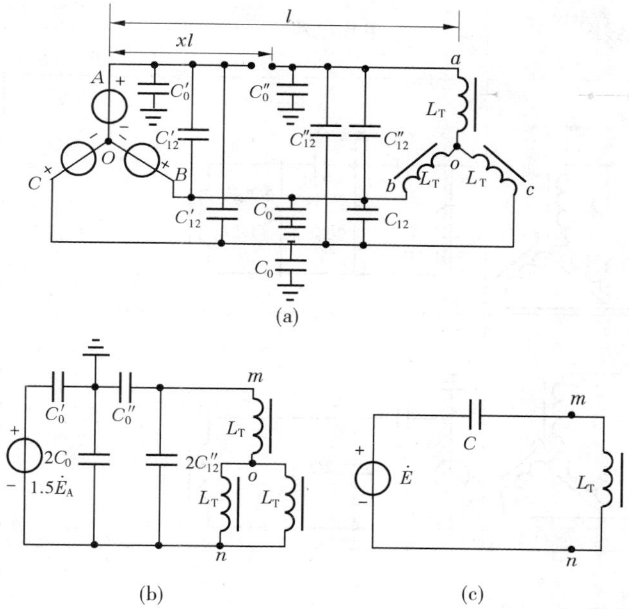

图 7-21　中性点绝缘系统一相断线时的电路

通过计算可求得

$$C = \frac{C_0}{3}(x + 2\delta)(1 - x)$$

$$\dot{E} = 1.5\dot{E}_A \frac{1}{1 + \frac{2\delta}{x}}$$

随着断线(非全相运行)具体情况的不同,相应的等值单相接线图和等值串联谐振回路也不同。表 7-6 列出了几种有代表性的断线故障的电路以及简化后的等值电势 E 和等值电容 C 的表达式。

从表 7-6 中可以看到,在第三种情况即中性点不接地系统中,单相断线且负载侧导线接地时,等值电容 C 的数值较大,尤其在 $x=1$,即当断线故障发生在负载侧时,电容 C 最大达 $C=3C_0$,因此不发生由于断线引起的基波铁磁谐振过电压的条件为 $3\omega C_0 \leqslant \frac{1}{1.5\omega L_0}$,$L_0$ 为变压器不饱和时的励磁电感。

若变压器的励磁阻抗 $X_m=\omega L_0$,则在上述情况下不发生由断线引起的基波铁磁谐振过电压的条件可改写为

$$C_0 \leqslant \frac{1}{4.5\omega X_m}$$

式中,X_m 可根据变压器的额定电压 U_N(kV)、额定容量 P_N(kVA)、空载电流 I_0(kA)求得。

由此 C_0 值可进一步算出不发生基波铁磁谐振的线路长度。

表 7-6　断线故障电路及其等值电路和其参数

序号	断线系统接线图	单相电路	串联等值电路参数	
			E	C
1	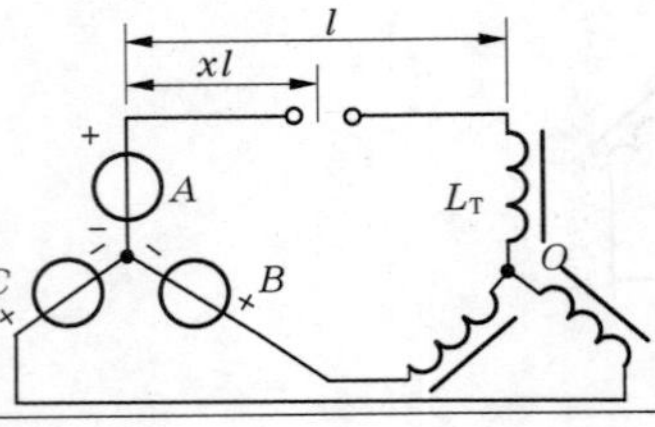	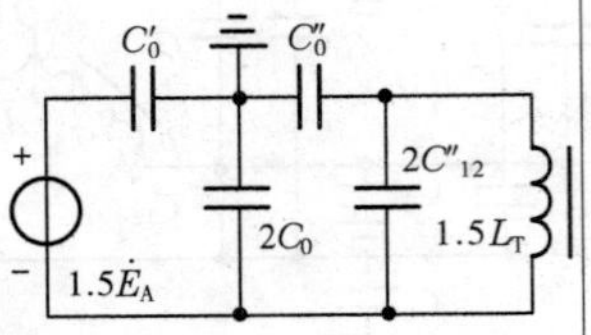	$\frac{1.5\dot{E}_A}{1+\frac{2\delta}{x}}$	$\frac{(1-x)(2\delta+x)}{3}C_4$
2	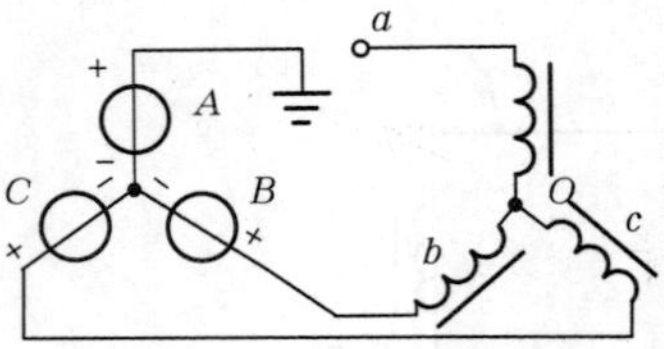	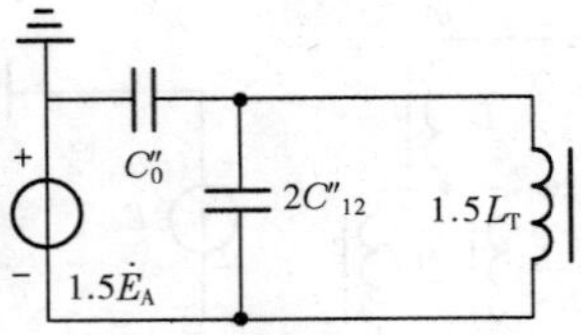	$\frac{4.5\dot{E}_A}{1+2\delta}$	$\frac{(1-x)(1+2\delta)}{3}C_4$
3	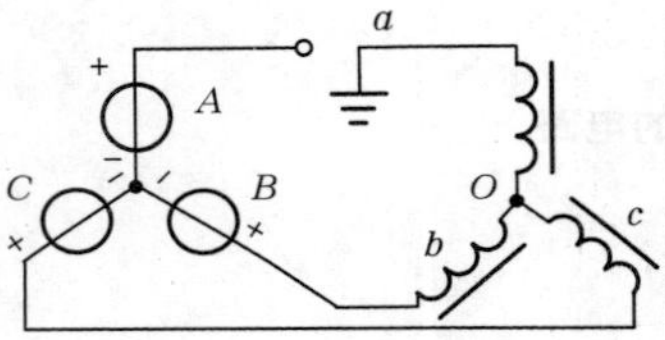	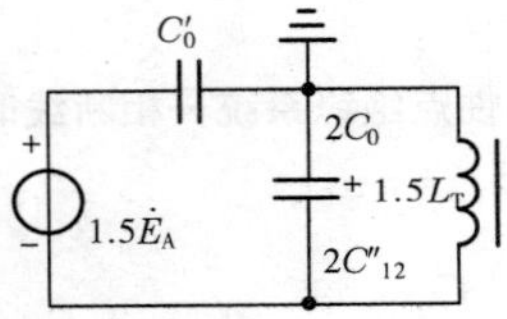	$\frac{4.5\dot{E}_A}{4+5x+2\delta(1-x)}$	$\frac{4+5x+2\delta(1-x)}{3}C_0$
4	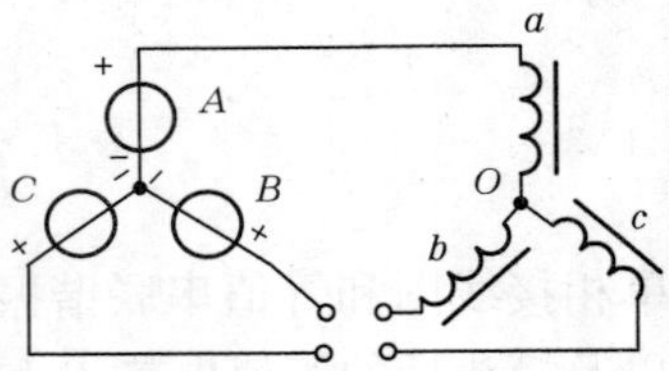	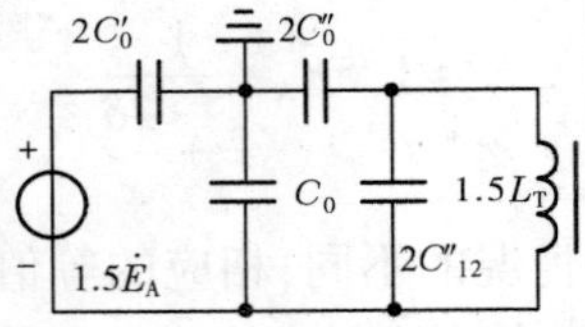	$\frac{1.5\dot{E}_A}{1+\frac{\delta}{2x}}$	$\frac{2(1-x)(\delta+2x)}{3}C_0$
5	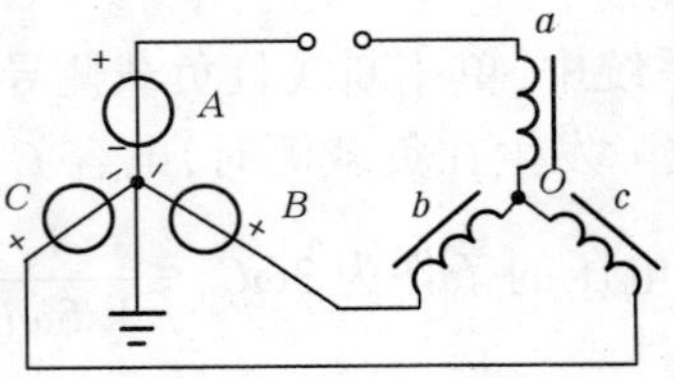	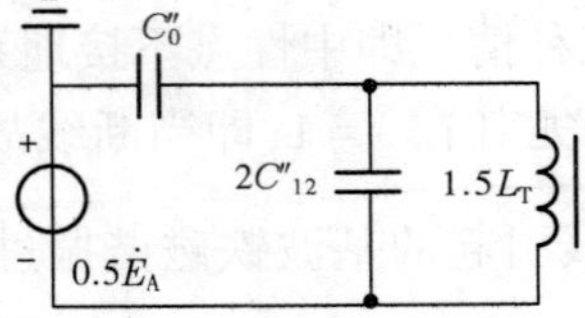	$\frac{1.5\dot{E}_A}{1+2\delta}$	$\frac{(1-x)(1+2\delta)}{3}C_4$
6	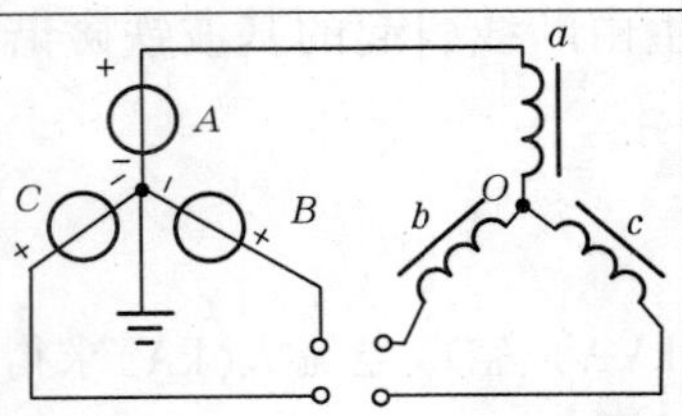	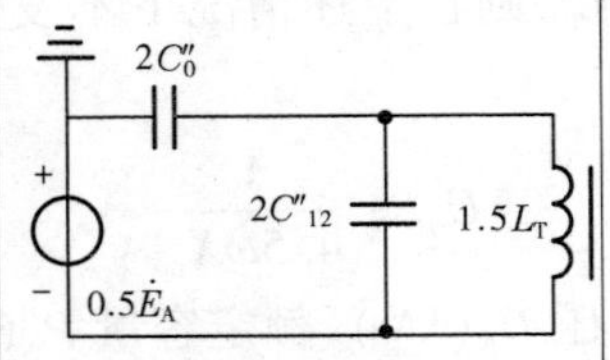	$\frac{1.5\dot{E}_A}{1+\frac{\delta}{2}}$	$\frac{2(1-x)(2+\delta)}{3}C_0$

为限制断线过电压可采取以下措施：

(1)保证断路器的三相同期动作，避免发生拒动，不采用熔断器。

(2)加强线路的巡视和检修，预防发生断线。

(3)若断路器操作后有异常现象，可立即复原，并进行检查。

(4)在中性点接地电网中，操作中性点不接地的负载变压器时，应将变压器中性点临时接地。此时，负载变压器未合闸相的电位被三角形连接的低压绕组感应出来的恒定电压所固定，不会谐振。

(四)电磁式电压互感器过饱和引起的谐振过电压

在中性点不接地系统中，为了监视三相对地电压，在发电厂、变电所母线上常接有 Y_0 接线的电磁式电压互感器，如图 7-22 所示。L 为电压互感器各相的励磁电感，C_0 为各相导线对地电容。正常运行时，电压互感器的励磁阻抗是很大的，所以每相对地阻抗(L 和 C_0 并联后)是容性，三相基本平衡，电网中性点 O 的位移电压很小。但当系统中出现某些扰动，使电压互感器各相电感的饱和程度不同时，就可能出现较高的中性点位移电压，可能激发起谐振过电压。

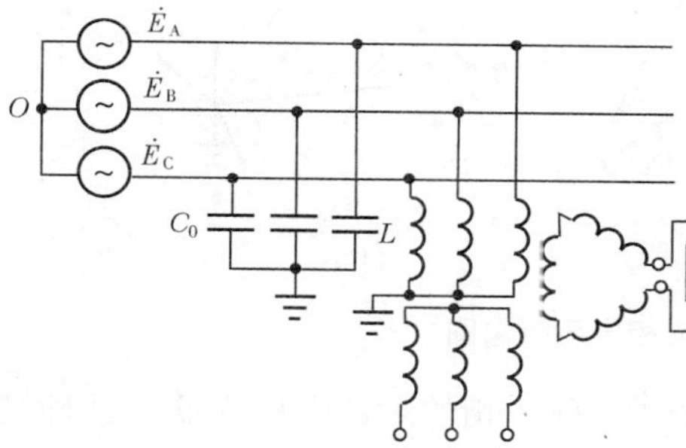

(a)原理接线

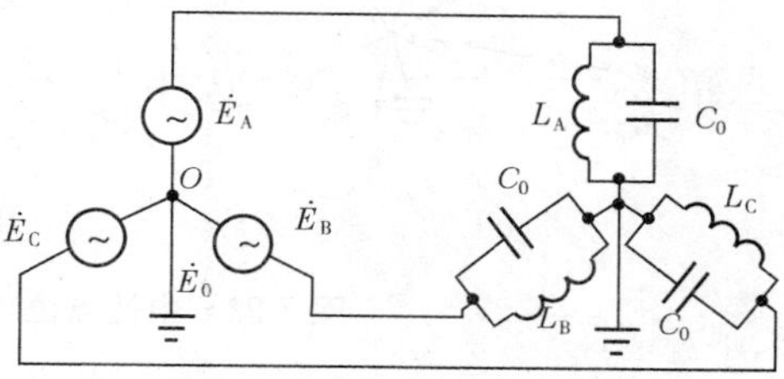

(b)等值电路

图 7-22　中性点绝缘系统带有 Y_0 接线的电压互感器的三相电路

常见的使电压互感器产生严重饱和的各种扰动有：电压互感器的突然合闸，使得某一相或两相绕组出现较大的励磁涌流；由雷击或其他原因使线路发生瞬时单相弧光接地，使健全相上电压突然升高到线电压，而故障相在接地消失时又可能出现电压的突然上升，在这些暂态过程中会有很大的涌流；传递过电压，例如高压绕组侧发生单相接地或不同期合闸，低压侧有传递过电压使电压互感器铁芯饱和。

既然过电压是由零序电压(中性点位移电压)引起的，那么网络零序参数的不同，外界激发条件的不同，使这种谐振过电压可以是基波谐振过电压，也可以是高次谐波或分次谐波谐振过电压。下面分析基波谐振过电压的产生过程。

对于如图 7-22(b)所示的等值电路，电压互感器各相激磁电感为 L_A、L_B、L_C。各相线及母线的对地电容为 C_0，并联后的导纳分别为 Y_1、Y_2、Y_3 中性点的位移电压为

$$E_0=\frac{\dot{E}_A Y_1+\dot{E}_B Y_2+\dot{E}_C Y_3}{Y_1+Y_2+Y_3}$$

正常运行时 $Y_1=Y_2=Y_3=Y$，所以

$$\dot{E}_0 = \frac{(\dot{E}_A + \dot{E}_B + \dot{E}_C)Y}{3Y} = 0$$

各相对地导纳呈容性(电压互感器励磁电感与 C_0 并联值),也即流过 C_0 的电容电流大于流过 L 的电感电流。

由于扰动的结果使电压互感器上某些相的对地电压瞬时升高,假定 B 相和 C 相的对地电压瞬时升高,由于电感的饱和使 L_2 和 L_3 减小,流过 L_2 和 L_3 的电感电流增大,这样就有可能使得 B 相和 C 相的对地导纳变成电感性,即 Y_2、Y_3 为感性导纳,而 Y_1 为容性导纳,容性导纳与感性导纳的抵消作用使 $Y_1+Y_2+Y_3$ 显著减小,导纳中性点位移电压大大增加。如参数配合不当使 $Y_1+Y_2+Y_3=0$,则发生串联谐振,使中性点位移电压急剧上升。中性点位移电压升高后,三相导线的对地电压等于各相电源电势与中性点位移电压的相量和,如图 7-23 所示。

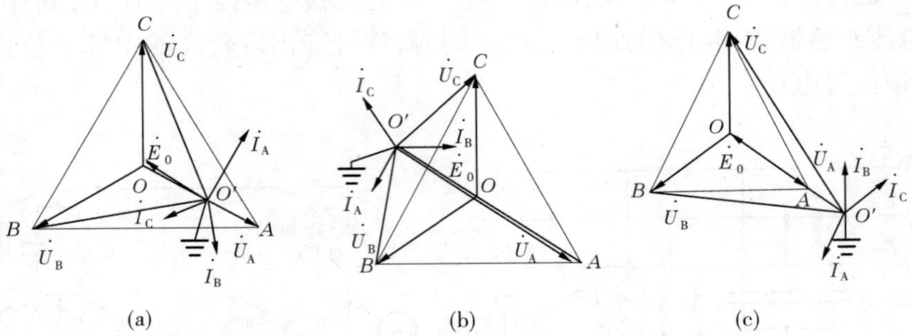

图 7-23 中性点位移时三相电压相量图

相量叠加的结果使 B 相和 C 相的对地电压升高,而 A 相的对地电压降低。这种结果与系统出现单相接地(如 A 相接地)时出现的结果是相仿的,但实际上并不存在单相接地,所以此时所出现的这种现象称为虚幻接地现象。显然,中性点位移电压愈高,对地的过电压也愈高。

我国长期以来的试验研究和实测结果表明,由电磁式电压互感器饱和所引起的基波和高次谐波谐振过电压很少超过 3*p. u.*,因此除非存在弱绝缘设备,一般是不危险的。但其经常引起电压互感器喷油冒烟、高压熔断器熔断等异常现象,以及引起接地指示的误动作(虚幻接地)。对于分次谐波过电压来说,由于受到电压互感器铁芯严重饱和的限制,过电压一般不超过 2*p. u.*,但励磁电流急剧增加,引起高压熔断器的频繁熔断,甚至造成电压互感器的烧毁。

习 题

一、填空题

1. 在中性点非直接接地系统中,主要的操作过电压是______。对于 220 kV 及其以下系统,通常设备的绝缘结构设计允许承受可能出现的______倍的操作过电压。

2. 三相断路器合闸时总存在一定程度的不同期，而这将加大过电压幅值，因而在超高压系统中多采用______。

3. 要想避免切除空载线路过电压，最根本的措施就是要______。

4. 目前切除空载变压器过电压的主要限制措施是采用______。

5. 设变压器的激磁电感和对地杂散电容为 100 mH 和 1 000 pF，则当切除该空载变压器时，假设在电压为 100 kV、电流为 10 A 时切断，则变压器上可能承受的最高电压为______。

二、选择题

1. 空载线路合闸的时候，可能产生的最大过电压为______。

A. $1.5E_m$　B. $2E_m$　C. $3E_m$　D. $4E_m$

2. 在 110~220 kV 系统中，为绝缘配合许可的相对地操作过电压的倍数为______。

A. 4.0 倍　B. 3.5 倍　C. 3.0 倍　D. 2.75 倍

3. 空载线路合闸过电压的影响因素有______。

A. 合闸相位　B. 线路损耗　C. 线路上残压的变化　D. 单相自动重合闸

4. 以下属于操作过电压的是______。

A. 工频电压升高　B. 电弧接地过电压

C. 变电所侵入波过电压　D. 铁磁谐振过电压

三、计算问答题

1. 简述电力系统中操作过电压的种类及其产生过程。

2. 试说明电力系统中限制操作过电压的措施。

3. 为什么在断路器的主触头上并联电阻有利于限制切除空载长线时的过电压？

4. 比较内部过电压与大气过电压的不同点。内部过电压可分成哪几大类？

5. 试述电力系统产生短时过电压的原因及其主要限制措施。

6. 为什么在超高压电网中很重视工频电压升高？引起工频电压升高的主要原因有哪些？

7. 切除空载线路和切除空载变压器时为什么能产生过电压？断路器中电弧的重燃对这两种过电压有什么影响？

8. 断路器的并联电阻为什么可以限制空载线路分、合闸过电压？它们对并联电阻值的要求是否一致？

9. 利用避雷器限制操作过电压时，对避雷器有什么特殊要求？为什么普通避雷器只能用来限制切除空载变压器过电压？

10. 在分析电弧接地过电压过程中，若电弧不是在工频电流过零时刻熄灭，而是在高频电流过零时刻熄灭，过电压发展的过程如何？

11. 运行经验证明，如电网装有补偿功率因数的电容器（它们是接成三角形的，即接于线间），则电弧接地过电压大大降低，这是为什么呢？试加以分析。

第八章 电力系统绝缘配合

电力系统的绝缘包括输电线路的绝缘和发电厂、变电站中电气设备的绝缘，它们在运行过程中除要承受长期最大工作电压的作用外，还要承受雷击过电压和各种内部过电压的作用。各种绝缘结构的绝缘水平和作用于绝缘上的各种过电压是矛盾的两个方面，如果在某一额定电压下所选择的绝缘水平太低，则会使绝缘闪络或击穿的概率增大、电力系统运行的可靠性降低；如果所选择的绝缘水平太高，则会使投资大大增加，造成不必要的浪费。因此，电力系统绝缘配合的根本任务就是正确处理过电压和绝缘这一对矛盾，以达到优质、安全、经济供电的目的。

就绝缘配合计算费用时，应该全面考虑投资费用、运行维护费用和事故损失等三个方面，以求优化总的经济指标；而绝缘配合的核心问题则是确定各种电气设备的绝缘水平，它是绝缘设计的首要前提，往往用各种耐压试验所用的试验电压值来表示。

电力系统中需要进行绝缘配合的例子很多，主要有：①架空线路与变电所之间的绝缘配合；②同杆架设的双回线路之间的绝缘配合；③电气设备内绝缘与外绝缘之间的绝缘配合；④各种外绝缘之间的绝缘配合；⑤各种保护装置之间的绝缘配合；⑥被保护绝缘与保护装置之间的绝缘配合。本章着重介绍绝缘配合的原则和方法。

第一节 绝缘配合的基本概念

所谓绝缘配合，就是综合考虑电气设备在系统中可能承受的各种作用电压（工作电压及过电压）、保护装置的特性和设备绝缘对各种作用电压的耐压特性，合理地确定设备必要的绝缘水平，使设备造价、维护费用和设备绝缘故障引起的事故损失达到在经济上和安全运行上总体效益最高。这就是说，在技术上要处理好各种作用电压、限压措施以及设备绝缘耐压能力三者之间的互相配合关系，在经济上要协调投资费、维护费及事故损失费三者的关系。这样，既不因绝缘水平取得太高，使设备尺寸过大及造价昂贵，造成不必要的浪费，也不会由于绝缘水平取得太低，使设备在运行中的事故率增高，导致停电损失和维护费用增大，最终造成经济上的浪费。

绝缘配合的最终目的就是确定电气设备的绝缘水平。所谓电气设备的绝缘水平，是用设备绝缘可以承受（不发生闪络、放电或其他损坏）的试验电压值来表示的。对应于设备绝缘可能承受的各种作用电压，在进行绝缘试验时，有以下几种试验类型：①短时（1 min）工频试验；②长时间（1~2 h）工频试验；③操作冲击试验；④雷电冲击试验。其中，短时工频试验用来检验设备在工频运行电压和暂时过电压下的绝缘性能，若内绝缘的老化和外绝缘的污秽对工频运行电压及暂时过电压下的性能有影响，需做长时间工频试验。至于其他两种冲击试验则分别用来检验设备绝缘耐受冲击电压的性能。

在上述绝缘配合总体原则确定的情况下，对具体的电力系统如何选取合适的绝缘水平，还要按照不同的电压等级、不同的系统结构、不同的地区以及电力系统不同的发展阶段来进行具体的分析。

(1)对不同电压等级的系统，绝缘配合的具体原则是不同的。

由于220 kV(其最大工作电压为252 kV)及其以下的高压系统和330 kV及其以上的高压系统在过电压保护措施、最大工作电压倍数、绝缘裕度取值等方面都存在差异，绝缘配合的方法不尽相同，故将电压等级分为以下两个范围：

范围Ⅰ：$3.5\ \text{kV} \leqslant U_m \leqslant 252\ \text{kV}$

范围Ⅱ：$U_m > 252\ \text{kV}$

对于范围Ⅰ的系统，一般以雷电过电压决定设备的绝缘水平，即以避雷器的保护水平为基础确定设备的绝缘水平，并保证输电线路具有一定的耐雷水平。由于这样决定的绝缘水平在正常情况下能耐受内部过电压的作用，因此一般不采用专门限制内部过电压的措施。

随着电压等级的提高，操作过电压的幅值将随之升高，所以在范围Ⅱ的超高压电力系统的绝缘配合中，操作过电压逐渐起控制作用。因此，超高压系统中一般都采用专门的限制内部过电压的措施，如并联电抗器、带有并联电阻的断路器及金属氧化物避雷器等。由于对限压措施的要求不同，绝缘配合的做法也不同。我国主要通过改进断路器的性能，将操作过电压限制到规定的水平，同时以避雷器作为操作过电压的后备保护。这样，设备的绝缘水平实际上是以雷电过电压下避雷器的保护特性为基础确定的。

(2)在技术上要力求做到作用电压与绝缘强度的全伏秒特性配合。为此，要求具有一定伏秒特性和伏安特性的避雷器能将电压限制在设备绝缘耐受强度以下，这个要求是通过避雷器与设备绝缘强度的全伏秒特性配合来实现的。

图8-1为典型的超高压避雷器与变压器全伏秒特性配合示意图。由于做绝缘试验时，只能以某几种波形的电压进行测试。因此，所谓全伏秒特性配合，实际上是在伏秒特性曲线上的某几点上进行协调。应当强调的是：①在最大长期工作电压、暂时过电压、雷电过电压和操作过电压的绝缘配合中，还应考虑陡波作用对避雷器的雷电冲击保护水平的影响；②在估计设备上的作用电压时，应考虑到避雷器的作用和特性，以及避雷器特性的不断改善，通常的做法是：以避雷器的保护水平为基础，取一定的裕度；③对于可能持续时间较长的暂时过电压，应该考虑暂时过电压的大小和持续时间与变压器等设备绝缘的允许过电压和时间的关系，使避雷器在这种暂时过电压下能够正常运行，且有适当的裕度；④在绝缘配合中不考虑谐振过电压，在系统设计及运行操作中应避免这种过电压的产生。

(3)为兼顾设备造价、运行费用和停电损失三者的综合经济效益，绝缘配合的原则因不同的系统结构、不同的地区以及不同的发展阶段而有所不同。

比如不同的系统，因结构不同，过电压水平不同，且同一系统中不同地点的过电压水平也不同，同类事故发生的地点不同，造成的损失也是不同的。在系统发展的初期，往往用单回路长距离线路送电，系统联系薄弱，一旦发生故障，经济损失较大。到了发展的中期或者后期，系统联系加强，而且设备制造水平提高，保护性能改善，设备损坏概率减小，并且即使单个设备损坏，所造成的经济损失也不相对下降。因此，从经济方面考虑，对同

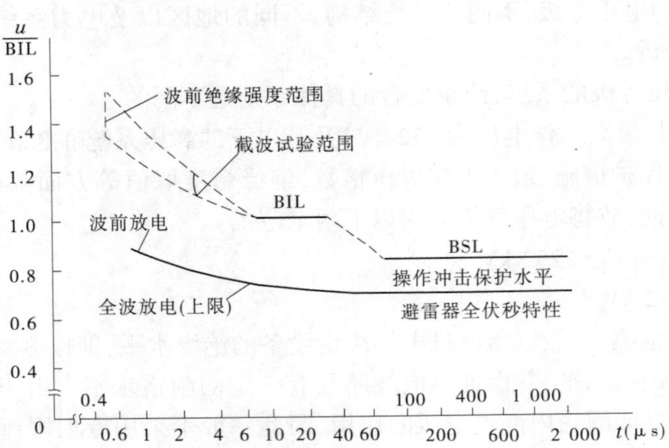

图 8-1　超高压避雷器与变压器全伏秒特性配合示意图

一电压等级,不同地点、不同类型设备,允许选择不同的绝缘水平。此外,许多系统的绝缘水平往往初期较高,而中、后期较低。不同的系统在发展的不同阶段应该允许根据实际情况选择不同的绝缘水平。我国早期建设的 330 kV 及 500 kV 系统均选取了较高的绝缘水平。

(4)对于输电线路的绝缘水平,一般不需要考虑与变电站的绝缘配合。

通常是以保证一定的耐雷水平为前提,基本上由工作电压和操作过电压决定。但是,在污秽地区或操作过电压被限制到较低值的情况下,线路的绝缘水平则主要由最大工作电压决定。

(5)应从运行可靠性的角度出发,选择合理的绝缘水平,以使各种电压作用下设备绝缘的等效安全系数都大致相同。

以上各条原则只是分别反映出某一方面因素对绝缘配合的影响,在绝缘配合中必须综合考虑各种影响因素,并借鉴国内外类似系统的运行经验,从经济、技术的角度进行全面的分析、比较,才能确定合理的绝缘水平。

第二节　中性点接地方式对绝缘水平的影响

电力系统中性点接地方式是一个涉及面很广的综合性技术课题,它对电力系统的供电可靠性、过电压与绝缘配合、继电保护、通信干扰、系统稳定等方面都有很大影响。通常将电力系统中性点接地方式分为非有效接地(不接地、经消弧线圈接地)和有效接地(直接接地、经小阻抗接地)两大类。这样的分类方法从过电压和绝缘配合的角度来看也是很适合的,因为在这两类接地方式的不同电网中,过电压水平和绝缘水平都有很大的差别。

一、最大长期工作电压

在非有效接地系统中,由于单相接地故障时并不需要立即跳闸,而可以继续带故障运行一段(一般不超过 2 h),这时健全相上的工作电压升高到线电压,再考虑最大工作电压可比额定线电压 U_n 高 10%~15%,其最大工作电压为(1.1~1.15)U_n。在有效接地系统中,最大长期工作电压仅为(1.1~1.15)$\frac{U_n}{\sqrt{3}}$。

二、雷电过电压

不管原有的雷电过电压幅值有多大,实际作用到绝缘上的雷电过电压幅值均取决于避雷器的保护水平。对于阀式避雷器来说,由于其灭弧电压是按最大长期工作电压选定的,因而有效接地系统中所用避雷器的灭弧电压较低,相应的火花间隙和阀片数较少,冲击放电电压和残压也较低,一般约比同一电压等级但中性点为非有效接地系统中的避雷器的低 20%。

三、内部过电压

在有效接地系统中,内部过电压是在相电压的基础上发生和发展的,而在非有效接地系统中,则有可能在线电压的基础上发生和发展,因而前者也要比后者低 20%~30%。

综合以上三方的差别,中性点有效接地系统的绝缘水平可比非有效接地系统低 20% 左右。但降低绝缘水平的经济效益与系统的电压等级有很大的关系:在 110 kV 及其以上的系统中,绝缘费用在总建设费用中所占比重较大,因而采用有效接地方式以降低系统绝缘水平在经济上意义很大,成为选择中性点接地方式时的首要因素;在 66 kV 及其以下的系统中,绝缘费用所占比重不大,降低绝缘水平在经济上的好处不明显,因而供电可靠性上升为首要考虑因素,所以一般均采用中性点非有效接地方式。

第三节　绝缘配合的惯用法

一、基本概念

绝缘配合的方法有惯用法、统计法和简化统计法等,除在 330 kV 及其以上的超高压线路绝缘(均为自恢复绝缘)的设计中采用统计法外,在其他情况下目前均采用的是惯用法。

惯用法是按作用在绝缘上的最大过电压和最小绝缘强度的概念进行配合的,即首先确定设备上可能出现的最危险的过电压,然后根据运行经验乘上一个考虑各种因素的影响和一定裕度的配合系数(或称安全裕度系数),即可得出应有的绝缘水平。由于过电压幅值和绝缘强度都是随机变量,很难按照一个严格的规则去估计它们的上限,因此用这种方法决定绝缘水平需要有较大的裕度,而且也不可能定量地估计可能的事故率。

确定电气设备绝缘水平的基础是避雷器的保护水平。避雷器的保护水平包括雷电冲击保护水平和操作冲击保护水平。

避雷器的雷电冲击保护水平由以下三个数据表征:

(1)在标称放电电流波形(如 8/20 μs)和幅值下的残压值。

(2)磁吹阀式避雷器 1.2/50 μs 标准雷电冲击放电电压的上限。

(3)磁吹阀式避雷器规定陡度下的冲击波波前放电电压最大值除以 1.15;对金属氧化物避雷器,则为陡波冲击电流(给定波前及幅值)下的残压值除以 1.15。

取三者中较大者作为雷电冲击保护水平。

避雷器的操作冲击保护水平(针对 330~500 kV 设备),对于磁吹阀式避雷器由以下两个数据表征:

(1)250/2 500 μs 标准操作冲击波下的最大火花放电电压。

(2)规定操作冲击电流下的残压。

取其中较大者作为操作冲击保护水平。对于金属氧化物避雷器,其操作冲击保护水平为规定操作冲击电流下的残压值。

在确定避雷器保护水平后,考虑绝缘配合的原则,然后取一定的安全裕度系数,即可确定设备的冲击绝缘水平。

二、变电站电气设备绝缘水平的确定

(一)雷电过电压下的绝缘配合

电气设备在雷电过电压下的绝缘水平通常用它们的全波基本冲击绝缘水平(BIL)来表示,全波基本冲击绝缘水平(BIL)与避雷器雷电冲击保护水平(U_p)之间取一定的配合系数,此系数根据各国的运行经验及传统的取值略有不同,一般在 1.2~1.4。国际电工委员会(IEC)规定此系数大于等于 1.2,即

$$BIL \geqslant 1.2U_p \tag{8-1}$$

配合系数选取时应考虑到下列因素:绝缘类型及其特性,性能指标,过电压幅值及分布特性,大气条件,设备生产、装配中的分散性及安装质量,绝缘在预期寿命期间的老化试验条件及其他未知因素。我国标准规定,全波冲击绝缘水平以避雷器的标称放电电流时的额定残压 U_r 为基础,配合系数取 1.4,即

$$BIL = 1.4U_r \tag{8-2}$$

(二)操作过电压下的绝缘配合

在按内部过电压作绝缘配合时,通常不考虑谐振过电压,因为在系统设计和选择运行方式时均设法避免谐振过电压的出现。此外,也不单独考虑工频电压升高,而把它的影响包括在最大长期工作电压内。这样一来,就归结为操作过电压的绝缘配合了。

这时要分为以下两种不同的情况讨论:

(1)对于范围Ⅰ的系统,变电所内所装的阀式避雷器只用作雷电过电压的保护;对于内部过电压,避雷器不动作以免损坏,但依靠别的降压或限压措施(如改进断路器的性能等)加以抑制,而绝缘本身应能耐受可能出现的内部过电压。

对于这一类变电站中的电气设备来说,其操作冲击绝缘水平(SIL)与最大计算操作过电压 U_{phm} 相配合,配合系数取 1.15,即

$$SIL = 1.15K_0U_{phm} \tag{8-3}$$

式中 K_0——相对地操作过电压计算倍数。

我国标准对范围Ⅰ的各级系统所推荐的 K_0 如表 8-1 所示。

表 8-1　相对地操作过电压的配合系数 K_0

系统额定电压	中性点接地方式	K_0
35 kV 及其以下	经小电阻接地	3.2
66 kV 及其以下	非有效接地	4.0
110~220 kV	有效接地	3.0

(2)对于范围Ⅱ的电力系统,由于目前普遍采用金属氧化物避雷器或磁吹阀式避雷器来同时限制雷电过电压和操作过电压,最大操作过电压幅值将取决于避雷器在操作过电压下的保护水平。对这类变电站的电气设备,其操作冲击绝缘水平(SIL)与避雷器的操作保护水平(U'_p)相配合,配合系数不低于 1.15,即

$$\mathrm{SIL} = 1.15U'_p \tag{8-4}$$

这里操作冲击的配合系数较雷电冲击的小,主要是考虑到避雷器与被保护设备之间的距离对避雷器操作冲击保护效果的影响较雷电冲击保护效果小的缘故。

(三)工频绝缘水平的确定

为了检验电气设备绝缘是否达到了以上所确定的 BIL 和 SIL,就需要进行雷电冲击和操作冲击耐压试验。它们对试验设备和测试技术提出了很高的要求。对于 330 kV 及其以上的超高压电气设备来说,这样的试验是完全必需的,但对于 220 kV 及其以下的高压电气设备来说,由于操作过电压对正常绝缘无危险,避雷器不动作,避雷器只用作雷电过电压的防护措施,因此雷电冲击绝缘水平(BIL)用额定短时(1 min)工频耐受电压,即工频绝缘水平来代替。图 8-2 为确定短时工频耐受电压的流程图,图中 K_I、K_S 分别为雷电冲击和操作冲击的配合系数,β_I、β_S 分别为雷电冲击和操作冲击电压换算成等效工频电压的冲击系数,β_I 通常取 1.48,β_S 可取 1.3~1.35(66 kV 及其以下取 1.3,110 kV 及其以上取 1.35)。由图 8-2 可见,短时工频耐受电压值实际上是由设备的 BIL 和 SIL 共同决定的,它在某种程度上也代表了绝缘对雷电、操作过电压的总耐受水平。凡是能通过工频耐压试验的,可以认为设备绝缘在雷电和操作过电压作用下均能可靠地运行。由于工频试验简单方便,220 kV 及其以下设备的出厂试验应做工频耐压试验,而超高压设备的出厂试验只在试验条件不具备时,才允许用工频耐压试验来代替。

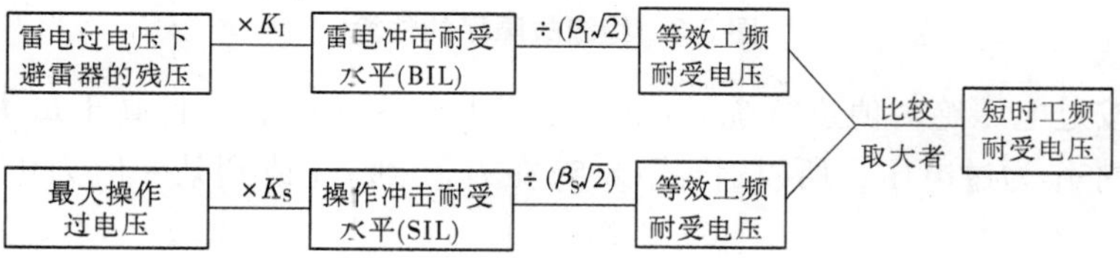

图 8-2　短时工频耐受电压的确定

根据电力系统发展情况及电器制造水平,结合我国运行经验,并参考国际电工委员会推荐的绝缘配合标准,在标准《绝缘配合 第 1 部分:定义、原则和规则》(GB 311.1—2012)中对各电压等级的输变电设备的绝缘水平和试验电压作出了明确的规定,见附表 2~附表 6。

第四节　绝缘配合的统计法

惯用法以过电压的上限与绝缘强度的下限作绝缘配合，而且还要留出足够的裕度，以保证不发生绝缘故障。实际上，过电压和绝缘强度都是随机变量，无法严格地求出它们的上、下限，而且根据经验选定的安全裕度（配合系数）带有一定的随意性。从经济的角度看，特别是对超高压、特高压输电系统来说，用惯用法确定绝缘水平过于保守也不合理，不符合优化总经济指标的原则。因此，从 20 世纪 70 年代以来，国际上开始采用统计法对自恢复绝缘进行绝缘配合。

绝缘配合的统计法是根据过电压幅值和绝缘耐压强度都是随机变量的实际情况，在已知过电压幅值及绝缘闪络电压的统计特性（如概率密度、分布函数等）后，用计算方法求出绝缘闪络的概率和线路跳闸率，在技术经济比较的基础上，正确地确定绝缘水平的。

设 $f(u)$ 为过电压概率密度函数，$P(u)$ 为绝缘放电概率分布函数，如图 8-3 所示。假定 $f(u)$ 与 $P(u)$ 是不相关的，$f(u_0)\mathrm{d}u$ 为过电压在 u_0 附近 $\mathrm{d}u$ 范围内出现的概率，$P(u_0)$ 为在过电压 u_0 作用下绝缘放电的概率。因两者是相互独立的，出现这样高的过电压并使绝缘放电的概率为

$$\mathrm{d}R = P(u_0)f(u_0)\mathrm{d}u \tag{8-5}$$

式中　$\mathrm{d}R$——微分故障概率，即图 8-3 中阴影部分的面积。

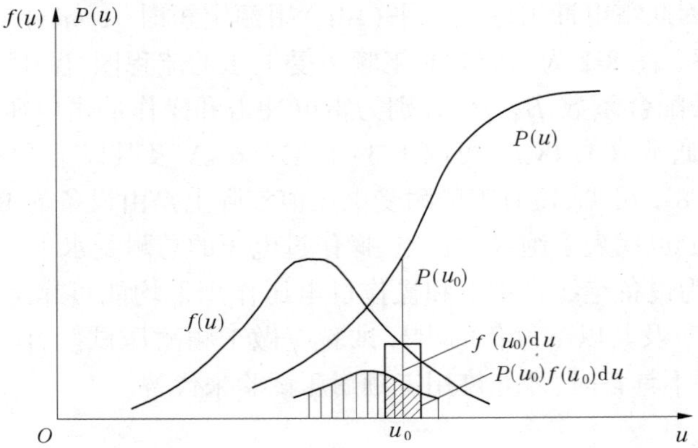

图 8-3　绝缘故障率的估算

通常只按过电压绝对值进行统计（正、负极性约各占一半），且高于最大运行相电压幅值 U_{phm} 时才作为过电压。所以，将式(8-5)在 U_{phm} 到∞（或到某一值为止）积分可得故障率 R，即

$$R = \int_{U_{\mathrm{phm}}}^{\infty} P(u)f(u)\mathrm{d}u \tag{8-6}$$

一般情况下，绝缘在负极性操作冲击下的耐压强度较高，若忽略负极性下的故障率，则绝缘在操作过电压下的故障率的估计值为

$$R = \frac{1}{2}\int_{U_{\mathrm{phm}}}^{\infty} P(u)f(u)\,\mathrm{d}u \tag{8-7}$$

由式(8-7)可知,故障率 R 是图 8-3 中总的阴影部分面积。若增加绝缘强度,曲线 $P(u)$ 向右移动,阴影面积减小,绝缘故障率降低,但设备投资少。因此,用统计法可按需要对敏感性因素做调整,进行一系列试验设计与故障率的估算。根据技术、经济比较在绝缘成本和故障率之间进行调整,在满足预定的故障率的前提下,选择合理的绝缘水平。

利用统计法进行绝缘配合时,绝缘裕度不是选定的某个固定值,而是与绝缘故障的一定概率相对应。

利用统计法进行故障率计算时,可以不必检验过电压的概率属于什么部分,而直接利用暂态网络分析仪(TNA)上得到的概率分布进行计算。

统计法的主要不足之处在于:随机因素较低,而且某些随机因素的统计规律还有待资料积累与认识,例如气象条件的影响;过电压波形中只考虑了幅值最大的峰值,其余峰值均未考虑;绝缘的特性是在标准操作冲击电压下得到的等。因此,按式(8-7)算出的故障率通常比实际值大很多倍。所以,统计法还有待进一步完善。尽管如此,用它来做设计方案比惯用法有明显的优点。

在实际工程中采用上述统计法来进行配合,是相当复杂和困难的,为此 IEC 又推荐了一种简化统计法,以便于实际应用。

在简化统计法中,对过电压幅值和绝缘的耐压强度的统计规律做了某些假设,例如假设它们均遵守正态分布,并已知它们的标准偏差。这样一来,它们的概率分布曲线就可以用与某一参考概率相对应的点表示,分别称为统计过电压 U_S(参考积累概率取 2%)和统计绝缘耐压 U_W(参考耐受概率取 90%,亦即击穿概率 10%)。它们之间由一个称为统计安全系数 K_S 的系数而联系在一起,即

$$K_S = \frac{U_W}{U_S} \tag{8-8}$$

在过电压保持不变的情况下,如提高绝缘水平,其统计绝缘耐受电压和统计安全系数均相应增加,绝缘故障率减小。

式(8-8)的表达形式和惯用法十分相似,可以认为:简化统计法实质上是利用有关参数的概率统计特性,仍沿用惯用法统计程序的一种混合型绝缘配合方法。把这种方法应用到概率特性为已知的自恢复绝缘上,就能计算出不同的统计安全系数 K_S 下的绝缘故障率 R,这对评估系统运行可靠性是很重要的。

不难看出,要得出非自恢复绝缘击穿电压的概率分布是非常困难的,因为一件被测试品只能提供一个数据,代价太高了。所以,至今为止,在各种电压等级的非自恢复绝缘的绝缘配合中均仍采用惯用法;对降低绝缘水平的经济效益不很显著的 220 kV 及其以下的自恢复绝缘也均采用惯用法;只有对 330 kV 及其以上的超高压自恢复绝缘(例如线路绝缘),才有采用简化统计法进行绝缘配合的工程实例。

第五节 架空线路的绝缘配合

确定输电线路绝缘水平,包括确定绝缘子串的片数及线路绝缘的空气间隙,这两种绝

缘均属于自恢复绝缘。对 500 kV 线路,可将绝缘强度作为随机变量,利用简化统计法进行绝缘配合,以取得较高的经济效率。对 500 kV 以下线路仍采用惯用法进行绝缘配合。

一、绝缘子串的选择

线路绝缘子串应满足三方面的要求:

(1)在工作电压下不发生污闪;

(2)在操作过电压下不发生湿闪;

(3)具有足够的雷电冲击绝缘水平,能保证线路的耐雷水平与雷击跳闸率满足规定要求。

通常按下列顺序进行选择:①根据机械负荷和环境条件选定所用悬式绝缘子的型号;②根据工作电压所要求的泄漏距离选择绝缘子串中的片数;③根据操作过电压的要求计算应有的片数;④根据②、③所得数中的较大者,核验该线路的耐雷水平与雷击跳闸率是否符合规定要求。

(一)按工作电压要求选择

为了防止绝缘子串在工作电压下发生污闪事故,绝缘子串应有足够的沿面爬电距离。我国多年来的运行经验证明,线路的闪络率[次/(100 km · a)]与该线路的爬电比距 λ 密切相关。如果根据线路所在地区的污秽等级,按《110 kV—750 kV 架空输电线路设计规范》(GB 50545—2010)中的数据选定 λ 值,就能保证必要的运行可靠性。

设每片绝缘子的爬电距离为 L_0(cm),即可按爬电比距的定义写出

$$\lambda = \frac{nK_e L_0}{U_m} \tag{8-9}$$

式中 n——绝缘子片数;

U_m——系统最高工作(线)电压有效值,kV;

K_e——绝缘子爬电距离有效系数。

K_e 值主要由各种绝缘子几何泄漏距离在试验和运行中提高污秽耐压的有效性来确定,并以 XP-70 型(X-4.5 型)和 XP-160 型绝缘子作为基础,其 K_e 值取 1。采用其他类型的绝缘子时,K_e 值应由试验确定。

为了避免污闪事故,所需的绝缘子片数应为

$$n_1 \geqslant \frac{\lambda U_m}{K_e L_0} \tag{8-10}$$

应该注意,在《110 kV—750 kV 架空输电线路设计规范》(GB 50545—2010)中的值是根据实际运行经验得到的,所以:

(1)按式(8-10)求得的绝缘子片数中已包括零值绝缘子(指串中已丧失绝缘性能的绝缘子),故不需再增加零值片数。

(2)式(8-10)适用于中性点接地方式不同的电网。

(二)按操作过电压要求选择

绝缘子串在操作过电压下也不应发生湿闪。在没有完善的绝缘子串在操作冲击电压下的湿闪电压数据的情况下,只能近似地用绝缘子串的工频湿闪电压来代替,对于最常用

的 XP-70(或 X-4.5)型绝缘子来说,其工频湿闪电压幅值 U_w 可利用式(8-11)的经验公式求得

$$U_w = 60n + 14 \quad (kV) \tag{8-11}$$

式中　n——绝缘子片数。

电网中操作过电压幅值的计算值为 KU_{phm}(kV),其中 K 为操作过电压计算倍数。

设此时应有的绝缘子片数为 n'_2,则由 n'_2 片绝缘子组成的绝缘子串的工频湿闪电压幅值应为

$$U_w = 1.1KU_{phm} \quad (kV) \tag{8-12}$$

式中　1.1——综合考虑各种因素和必要裕度的一个综合修正系数。

只要知道各种类型绝缘子串的工频湿闪电压与其片数的关系,就可利用式(8-11)、式(8-12)求得应有的值。再考虑需要增加的零值绝缘子片数 n_0,最后得出的操作过电压要求的片数为

$$n_2 = n'_2 + n_0 \tag{8-13}$$

我国规定应预留的零值绝缘子片数如表 8-2 所示。

表 8-2　零值绝缘子片数

额定电压(kV)	35~220		330~500	
绝缘子串类型	悬垂串	耐张串	悬垂串	耐张串
n_0(片)	1	2	2	3

现将按以上方法求得的不同电压等级线路应有的绝缘子片数 n_1 和 n_2,以及实际采用的片数 n 综合列于表 8-3 中。

表 8-3　各级电压线路悬垂串应有的绝缘子片数

额定电压(kV)	35	66	110	220	330	500
n_1(片)	2	4	7	13	19	28
n_2(片)	3	5	7	12	17	22
实际采用值 n(片)	3	5	7	13	19	28

如果已掌握该绝缘子串在正极性操作冲击波下的 50%放电电压 $\overline{U}_{50\%(S)}$ 与片数的关系,那么也可以用下面的方法来求出此时应有的片数 n'_2 和 n_2。

该绝缘子串应具有式(8-14)所示的 50%操作冲击放电电压,即

$$\overline{U}_{50\%(S)} \geq K_S U_S \tag{8-14}$$

式中　U_S——对范围Ⅰ($U_m \leq 252$ kV),它等于 $K_0 U_{phm}$,对范围Ⅱ($U_m > 252$ kV),应为合空载线路、单相重合闸、三相重合闸这三种操作过电压中的最大者;

K_S——绝缘子串操作过电压配合系数,对范围Ⅰ取 1.17,对范围Ⅱ取 1.25。

(三)按雷电过电压要求选择

按上面所得的 n_1 和 n_2 中的较大值,校验线路的耐雷水平和雷击跳闸率是否符合有

关标准规定。

但实际上,雷电过电压方面的要求在绝缘子片数选择中的作用一般是不大的,因为线路的耐雷性能并非完全取决于绝缘子的片数,而是取决于各种防雷措施的综合效果,影响因素很多。即使验算的结果表明不能满足线路耐雷性能方面的要求,一般也不再增加绝缘子片数,而是采用诸如降低杆塔接地电阻等其他措施来解决。

二、空气间距的选择

输电线路的绝缘水平不仅取决于绝缘子的片数,同时也取决于线路上各种空气间隙的距离(空气间距),而且后者对线路建设费用的影响远远超过前者。

输电线路上的空气间隙包括:

(1)导线对地面。在选择其空气间距时主要考虑地面车辆和行人等安全通过、地面电场强度及静电感应等问题。

(2)导线之间。应考虑相间过电压的作用、相连导线在大风中因不同步摆动或舞动而相互靠近等问题。当然,导线与塔身之间的距离也决定着导线之间的空气间距。

(3)导线、地线之间。按当雷击于避雷线档距中央时不至于引起导线、地线间气隙击穿这一条件来决定。

(4)导线与杆塔之间。这将是下面要探讨的重要内容。

为了使绝缘子串和空气间隙的绝缘能力得到充分的发挥,显然应使气隙的击穿电压与绝缘子串的闪络电压大致相等。但在具体实施时,会遇到风力使绝缘子串发生偏斜等不利因素。

就塔头空气间隙上可能出现的电压幅值来看,一般是雷电过电压最高,操作过电压次之,工频工作电压最低。但从电压作用时间来看,情况正好相反。由于工作电压长期作用在导线上,所以在计算它的风偏角 θ_0 时(见图8-4),应取该线路所在地区的最大设计风速 v_{max}(取20年一遇的最大风速,在一般地区为20~30 m/s);操作过电压持续时间较短,通常在计算其风偏角 θ_S 时,计算风速等于 $0.5v_{max}$;雷电过电压持续时间最短,而且强风与雷击点同在一处出现的概率极小,因此通常取其计算风速等于10~15 m/s,可见它的风偏角 θ_L 与前两个风偏角的关系为 $\theta_L<\theta_S<\theta_0$,如图8-4所示。

三种情况下的净空气间距的确定方法如下。

(一)工作电压所要求的净距离 S_0

S_0 的工频击穿电压幅值为

$$\overline{U}_{50\%(0)} = K_1 U_{phm} \tag{8-15}$$

式中 K_1——综合考虑工频电压升高、气象条件、必要的安全裕度等因素的空气间隙工频配合系数,对66 kV及其以下的线路取 $K_1=1.2$,对110~220 kV线路取 $K_1=1.35$,对范围Ⅱ(U_m>252 kV)取 $K_1=1.4$。

(二)操作过电压所要求的净距离 S_S

要求 S_S 的正极性操作冲击电压下的50%击穿电压为

$$\overline{U}_{50\%(S)} = K_2 U_S = K_2 K U_{phm} \tag{8-16}$$

式中 U_S——计算用最大操作过电压;

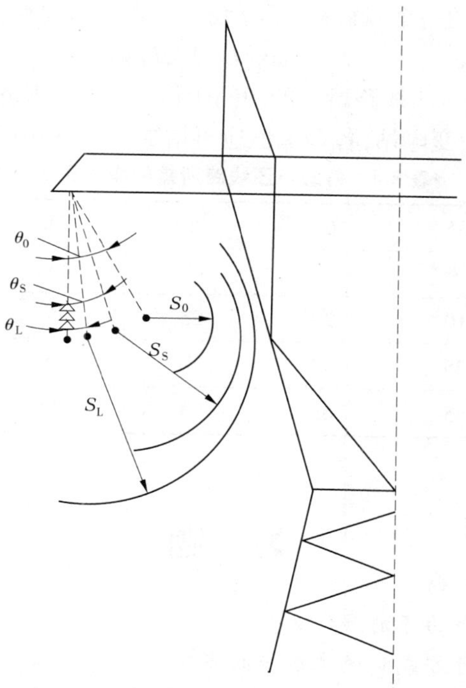

图 8-4　绝缘子串风偏角 θ 及其与杆塔的距离 S

K_2——空气间隙操作过电压配合系数，对 $U_m \leqslant 252$ kV 取 1.03，对 $U_m > 252$ kV 取 1.1。

在缺乏空气间隙 50%操作冲击击穿电压的试验数据时，亦可先估算出等值的工频击穿电压 $\overline{U}_{E.I.S}$，然后求取应有的空气间距。

由于长气隙在不利的操作冲击电压波形下的击穿电压显著低于其工频击穿电压，其折算系数 β_S 如再计入分散性较大等不利因素，可取 $\beta_S = 0.82$，则

$$\overline{U}_{E.I.S} = \frac{\overline{U}_{50\%(S)}}{\beta_S} \tag{8-17}$$

（三）雷电过电压所要求的净距离 S_L

通常取 S_L 的 50%雷电冲击击穿电压 $\overline{U}_{50\%(L)}$ 等于绝缘子串的 50%雷电冲击闪络电压 U_{CFO} 的 85%，即

$$\overline{U}_{50\%(L)} = 0.85U_{CFO} \tag{8-18}$$

其目的是减少绝缘子串的沿面闪络，减小轴面受损的可能性。

求得以上的净距离后，即可确定绝缘子串在垂直状态时对杆塔应有的水平距离，则

$$L_0 = S_0 + l\sin\theta_0$$
$$L_S = S_S + l\sin\theta_S$$
$$L_L = S_L + l\sin\theta_L$$

式中　l——绝缘子串长度，m。

最后，选三者中最大的一个，就得出了导线与杆塔之间的水平距离，即

$$L = \max[L_0, L_S, L_L]$$

表 8-4 中列出了各级电压线路所需的净间距值。当海拔超过 1 000 m 时，应按有关规定进行校正；对于发电厂、变电站，各个 S 值应再增加 10%的裕度。

表 8-4　各级电压线路所需的净间距值　（单位：cm）

额定电压(kV)	35	66	110	220	330	500
X-4.5 型绝缘子片数	3	5	7	13	19	28
S_0	10	20	25	55	90	130
S_S	25	50	70	145	195	270
S_L	45	65	100	190	260	370

习　题

1. 电力系统绝缘配合的原则是什么？
2. 试分析中性点运行方式对绝缘水平的影响。
3. 绝缘配合的惯用法、统计法和简化统计法有什么关系与区别？
4. 试确定 110 kV（指中性点直接接地系统）电气设备的各类试验电压值。
5. 试确定 220 kV 线路杆塔的空气间隙距离和每串绝缘子个数，假定该线路处于非污秽地区。

附 录

附表 1　一球接地时，球隙放电标准电压表(IEC 1960 年公布)

球隙的工频交流、正负极性直流、负极性冲击放电电压(kV，峰值)

大气条件：气压 101.3 kPa，温度 20 ℃

间距(cm)	球直径(cm)												间距(cm)
	2	5	6.25	10	12.5	15	25	50	75	100	150	200	
					(195)	(209)	244	263	265	266	266	266	10
						(219)	261	286	290	292	292	292	11
						(229)	275	309	315	318	318	318	12
							(289)	331	339	342	342	342	13
							(302)	353	363	366	366	366	14
							(314)	373	387	390	390	390	15
							(326)	392	410	414	414	414	16
							(337)	411	432	438	438	438	17
							(347)	429	453	462	462	462	18
							(357)	445	473	486	486	486	19
0.05	2.8						(366)	460	492	510	510	510	20
0.10	4.7							489	530	555	560	560	22
0.15	6.4							515	565	595	610	610	24
0.30	11.2	11.2						(585)	665	710	745	750	30
0.40	14.4	14.3	14.2					(605)	695	745	790	795	32
0.50	17.4	17.4	17.2	16.8	16.8	16.8		(625)	725	780	835	840	34
0.60	20.4	20.4	20.2	19.9	19.9	19.9		(640)	750	815	875	885	36
0.70	23.2	23.4	23.2	23.0	23.0	23.0		(665)	(775)	845	915	930	38
0.80	25.8	26.3	26.2	26.0	26.0	26.0		(670)	(800)	875	955	975	40
0.90	28.3	29.2	29.1	28.9	28.9	28.9			(850)	945	1050	1080	45
1.0	30.7	32.0	31.9	31.7	31.7	31.7	31.7		(895)	1010	1130	1180	50
1.2	(35.1)	37.6	37.5	37.4	37.4	37.4	37.4		(935)	(1060)	1210	1260	55
1.4	(38.5)	42.9	42.9	42.9	42.9	42.9	42.9		(970)	(1110)	1280	1340	60
1.5	(40.0)	45.5	45.5	45.5	45.5	45.5	45.5			(1160)	1340	1410	65
1.6		48.1	48.1	48.1	48.1	48.1	48.1			(1200)	1390	1480	70
1.8		53.0	53.5	53.5	53.5	53.5	53.5			(1230)	1440	1540	75
2.0		57.5	58.5	59.0	59.0	59.0	59.0	59.0	59.0		(1490)	1600	80
2.2		61.5	63.0	64.5	64.5	64.5	64.5	64.5	64.5		(1540)	1660	85
2.4		65.5	67.5	69.5	70.0	70.0	70.0	70.0	70.0		(1580)	1720	90
2.6		(69.0)	72.0	74.5	75.0	75.0	75.5	75.5	75.5		(1660)	1840	100
2.8		(72.5)	76.0	79.5	80.0	80.0	81.0	81.0	81.0		(1730)	(1940)	110
3.0		(75.5)	79.5	84.0	85.0	85.0	86.0	86.0	86.0	86.0	(1800)	(2020)	120
3.5		(82.5)	(87.5)	95.0	97.0	98.0	99.0	99.0	99.0	99.0		(2100)	130
4.0		(88.5)	(95.5)	105	108	110	112	112	112	112		(2180)	140
4.5			(101)	115	119	122	125	125	125	125		(2250)	150
5.0			(107)	123	129	133	137	138	138	138	138		
5.5				(131)	138	143	149	151	151	151	151		
6.0				(138)	146	152	161	164	164	164	164		
6.5				(144)	(154)	161	173	177	177	177	177		
7.0				(150)	(161)	169	184	189	190	190	190		
7.5				(155)	(168)	177	195	202	203	203	203		
8.0					(174)	(185)	206	214	215	215	215		
9.0					(185)	(198)	226	239	240	241	241		

注：1. 本表不适用于测量 10 kV 以下的冲击电压。

2. 括号内为间隙距离大于 0.5*D* 时的数据，其准确度较低。

附表 2　范围Ⅰ(1 kV<U_m≤252 kV)的标准绝缘水平　　(单位:kV)

<table>
<tr><th rowspan="2">系统标称电压(有效值)</th><th rowspan="2">设备最高电压(有效值)</th><th colspan="2">额定雷电冲击耐受电压(峰值)</th><th rowspan="2">额定短时工频耐受电压(有效值)</th></tr>
<tr><th>系列Ⅰ</th><th>系列Ⅱ</th></tr>
<tr><td>3</td><td>3.6</td><td>20</td><td>40</td><td>18</td></tr>
<tr><td>6</td><td>7.2</td><td>40</td><td>60</td><td>25</td></tr>
<tr><td>10</td><td>12.0</td><td>60</td><td>75
90</td><td>30/42[3];35</td></tr>
<tr><td>15</td><td>17.5</td><td>75</td><td>95
105</td><td>40;45</td></tr>
<tr><td>20</td><td>24.0</td><td>95</td><td>125</td><td>50;55</td></tr>
<tr><td>35</td><td>40.5</td><td colspan="2">185/200[1]</td><td>80/95[3];85</td></tr>
<tr><td>66</td><td>72.5</td><td colspan="2">325</td><td>140</td></tr>
<tr><td>110</td><td>126</td><td colspan="2">450/480[1]</td><td>185;200</td></tr>
<tr><td rowspan="4">220</td><td rowspan="4">252</td><td colspan="2">(750)[2]</td><td>(325)[2]</td></tr>
<tr><td colspan="2">850</td><td>3260</td></tr>
<tr><td colspan="2">950</td><td>395</td></tr>
<tr><td colspan="2">(1 050)[2]</td><td>(460)[2]</td></tr>
</table>

注:系统标称电压 3~15 kV 所对应设备的系列Ⅰ的绝缘水平,在我国仅用于中性点直接接地系统。

1)该栏斜线下的数据仅用于变压器类设备的内绝缘。

2)220 kV 设备,括号内的数据不推荐采用。

3)为设备外绝缘在干燥状态下的耐受电压。

附表 3　范围Ⅱ(U_m>252 kV)的标准绝缘水平

(单位:kV)

系统标称电压(有效值)	设备最高电压(有效值)	额定操作冲击耐受电压(峰值)					额定雷电冲击耐受电压(峰值)		额定短时工频耐受电压(有效值)
		相对地	相间	相间与相对地之比	纵绝缘[2]		相对地	纵绝缘[2]	相对地
1	2	3	4	5	6	7	8	9	10[3]
330	363	850	1 300	1.50	950	850 (+295)[1]	1 050		(460)
		950	1 425	1.50			1 175		(510)
500	550	1 050	1 675	1.60	1 175	1 050 (+450)[1]	1 425		(630)
		1 175	1 800	1.50			1 550		(680)
							1 675		(740)
750	800	1 425	2 420	1.70	1 550	1 425 (+650)[1]	1 950		(900)
		1 550	2 635	1.70			2 100		(960)
1 000	1 100	1 675	2 510	1.50	1 800	1 675 (+900)[1]	2 250		(1 100)/(1 200)
		1 800	2 700	1.50			2 400		

注:1)第 7 栏中括号中的数值是加在同一极对应端子上的反极性工频电压的峰值。

2)绝缘的操作冲击耐受电压选取第 6 栏或第 7 栏的数值,决定于设备的工作条件,在有关设备标准中规定。

3)第 10 栏括号内的短时工频耐受电压值,仅供参考。

附表 4　各类设备的雷电冲击耐受电压　　（单位：kV）

系统标称电压（有效值）	设备最高电压（有效值）	额定雷电冲击耐受电压（峰值）						截断雷电冲击耐受电压（峰值）
		变压器	并联电抗器	耦合电容器、电压互感器	高压电力电缆	高压电器	母线支柱绝缘子、穿墙套管	变压器类设备的内绝缘
3	3.6	40	40	40	—	40	40	45
6	7.2	60	60	60	—	60	60	65
10	12	75	75	75	—	75	75	85
15	18	105	105	105	105	105	105	115
20	24	125	125	125	125	125	125	140
35	40.5	185/200[1)]	185/200[1)]	185/200[1)]	200	185	185	220
66	72.5	325	325	325	325	325	325	360
		350	350	350	350	350	350	385
110	126	450/480[1)]	450/480[1)]	450/480[1)]	450	450	450	530
		550	550	550	550			
220	252	850	850	850	850	850	850	950
		950	950	950	950 1 050	950	950	1 050
330	363	1 050				1 050	1 050	1 175
		1 175	1 175	1 175	1 175 1 300	1 175	1 175	1 300
500	550	1 425			1 425	1 425	1 425	1 550
		1 550	1 550	1 550	1 550	1 550	1 550	1 675
			1 675	1 675	1 675	1 675	1 675	
750	800	1 950	1 950	1 950	1 950	1 950	1 950	2 145
			2 100	2 100	2 100	2 100	2 100	2 310
1 000	1 100	2 250	2 250	2 250	2 250	2 250	2 250	2 475
			2 400	2 400	2 400	2 400	2 400	2 640

注：1）斜线下的数据仅用于该类设备的内绝缘。

2）对高压电力电缆是指热态状态下的耐受电压。

附表 5　各类设备的短时(1 min)工频耐受电压(有效值)　　(单位:kV)

系统标称电压(有效值)	设备最高电压(有效值)	内、外绝缘(干试与湿试)				母线支柱绝缘子	
		变压器	并联电抗器	耦合电容器、高压电器、电压互感器和穿墙套管	高压电力电缆	湿试	干试
1	2	3[1)]	4[1)]	5[2)]	6[2)]	7	8
3	3.6	18	18	18/25		18	25
6	7.2	25	25	23/30		23	32
10	12	30/35	30/35	30/42		30	42
15	18	40/45	40/45	40/55	40/45	40	57
20	24	50/55	50/55	50/65	50/55	50	68
35	40.5	80/85	80/85	80/95	80/85	80	100
66	72.5	140 160	140 160	140 160	140 160	140 160	165 185
110	126	185/200	185/200	185/200	185/200	185	265
220	252	360	360	360	360	360	450
		395	395	395	395	395	495
					460		
330	363	460	460	460	460		
		510	510	510	510 570		
500	550	630	630	630	630		
		680	680	680	680		
				740	740		
750	800	900	900	900	900		
				960	960		
1 000	1 100	1 100	1 100	1 100	1 100		

注:表中 330~1 000 kV 设备的短时工频耐受电压仅供参考。

1)第 3、4 栏斜线下的数据为该类设备的内绝缘和外绝缘干状态的耐受电压。

2)第 5、6 栏斜线下的数据为该类设备的外绝缘干耐受电压。

附表 6　电力变压器中性点绝缘水平

（单位：kV）

系统标称电压（有效值）	设备最高电压（有效值）	中性点接地方式	雷电冲击全波和截波耐受电压（峰值）	短时工频耐受电压（有效值）（内、外绝缘，干试与湿试）
110	126	不固定接地	250	95
220	252	固定接地	185	85
		不固定接地	400	200
330	363	固定接地	185	85
		不固定接地	550	230
500	550	固定接地	185	85
		经小电抗接地	325	140

参考文献

[1] 周泽存．高电压技术[M]．北京:水利电力出版社,1988.
[2] 杨保初,等．高电压技术[M]．重庆:重庆大学出版社,2002.
[3] 朱德恒,谈克雄．电绝缘诊断技术[M]．北京:中国电力出版社,1999.
[4] 朱德恒,严璋．高电压绝缘[M]．北京:清华大学出版社,1995.
[5] 陈维贤．电网过电压教程[M]．北京:水利电力出版社,1995.
[6] 华中工学院,上海交通大学．高电压试验技术[M]．北京:水利电力出版社,1983.
[7] 变压器制造技术丛书编审委员会．变压器试验[M]．北京:机械工业出版社,1998.
[8] 赵智大．高电压技术[M]．北京:中国电力出版社,2000.
[9] 解广润.电力系统过电压[M].北京:水利电力出版社,1985.
[10] 常美生,张小兰．高电压技术[M]．北京:高等教育出版社,2010.
[11] 文远芳．高电压技术[M]．武汉:华中科技大学出版社,2001.
[12] 吴广宁．高电压技术[M]．北京:机械工业出版社,2007.
[13] 张红．高电压技术[M]．北京:中国电力出版社,2009.
[14] 黄瑞梅,李玉清．高电压技术[M]．郑州:黄河水利出版社 ,2009.